站在巨人肩上 **4**
On the Shoulders of Giants

自然哲學之數學原理（復刻精裝版）

作者：牛頓（Isaac Newton）
編 / 導讀：霍金（Stephen Hawking）
譯者：王克迪
責任編輯：湯皓全　美術編輯：何萍萍
法律顧問：董安丹律師、顧慕堯律師
出版者：大塊文化出版股份有限公司　台北市 105022 南京東路 4 段 25 號 11 樓
www.locuspublishing.com　讀者服務專線：0800-006689
TEL: (02) 87123898 FAX: (02) 87123897
郵撥帳號：18955675 戶名：大塊文化出版股份有限公司
版權所有 · 翻印必究

總經銷：大和書報圖書股份有限公司　地址：新北市新莊區五工五路 2 號
TEL: (02) 8990-2588（代表號）　FAX: (02) 2290-1658
二版一刷：2019 年 3 月
二版三刷：2023 年 1 月
定價：新台幣 600 元

自然哲學之數學原理 / 牛頓 (Isaac Newton) 著；
霍金 (Stephen Hawking) 編 . 導讀；王克迪譯 .
-- 二版 . -- 臺北市：大塊文化 , 2019.03　面；　公分
譯自：Principia
ISBN 978-986-213-964-6(精裝)

1. 天體力學

321.1 108001715

Principia

自然哲學之數學原理

牛頓 著　霍金 編‧導讀

王克迪 譯

目錄

關於英文文本的說明

　　本書所選的英文文本均譯自業已出版的原始文獻。我們無意把作者本人的獨特用法、拼寫或標點強行現代化，也不會使各文本在這方面保持統一。

　　伊薩克・牛頓的《自然哲學之數學原理》（*The Mathematical Principles of Natural Philosophy* 或 *Principia*）首版於 1687 年，出版時的標題為 *Philosophiae naturalis principia mathematica*。這裏選的是 Andrew Motte 的譯本。

原 編 者

前　言

　　「如果說我看得比別人更遠，那是因爲我站在巨人的肩上。」伊薩克・牛頓在 1676 年致羅伯特・胡克的一封信中這樣寫道。儘管牛頓在這裏指的是他在光學上的發現，而不是指他關於引力和運動定律那更重要的工作，但這句話仍然不失爲一種適當的評論——科學乃至整個文明是累積前進的，它的每項進展都建立在已有的成果之上。這就是本書的主題，從尼古拉・哥白尼提出地球繞太陽轉的劃時代主張，到愛因斯坦關於質量與能量使時空彎曲的同樣革命性的理論，本書用原始文獻來追溯我們關於天的圖景的演化歷程。這是一段動人心魄的傳奇之旅，因爲無論是哥白尼還是愛因斯坦，都使我們對自己在萬事萬物中的位置的理解發生了深刻的變化。我們置身於宇宙中心的那種特權地位已然逝去，永恆和確定性已如往事雲煙，絕對的空間和時間也已經爲橡膠布所取代了。

　　難怪這兩種理論都遭到了強烈的反對：哥白尼的理論受到了教廷的干預，相對論受到了納粹的壓制。我們現在有這樣一種傾向，即把亞里斯多德和托勒密關於太陽繞地球這個中心旋轉之較早的世界圖景斥之爲幼稚的想法。然而，我們不應對此冷嘲熱諷，這種模型決非頭腦簡單的產物。它不僅把亞里斯多德關於地球是一個圓球而非扁平盤子的推論包含在內，而且在實現其主要功能，即出於占星術的目的而預言天體在天空中的視位置方面也是相當準確的。事實上，在這方面，它足以同 1543 年哥白尼所提出的地球與行星都繞太陽旋轉的異端主

張相媲美。

伽利略之所以會認爲哥白尼的主張令人信服，並不是因爲它與觀測到的行星位置更相符，而是因爲它的簡潔和優美，與之相對的則是托勒密模型中複雜的本輪。在《關於兩門新科學的對話》中，薩耳維亞蒂和薩格利多這兩個角色都提出了有說服力的論證來支持哥白尼，然而第三個角色辛普里修卻依然有可能爲亞里斯多德和托勒密辯護，他堅持認爲，實際上是地球處於靜止，太陽繞地球旋轉。

直到克卜勒開展的工作，日心模型才變得更加精確起來，之後牛頓賦予了它運動定律，地心圖景這才最終徹底喪失了可信性。這是我們宇宙觀的巨大轉變：如果我們不在中心，我們的存在還能有什麼重要性嗎？上帝或自然律爲什麼要在乎從太陽算起的第三塊岩石上（這正是哥白尼留給我們的地方）發生了什麼呢？現代的科學家在尋求一個人在其中沒有任何地位的宇宙的解釋方面勝過了哥白尼。儘管這種研究在尋找支配宇宙的客觀的、非人格的定律方面是成功的，但它並沒有（至少是目前）解釋宇宙爲什麼是這個樣子，而不是與定律相一致的許多可能宇宙中的另一個。

有些科學家會說，這種失敗只是暫時的，當我們找到終極的統一理論時，它將唯一地決定宇宙的狀態、引力的強度、電子的質量和電荷等。然而，宇宙的許多特徵（比如我們是在第三塊岩石上，而不是第二塊或第四塊這一事實）似乎是任意和偶然的，而不是由一個主要方程式所規定的。許多人（包括我自己）都覺得，要從簡單定律推出這樣一個複雜而有結構的宇宙，需要借助於所謂的「人擇原理」，它使我們重新回到了中心位置，而自哥白尼時代以來，我們已經謙恭到不再作此宣稱了。人擇原理基於這樣一個不言自明的事實，那就是在我們已知的產生（智慧？）生命的先決條件當中，如果宇宙不包含恆星、行星以及穩定的化合物，我們就不會提出關於宇宙本性的問題。即使終極理論能夠唯一地預測宇宙的狀態和它所包含的東西，這一狀態處在使生命得以可能的一個小子集中也只是一個驚人的巧合罷了。

然而，本書中的最後一位思想家阿爾伯特·愛因斯坦的著作卻提

出了一種新的可能性。愛因斯坦曾對量子理論的發展起過重要的作用，量子理論認為，一個系統並不像我們可能認為的那樣只有單一的歷史，而是每種可能的歷史都有一些可能性。愛因斯坦還幾乎單槍匹馬地創立了廣義相對論，在這種理論中，空間與時間是彎曲的，並且是動力學的。這意味著它們受量子理論的支配，宇宙本身具有每一種可能的形狀和歷史。這些歷史中的大多數都將非常不適於生命的成長，但也有極少數會具備一切所需的條件。這極少數歷史相比於其他是否只有很小的可能性，這是無關緊要的，因為在無生命的宇宙中，將不會有人去觀察它們。但至少存在著一種歷史是生命可以成長的，我們自己就是證據，儘管可能不是智慧的證據。牛頓說他是「站在巨人的肩上」，但正如本書所清楚闡明的，我們對事物的理解並非只是基於前人的著作而穩步前行的。有時，正像面對哥白尼和愛因斯坦那樣，我們不得不向著一個新的世界圖景做出理智上的跨越。也許牛頓本應這樣說：「我把巨人的肩用做了跳板。」

牛頓生平與著作

1676 年 2 月 5 日，伊薩克・牛頓（1642—1727）寫了一封信給他尖刻的敵人羅伯特・胡克（Robert Hooke），其中有這麼一句話，「如果說我看得比別人更遠，那是因為我站在巨人的肩上。」這句話已經成為科學史上最膾炙人口的名言，一般認為是牛頓承認了他的前人哥白尼、伽利略和克卜勒的科學發現。的確，有時在公開場合，有時在私下場合，牛頓承認這些人的貢獻。但是在寫給胡克的這封信中，牛頓所指的是光學理論，特別是關於薄膜現象的研究，胡克和萊內・笛卡兒（René Descartes）都對此做出過重要貢獻。

有些學者把這句話解釋為牛頓對胡克的一種婉轉的羞辱，因為胡克那躬駝的體形和五短身材實在是與巨人相去甚遠，特別是在報復心極重的牛頓的眼裏。然而，儘管他們之間齟齬良多，牛頓在那封信的結尾處還是採用了一種更加溫和的語氣，謙卑地承認了胡克和笛卡兒兩人的研究的價值。

人們一般認為，伊薩克・牛頓是無窮小微積分、力學和行星運動，以及光和顏色理論研究之父，但是他本人的歷史地位還是由他對於萬有引力的描述、提出運動和吸引的定律來決定的，這些成就記載在他的里程碑著作《自然哲學之數學原理》（*Philosophiae Naturalis Principia Mathematica*，通常簡稱為《原理》）中。牛頓在這部著作裏把哥白尼、伽利略、克卜勒和其他人的科學貢獻融會入一部嶄新的動態交響樂中。《原理》，第一部理論物理學的巨著，被公認為科學史上以及

奠定現代科學世界觀基礎的最重要著作。

牛頓只用了 18 個月就寫成了組成《原理》的三卷，而且令人驚訝的是，其間他多次深受情感重創——似乎還夾雜著他與其競爭者胡克之間的衝突。報復心令他走得如此之遠，他甚至在書中刪除了所有與胡克的工作有關的文字。然而，他對同行科學家的痛恨也許正是《原理》的靈感之源。

對其著作最微弱的批評，哪怕是隱含在溢美之詞之中的，都會使牛頓陷入黑暗的孤僻中長達數月甚至數年之久。這種孤僻反映出牛頓的早年生活經歷。有些人據此猜測，如果不是膠著於個人爭鬥，牛頓會如何回答這些批評；另一些人則設想，牛頓的科學發現和成就正是他執著於記仇的結果，要是他少一些孤傲，他也許就不可能有如此發現和成就。

在他還是一個小男孩的時候，伊薩克·牛頓就問過自己大量問題，人類早已被這些問題困惑了許久，而牛頓自己嘗試解答其中許多的問題。那是充滿發現的一生的開始，儘管不乏蹣跚的腳步。1642 年的聖誕日，伊薩克·牛頓出生於一個英國工業城鎮，林肯郡的烏爾斯索普（Woolsthorpe, Lincolnshire），伽利略死於同一年。他太早產了，他的母親沒有指望他能活下來；他後來說自己出生時小得可以放進 1 夸脫（quart）的盆裏。牛頓的生父也叫伊薩克，死於他出生前的 3 個月。牛頓還不到兩歲時，他的母親漢娜·艾斯考夫（Hannah Ayscough）改嫁給來自北威特姆（North Witham）的富有牧師巴納巴斯·史密斯（Barnabas Smith）。

在史密斯的新家庭中很明顯沒有小牛頓的立身之地，他被送給外婆瑪格麗·艾斯考夫（Margery Ayscough）撫養。這場被遺棄的變故，加上他從沒見過自己的父親，一直是牛頓終生揮之不去的夢魘。他蔑視自己的繼父，在 1662 年的日記中，牛頓反思自己的罪惡，曾記錄有「恐嚇我的史密斯父母，要把他們燒死，燒死在房屋裏」。

與他的成年生活一樣，牛頓的幼年生活中充滿了尖刻、報復、攻擊的插曲，他不僅針對想像中的敵人，還針對朋友和家庭。他也很早

顯露出後來成就他一生業績的好奇心，他對機械模型和建築繪圖很感興趣。牛頓花費無數時間製作時鐘、報時風箏、日晷和微型磨房（由小老鼠推動），還繪製了大量動物和船舶的複雜骨架圖片。5 歲時，他到斯基靈頓和斯托克（Skillington and Stoke）的學校就讀，但是被認為是最差的學生之一，教師給的評語是「注意力不集中」和「懶惰」。儘管他有好奇心，表現出學習意願，卻不能專注於學業。

　　牛頓 10 歲那年，巴納巴斯·史密斯去世，漢娜繼承了史密斯大量財產。牛頓與外婆和漢娜以及同母異父的一個弟弟、兩個妹妹一同生活。因為他的學習成績乏善可陳，漢娜認為牛頓還不如離開學校回家管理農場和家產。她強迫牛頓從格蘭瑟姆（Grantham）的免費文科學校退學。對她來說不幸的是，牛頓在管理家產方面的才能和興趣甚至還不如他的學校功課。漢娜的兄長威廉（William），一位牧師，覺得與其讓心不在焉的牛頓留在家中，還不如讓他回到學校去完成學業。

　　這一回，牛頓住在免費文科學校校長約翰·斯托克斯（John Stokes）的家裏，他的學業似乎出現了一個急轉彎。有個校園痞子向他挑起了一場鬥毆，這件事令他猛醒。年輕的牛頓似乎開竅了，他扭轉了學校功課上的不良記錄。此時的牛頓展示了自己的過人才智和好奇心，打算要到大學深造。他要升入劍橋大學的三一學院，那是他舅父威廉的母校。

　　在三一學院，牛頓是個減費生，學校准許他做些雜務，諸如做餐廳侍應、清理員工房間之類抵償學費。不過在 1664 年他獲得獎學金，從此他得到資助脫離僕役身份。1665 年腺鼠疫（bubonic plague）流行、學校關閉時，牛頓回到了林肯郡。這場鼠疫中他在家鄉住了 18 個月，埋頭於力學和數學研究，開始集中思考光學和引力問題。正如牛頓本人所說，這個"annus mirabilis"（神奇的年份）是他一生中最富於創造性的多產時期之一。也大約是在這個時期，據傳說，一個蘋果砸到了牛頓的頭上，把正在樹下打瞌睡的他喚醒，啟發他提出萬有引力定律。無論這個傳說有多麼牽強附會，牛頓本人確實寫到過一個下落的蘋果使他「偶然想到」萬有引力定律，而人們也認為他正是在那

個時候進行了擺體實驗。牛頓晚年回憶道,「那時我正處於發明的高峰期,思考數學和哲學比以後的任何時候都多。」

回到劍橋後,牛頓研究了亞里斯多德 (Aristotle) 和笛卡兒的哲學,還研究了湯瑪斯‧霍布斯 (Thomas Hobbes) 和羅伯特‧波以耳 (Robert Boyle) 的哲學。他接受了哥白尼和伽利略的天文學,以及克卜勒的光學。在這一時期,牛頓開始做棱鏡試驗,研究光的折射和散射,地點可能在他三一學院的寢室或者他烏爾斯索普的家中。大學期間清晰而深遠影響牛頓的未來的事件是伊薩克‧巴羅 (Isaac Bar-row) 的到來,後者被任命爲盧卡斯數學教授。巴羅認識到牛頓的傑出數學才能,當他 1669 年辭去教席轉謀神職時,他推薦當時 27 歲的牛頓作爲繼任者。

牛頓繼任盧卡斯數學教授後,最初的研究主要集中在光學領域。他成功地證明了,白光由多種不同的光混合而成,每一種光在通過棱鏡後都會產生出不同顏色的光譜。他精心設計了一系列實驗,詳細證明光由微小粒子組合而成,這招致胡克等一些科學家的憤怒,胡克認爲光是以波的形式傳播的。胡克向牛頓發出挑戰,要他提供更多的證據來說明他那離經叛道的理論,而牛頓的回應方式則是隨著他在學術界的日益成熟而對這個問題日益興味索然。他退出了這場爭鬥,轉而不放過在其他每一個場合羞辱胡克的機會,並且直到 1703 年胡克去世,他才同意出版他的《光學》(*Opticks*)一書。

在他任盧卡斯數學教授早期,牛頓已經同時在研究數學,但是他只與很少幾位同行分享他的研究成果。還在 1666 年,他已經發現了解決曲率問題的一般方法——他稱之爲「流數及反流數理論」。這個發現後來引爆了他和德國數學家與哲學家哥特弗里德‧威廉‧萊布尼茲 (Gottfried Wilhelm Leibniz) 的支持者之間的戲劇性爭鬥,萊布尼茲十多年後發表了關於微分和積分的發現。兩個人得到的數學原理大致相同,但萊布尼茲發表他的著作比牛頓要早。牛頓的支持者宣稱萊布尼茲在多年前讀到過牛頓的論文,於是兩大陣營爆發了一場熱度頗高的爭執,即著名的微積分優先權之爭,它一直持續到 1716 年萊布尼

茲去世才告結束。牛頓對萊布尼茲惡意攻擊,經常上綱上線到上帝觀和宇宙觀,加之關於剽竊的檢舉,令萊布尼茲百口莫辯,名譽掃地。

絕大多數科學史家相信,他們兩人實際上各自獨立地做出了這一發明,那場爭論其實是無的放矢。牛頓對萊布尼茲刻毒的攻擊反過來也危害了牛頓自己的健康和情感。不久他又陷入另一場爭鬥,這一回對手是英國耶穌會,關於他的顏色理論。1678 年,他的精神崩潰了。隨後一年,他的母親漢娜過世,牛頓開始了離群索居。他祕密鑽研煉金術,其實這個領域在牛頓時代就已經被廣泛認為是無稽之談。對於許多牛頓研究者來說,其科學生涯中的這一插曲實在難以啟齒,直到牛頓去世後很久,他對化學實驗的興趣與他後來研究天體力學和萬有引力之間的聯繫才慢慢顯現出來。

1666 年,牛頓已經開始形成關於運動的理論,但那時他還不能適當地解釋圓周運動的力學原因。早在人約 50 年前,德國數學家和天文學家約翰內斯·克卜勒(Johannes Kepler)就已經提出了行星運動的三大定律,精確描述了行星圍繞太陽運動的情況,但是他不能解釋為什麼行星要做這樣的運動。克卜勒理論裡距離力的概念最近的地方是他說過太陽和行星之間由「磁性」聯繫起來。

牛頓決定找出導致行星的橢圓軌道的原因。他把自己的向心力定律應用到克卜勒行星運動第三定律(和諧定律)上,推導出平方反比定律,這個定律指出,任何兩個物體之間的引力反比於這兩個物體中心距離的平方。由此,牛頓認識到,引力是無所不在的——正是同一種力,使得蘋果墜落地面,使得月球被迫圍繞著地球運轉。於是,他運用當時已知的數據檢驗平方反比關係,他接受了伽利略關於月球到地球的距離是地球半徑的 60 倍的假設,但是他本人對地球直徑的估計並不準確,這使他不可能獲得滿意的驗證結果。反諷的是,1679 年,又是他與老對手胡克的往來信件再次喚醒了他對這個問題的興致。這一回,牛頓注意到克卜勒第二定律,等面積定律,他可以證明它在向心力情況下為真。而胡克,也企圖證明行星軌道,他寫的討論有關問題的一些信件特別令牛頓感興趣。

1684 年，在一次有欠光彩的聚會中，英國皇家學會的三個成員，羅伯特・胡克、埃德蒙德・哈雷（Edmond Halley）和克里斯多夫・雷恩（Christopher Wren），著名的聖保羅大教堂的建築師，展開了一場熱烈討論，議題是平方反比關係決定著行星的運動。早在 17 世紀 70 年代，在倫敦的咖啡館和其他知識分子聚會地的談論話題中，就已經議論到太陽向四面八方散發出引力，這引力以平方反比關係隨著距離遞減，隨著天球的膨脹在天球表面處越來越弱。1684 年的聚會的結果是《原理》的誕生。胡克聲稱，他已經從克卜勒的橢圓定律推導出引力按平方反比關係隨距離遞減的證明，但是在準備好正式發表以前，他不能給哈雷和雷恩看。憤怒之下，哈雷前往劍橋，向牛頓訴說胡克的作為，然後提出了這樣一個問題：「如果一顆行星被一種按距離的平方反比關係變化的力吸引向太陽，那麼它環繞太陽的軌道應該是什麼形狀？」牛頓立即打趣地回答說，「它還不就是橢圓。」然後牛頓告訴哈雷，他在 4 年前就已經解決了這個問題，但是不知道把那證明放在了辦公室的什麼地方。

在哈雷的請求下，牛頓用了 3 個月時間重寫並且改進了這項證明。隨後，過人的才智噴瀉而出，長達 18 個月之久。在此期間，牛頓如此專注於工作，以致常常忘記吃飯。他把他的思想發展推衍，一口氣寫滿整整三大卷。牛頓把他這部著作定題為 *Philosophiae Naturalis Principia Mathematica*（《自然哲學之數學原理》），刻意要與笛卡兒的 *Principia Philosophiae*（《哲學原理》）做個比對。牛頓的三卷本《原理》在克卜勒的行星運動定律與現實物理世界之間建立起聯繫。哈雷對於牛頓的發現報之以「歡呼雀躍」，對哈雷來說，這位盧卡斯數學教授在所有其他人遭遇失敗的地方取得了成功。他個人出資助了這部劃時代的鴻篇巨制的出版，把這當做是獻給全人類的禮物。

在伽利略發現物體被「拉」向地球中心的地方，牛頓努力證明了，正是這同一種力，引力，決定了行星的運行軌道。牛頓還對伽利略關於拋體運動的著作瞭若指掌，證明月球繞地球運動服從相同的原理。牛頓向人們表明，引力既能解釋和預言月球的運動，也能解釋和預言

地球上海洋的潮起潮落。《原理》的第一卷包含著牛頓的運動三定律：

　　　一、每一個物體都保持著它的靜止或勻速直線運動狀態，除非它受到作用於它之上的力而被迫改變那種狀態；

　　　二、運動的變化正比於物體所受到的力，變化的方向與力所作用的方向相同；

　　　三、每一種作用都總是受到相等的反作用；或者，兩個物體的相互作用總是相等的，作用的方向正好相反。

　　第二卷是牛頓對第一卷的擴充，原先的寫作計畫裏沒有這部分內容。它基本上是流體力學著作，給牛頓施展數學技巧留下了空間。在這一卷的結尾處，牛頓得出結論，笛卡兒提出的用於解釋行星運動的渦漩理論經不起仔細推敲，因為行星的運動不需要渦漩，完全可以在自由空間中進行。至於為什麼會這樣，牛頓寫道，「可以在第一卷中找到解答；我將在下一卷中對此作進一步論述。」

　　第三卷的標題是「宇宙體系（使用數學論述）」，牛頓通過把第一卷中的運動定律應用於物理世界得出結論，「對於一切物體存在著一種力，它正比於各物體所包含的物質的量。」由此他向人們演示，他的萬有引力定律可以解釋當時已知的六大行星的運動，以及月球、彗星、春秋分點和海洋潮汐的運動。這個定律說，所有物體都是相互吸引的，吸引的力正比於它們的質量，反比於它們之間距離的平方。牛頓只用了一組定律，就把地球上的所有運動與天空中可觀測的運動聯繫起來。在第三卷「推理的規則」中，牛頓寫道：

　　「尋求自然事物的原因，不得超出真實和足以解釋其現象者。因此對於相同的自然現象，必須盡可能地尋求相同的原因。」

　　正是這後一條規則把天體和地球實際聯繫在一起。在亞里斯多德學者的眼光看來，天體的運動與地球物體的運動服從於不同的自然規律，因而牛頓的第二條推理規則是不正確的。牛頓看待世界的眼光有所不同。

　　《原理》自 1687 年出版伊始就廣受好評，但是它的第一版大約只刊印了 500 本。然而，牛頓的死敵羅伯特・胡克打定主意要剝奪牛頓所能享受到的任何光環。當牛頓寫成第二卷時，胡克公開宣稱，他於 1679 年寫給牛頓的信件爲牛頓的發現提供了關鍵性的科學思想。胡克的要求儘管不無道理，但是牛頓極感厭惡，牛頓揚言要延遲甚至放棄出版第三卷。牛頓最終通融了，出版了《原理》的最後一卷，但在出版前不辭辛勞地逐一刪除了書中出現的胡克的名字。

　　牛頓對胡克的痛恨困擾著他的餘生。1693 年，他再次遭受精神崩潰的沉重打擊，中止了研究。直到 1703 年胡克去世，他始終沒在英國皇家學會露面。胡克一死他就當選爲英國皇家學會主席，此後他每年都連選連任，直到 1727 年去世。在胡克去世前，他也一直沒有出版他的《光學》，這是他關於光和顏色的研究的重要著作，是他影響最爲深遠的著作。

　　牛頓在 18 世紀初以英國皇家造幣廠督察身份擔任政府職務。在這個職位上，他把他的煉金術研究應用於重建英國貨幣的誠信。他以英國皇家學會主席身份，用一種異乎尋常的威權，一如既往地與想像中的敵人戰鬥，特別是與萊布尼茲進行曠日持久的爭奪微積分發明權的鬥爭。安妮女王（Queen Anne）於 1705 年冊封他爲爵士，他生前看到了他《原理》的第二版和第三版的出版。

　　伊薩克・牛頓因爲肺炎和痛風死於 1727 年 3 月。如他所願，他在科學領域裏已沒有敵手。作爲男人，他終生沒有與女人發生過明顯的風流韻事〔有些歷史學家懷疑他與一些男人之間有某種曖昧關係，如瑞士自然哲學家尼古拉斯・法西奧・德丟列（Nicholas Fatio de Duilier）〕，然而，這並不能說明他對工作缺乏熱情。與牛頓同時代的詩人亞歷山大・波普（Alexander Pope），用最優雅的文字描寫了這位思想家獻給人類的禮物：

　　　　自然和自然的定律隱藏在黑暗裏，
　　　　上帝説，「讓牛頓去吧，於是一切變得光明。」

　　牛頓的一生，瑣碎的爭執和無可否認的傲慢自大可謂俯拾皆是，但是他在臨近生命終點時對自己的成就的評價，竟是謙遜得近於苛求：「我不知道這世界將怎樣看待我，但是對於我自己來說，我只不過像是一個小男孩，偶爾撿拾到一塊比普通的更光滑一些的卵石或者更漂亮一些的貝殼而已，而對於真理的汪洋大海，我還一無所知。」

定　義

定義 1

物質的量是物質的度量，可由其密度和體積共同求出。

　　所以，如果空氣的密度加倍，體積加倍，它的量就增加到 4 倍；若體積增加到 3 倍，它的量就增加到 6 倍。因擠緊或液化而壓縮起來的雪、微塵或粉末，以及由任何原因而無論怎樣不同地壓縮起來的所有物體，也都可以作同樣的理解。我在此沒有考慮可以自由穿透物體各部分間隙的介質，如果有這種介質的話。此後我不論在何處提出物體或質量這一名稱，指的就是這個量。從每一物體的重量可推知這個量，因為它正比於重量，正如我在很精確的單擺實驗中所發現的那樣，後面我將加以詳述。

定義 2

運動的量是運動的度量，可由速度和物質的量共同求出。

　　整體的運動是所有部分運動的總和。因此，速度相等而物質的量加倍的物體，其運動量加倍；若其速度也加倍，則運動量加到 4 倍。

定義 3

vis insita，或物質固有的力，是一種起抵抗作用的力，它存在於每一物體當中，大小與該物體相當，並使之保持其現有的狀態，或是靜止，或是勻速直線運動。

這個力總是正比於物體，它來自於物體的慣性，與之沒有什麼區別，在此按我們的想法來研究它。一個物體，由於其慣性，要改變其靜止或運動的狀態不是沒有困難的。由此看來，這個固有的力可以用最恰當不過的名稱，慣性或慣性力來稱呼它。但是，只有當有其他力作用於物體，或者要改變它的狀態時，物體才會產生這種力。這種力的作用既可以看做是抵抗力，也可以看做是推斥力。當物體維持現有狀態、反抗外來力的時候，這種力就表現為抵抗力；當物體不向外來力屈服並要改變外來力的狀態時，這種力就表現為推斥力。抵抗力通常屬於靜止物體，而推斥力通常屬於運動物體。不過正如通常所說的那樣，運動與靜止只能作相對的區分，一般認為是靜止的物體，並不總是真的靜止。

定義 4

外力是一種對物體的推動作用，使其改變靜止或勻速直線運動的狀態。

這種力只存在於作用之時，作用消失後並不存留於物體中，因為物體只靠其慣性維持它所獲得的狀態。不過外力有多種來源，如來自撞擊、擠壓或向心力。

定義 5

向心力使物體受到指向一個中心點的吸引、推斥或任何傾向於該

點的作用。

屬於這種力的有重力，它使物體傾向於落向地球中心；磁力，它使鐵趨向於磁石；以及那種使得行星不斷偏離直線運動（否則它們將沿直線運動）、進入沿曲線軌道環行運動的力，不論它是什麼力。繫於投石器上旋轉的石塊，企圖飛離使之旋轉的手，這種企圖張緊投石器，旋轉越快，張緊的力越大，一旦將石塊放開，它就飛離而去。那種反抗這種企圖的力，使投石器不斷把石塊拉向人手，把石塊維持在其環行軌道上，由於它指向軌道的中心人手，我稱之為向心力。所有環行於任何軌道上的物體都可作相同的理解，它們都企圖離開其軌道中心；如果沒有一個與之對抗的力來遏制其企圖，把它們約束在軌道上，它們將沿直線以勻速飛去，所以我稱這種力為向心力。一個拋射物體，如果沒有引力牽制，將不會回落到地球上，而是沿直線向天空飛去，如果沒有空氣阻力，飛離速度是勻速的。正是引力使其不斷偏離直線軌道，向地球偏轉，偏轉的強弱取決於引力和拋射物的運動速度。引力越小，或其物質的量越少，或它被拋出的速度越大，它對直線軌道的偏離越小，它就飛得越遠。如果用火藥力從山頂上發射鉛彈，給定其速度，方向與地平面平行，鉛彈將沿曲線在落地前飛行 2 英里；同樣，如果沒有空氣阻力，發射速度加倍或加到 10 倍，則鉛彈飛行距離也加倍或加到 10 倍。通過增大發射速度，就可以隨意增加它的拋射距離，減輕其軌跡的彎曲度，直至它最終落在 10°、30°或 90°的距離處①，甚至在落地之前環繞地球一周；或者，使它再也不返回地球，直入蒼穹而去，做 infinitum（無限的）運動。運用同樣的方法，拋射物在引力作用下，可以沿環繞整個地球的軌道運轉。月球也是被引力，如果它有引力的話，或者別的力不斷拉向地球，偏離其慣性力所遵循的直線路徑，沿著其現在的軌道運轉。如果沒有這樣的力，月球將不能保持在其軌道上。如果這個力太小，就將不足以使月球偏離直線路徑；如果它太大，則將使偏轉太大，把月球由其軌道上拉向地球。這個力必須是一個適當的量，數學家的職責在於求出使一個物體以給定速度精確地沿著給定的軌道運轉的力。反之，必須求出從一個給定處

所，以給定速度拋射的物體，在給定力的作用下偏離其原來的直線路徑所進入的曲線路徑。

可以認爲，任何一個向心力均有以下三種度量：絕對度量、加速度度量和運動度量。

定義 6

以向心力的絕對度量量度向心力，它正比於中心導致向心力產生並通過周圍空間傳遞的作用源的性能。

因此，一塊磁石的磁力大小取決於其尺寸和強度。

定義 7

以向心力的加速度度量量度向心力，它正比於向心力在給定時間裏所產生的速度部分。

因此，對於同一塊磁石，距離近則向心力大，距離遠則向心力小；同理，山谷裏的引力大，而高山巔峰處引力小，而距離地球更遠的物體其引力更小（後面將證明）；但在距離相等時，它是處處相等的，因爲（不計，或計入空氣阻力）它對所有落體做相等的加速，不論其是重是輕，是大是小。

定義 8

以向心力的運動度量量度向心力，它正比於向心力在給定時間裏所產生的運動部分。

所以物體越大，其重量越大，物體越小，其重量越小；對於同一

① 此當指地球表面經度，因劍橋地處經度 0°。——中譯者

物體，距地球越近其重量越大，距地球越遠其重量越小。這種量就是向心性，或整個物體對中心的傾向，或如我所說的，物體的重量。它在量值上總是等於一個方向相反、正好足以阻止該物體下落的力。

爲了簡捷起見，向心力的這三種量分別稱爲運動力、加速力和絕對力；爲了加以區別，認爲它們分別屬於傾向於中心的物體、物體的處所和物體所傾向的力的中心。也就是說，運動力屬於物體，它表示一種整體趨於中心的企圖和傾向，它由若干部分的傾向合成；加速力屬於物體的處所，它是一種由中心向周圍所有方向擴散而出，使處於其中的物體運動的能力；絕對力屬於中心，由於某種原因，沒有它則運動力不可能向周圍空間傳遞，不論這原因是由中心物體（如磁鐵在磁力中心，地球在引力中心）或者別的尙不曾見過的事物引起。在此我只給出這些力的數學表述，不涉及其物體根源和地位。

因此，加速力與運動力的關係，將和速度與運動的量的關係相同，因爲運動的量由速度與物質的量的乘積決定，而運動力由加速力與同一個物質的量的乘積決定。加速力對物體各部分作用的總和，就是總運動力。所以，在地球表面附近，加速重力或重力所產生的力，對所有物體都是一樣的，運動重力或重量與物體相同；但如果我們攀登到加速重力小的地方，重量也會相應減少，而且總是物體與加速力的乘積。所以，在加速力減少到一半的地方，原來輕 2 倍或 3 倍的物體，其重量將輕 4 倍或 6 倍。

我談到吸引與推斥，正如我在同一意義上使用加速力和運動力一樣，對於吸引、推斥或任何趨向於中心的傾向這些詞，我在使用時不作區分，因爲我對這些力不從物理上而只從數學上加以考慮：所以，讀者不要望文生義，以爲我要劃分作用的種類和方式，說明其物理原因或理由，或者當我說到吸引力中心，或者談到吸引力的時候，以爲我要在眞實和物理的意義上，把力歸因於某個中心（它只不過是數學點而已）。

附注

　　至此，我已定義了這些鮮爲人知的術語，解釋了它們的意義，以便在以後的討論中理解它們。我沒有定義時間、空間、處所和運動，因爲它們是人所共知的。唯一必須說明的是，一般人除了通過可感知客體外無法想像這些量，並會由此產生誤解。爲了消除誤解，可方便地把這些量分爲絕對的與相對的、眞實的與表象的以及數學的與普通的。

　　I.絕對的、眞實的和數學的時間，由其特性決定，自身均勻地流逝，與一切外在事物無關，又名延續；相對的、表象的和普通的時間是可感知和外在的（不論是精確的或是不均勻的）對運動之延續的量度，它常被用以代替眞實時間，如一小時，一天，一個月，一年。

　　II.絕對空間：其自身特性與一切外在事物無關，處處均勻，永不移動。相對空間是一些可以在絕對空間中運動的結構，或是對絕對空間的量度，我們通過它與物體的相對位置感知它；它一般被當做不可移動空間，如地表以下、大氣中或天空中的空間，都是以其與地球的相互關係確定的。絕對空間與相對空間在形狀與大小上相同，但在數值上並不總是相同。例如，地球在運動，大氣的空間相對於地球總是不變，但在一個時刻大氣通過絕對空間的一部分，而在另一時刻它又通過絕對空間的另一部分，因此從絕對的意義上看，它是連續變化的。

　　III.處所是空間的一個部分，爲物體佔據著，它可以是絕對的或相對的，隨空間的性質而定。我這裏說的是空間的一部分，不是物體在空間中的位置，也不是物體的外表面，因爲相等的固體其處所總是相等，但其表面卻常常由於外形的不同而不相等。位置實在沒有量可言，它們至多是處所的屬性，絕非處所本身。整體的運動等同於其各部分的運動的總和，也就是說，整體離開其處所的遷移等同於其各部分離開各自的處所的遷移的總和，因此整體的處所等同於其各部分處所的和，由於這個緣故，它是內在的，在整個物體內部。

Ⅳ.絕對運動是物體由一個絕對處所遷移到另一個絕對處所;相對運動是物體由一個相對處所遷移到另一個相對處所。在一艘航行的船中,物體的相對處所是它所佔據的船的一部分,或物體在船艙中充填的那一部分,它與船共同運動:所謂相對靜止,就是物體滯留在船或船艙的同一部分處。但實際上,絕對靜止應是物體滯留在不動空間的同一部分處,船、船艙以及它攜載的物品都已相對於不動空間做了運動。所以,如果地球眞的靜止,那個相對於船靜止的物體,將以等於船相對於地球的速度眞實而絕對地運動。但如果地球也在運動,物體眞正的絕對運動應當一部分是地球在不動空間中的運動,另一部分是船在地球上的運動;如果物體也相對於船運動,它的眞實運動將部分來自地球在不動空間中的眞實運動,部分來自船在地球上的相對運動,以及該物體相對於船的運動。這些相對運動決定物體在地球上的相對運動。例如,船所處的地球的邢一部分,眞實地向束運動,速度爲 10010 等分,而船則在強風中揚帆向西航行,速度爲 10 等分,水手在船上以 1 等分速度向束走,則水手在不動空間中實際上是向束運動,速度爲 10001 等分,而他相對於地球的運動則是向西,速度爲 9 等分。

天文學中用表象時間的均差或勘誤來區別絕對時間與相對時間,因爲自然日並不眞止相等,雖然一般認爲它們相等,並用以度量時間。天文學家糾正這種不相等性,以便用更精確的時間測量天體的運動。能用以精確測定時間的等速運動可能是不存在的。所有運動都可能加速或減速,但絕對時間的流逝並不遷就任何變化。事物的存在頑強地延續維持不變,無論運動是快是慢抑或停止。因此這種延續應當同只能借著感官測量的時間區別開來,由此我們可以運用天文學時差把它推算出來。這種時差的必要性,在對現象做時間測定中已顯示出來,如擺鐘實驗,以及木星衛星的食虧。

與時間間隔的順序不可互易一樣,空間部分的次序也不可互易。設想空間的一些部分被移出其處所,則它們將是 (如果允許這樣表述的話) 移出其自身,因爲時間和空間是,而且一直是,它們自己以及

一切其他事物的處所。所有事物置於時間中以列出順序，置於空間中以排出位置。時間和空間在本質上或特性上就是處所，事物的基本處所可以移動的說法是不合理的。所以，這些是絕對處所，而離開這些處所的移動，是唯一的絕對運動。

　　但是，由於空間的這一部分無法看見，也不能通過感官把它與別的部分加以區分，所以我們代之以可感知的度量。由事物的位置及其到我們視爲不動的物體的距離定義出所有處所，再根據物體由某些處所移向另一些處所，測出相對於這些處所的所有運動。這樣，我們就以相對處所和運動取代絕對處所和運動，而且在一般情況下沒有任何不便。但在哲學研究中，我們則應當從感官抽象出並且思考事物自身，把它們與單憑感知測度的表象加以區分，因爲實際上藉以標誌其他物體的處所和運動的靜止物體，可能是不存在的。

　　不過，我們可以由事物的屬性、原因和效果把一事物與他事物的靜止與運動、絕對與相對區別開來。靜止的屬性在於，眞正靜止的物體相對於另一靜止物體也是靜止的，因此在遙遠的恆星世界，也許更爲遙遠的地方，有可能存在著某些絕對靜止的物體，但卻不可能由我們世界中物體間的相互位置知道這些物體是否保持著與遙遠物體不變的位置，這意味著在我們世界中物體的位置不能確定絕對靜止。

　　運動的屬性在於，部分維持其在整體中的原有位置並參與整體的運動。轉動物體的所有部分都有離開其轉動軸的傾向，而向前行進的物體的力量來自其所有部分的力量之和。所以，如果處於外圍的物體運動了，處於其內原先相對靜止的物體也將參與其運動。基於此項說明，物體眞正的絕對運動，不能由它相對於只是看起來是靜止的物體發生移動來確定，因爲外部的物體不僅應看起來是靜止的，而且還應是眞正靜止的。反過來，所有包含在內的物體，除了離開它們附近的物體外，同樣也參與眞正的運動，即使沒有這項運動，它們也不是眞正的靜止，只是看起來靜止而已。因爲周圍的物體與包含在內的物體的關係，類似於一個整體靠外的部分與其靠內的部分的關係，或者類似於果殼與果仁的關係，但如果果殼運動了，則果仁作爲整體的一部

分也將運動，而它與靠近的果殼之間並無任何移動。

與上述有關的一個屬性是，如果處所運動了，則處於其中的物體也與之一同運動。所以，離開其運動處所的物體，也參與了其處所的運動。基於此項說明，一切脫離運動處所的運動，都只是整體和絕對運動的一部分。每個整體運動都由移出其初始的處所的物體的運動和這個處所移出其原先位置的運動等構成，直至最終到達一不動的處所，如前面舉過的航行的例子。所以，整體和絕對的運動，只能由不動的處所加以確定，正因為如此，我才在前文裏把絕對運動與不動處所相聯繫，而把相對運動與相對處所相聯繫。所以，不存在不變的處所，只是那些從無限到無限的事物除外，它們全部保持著相互間既定的不變位置，必定永遠不動，因而構成不動空間。

真實與相對運動之所以不同，原因在於施於物體上使之產生運動的力。真正的運動，除非某種力作用於運動物體之上，是既不會產生也不會改變的，但相對運動在沒有力作用於物體時也會產生或改變，因為只要對與前作作比較的其他物體施加以某種力就足夠了，其他物體的後退，使它們先前的相對靜止或運動的關係發生改變；再者，當有力施於運動物體上時，真實的運動總是發生某種變化，而這種力卻未必能使相對運動做同樣變化。因為如果把相同的力同樣施加在用做比較的其他物體上，相對的位置有可能得以維持，進而維持相對運動所需條件。因此，相對運動改變時，真實運動可維持不變，而相對運動得以維持時，真實運動卻可能變化了。所以，這種關係絕不包含真正的運動。

絕對運動與相對運動的效果的區別是飛離旋轉運動軸的力。在純粹的相對轉動中不存在這種力，而在真正的絕對轉動中，該力的大小取決於運動的量。如果將一懸在長繩之上的桶不斷旋轉，使繩擰緊，再向桶中注滿水，並使桶與水都保持平靜，然後通過另一個力的突然作用，使桶沿相反方向旋轉，同時繩自己放鬆，桶做這項運動會持續一段時間。開始時，水的表面是平坦的，因為桶尚未開始轉動；但之後，桶通過逐漸把它的運動傳遞給水，將使水開始明顯地旋轉，一點

一點地離開中間，並沿桶壁上升，形成一個凹形（我驗證過），而且旋轉越快，水上升得越高，直至最後與桶同時轉動，達到相對靜止。水的上升表明它有離開轉動軸的傾向，而水的眞實和絕對的轉動，在此與其相對運動直接矛盾，可以知道並由這種傾向加以度量。起初，當水在桶中的相對運動最大時，它並未表現出離開軸的傾向，也未顯示出旋轉的趨勢，未沿桶壁上升，水面保持平坦，因此水的眞正旋轉並未開始。但在那之後，水的相對運動減慢，水沿桶壁上升表明它企圖離開轉軸，這種傾向說明水的眞實的轉動正逐漸加快，直到它獲得最大量，這時水相對於桶靜止。因此，水的這種傾向並不取決於水相對於其周圍物體的移動，這種移動也不能說明眞實的旋轉運動。任何一個旋轉的物體只存在一種眞實的旋轉運動，它只對應於一種企圖離開運動軸的力，這才是其獨特而恰當的後果。但在一個完全相同的物體中的相對運動，由其與外界物體的各種關係決定，多得不可勝數，而且與其他關係一樣，都缺乏眞實的效果，除非它們或許參與了那唯一的眞實運動。因此，按這種見解，宇宙體系是：我們的天空在恆星天層之下攜帶著行星一同旋轉，天空中的若干部分以及行星相對於它們的天空可能的確是靜止的，但卻實實在在地運動著，因爲它們相互間變換著位置（眞正靜止的物體絕不如此），被裹攜在它們的天空中參與其運動，而且作爲旋轉整體的一部分，企圖離開它們的運動軸。

　　正因爲如此，相對的量並不是負有其名的那些量本身，而是其可感知的度量（精確的或不精確的），它通常用以代替量本身的度量。如果這些詞的含義是由其用途決定的，則時間、空間、處所和運動這些詞，其（可感知的）度量就能得到恰當的理解，而如果度量出的量意味著它們自身，則其表述就非同尋常，而且是純數學的了。由此看來，有人在解釋這些表示度量的量的同時，違背了本應保持準確的語言的精確性，他們混淆了眞實的量和與之有關的可感知的度量，這無助於減輕對數學和哲學眞理的純潔性的玷污。

　　要認識特定物體的眞實運動並切實地把它與表象的運動區分開，確實是一件極爲困難的事，因爲於其中發生運動的不動空間的那一部

分，無法爲我們的感官所感知，不過沒必要對此徹底絕望，我們還有若干見解作指導，其一來自表象運動，它與眞實運動有所差異；其二來自力，它是眞實運動的原因與後果。例如，兩隻球由一根線連接並保持給定距離，圍繞它們的公共重心旋轉，則我們可以由線的張力發現球欲離開轉動軸的傾向，進而可以計算出它們的轉動量。如果用同等的力施加在球的兩側使其轉動增加或減少，則由線的張力的增加或減少可以推知運動的增減，進而可以發現力應施加在球的什麼面上才能使其運動有最大增加，即可以知道是它的最後面，或在轉動中居後的一面。而知道了這後面的一面，以及與之對應的一面，也就同樣可以知道其運動方向了。這樣，我們就能知道這種轉動的量和方向，即使在巨大的眞空中，沒有供球與之作比較的外界的可感知的物體存在，也能做到。但是，如果在那個空間裏有一些遙遠的物體，其相互間的位置保持不變，就像我們世界中的恆星一樣，我們就確實無法從球在那些物體中的相對移動來判定究竟這運動屬於球還是屬於那些物體。但如果我們觀察繩子，發現其張力正是球運動時所需要的，就能斷定運動屬於球，那些物體是靜止的；最後，由球在物體間的運動，我們還能發現其運動的方向。但如何由其原因、效果及表象差異推知眞正的運動，以及相反的推理，正是我要在隨後的篇章中詳細闡述的，這正是我寫作本書的目的。

運動的公理或定律

定律 I

每個物體都保持其靜止或勻速直線運動的狀態，除非有外力作用於它迫使它改變那個狀態。

抛射體如果沒有空氣阻力的阻礙或重力向下牽引，將維持射出時的運動。陀螺的凝聚力不斷使其各部分偏離直線運動，如果沒有空氣的阻礙，就不會停止旋轉。行星和彗星一類較大物體，在自由空間中

沒有什麼阻力，可以在很長時間裏保持其前行的和圓周的運動。

定律 II

運動的變化正比於外力，變化的方向沿外力作用的直線方向。

如果某力產生一種運動，則加倍的力產生加倍的運動，3 倍的力產生 3 倍的運動，無論這力是一次施加的還是逐次施加的。而且如果物體原先是運動的，則它應加上或減去原先的運動，這由它的方向與原先運動一致或相反來決定。如果它是斜向加入的，則它們之間有夾角，由二者的方向產生出新的複合運動。

定律 III

每一種作用都有一個相等的反作用；或者，兩個物體間的相互作用總是相等的，而且指向相反。

不論是拉還是壓另一個物體，都會受到該物體同等的拉或是壓。如果用手指壓一塊石頭，則手指也受到石頭的壓。如果馬拉一繫於繩索上的石頭，則馬（如果可以這樣說的話）也同等地被拉向石頭，因為繃緊的繩索同樣企圖使自身放鬆，將像它把石頭拉向馬一樣同樣強地把馬拉向石頭，它阻礙馬前進就像它拉石頭前進一樣強。

如果某個物體撞擊另一物體，並以其撞擊力使後者的運動改變，則該物體的運動也（由於互壓等同性）發生一個同等的變化，變化方向相反。這些作用造成的變化是相等的，但不是速度變化，而是指物體的運動變化，如果物體不受到任何其他阻礙的話。由於運動是同等變化的，所以向相反方向速度的變化反比於物體。本定律在吸引力情形也成立，我們將在附注中證明。

推論 I.物體同時受兩個力作用時，其運動將沿平行四邊形對角線進行，所用時間等於二力分別沿兩個邊所需。

如果物體在給定的時刻受力 M 作用離開處所 A，則它應以均勻

速度由 A 運動到 B，如果物體受力 N 作用離開 A，則它應由 A 到
C。作 $\square ABDC$，使兩個力共同作用，則物體
在同一時間沿對角線由 A 運動到 D。因爲力
N 沿 AC 線方向作用，它平行於 BD，（由定
律 II）將完全不改變使物體到達線 BD 的力 M

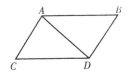

所產生的速度，所以物體將在同一時刻到達 BD，不論力 N 是否產生
作用。所以在給定時間終了時物體將處於線 BD 某處；同理，在同一
時間終了時物體也處於線 CD 上某處。因此，它處於 D 點，兩條線交
會處。但由定律 I，它將沿直線由 A 到 D。

推論 II.由此可知，任何兩個斜向力 AC 和 CD 複合成一直線力
AD；反之，任何一直線力 AD 可分解爲兩個斜向力 AC 和 CD：這
種複合和分解已在力學上充分證實。

如果由輪的中心 O 作兩個不相等的半徑 OM 和 ON，由繩 MA
和 NP 懸掛重量 A 和 P，則這些重量所產生的力正是運動輪子所需
要的。通過中心 O 作直線 KOL，並與繩在
K 和 L 點垂直相交；再以 OK 和 OL 中較
長的 OL 爲半徑以 O 爲中心畫一圓，與繩
MA 相交於 D；連接 OD，作 AC 平行
OD，DC 垂直於 OD。現在，繩上的點 K、
L、D 是否固定在輪上已無關緊要，重量懸掛
在 K、L 點或者 D、L 點效果是相同的。以
線段 AD 表示重量 A 的力，並把它分解爲
力 AC 和 CD，其中力 AC 與由中心直接引

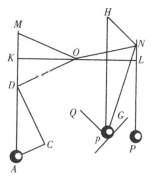

出的半徑 OD 同向，對轉動輪子不做貢獻；但另一個力 DC 與半徑
DO 垂直，它對轉動輪子的貢獻與把它懸在與 OD 相等的半徑 OL 上
相同，即其效果與重量 P 相同，如果

$$P : A = DC : DA,$$

但由於 $\triangle ADC$ 與 $\triangle DOK$ 相似，

$$DC : DA = OK : OD = OK : OL$$

因此，

$$P：A=半徑\ OK：半徑\ OL$$

這兩個半徑同處一條直線上，作用等效，因此是平衡的，這就是著名的平衡、槓桿和輪子的屬性。如果該比例中一個力較大，則其轉動輪子的力同等增大。

如果重量 $p=P$ 部分懸掛在線 Np 上，部分懸掛在斜面 pG 上，作 pH、NH，使前者垂直於地平線，後者垂直於斜面 pG，如果把指向下的重量 p 的力以線 pH 來表示，則它可以分解為力 pN、HN。如果有一個平面 pQ 垂直於繩 pN，與另一平面相交，相交線平行於地平線，則重量 p 僅由 pQ、pG 支撐，它分別以 pN、HN 垂直壓迫這兩平面，即平面 pQ 受力 pN，平面 pG 受力 HN。所以，如果抽去平面，則重量將拉緊繩子，因為它現在取代抽去了的平面懸掛著重量，它受到的張力就是先前壓平面的力 pN，所以

$$pN\ 的張力：PN\ 的張力=線段\ pN：線段\ pH$$

因此，如果 p 與 A 的比值是 pN 和 AM 到輪中心的最小距離的反比與 pH 和 pN 的比的乘積，則重量 p 與 A 轉動輪子的效果相同，而且相互維持，這很容易得到實驗驗證。

不過重量 p 壓在兩個斜面上，可以看做是被一個楔劈開的物體的兩個內表面，由此可以確定楔和槌的力：因為重量 p 壓平面 pQ 的力就是沿線段 pII 方向的力，不論它是自身重力或者槌子敲的力在兩個平面上的壓力，即

$$pN：pH$$

以及在另一個平面 pG 上的壓力，即

$$pN：NH$$

據此也可以把螺釘的力作類似分解，它不過是由槓桿力推動的楔子。所以，本推論應用廣泛而久遠，而其真理性也由之得以進一步確證。因為依照所有力學準則所說的以各種形式得到不同作者的多方驗證，由此也不難推知由輪子、滑輪、槓桿、繩子等構成的機械力，和直接與傾斜上升的重物的力，以及其他的機械力，還有動物運動骨骼的肌

肉力。

推論Ⅲ.由指向同一方向的運動的和以及由相反方向的運動的差所得的運動的量,在物體間相互作用中保持不變。

　　根據定律Ⅲ,作用與反作用方向相反、大小相等,而根據定律Ⅱ,它們在運動中產生的變化相等,各自作用於對方。所以,如果運動方向相同,則增加給前面物體的運動應從後面的物體中減去,總量與作用發生前相同。如果物體相遇,運動方向相反,則兩方面的運動量等量減少,因此,指向相反方向的運動的差維持相等。

　　設球體 A 比另一球體 B 大 2 倍,A 運動速度＝2,B 運動速度＝10,且與 A 方向相同。則

$$A \text{ 的運動}:B \text{ 的運動}＝6:10$$

設它們的運動量分別爲 6 單位和 10 單位,則總量爲 16 單位。所以,在物體相遇的情形,如果 A 得到 3、4 或 5 個運動單位,則 B 失去同等的量,碰撞後 A 的運動爲 9、10 或 11 單位,而 B 爲 7、6 或 5,其總和與先前一樣爲 16 單位。如果 A 得到 9、10、11 或 12 個運動單位,碰撞後運動量增大到 15、16、17 或 18 單位,而 B 所失去的與 A 得到的相等,其運動或者是由於失去 9 個單位而變爲 1,或是失去全部 10 個單位而靜止,或是不僅失去其全部運動,而且 (如果能這樣的話) 還多失去了 1 個單位,以 1 個單位向回運動,也可以失去 12 個單位的運動,以 2 個單位向回運動。兩個物體運動量的總量爲相同方向運動的和

$$15＋1 \text{ 或 } 16＋0$$

或相反方向運動的差

$$17－1 \text{ 或 } 18－2$$

總是等於 16 單位,與它們相遇碰撞之前相同。然而,在碰撞後物體前進的運動量爲已知時,物體的速度中的一個也可以知道,方法是,碰撞後與碰撞前的速度之比等於碰撞後與碰撞前的運動之比。在上述情形中,

　　碰撞前 A 的運動(6)：碰撞後 A 的運動(18)＝碰撞前 A 的速度

(2)：碰撞後 A 的速度(x)即：

$$6 : 18 = 2 : x，x = 6$$

但是，如果物體不是球形，或運動在不同直線上，在斜向上碰撞，則在要求出其碰撞後的運動時，首先應確定在碰撞點與兩物體相切的平面的位置，然後把每個物體的運動（由推論Ⅱ）分解爲兩部分，一部分垂直於該平面，另一部分平行於該平面。因爲兩物體的相互作用發生在與該平面相垂直的方向上，而在平行於平面的方向上物體的運動量在碰撞前後保持不變；在垂直方向的運動是等量反向地變化的，由此同向運動的量和成反向運動的量的差與先前相同。由這種碰撞有時也會提出物體繞中心的圓周運動問題，不過我不擬在下文中加以討論，而且要將與此有關的每種特殊情形都加以證明也太過繁冗了。

推論Ⅳ.兩個或多個物體的公共重心不因物體自身之間的作用而改變其運動或靜止狀態，因此，所有相互作用著的物體（有外力和阻滯作用除外）其公共重心或處於靜止狀態，或處於勻速直線運動狀態。

因爲，如果有兩個點沿直線做勻速運動，按給定比例把兩點間距離分割，則分割點或是靜止，或是以勻速直線運動。在以後的引理23及其推論中將證明，如果點在同一平面中運動，則這一情形爲眞，由類似的方法還可證明當點不在同一平面內運動的情形。因此，如果任意多的物體都以勻速直線運動，則它們中的任意兩個的重心處於靜止或是做勻速直線運動，因爲這兩個勻速直線運動的物體其重心連線被一給定比例在公共重心點分割。用類似方法，這兩個物體的公共重心與第三個物體的重心也處於靜止或勻速直線運動狀態，因爲這兩個物體的公共重心與第三個物體的重心間的距離也以給定比例分割。依次類推，這三個物體的公共重心與第四個物體的重心間的距離也可以給定比例分割，以至於無窮（infinitum）。所以，一個物體體系，如果它們之間沒有任何作用，也沒有任何外力作用於它們之上，因而它們都在做勻速直線運動，則它們全體的公共重心或是靜止，或是做勻速直線運動。

還有，相互作用著的二物體系統，由於它們的重心到公共重心的

距離與物體成反比,則物體間的相對運動,不論是趨近或是背離重心,都必然相等。因而運動的變化等量而反向,物體的共同重心由於其相互間的作用而既不加速也不減速,而且其靜止或運動的狀態也不改變。但在一個多體系統中,因為任意兩個相互作用著的物體的共同重心不因這種相互作用而改變其狀態,而其他物體的公共重心受此一作用甚小;然而這兩個重心間的距離被全體的公共重心分割為反比於屬於某一中心的物體的總和的部分,所以,在這兩個重心保持其運動或靜止狀態的同時,所有物體的公共重心也保持其狀態:需指出的是,全體的公共重心其運動或靜止的狀態不能因受到其中任意兩個物體間相互作用的破壞而改變。但在這樣的系統中物體間的一切作用或是發生在某兩個物體之間,或是由一些雙體間的相互作用合成,因此它們從不對全體的公共重心的運動或靜止狀態產生改變。這是由於當物體間沒有相互作用時,重心將保持靜止或做勻速直線運動,即使有相互作用,它也將永遠保持其靜止或勻速直線運動狀態,除非有來自系統之外的力的作用破壞這種狀態。所以,在涉及保守其運動或靜止狀態問題時,多體構成的系統與單體一樣適用同樣的定律,因為不論是單體或是整個多物體系統,其前行運動總是通過其重心的運動來估計的。

推論 V.一個給定的空間,不論它是靜止,或是做不含圓周運動的勻速直線運動,它所包含的物體自身之間的運動都不受影響。

因為方向相同的運動的差,與方向相反的運動的和,在開始時(根據假定)在兩種情形中相等,而由這些和與差即發生碰撞,物體相互間發生作用,因而(根據定律II)在兩種情形下碰撞的效果相等,因此在一種情形下物體相互之間的運動將保持等同於在另一種情形下物體相互間的運動。這可以由船的實驗來清楚地證明,不論船是靜止或勻速直線運動,其內的一切運動都同樣進行。

推論 VI.相互間以任何方式運動著的物體,在都受到相同的加速力在平行方向上被加速時,都將保持它們相互間原有的運動,如同加速力不存在一樣。

　　因爲這些力同等作用（其運動與物體的量有關）並且是在平行線方向上，則（根據定律Ⅱ）所有物體都受到同等的運動（就速度而言），因此它們相互間的位置和運動不發生任何改變。

附注

　　到此爲止我敍述的原理既已爲數學家們所接受，也得到大量實驗的驗證。由前兩個定律和前兩個推論，伽利略曾發現物體的下落隨時間的平方而變化（in duplicata ratione temporis），拋體的運動沿拋物線進行，這與經驗相吻合，除了這些運動受到空氣阻力的些微阻滯。物體下落時，其重量的均勻力作用相等，在相同的時間間隔內，這種相等的力作用於物體產生相等的速度；而在全部時間中全部的力所產生的全部的速度正比於時間。而對應於時間的距離是速度與時間的乘積，即正比於時間的平方。當向上拋起一個物體時，其均勻重力使其速度正比於時間遞減，在上升到最大高度時速度消失，這個最大高度正比於速度與時間的乘積，或正比於速度的平方。如果物體沿任意方向拋出，則其運動是其拋出方向上的運動與其重力產生的運動的複合。因此，如果物體 A 只受拋射力作用，拋出後在給定時間內沿直線 AB 運動，而自由下落時，在同一時間內沿 AC 下落，作 □ABDC，則該物體作複合運動，在給定時間的終了時刻出現在 D 處；物體畫出的曲線 AED 是一拋物線，它與直線 AB 在 A 點相切，其縱座標 BD 則與直線 AB 的平方成比例。由相同的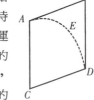定律和推論還能確定單擺振動時間，這在日用的擺鐘實驗中得到證明。運用這些定律、推論再加上定律Ⅲ，克里斯多夫‧雷恩（Christopher Wren）爵士、瓦里斯（Wallis）博士和我們時代最偉大的幾何學家惠更斯先生，各自獨立地建立了硬物體碰撞和反彈的規則，並差不多同時向英國皇家學會報告了他們的發現，他們發現的規則極其一致。瓦里斯博士的確稍早一些發表，其次是克里斯多夫‧雷恩爵士，

最後是惠更斯先生。但克里斯多夫·雷恩爵士用單擺實驗向英國皇家
學會作了證明，馬略特（M. Mariotte）很快想到可以對這一課題作全
面解釋。但要使該實驗與理論精確相符，我們必須考慮到空氣的阻力
和相撞物體的彈力。將球體 A、B
以等長弦 AC、BD 平行地懸掛於
中心 C、D，繞此中心，以弦長爲
半徑畫出半圓 EAF 和 GBH，並
分別爲半徑 CA、DB 等分。將球體
A 移到 $\overset{\frown}{EAF}$ 上任意一點 R，並

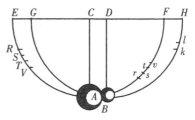

（也移開球體 B）由此讓它擺下，設一次振動後它回到 V 點，則 RV
就是空氣阻力產生的阻滯。取 ST 等於 RV 的四分之一並置於中間，
即

$$RS = TV$$

並有

$$RS : ST = 3 : 2$$

則 ST 非常近似地表示由 S 下落到 A 過程中的阻滯。再移回球體
B，設球體 A 由點 S 下落，它在反彈點 A 的速度將與它在眞空中（in
vacuo）自點 T 下落時的大致相同，差別不大。由此看來，該速度可
用弦 TA 長度來表示，因爲這在幾何學上是眾所周知的命題：擺錘在
其最低點的速度與它下落過程所畫出的弧長成比例。反彈之後，設物
體 A 到達 S 處，球體 B 到達 k 處。移開球體 B，找一個 v 點，使物
體 A 下落後經一次振盪後回到 r 處，而 st 是 rv 的四分之一，並置於
其中間使 rs 等於 tv，令 $\overset{\frown}{tA}$ 的長表示球體 A 在碰撞後在 A 處的速
度，因爲 t 是球體 A 在不考慮空氣阻力時所能達到的眞實而正確的處
所，用同樣方法修正球體 B 所能達到的 k 點，選出 l 點爲它在眞空中
達到的處所。這樣就具備了所有如同眞的在眞空中做實驗的條件。在
此之後，我們取球體 A 與 $\overset{\frown}{TA}$ 的長（它表示其速度）的乘積（如果可
以這樣說的話），得到它在 A 處碰撞前一瞬間的運動，球體 A 與 $\overset{\frown}{tA}$
的長的乘積表示碰撞後一瞬間的運動；同樣，取球體 B 與 $\overset{\frown}{Bl}$ 的長的

乘積，就得到它在碰撞後同一瞬間的運動。用類似的方法，當兩個物體由不同處所下落到一起時，可以得出它們各自的運動以及碰撞前後的運動，進而可以比較它們之間的運動，研究碰撞的影響。取擺長 10 英尺，所用的物體既有相等的也有不相等的，在通過很大的空間，如 8、12 或 16 英尺之後使物體相撞，我總是發現，當物體直接撞在一起時，它們給對方造成的運動的變化相等，誤差不超過 3 英寸，這說明作用與反作用總是相等。若物體 A 以 9 個單位的運動撞擊靜止的物體 B，失去 7 個單位，反彈運動為 2，則 B 以相反方向帶走 7 個單位。如果物體由迎面的運動而碰撞，A 為 12 個單位運動，B 為 6，則如果 A 反彈運動為 2，則 B 為 8，即雙方各失去 14 個單位的運動。因為由 A 的運動中減去 12 個單位，則 A 已無運動，再減去 2 個單位，即在相反方向產生 2 個單位的運動；同樣，從物體 B 的 6 個單位中減去 14 個單位，即在相反方向產生 8 個單位的運動。而如果兩物體運動方向相同，A 快些，有 14 個單位運動，B 慢些，有 5 個單位，碰撞後 A 餘下 5 個單位繼續前進，而 B 則變為 14 為單位，9 個單位的運動由 A 傳給 B。其他情形也相同。物體相遇或碰撞，其運動的量得自同向運動的和或逆向運動的差，都絕不改變。至於一兩英寸的測量誤差可以輕易地歸咎於很難做到事事精確上。要使兩隻擺精確地配合，使它們在最低點 AB 相互碰撞，要標出物體碰撞後達到的位置 s 和 k 是不容易的。還不止於此，某些誤差也可能是擺錘體自身各部分密度不同以及其他原因產生的結構上的不規則所致。

可能會有反對意見，說這項實驗所要證明的規律首先要假定物體或是絕對硬的，或至少是完全彈性的（而在自然界中這樣的物體是沒有的），鑒於此，我必須補充一下，我們敍述的實驗完全不取決於物體的硬度，用柔軟的物體與用硬物體一樣成功，因為如果要把此規律用在不完全硬的物體上，只要按彈力的量所需比例減少反彈的距離即可。根據雷恩和惠更斯的理論，絕對硬的物體的反彈速度與它們相遇的速度相等，但這在完全彈性體上能得到更肯定的證實。對於不完全彈性體，返回的速度要與彈力同樣減小，因為這個力（除非物體的

相應部分在碰撞時受損，或像在錘子敲擊下被延展）是確定的（就我所能想到的而言），它使物體以某種相對速度離開另一個物體，這個速度與物體相遇時的相對速度有一給定的比例。我用緊密堅固的羊毛球做過試驗。首先，讓擺錘下落，測量其反彈，確定其彈性力的量，然後根據這個力，估計在其他碰撞情形下所應反彈的距離。這一計算與隨後做的其他實驗的確吻合。羊毛球分開時的相對速度與相遇時的速度的比總是約爲 5：9，鋼球的返回速度幾乎完全相同，軟木球的速度略小，但玻璃球的速度比約爲 15：16，這樣，第三定律到此在涉及碰撞與反彈情形時，都獲得與經驗相吻合的理論證明。

對於吸引力的情形，我沿用這一方法作簡要證明。設任意兩個相遇的物體 A、B 之間有一障礙物介入，兩物體相互吸引。如果任一物體，比如 A，被另一物體 B 的吸引，比物體 B 受物體 A 的吸引更強烈一些，則障礙物受到物體 A 的壓力比受到物體 B 的壓力要大，這樣就不能維持不衡：壓力大的一方取得優勢，把兩個物體和障礙物共同組成的系統推向物體 B 所在的一方；若在自由空間中，將使系統持續加速直至無限（in infinitum）；但這是不合理的，也與第一定律矛盾。因爲由第一定律，系統應保持其靜止或勻速直線運動狀態，因此兩物體必定對障礙物有相等壓力，而且相互間吸引力也相等。我曾用磁石和鐵做過實驗，把它們分別置於適當的容器中，浮於平靜水面上，它們相互間不排斥，而是通過相等的吸引力支撐對方的壓力，最終達到一種平衡。

同樣，地球與其部分之間的引力也是相互的。令地球 FI 被平面 EG 分割成 EGF 和 EGI 兩部分，則它們相互間的引力是相等的，因爲如果用另一個平行於 EG 的平面 HK，再把較大的一部分 EGI 切成兩部分 EGKH 和 HKI，使 HKI 等於先前切開的部分 EFG，則很明顯中間部分 EGKH 自身的重量合適，不會向任何一方傾倒，始終懸著，在中間保持靜止和平衡。但一側的部分 HKI 將用其全部重量把

中間部分壓向另一側的部分 *EGF*,所以 *EGI* 的力,*HKI* 部分和 *EGKH* 部分的和,傾向於第三部分 *EGF*,等於 *HKI* 部分的重量,即第三部分 *EGF* 的重量。因此,*EGI* 和 *EGF* 兩部分相互之間的引力是相等的,這正是要證明的。如果這些引力真的不相等,則漂浮在無任何阻礙的以太中的整個地球必定讓位於更大的引力,逃避開去,消失於無限之中。

由於物體在碰撞和反彈中是等同的,其速度反比於其慣性力,因而在運用機械儀器中有關的因素也是等同的,並相互間維持對另一方的相反的壓力,其速度由這些力決定,並與這些力成反此。

所以,用於運動天平的臂的重量,其力是相等的,在使用天平時,重量反比於天平上下擺動的速度,即,如果上升或下降是直線的,其重量的力就相等,並反比於它們懸掛在天平上的點到天平軸的距離;但若有斜面插入,或其他障礙物介入,致使天平偏轉,使它斜向上升或下降,則那些物體也相等,並反比於它們參照垂直線所上升或下降的高度,這取決於垂直向下的重力。

類似的方法也用於滑輪或滑輪組。手拉直繩子的力與重量成正比,不論重物是直向或斜向上升,如同重物垂直上升的速度正比於手拉繩子的速度,都將拉住重物。

在由輪子複合而成的時鐘和類似的儀器中,使輪子運動加快或減慢的反向力,如果反比於它們所推動的輪子的速度,也將相互維持平衡。

螺旋機擠壓物體的力正比於手旋擰手柄使之運動的力,如同手握住那部分把柄的旋轉速度與螺旋壓向物體的速度。

楔子擠壓或劈開木頭兩邊的力正比於錘子施加在楔子上的力,如同錘子敲在楔子上使之在力的方向上前進的速度正比於木頭在楔子下在垂直於楔子兩邊的直線方向上裂開的速度。所有機器都給出相同的解釋。

機器的效能和運用無非是減慢速度以增加力,或者反之。因而運用所有適當的機器,都可以解決這樣的問題:**以給定的力移動給定的**

重量，或以給定的力克服任何給定的阻力。如果機器設計成其作用和阻礙的速度反比於力，則作用就能剛好抵消阻力，而更大的速度就能克服它。如果更大的速度大到足以克服一切阻力——它們通常來自接觸物體相互滑動時的摩擦，或要分離連續的物體的凝聚，或要舉起的物體的重量，則在克服所有這些阻力之後，剩餘的力就將在機器的部件以及阻礙物體中產生與其自身成正比的力速度。但我在此不是要討論力學，我只是想通過這些例子說明第三定律適用之廣泛和可靠。如果我們由力與速度的乘積去估計作用，以及類似地，由阻礙作用的若干速度與由摩擦、凝聚、重量產生的阻力的乘積去估計阻礙反作用，則將發現一切機器中運用的作用與反作用總是相等的。儘管作用是通過中介部件傳遞，最後才施加到阻礙物體上的，但其最終的作用總是針對反作用的。

第一卷　物體的運動

第一章　初量與終量的比值方法，由此可以證明下述命題

引理 1

量以及量的比值，在任何有限時間範圍內連續地向著相等接近，而且在該時間終了前相互趨近，其差小於任意給定值，則最終必然相等。

若否定這一點，可設它們最終不相等，令 D 表示其最終的差。這樣它們不能以小於差 D 的量相互趨近，而這與命題矛盾。

引理 2

任意圖形 $AacE$ 由直線 Aa、AE 和曲線 acE 組成，其上有任意多個長方形 Ab、Bc、Cd 等，它們的底邊 AB、BC、CD 等都相等，其邊 Bb、Cc、Dd 等平行於圖形的邊 Aa，又作正方形 $aKbl$、$bLcm$、$cMdn$ 等：如果將長方形的寬縮小，使長方形的數目趨於無窮，則內切圖形 $AKbLcMdD$、外切圖形 $AalbmcndoE$ 和曲邊圖形

$AabcdE$ 將趨於相等，它們的最終比值是相等
比值。

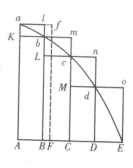

因為內切圖形與外切圖形的差是長方形
Kl、Lm、Mn、Do 等的和，即（由它們的底
相等）以其中一個長方形的底 kb 為底，以它們
的高度和 Aa 為高的矩形，也就是矩形
$ABla$。然而，由於寬 AB 無限縮小，所以該矩
形也將小於任何一個給定空間。所以（由引理
1）內切圖形和外切圖形最後趨於相等，而居於
其中間的曲線圖形更是與它們相等了。　　　　證畢。

引理 3

矩形的寬 AB、BC、DC 等不相等時，只
要它們都無限縮小，上述三圖形的最終比值仍
是相等比值。

設 AF 是最大寬度，作矩形 $FAaf$，它將
大於內切圖形與外切圖形的差。但由於其寬
AF 是無限縮小的，它也將小於任何給定矩
形。　　　　　　　　　　　　　　　　證畢。

推論 I.所以，所有這些趨於零的長方形的
最後總和與曲線圖形完全一致。

推論 II.屬於這些長度趨於零的弧 $\overset{\frown}{ab}$、$\overset{\frown}{bc}$、$\overset{\frown}{cd}$ 等的直線圖形最
終與曲線圖形完全一致。

推論 III.並且，屬於相同弧長的切線的外切圖形也與此相同。

推論 IV.所以，這些最終圖形（就其外周 acE 而言）不是直線圖形，
而是直線圖形的曲線極限。

引理 4

　　如果在兩個圖形 $AacE$、$PprT$ 中有兩組內切矩形（同前），每組數目相同，它們的寬趨於無窮小，如果一個圖形內的矩形與另一圖形的矩形分別對應的最終比值相同，則圖形 $AacE$ 與 $PprT$ 的比值與該值相同。

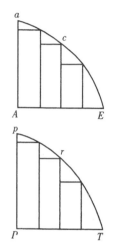

　　因為一個圖形中的矩形與另一個圖形中的矩形是分別對應的，所以（合起來）其全體的和與另一個全體的和的比，也就是一個圖形比另一個圖形；因為（由引理 3）前一個圖形對應前一個和，後一個圖形對應後一個和，所以二者比值相等。　　　　　　　　　　　　　　　　證畢。

　　推論.如果任意兩種量以任意方式分割為數目相等的部分，這些部分的數目增大時，其量值將趨於無窮小，它們各自有給定的相同比值，第一個比第一個，第二個比第二個，依次類推，則它們所有的部分合起來也有相同的比值。因為，如果在本引理圖形中把每個矩形的比視為這些部分的比，則這些部分的和恆等於矩形的和；再設矩形數目和部分的數目增多，則它們的量值無限減小，這些和就是一個圖中矩形與另一個圖中對應矩形的最後比值，即（由假設）一個量中任意部分與另一個量中對應部分的最終比值。

引理 5

　　相似圖形對應的邊，不論其是曲線還是直線，都是成正比的，其面積的比是對應邊的比的平方。

引理 6

任意長度的 $\overset{\frown}{ACB}$ 位置已定，對應的弦為 AB；在處於連續曲率中的任意點 A 上，有一直線 AD 與之相切，並向兩側延長；如果 A 點與 B 點相互趨近並重合，則弦與切線的夾角 $\angle BAD$ 將無窮變小，最終消失。

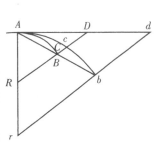

如果該角不消失，則 $\overset{\frown}{ACB}$ 與切線 AD 將含有與直線角相等的夾角，因此曲率在 A 點不連續，而這與命題矛盾。

引理 7

在同樣假設下，弧、弦和切線相互間的最後比值是相等比值。

當 B 點趨近於 A 點時，設想 AB 與 AD 延伸到遠點 b 和 d，平行於割線 BD 作直線 bd，令 $\overset{\frown}{Acb}$ 總是相似於 $\overset{\frown}{ACB}$。然後設 A 點與 B 點重合，則由上述引理，$\angle dAb$ 消失，因此直線 Ab、Ad（它總是有限的）與它們之間的 $\overset{\frown}{Acb}$ 將重合，而且相等，所以直線 AB、AD 與其間的 $\overset{\frown}{ACB}$（它總是正比於前者）將消失，最終獲得相等比值。

證畢。

推論 I.如果通過 B 作 BF 平行於切線，並與通過 A 點的任意直線 AF 相交於 F，則線段 BF 與趨於零的 $\overset{\frown}{ACB}$ 有最終相等的比值，因為作 $\square AFBD$，它與 AD 總有相等比值。

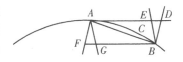

推論 II.如果通過 B 和 A 作更多直線 BE、BD、AF、AG 與切線 AD 及其平行線 BF 相交，則所有橫向線段 AD、AE、BF、BG

以及弦 AB 與 $\overset{\frown}{AB}$，其中任意一個與另一個的最終比值是相等的比值。

推論III.所以，在考慮所有與最終比值有關的問題時，可將這些線中任意一條來代替其他。

引理 8

如果直線 AR、BR 與 $\overset{\frown}{ACB}$、弦 AB 以及切線 AD 組成任意三角形 $\triangle RAB$、$\triangle RACB$ 和 $\triangle RAD$，而且點 A 與 B 相互趨近並重合，則這些趨於零的三角形的最後形式是相似三角形，它們的最終比值相等。

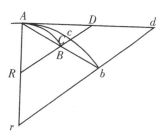

當點 B 趨近於點 A 時，設想 AB、AD、AR 延伸至遠點 b、d 和 r，作 rbd 平行於 RD，令 $\overset{\frown}{Acb}$ 總是相似於 $\overset{\frown}{ACB}$。再設點 A 與點 B 重合，則 $\angle bAd$ 將消失，所以三個三角形 $\triangle rAb$、$\triangle rAcb$、$\triangle rAd$（總是有限的）也將重合，也就是說既相似且相等。所以，總是與它們相似並成正比的三角形 $\triangle RAB$、$\triangle RACB$、$\triangle RAD$ 相互間也將既相似且相等。　　　　　　證畢。

推論.因此，在考慮所有最終比值問題時，可將這些三角形中的任意一個來代替其他。

引理 9

如果直線 AE、曲線 ABC 二者位置均已給定，並以給定角相交於 A；另兩條水平直線與該直線成給定夾角，並與曲線相交於 B、C，若 B、C 共同趨近於 A 並與之重合，則 $\triangle ABD$ 與 $\triangle ACE$ 的最終面積之比是其對應邊之比的平方。

當點 B、C 趨近點 A 時，設 AD 延伸至遠點 d 和 e，則 Ad、Ae

將正比於 *AD*、*AE*，作水平線 *db*、
ec 平行於橫向線 *DB* 和 *EC*，並與
AB 和 *AC* 相交於 *b* 和 *c*。令曲線
Abc 相似於曲線 *ABC*，作直線 *Ag*
與曲線相切於 *A* 點，與橫線 *DB*、
EC、*db*、*ec* 相交於 *F*、*G*、*f*、*g*。
再設 *Ae* 長度保持不變，令點 *B* 與 *C*
相會於 *A* 點，則∠*cAg* 消失，曲線面
積 *Abd*、*Ace* 將與直線面積 *Afd*、
Age 重合，所以（由引理 5）它們中

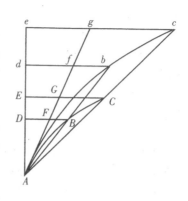

一個與另一個的比將是邊 *Ad*、*Ae* 的比的平方。但面積 *ABD*、*ACE*
總是正比於這些面積，邊 *AD*、*AE* 也總是正比於這些邊。所以，面
積 *ABD*、*ACE* 最終比值是邊 *AD*、*AE* 的比的平方。　　　證畢。

引理10

**物體受任意有限力作用時，不論該力是已知、不變的，還是連續
增強或連續減弱，它越過的距離都在運動剛開始時與時間的平方成正
比。**

令直線 *AD*、*AE* 表示時間，它們產生的速度以橫線 *DB*、*EC* 表
示，則這些速度產生的距離就是橫線圍成的面積 *ABD*、*ACE*，即在
運動剛開始時（由引理 9），正比於時間 *AD*、*AE* 的平方。　證畢。

推論 I.由此容易推出，在均勻時間間隔內，物體描繪的相似圖形
的相似部分，其誤差由作用於該物體上的任意相等的力產生，並可由
物體到相似圖形相應位置的距離求得。如果沒有那種力的作用，物體
應在上述時間間隔內到達那個位置──大致上正比於產生這些誤差的
時間的平方。

推論 II.但類似地作用於位於相似圖形相似位置上的物體的均勻
力，其所產生的誤差是該力與時間的平方的乘積。

推論Ⅲ.對於物體在不同力作用下所描繪的任何距離都可作相同理解，在物體剛開始運動時，它們都正比於力與時間平方的積。

推論Ⅳ.所以，力正比於剛開始運動時所描繪的距離，反比於時間的平方。

推論Ⅴ.所以，時間的平方正比於所描繪的距離，反比於力。

附注

如果在不同種類的不確定量之間作比較，則其中任何一個都可以說成是與另一個量成正比或反比，這意味著前者與後者以相同比率增加或減少，或與後者的倒數成正比。如果任意一個量被說成是與其他任意兩個或更多的量成正比或反比，即意味著第一個量與其他量的比率的複合以相同的比率或其倒數增加或減少。例如：說 A 正比於 B，正比於 C，反比於 D，即是說 A 以與 $B \cdot C \cdot \dfrac{1}{D}$ 相同的比率相加或減少，也就是說，A 與 $\dfrac{BC}{D}$ 相互間具有給定比值。

引理11

在所有曲線的一有限曲率點上，切線與趨於零的弦的接觸角的弦最終正比於相鄰弧長對應的弦的平方。

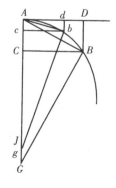

情形 1：令 AB 為弧長，AD 是其切線，BD 垂直於切線，是接觸角的弦，直線 AB 是弧對應的弦。作 BG 垂直於弦 AB，作 AG 垂直於切線 AD，二者相交於 G。再令點 D、B 和 G 趨近於點 d、b 和 g，設 J 為直線 BG、AG 的最後交點，此時點 D、B 與 A 重合，很明顯，距離 GJ

可以小於任何給定的距離，但（由通過點 A、B、G 和通過點 A、b、g 的圓的特性）

$$AB^2 = AG \cdot BD \text{ 和 } Ab^2 = Ag \cdot bd$$

但由於 GJ 可以小於任何給定的長度，AG 和 Ag 的比值與單位量的差也可以小於任何給定值，所以 AB^2 和 Ab^2 的比值與 BD 和 bd 的比值的差也可以小於任何給定值。所以由引理 1，最終有：

$$AB^2 : Ab^2 = BD : bd \qquad\qquad \text{證畢。}$$

情形 2：令 BD 與 AD 夾角的任意給定值，BD 與 bd 的最終比值仍與以前相同，所以 AB^2 與 Ab^2 的比值也相同。　　　　證畢。

情形 3：如果 $\angle D$ 不曾給定，但直線 BD 向一給定點收斂，或由任何其他條件決定，則由相同規則決定的 $\angle D$ 和 $\angle d$ 仍總是趨於相等，並以小於任何給定差值相互趨近。所以，由引理 1，將最終相等。所以，線段 BD 與 bd 的比值仍與以前相同。　　　　證畢。

推論 I．因為切線 AD、Ad 和 $\overset{\frown}{AB}$、$\overset{\frown}{Ab}$ 以及它們的正弦 BC、bc 最後均與弧弦 AB、Ab 相等，它們的平方最終也將正比於角弦 BD、bd。

推論 II．它們的平方最終還將正比於弧的正矢，該正矢等分弦，並向給定點收斂，因為這些正矢正比於角弦 BD、bd。

推論 III．所以，正矢正比於物體以給定速度沿軌跡運動所需時間的平方。

推論 IV．因為

$$\triangle ADB : \triangle Adb = AD \cdot DB : Ad \cdot db，$$

而最後比例：

$$AD^2 : Ad^2 = DB : db，$$

即得到比例式：

$$\triangle ADB : \triangle Adb = AD^3 : Ad^3 = DB^{\frac{3}{2}} : db^{\frac{3}{2}}$$

最後也得到：

$$\triangle ABC : \triangle Abc = BC^3 : bc^3$$

推論 V．因為 DB、db 最終平行於並正比於 AD、Ad 的平方，最

後 的 曲線面積 ADB、Adb 將（由拋物線特性）是直角三角形 $\triangle ADB$、$\triangle Adb$ 的三分之二，而缺塊 AB、Ab 是同一三角形的三分之一，因此，這些面積與缺塊既將正比於切線 AD、Ad 的平方，也正比於弧或弦 AB、Ab 的立方。

附注

不過，我們在所有討論中均假定相切角既非無限大於亦非無限小於圓與其切線所成的相切角。也就是說，點 A 的曲率既非無限小亦非無限大，間隔 AJ 具有有限值，因為可以設 DB 正比於 AD^3，在此情形下不能通過點 A 在切線 AD 和曲線 AB 之間作圓，所以夾角將無限小於這些圓。出於同樣理由，如果能逐次地使 DB 正比於 AD^4、AD^5、AD^6、AD^7等，我們將得到一系列夾角趨於無限，隨後的每一項都無限小於其前面的項。而如果逐次使 DB 正比於 AD^2、$AD^{\frac{3}{2}}$、$AD^{\frac{4}{3}}$、$AD^{\frac{5}{4}}$、$AD^{\frac{6}{5}}$、$AD^{\frac{7}{6}}$，等等，我們將得到另一系列無限夾角，其第一個與圓的相同，而第二個即為無限大，其後每一項都比前一項無限大。但在這些角的任意兩個之間，還可以插入另一系列的中介夾角，並向兩邊伸入無限，其中每一項都比其前一項無限大或無限小，例如在 AD^2項與 AD^3項之間，可以插入 $AD^{\frac{13}{6}}$、$AD^{\frac{11}{5}}$、$AD^{\frac{9}{4}}$、$AD^{\frac{7}{3}}$、$AD^{\frac{5}{2}}$、$AD^{\frac{8}{3}}$、$AD^{\frac{11}{4}}$、$AD^{\frac{14}{5}}$、$AD^{\frac{17}{6}}$，等等，而在該系列中的任意兩項之間，又能再插入一個新的系列，其間相互差別可以是無限間隔。自然是無止境的。

由曲線及其圍成的表面所證明的規律，可以方便地應用於曲面和固體自身，這些引理旨在避免古代幾何學家採用的自相矛盾的冗長推導。用不可分量方法證明比較簡捷，但由於不可分假設有些生硬，所以這方法被認為不夠幾何化，所以我在證明以後的命題時寧可採用最初的與最後的和，以及新生的與將趨於零的量的比值，即採用這些和與比值的極限，並以此作為前提，盡我可能簡化對這些極限的證明。這一方法與不可分量方法可作相同運用，現在它的原理已得到證明，

我們可以更可靠地加以使用。所以，此後如果我說某量由微粒組成，或以短曲線代替直線，不要以爲我是指不可分量，而是指趨於零的可分量，不要以爲我指確定部分的和與比率，而總是指和與比率的極限，這樣演示的力總是以前述引理的方法爲基礎的。

可能會有人反對，認爲不存在將趨於零的量的最後比值，因爲在量消失之前，比率總不是最後的，而當它們消失時，比率也沒有了。但根據同樣的理由，我們也可以說物體到達某一處所並在那裏停止，也沒有最後速度，在它到達前，速度不是最後速度，而在它到達時，速度沒有了。回答很簡單，最後速度意味著物體以該速度運動著，既不是在它到達其最後處所並終止運動之前，也不是在其後，而是在它到達的一瞬間。也就是說，物體到達其最後處所並終止運動時的速度。用類似方法，將消失的量的最後比可以理解爲既不是這些量消失之前的比，也不是之後的比，而是它消失那一瞬間的比。用類似方法，新生量的最初比是它們剛產生時的比，最初的與最後的和是它們剛開始時或剛結束時（或增加與減少時）的和。在運動尚存的最後時刻速度有一極限，不能超越，這就是最後速度；所有初始和最後的量或比也有極限。由於這些極限是確定的，實在的，所以求出它們就是嚴格的幾何學問題。而可用以求解或證明任何其他事物的幾何學也都是幾何學。

還可能有人反對，說如果給定將消失量的最後比值，它們的最後量值也就給定了，因此所有量都包含不可分量，而這與歐幾里得在《幾何原本》第十卷中證明的不可通約量相矛盾。然而這一反對意見建立在一個錯誤命題上。量消失時的最後的比並不眞的是最後量的比，而是無止境減少的量的比必定向之收斂的極限，比值可以小於任何給定的差向該極限趨近，絕不會超過，實際上也不會達到，直到這些量無限減少。在無限大的量中這種事情比較明顯。如果兩個量的差已給定，是無限增大的，則它們最後的比也將給定，即相等的比，但不能由此認爲，它們中最後的或最大的量的比已給定。所以，如果在下文中出於易於理解的理由，我論及最小的、將消失的或最後的量，讀者不要

以為是在指確定大小的量，而是指作無止境減小的量。

第二章　向心力的確定

命題 1　定理 1

做環繞運動的物體，其指向力的不動中心的半徑所掠過的面積位於同一不動的平面上，而且正比於畫出該面積所用的時間。

　　設時間分為相等的間隔，在第一時間間隔裏物體在其慣性力作用下掃過直線 AB。在第二時間間隔裏，物體將（由定律 I）沿直線 Bc 一直運動到 c，如果沒阻礙的話，Bc 等於 AB，所以由指向中心的半徑 AS、BS、cS，可以得到相等的面積 ASB、BSc。但當物體到達 B 時，設向心力立即對它施以巨大推斥作用，使它偏離直線 BC，迫使它沿直線 BC 繼續運動。作 cC 平行 BS，與 BC 相交於 C，在第二時間間隔最後，物體（由定律推論 I）將出現在 C，與 $\triangle ASB$ 處於同一平面，連接 SC，由於 SB 與 Cc 平行，$\triangle SBC$ 等於 $\triangle SBc$，所以也等於 $\triangle SAB$。由於同樣理由，向心力依次作用於 C、D、E 等點，並使物體在每一個時間間隔內畫出直線 CD、DE、EF 等，它們都處於同一平面，而且 $\triangle SCD$ 等於 $\triangle SBC$，$\triangle SDE$ 等於 $\triangle SCD$，$\triangle SEF$ 等於 $\triangle SDE$。所以，在相同時間裏，在不動平面上畫出

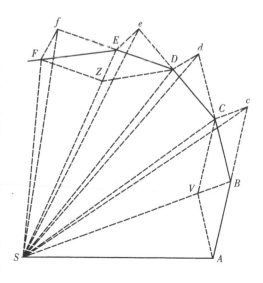

相等面積：而且由命題，這些面積的任意的和 $SADS$、$SAFS$ 都分別正比於它們的時間。現在，令這些三角形的數目增加，它們的底寬無限減小；（由引理 3 推論 IV）它們的邊界 ADF 將成為一條曲線：所以向心力連續使物體偏離該曲線的切線；而且任意掃出的面積 $SADS$、$SAFS$ 原先是正比於掃出它們所用時間的，在此情形下仍正比於所用時間。

證畢。

推論 I.被吸引向不動中心的物體的速度，在無阻力的空間中，反比於由中心指向軌道切線的垂線。因為在處所 A、B、C、D、E 的速度可以看做是全等三角形的底 AB、BC、CD、DE、EF，這些底反比於指向它們的垂線。

推論 II.如果兩段弧的弦 AB、BC 相繼由同一物體在相等時間裏畫出，在無阻力空間中，作 $\square ABCV$，則該平行四邊形的對角線 BV 在對應弧長無限縮小時所獲得的位置上延長，必定通過力的中心。

推論 III.如果弧的弦 AB、BC 與 DE、EF 在相等時間內畫出，在無阻力空間中，作 $\square ABCV$、$\square DEFZ$，則在 B 點和 E 點的力之比與對應弧長無限縮小時對角線 BV、EZ 的最後比相同。因為物體沿 BC 和 EF 的運動是（由定律推論 I）沿 Bc、BV 和 Ef、EZ 運動的複合；但在本命題證明中，BV 和 EZ 等於 Cc 和 Ef，是由於向心力在 B 點和 E 點的推斥作用產生的，所以正比於這些推斥作用。

推論 IV.無阻力空間中使物體偏離直線運動並進入曲線軌道的力，正比於相等時間裏所畫出的弧的正矢，該正矢指向力的中心，並在弧長無限縮小時等分對應弦長。因為這些正矢是推論 III 中對角線的一半。

推論 V.所以，這種力與引力的比，正如所討論的正矢與拋體在相同時間內畫出的拋物線弧上垂直於地平線的正矢的比。

推論 VI.當物體運動所在平面，以及置於該平面上的力的中心不是靜止的，而且做勻速直線運動時，上述結論（由定律推論 V）依然有效。

命題 2　定理 2

沿平面上任意曲線運動的物體，其半徑指向靜止的或做勻速直線運動的點，並且關於該點掠過的面積正比於時間，則該物體受到指向該點的向心力的作用。

情形 1：任何沿曲線運動的物體（由定律 I）都受到某種力的作用迫使它改變直線路徑。這種迫使物體離開直線運動的力，在相等時間裏，使物體畫出最小的三角形△ SAB、△ SBC、△SCD 等，關於不動點 S（由歐幾里得《幾何原本》第一卷命題 40 和定律 II）作用於處所 B，其方向沿著平行於 cC 的直線，即沿著直線 BS 的力向。而在處所 C，沿著平行於 dD 的直線的方向，即沿

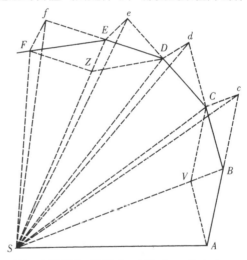

著直線 CS 的方向，等等；所以它總是沿著指向不動點 S 的方向。

證畢。

情形 2：（由定律推論 V）物體做曲線運動所在的面，不論是靜止的，或是與物體，與物體畫出的圖形，與中心點 S 一同做勻速直線運動，都沒有區別。

推論 I．在無阻抗的空間或介質中，如果掠過的面積不正比於時間，則力不指向半徑通過的點。如果掠過面積是加速的，則偏向運動所指的方向，如果是減速的，則背離運動方向。

推論 II．甚至在阻抗介質中，如果加速掠過面積，則力的方向也偏

離半徑的交點，指向運動所指方向。

附注

物體可能受到由若干力複合而成的向心力作用。在此情形下，命題的意義是，所有力的合力指向點 S。但如果某個力連續地沿著物體所畫表面的垂線方向，則該力將使物體偏離其運動平面，但並不增大或減小所畫表面的面積，所以在考慮力的合成時忽略不計。

命題 3　定理 3

任何物體，其環繞半徑指向另一任意運動物體的中心，所掠過的面積正比於時間，則該物體受到指向另一物體的向心力，以及另一物體所受到的所有加速力的複合力的作用。

令 L 表示一物體，T 表示另一物體，（由定律推論 VI）如果兩物體在平行線方向上受到一個新的力的作用，這個力與第二個物體 T 所受到的力大小相等方向相反，則第一個物體 L 仍像從前一樣環繞第二個物體 T 掠過相等的面積；但另一個物體 T 受到的力現在被相等且相反的力所抵消，所以（由定律 I）另一個物體 T 現在不再受力，處於靜止或勻速直線運動狀態；而第一個物體 L 則受到兩個力的差，即剩餘的力的作用，連續環繞另一個物體 T 以正比於時間掠過面積。所以（由定理 2）這些力的差是指向其環繞中心另一個物體 T 的。

　　　　　　　　　　　　　　　　　　　　　　　　　　證畢。

推論 I. 如果一個物體 L 的環繞半徑指向另一個物體 T，掠過的面積正比於時間，則由第一個物體 L 所受到的合力（由定律推論 II，不論這個力是簡單的，或是幾個力的複合），減去（由同一推論）另一物體所受到的全部加速力，最後剩餘的推動第一個物體 L 的力是指向環繞中心另一個物體 T 的。

推論 II. 而且，如果掠過的面積近似正比於時間，則剩餘力的指向

也接近於另一個物體 T。

推論Ⅲ.反之,如果剩餘力指向接近於另一個物體 T,則面積也接近於正比於時間。

推論Ⅳ.如果物體 L 的環繞半徑指向另一物體 T,其所掠過的面積與時間相比很不相等,而另一物體 T 處於靜止或勻速直線運動狀態,則指向另一個物體 T 的向心力作用或是消失,或是受到其他力的強烈干擾和複合;而所有這些力(如果它們有許多)的複合力指向另一個(運動的或不動的)中心。當另一個物體的運動是任意的時,也可得出相同結論,這時產生作用的向心力是減去作用於另一個物體 T 的力所剩餘的。

附注

由於掠過相等的面積意味著對物體影響最大的力有一個中心,這個力使物體脫離直線運動維持在軌道上,那麼我們為什麼不能在以後的討論中,把掠過相等面積當做自由空間所有環繞運動的中心存在的標誌呢?

命題 4　定理 4

沿不同圓周等速運動的若干物體的向心力,指向各自圓周的中心,它們之間的比,正比於等時間裏掠過的弧長的平方,除以圓周的半徑。

這些力指向各自圓周的中心(由命題 2 和命題 1 推論Ⅱ),它們之間的比,如同等時間內掠過的最小弧長的正矢的比(由命題 1 推論Ⅳ),即正比於同一弧長的平方除以圓周的直徑(由引理 7)。由於這些弧長的比就是任意相等時間裏所掠過的弧長的比,而直徑的比就是半徑的比,所以力正比於任意相同時間裏掠過的弧長的平方除以圓周半徑。　　　　　　　　　　　　　　　　　　　　　　　　證畢。

推論 I.由於這些弧長正比於物體的速度，因此向心力正比於速度的平方除以半徑。

推論 II.由於環繞週期正比於半徑除以速度，所以向心力正比於半徑除以環繞週期的平方。

推論 III.如果週期相等，因而速度正比於半徑，則向心力也正比於半徑；反之亦然。

推論 IV.如果週期與速度都正比於半徑的平方根，則有關的向心力相等；反之亦然。

推論 V.如果週期正比於半徑，因而速度相等，則向心力將反比於半徑；反之亦然。

推論 VI.如果週期正比於半徑的³⁄₂次方，則向心力反比於半徑的平方；反之亦然。

推論 VII.推而廣之，如果週期正比於半徑 R 的多次方 R^n，因而速度反比於半徑的 $n-1$ 次方 R^{n-1}，則向心力將反比於半徑的 $2n-1$ 次方 R^{2n-1}；反之亦然。

推論 VIII.物體運動掠過任何相似圖形的相似部分，這些圖形在相似位置上有中心，這時有關的時間、速度和力都滿足以前的結論，只需要將以前的證明加以應用即可。這種應用是容易的，只要用掠過的相等面積代替相等的運動，用物體到中心的距離代替半徑。

推論 IX.由同樣的證明可以知道，在給定向心力作用下沿圓周勻速運動的物體，其在任意時間內掠過的弧長，是圓周直徑與同一物體受相同力作用在相同時間裏下落空間的比例中項。

附注

推論 VI 的情形發生在天體中（如克里斯多夫・雷恩爵士、胡克博士和哈雷博士分別觀測到的），所以我擬在下文中就與向心力隨物體到中心距離的平方減少有關的問題作詳盡討論。

還有，由上述命題及其推論，我們可以知道向心力與任何其他已

知力如重力的比。因爲，如果一個物體因其重力沿以地球爲中心的圓周軌道運行，則這個重力就是那個物體的向心力。由重物體的下落（根據本命題推論IX），它環繞一周的時間，以及在任意時間裏掠過的弧長都可以知道。惠更斯先生在他的名著《論擺鐘》（De Horologio Oscil-latorio）中就是根據這一命題把重力與環繞物體的向心力作類比的。

也可以用這一方法證明上述命題。在任意圓內作內切多邊形，其邊數是任意的，如果物體以給定速度沿多邊形的邊運動，在各角頂點被圓周反彈，則每次反彈物體撞擊圓周的力正比於其速度。所以，在給定時間裏，這些力的和正比於速度與反彈次數的乘積；也就是說，（如果多邊形已經給定）正比於該給定時間裏所掠過的長度，並隨著相同長度與圓周半徑的比值增減，即正比於長度的平方除以半徑。所以，當多邊形的邊無限減小時，趨於與圓周重合，這時，即正比於在給定時間裏掠過的弧長除以半徑，這就是物體施加給圓周的向心力，而圓周連續作用於物體使其指向中心的反向力與之相等。

命題5 問題1

在任意處所，物體受指向某一公共中心的力的作用以給定速度運動並畫出給定軌道圖形，求該中心。

令三條直線 PT、TQV、VR 與已知圖形在同樣多的點 P、Q、R 上相切，並相交於 T 點和 V 點。在切線上過 P、Q、R 點作垂線 PA、QB 和 RC，與物體在 P、Q、R 點的速度成反比，即 PA 與 QB 等價於 Q 點的速度與 P 點的速度的比，而 QB 比 RC 等於 R

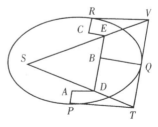

點的速度與 Q 點的速度比，過垂線端點 A、B、C 作直線 AD、DBE、EC，使之互成直角，相交於 D 和 E；再作直線 TD、VE，並延長至 S 點，求得中心。

因為由中心 S 作出的切線 PT、QT 的垂線反比於物體在 P 點和 Q 點的速度（由命題 1 推論 I），因而正比於垂線 AP、BQ，即正比於由 D 點作出的切線垂線。由此易於推知點 S、D、T 在同一條直線上，類似地可知點 S、E、V 也在同一條直線上，所以中心 S 處於直線 TD、VE 相交處。　　　　　　　　　　　　　　　　證畢。

命題 6　　定理 5

在無阻力空間中，如果物體沿任意軌道環繞一不動中心運行，在最短時間裏掠過極短弧長，該弧的正矢等分對應的弦，並通過力的中心，則弧中心的向心力正比於該正矢而反比於時間的平方。

因為給定時間的正矢正比於向心力（由命題 1 推論 IV），而弧長隨時間的增加作相同比率的增加，正矢將以該比率的平方增加（由引理 11 推論 II 和推論 III），所以正比於和時間的平方，兩邊同除以時間的平方，即得到力正比於正矢，反比於時間的平方。　　　　證畢。

用引理 10 推論 IV 也能同樣容易地證明該定理。

推論 I.如果物體 P 環繞中心 S 畫出曲線 APQ，直線 ZPR 與該曲線在任意點 P 上相切，由曲線上另一任意點 Q 作平行於距離 SP 的直線，與切線相交於 R；再作 QT 垂直於距離 SP，則向心力將反比於 $\dfrac{SP^2 \cdot QT^2}{QR}$，如果該立方取點 P 和點 Q

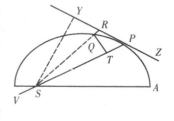

重合時的值的話。因為 QR 等於 $\overset{\frown}{QP}$ 的 2 倍的正矢，該弧中點是 P：△SQP 的 2 倍或 $SP \cdot QT$ 正比於掠過 2 倍弧所用的時間，因此可用以表示時間。

推論 II.由類似的理由，向心力反比於立方 $\dfrac{SY^2 \cdot QP^2}{QR}$；如果 SY 是由力的中心伸向軌道切線 PR 的垂線的話。因為乘積 $SY \cdot QP$

與 $SP \cdot QT$ 相等。

推論Ⅲ.如果軌道是圓周,或與一同心的圓周相切或相交,即軌道在相切或相交處包含有極小角度的圓周,並與點 P 有相等的曲率與曲率半徑;又,如果 PV 是該圓周上由物體通過力的中心作出的弦,則向心力反比於立方 $SY^2 \cdot PV$,因為 PV 就是 $\dfrac{QP^2}{QR}$。

推論Ⅳ.在相同假設下,向心力正比於速度的平方,反比於弦,因為由命題 1 推論Ⅰ,速度是垂線 SY 的倒數。

推論Ⅴ.所以,如果給定任意曲線圖形 APQ,因而向心力連續指向的點 S 也給定,即可得到向心力定律:物體 P 受該定律支配連續偏離直線運動,維持在圖形邊緣上,通過連續環繞畫出相同圖形。即,通過計算可以知道,立方 $\dfrac{SP^2 \cdot QT^2}{QR}$ 或立方 $SY^2 \cdot PV$ 反比於向心力。下述問題將給出該定律實例。

命題 7　問題 2

如果物體沿圓周運動,求指向任意給定點的向心力的定律。

令 $VQPA$ 是圓周,S 是力所指向的給定中心,P 是沿圓周運動的物體,Q 是物體將要到達的處所,PRZ 是圓周在前一個處所的切線。通過點 V 作弦 PV 以及圓的直徑 VA,連接 AP,作 QT 垂直於 SP,並延長與切線 PR 相交於 Z,最後通過點 Q 作 LR 平行於 SP,與圓周相交於 L,與切線 PZ 相交於 R。因為 △ZQR、△ZTP、△VPA 相似,$RP^2 = RL \cdot QR$,而 $QT^2 = \dfrac{RL \cdot QR \cdot PV^2}{AV^2}$。

所以,

$$RP^2 : QT^2 = AV^2 : PV^2$$

等式兩邊同乘以 $\dfrac{SP^2}{QR}$,當點 P 與 Q 重合時,RL 可寫為 PV,於是有:

$$\frac{SP^2 \cdot PV^3}{AV^2} = \frac{SP^2 \cdot QT^2}{QR}$$

所以，（由命題 6 推論 I 和推論 V）向

心力反比於 $\dfrac{SP^2 \cdot PV^3}{AV^2}$，即（由於

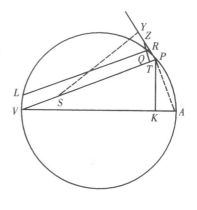

AV^2已給定）反比於 SP^2 與 PV^3 的

乘積。　　　　　　　　證畢。

另一種解法

在切線 PR 上作垂線 SY，（由
於 △ SYP、△ VPA 相似）即有
$AV : PV = SP : SY$，所以，
$\dfrac{SP \cdot PV}{AV} = SY$，$\dfrac{SP^2 \cdot PV^3}{AV^2} =$

$SY^2 \cdot PV$，所以（由命題 6 推論 III 和推論 V）向心力反比於

$\dfrac{SP^2 \cdot PV^3}{AV^2}$，即（因爲 AV 已經給定）反比於 $SP^2 \cdot PV^3$。證畢。

　　推論 I.如果向心力永遠指向的點 S 已給定，並位於圓周上，如位
於 V，則向心力反比於 SP 長度的 5 次方。

　　推論 II.使物體 P 沿圓周 $APTV$ 環繞力的中心 S 運動的力，與
使同一物體 P 沿同一圓周以相同週期環繞
另一力的中心 R 運動的力的比，等於 $RP^2 \cdot$
SP 與直線 SG 的立方的比。直線 SG 是由
第一個中心 S 作出的平行於物體到第二個
中心 R 的距離 PR，並與軌道切線 PG 相交
於 G 點的直線距離。因爲，由本命題，前一

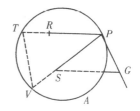

個力與後一個力的比等於 $RP^2 \cdot PT^3$ 比 $SP^2 \cdot PV^3$，也就是說，等於

$SP \cdot RP^2$ 比 $\dfrac{SP^3 \cdot PV^3}{PT^3}$，或正比於（因爲 △ PSG、△ TPV 相似）

SG^3。

　　推論Ⅲ.使物體 P 沿任意軌道環繞力的中心 S 運動的力，與使同一物體沿同一軌道以相同週期環繞另一任意力的中心 R 的力的比，等於立方 $SP \cdot RP^2$，其中包括物體到第一個中心 S 的距離，和物體到第二個力的中心 R 的距離的平方，與直線 SG 的立方的比。SG 是由第一個力的中心 S 沿平行於物體到第二個力的中心 R 的距離的直線到它與軌道切線 PG 的交點 G 的距離，因爲在該軌道上任意一點 P 的力與它在相同曲率圓周上的力相等。

命題 8　　問題 3

　　如果物體沿半圓周 PQA 運動，試求指向點 S 的向心力的規律，該點如此遙遠，以至於所有指向該點的直線 PS、RS 都可看做是平行的。

　　由半圓中心 C 作半徑 CA，與諸平行線正交於 M、N 點，連結 CP，因爲 $\triangle CPM$、$\triangle PZT$ 和 $\triangle RZQ$ 相似，則有：

$$CP^2 : PM^2 = PR^2 : QT^2，$$

由圓的性質，當 P 和 Q 點重合時，$PR^2 = QR$（$RN + QN$）$= QR \cdot 2PM$，所以 $CP^2 : PM^2 = QR \cdot 2PM : QT^2$，而且，$\dfrac{QT^2}{QR} = \dfrac{2PM^3}{CP^2}$，$\dfrac{QT^2 \cdot SP^2}{QR} = \dfrac{2PM^3 \cdot SP^2}{CP^2}$，所以（由命題 6 推論 Ⅰ 和推論 Ⅴ）向心力反比於 $\dfrac{2PM^3 \cdot SP^2}{CP^2}$，

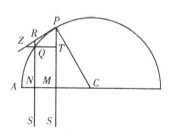

即（常數 $\dfrac{2SP^2}{CP^2}$ 不予考慮）反比於 PM^3。　　　　　　　　　證畢。

　　由上述命題也容易推出相同結論。

附注

由類似理由，物體在橢圓上甚至雙曲線或拋物線上運動時，所受到的向心力反比於它到位於無限遙遠的力的中心的縱向距離的立方。

命題 9　問題 4

如果物體沿螺旋線 PQS 運動，以給定角度與所有半徑 SP、SQ 相交，求指向該螺旋線的中心的向心力的規律。

設不定小的角度 PSQ 為已知，則因為所有的角均已給定，圖形 $SPRQT$ 也就給

定。所以，比值 $\dfrac{QT}{QR}$ 也已給定，於是 $\dfrac{QT^2}{QR}$ 正比於 QT （因為圖形已給定），即正比於 SP，但如果角度 PSQ 有任何變化，則相切角 $\angle QPR$ 相對的直線 QR （由引理 11) 將以 PR^2 或 QT^2 的比率變化，所以比值 $\dfrac{QT^2}{QR}$ 保持不變，仍是 SP，而 $\dfrac{QT^2 \cdot SP^2}{QR}$ 正比於 SP^3，所以，（由命題 6 推論 I 和推論 V ）向心力反比於距離 SP 的立方。

證畢。

另一種解法

作切線的垂線 SY，並作與螺旋線共心的圓周的弦 PV 與螺旋線相交，它與高度 SP 的比值是給定的。所以 SP^3 正比於 $SY^2 \cdot PV$，即（由命題 6 推論 III 和推論 V ）反比於向心力。

引理12

所有關於給定橢圓或雙曲線共軛直徑外切的平行四邊形都相等。

已在關於圓錐曲線內容中加以證明。

命題10 問題 5

如果物體沿橢圓環行，求指向該橢圓中心的向心力的規律。

設 CA、CB 是該橢圓的半軸，GP、DK 是其共軛直徑，PF、QT 垂直於共軛直徑，Qv 是到直徑 GP 的縱座標。如果作 $\square\,QvPR$，則（由圓錐曲線性質）$Pv\cdot vG:Qv^2=PC^2:CD^2$，又由於 $\triangle QvT$、$\triangle PCF$ 相似，$Qv^2:QT^2$

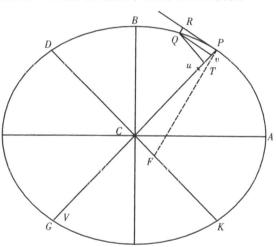

$=PC^2:PF^2$，消去 Qv^2，$vG:\dfrac{QT^2}{Pv}=PC^2:\dfrac{CD^2\cdot PF^2}{PC^2}$。由於 $QR=Pv$，以及（由引理 12）$BC\cdot CA=CD\cdot PF$，當點 P 與 Q 重合時，$2PC=vG$，把外項與中項乘到一起，就得到 $\dfrac{QT^2\cdot PC^2}{QR}=\dfrac{2BC^2\cdot CA^2}{PC}$。所以（由命題 6 推論 V）向心力反比於 $\dfrac{2BC^2\cdot CA^2}{PC}$，

即（因爲 $2BC^2 \cdot CA^2$ 已給定）反比於 $\dfrac{1}{PC}$，亦即正比於距離 PC。

證畢。

另一種解法

在直線 PG 上點 T 的另一側，取點 u 使 Tu 等於 Tv。再取 uV，使 $uV : vG = DC^2 : PC^2$。根據圓周曲線特性，$Qv^2 = Pv \cdot vG = DC^2 : PC^2$，於是 $Qv^2 = Pv \cdot uV$，兩邊同加 $Pu \cdot Pv$，則 $\overset{\frown}{PQ}$ 的弦的平方將等於乘積 $PV \cdot Pv$。所以，與圓錐曲線相切於 P 點並通過 Q 點的圓周，也將通過點 V。現在令點 P 與 Q 會合，則 uV 與 vG 的比值，等同於 DC^2 與 PC^2 的比值，將變成 PV 與 PG 的比值或 PV 與 $2PC$ 的比值，所以，PV 等於 $\dfrac{2DC^2}{PC}$，因此物體 P 在橢圓上受到的力將反比於 $\dfrac{2DC^2}{PC} \cdot PF^2$（由命題 6 推論Ⅲ），即（因爲 $2DC^2 \cdot PF^2$ 已給定）正比於 PC。

證畢。

推論Ⅰ.所以，力正比於物體到橢圓中心的距離。反之，如果力正比於距離，則物體沿著中心與力的中心重合的橢圓運動，或沿橢圓蛻變成的圓周軌道運動。

推論Ⅱ.沿中心相同的所有橢圓軌道的環繞週期均相等，因爲相似的橢圓所用時間相等（由命題 4 推論Ⅲ和推論Ⅷ）；但對於長軸相同的橢圓，環繞時間之間的比正比於整個橢圓的面積，反比於同一時間掠過的橢圓的面積；即正比於短軸，反比於在長軸頂點的速度；也就是正比於短軸，反比於公共長軸上同一點的縱座標，所以（因爲正反比值相等）比值相等。

附注

如果橢圓的中心被移到無限遠處，它就演變爲拋物線，物體將沿

該拋物線運動，力將指向無限遠處的中心，是一常數，這正是伽利略的定理。如果圓錐曲線由拋物線（通過改變圓錐截面）演變爲雙曲線，物體將沿雙曲線運動，其向心力變爲離心力。與圓周或橢圓中的方法相似，如果力指向位於橫座標上的圓形的中心，則這些力隨著縱座標的任意增減，或甚至於改變縱座標與橫座標的夾角，總是增減其到中心的距離的比率，而運行週期不變。在所有種類圖形中，如果縱座標作任意增減，或它們相對於橫座標的傾角改變，則週期都將保持相同，而指向位於橫座標上任意處的中心的力隨物體到中心距離比率的變化在不同的縱座標上增減。

第三章　　物體在偏心的圓錐曲線上的運動

命題11　問題 6

物體沿橢圓運動，求指向橢圓焦點的向心力的規律。

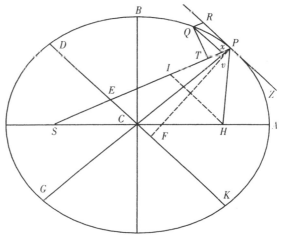

令 S 爲橢圓焦點，作 SP 與橢圓直徑 DK 相交於 E，與縱座標 Qv 相交於 x；畫出 □ $QxPR$，顯然 EP 等於長半軸 AC。因爲，由橢圓另一焦點 H 作 HI 平行於 EC，由於 CS、CH 相等，ES、EI 也將相等，所以 EP 是 PS 與 PI 的和的一半，即（因爲 HI 與 PR 是平行線，$\angle IPR$ 與 $\angle HPZ$ 相等）PS 與 PH 的和的一半，而 PS 與 PH 的

和等於整個長軸 $2AC$。作 QT 垂直於 SP，並令 L 爲橢圓的通徑（the principal latus rectum）$\left(\text{或} \dfrac{2BC^2}{AC}\right)$，即得到：

$$L \cdot QR : L \cdot Pv = QR : Pv = PE : PC = AC : PC$$

以及

$$L \cdot Pv : Gv : Pv = L : Gv \text{ 和 } Gv \cdot Pv : Qv^2 = PC^2 : CD^2 \text{。}$$

由引理 7 推論 II，當點 P 與 Q 重合時，$Qv^2 = Qx^2$，而 $Qx^2 : QT^2$ 或 $Qv^2 : QT^2 = EP^2 : PF^2 = CA^2 : PF^2$，而且（由引理 12）等於 $CD^2 : CB^2$。將四個等式中對應項乘到一起並整理簡化，得到 $L \cdot QR : QT^2 = AC \cdot L \cdot PC^2 \cdot CD^2 : PC \cdot Gv \cdot CD^2 \cdot CB^2 = 2PC : Gv$，因此 $AC \cdot L = 2BC^2$。但當點 P 與 Q 重合時，$2PC$ 與 Gv 相等，所以量 $L \cdot QR$ 與 QT^2 同它們成正比，而且相等。將這些等式兩邊同乘 $\dfrac{SP^2}{QR}$，則 $L \cdot SP^2$ 將等於 $\dfrac{SP^2 \cdot QT^2}{QR}$，所以（由命題 6 推論 I 和推論 V）向心力反比於 $L \cdot SP^2$，即反比於距離 SP 的平方。　　證畢。

另一種解法

因爲使物體 P 沿橢圓運動的指向橢圓中心的力，（由命題 10 推論 I）正比於物體到橢圓中心 C 的距離 CP，作 CE 平行於橢圓切線 PR，如果 CE 與 PS 相交於 E 點，則使同一物體 P 環繞橢圓中一其他任意點 S 的力，將正比於 $\dfrac{PE^3}{SP^2}$（由命題 7 推論 III），即如果點 S 是橢圓的焦點，因而 PE 是常數，則該力將正比於 SP^2 的倒數。

證畢。

我們曾用同樣簡捷的方式把第五個問題推廣到拋物線和雙曲線，在此本應也作同樣的推廣，但由於這個問題的重要性以及在以後的應用，我將用特殊的方法加以證明。

命題12　問題 7

設一物體沿雙曲線運動，求指向該圖形焦點的向心力的定律。

令 CA、CB 爲雙曲線的半軸，PG、KD 是不同的共軛直徑，PF 是共軛直徑 KD 的垂線，Qv 是相對於共軛直徑 GP 的縱座標。作 SP 與直徑 DK 相交於 E，與縱座標 Qv 相交於 x，畫出 $□QRPx$，顯然 EP 等於半橫軸 AC，因爲由雙曲線另一焦點 H 作直線 HI 平行於 EC，由於 CS、

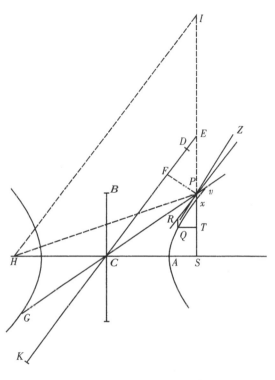

CH 相等，ES、EI 也將相等，所以 EP 是 PS 與 PI 的差的一半，即（因爲 IH 與 PR 平行，$\angle IPR$、$\angle HPZ$ 相等）PS 與 PH 差的一半，這個差等於軸長 $2AC$，作 QT 垂直於 SP，令 L 等於雙曲線的通徑（即等於 $\frac{2BC^2}{AC}$），即得到 $L \cdot QR : L \cdot Pv = QR : Pv = Px : Pv = PE : PC = AC : PC$ 和 $L \cdot Pv : Gv \cdot Pv = L : Gv$，以及 $Gv : Pv : Qv^2 = PC^2 : CD^2$。由引理 7 推論 II，當 P 與 Q 重合時，$Qx^2 : QT^2$

$=Qv^2$，而且，$Qx^2 : QT^2$或 $Qv^2 : QT^2 = EP^2 : PF^2 = CA^2 : PF^2$，由引理 12，等於 $CD^2 : CB^2$。四個等式中對應項乘到一起，化簡：$L \cdot QR : QT^2 = AC \cdot L \cdot PC^2 \cdot CD^2 : PC \cdot Gv \cdot CD^2 \cdot CB^2 = 2PC : Gv$，在此 $AC \cdot L = 2BC^2$，但點 P 與 Q 重合時，$2PC$ 與 Gv 相等，所以量 $L \cdot QR$ 與 QT^2正比於它們，而且相等，等式兩邊同乘 $\dfrac{SP^2}{QR}$，得到 $L \cdot SP^2$等於 $\dfrac{SP^2 \cdot QT^2}{QR}$，所以（由命題 6 推論 I 和推論 V）向心力反比於 $L \cdot SP^2$，即反比於距離 SP 的平方。　　　　　證畢。

另一種解法

　　求出指向雙曲線中心 C 的力，它正比於距離 CP，然而由此（根據命題 7 推論Ⅲ）指向焦點 S 的力將正比於 $\dfrac{PE^3}{SP^2}$，即，由於 PE 是常數，正比於 SP^2的倒數。　　　　　　　　　　　　　　　　　證畢。

　　用相同方法可以證明，當物體的向心力變為離心力時，將沿共軛雙曲線運動。

引理13

　　隸屬於拋物線任何頂點的通徑是該頂點到圖形焦點距離的 4 倍。

　　已在論圓錐曲線內容中加以證明。

引理14

　　由拋物線焦點到其切線的垂線，是焦點到切點的距離與其到頂點距離的比例中項。

　　令 AP 為拋物線，S 是其焦點，A 是頂點，P 是切點，PO 是主軸上的縱座標，切線 PM 與主軸相交於 M 點，SN 是由焦點到切點的

垂線：連接 AN，因爲直線 MS 等於 SP，MN 等於 NP，MA 等於 AO，直線 AN 與 OP 相平行，因而 $\triangle SAN$ 在 A 的角是直角，並與相等的 $\triangle SNM$、$\triangle SNP$ 相似，所以 PS 比 SN 等於 SN 比 SA。

證畢。

推論 I.PS^2 比 SN^2 等於 PS 比 SA。

推論 II.因爲 SA 是常數，所以 SN^2正比於 PS 變化。

推論 III.任意切線 PM，與由焦點到切線的垂線 SN 的交點，必落在拋物線頂點的切線 AN 上。

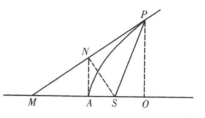

命題13　問題 8

如果物體沿拋物線運動，求指向該圖形焦點的向心力的定律。

保留上述引理的圖，令 P 爲沿拋物線運動的物體，Q 爲物體即將到達點，作 QR 平行於 SP，QT 垂直於 SP，再作 Qv 平行於切線，

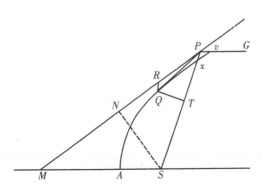

與直徑 PG 交於 v，與距離 SP 交於 x。因爲 $\triangle Pxv$、$\triangle SPM$ 相似，SP 與 SM 是同一三角形的相等邊，另一三角形的邊 Px 或 QR 與 Pv 也相等，但（因爲是圓錐曲線）縱座標 Qv 的平方等於由通徑與直徑小段 Pv 組成的矩形，即（由引理 13）等於矩形 4 $PS \cdot Pv$ 或 4 $PS \cdot QR$；當點 P 與 Q 重合時，（由引理 7 推論 II）　$Qx = Qv$。所以，

在這種情形下，Qx^2等於矩形 $4\,PS \cdot QR$。但（因為 $\triangle QxT$、$\triangle SPN$ 相似），

$$Qx^2 : QT^2 = PS^2 : SN^2 = PS : SA$$

$$= 4PS \cdot QR : 4SA \cdot QR \text{（由引理 14 推論 I ）}$$

所以，（由歐幾里得《幾何原本》第五卷命題 9） $QT^2 = 4SA \cdot QR$。該等式兩邊同乘 $\dfrac{SP^2}{QR}$，則 $\dfrac{SP^2 \cdot QT^2}{QR}$ 將等於 $SP^2 \cdot 4SA$。所以，（由命題 6 推論 I 和推論 V ）向心力反比於 $SP^2 \cdot 4SA$，即（由於 $4SA$ 是常數）反比於距離 SP 的平方。   證畢。

推論 I. 由上述三個命題可知，如果任意物體 P 在處所 P 以任意速度沿任意直線 PR 運動，同時受到一個反比於由該處所到其中心的距離的向心力的作用，則物體將沿圓錐曲線中的一種運動，曲線的焦點就是力的中心；反之亦然，因為焦點、切點和切線已知，圓錐曲線便決定了，切點的曲率也就給定了，而曲率決定於向心力和給定的物體速度。相同的向心力和相同的速度不可能給出兩條相切的軌道。

推論 II. 如果物體在處所 P 的速度這樣給定，使得在無限小的時間間隔裏通過小線段 PR，而向心力在相同時間裏使物體通過空間 QR，則物體沿圓錐曲線中的一條運動，其通徑在小線段 PR、QR 無限減小的極限狀態下為 $\dfrac{QT^2}{QR}$。在這兩個推論中，我把圓周當做橢圓，並排除了物體沿直線到達中心的可能性。

命題14　定理 6

如果不同物體環繞公共中心運行，向心力都反比於其到該中心距離的平方，則其軌道的通徑正比於物體到中心的半徑在同一時間裏所掠過的面積的平方。

因為（由命題 13 推論 II）通徑 L 在點 P 與 Q 重合的極限狀態下

等於量 $\dfrac{QT^2}{QR}$。但小線段 QR 在給定時間

裡正比於產生它的向心力，即（由假定條

件）反比於 SP^2。所以 $\dfrac{QT^2}{QR}$ 正比於 $QT^2 \cdot$

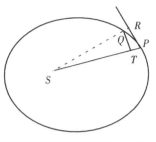

SP^2，即通徑 L 正比於面積 $QT \cdot SP$ 的平

方。　　　　　　　　　　　　　　證畢。

　　推論.因此，正比於由其軸長組成的矩形的整個橢圓的面積，正比
於其通徑的平方根與週期的乘積。因為整個橢圓面積正比於給定時間
裡掠過的面積 $QT \cdot SP$ 乘以週期。

命題15　定理 7

　　**在相同條件下，橢圓運動的週期正比於其長軸的 $\frac{3}{2}$ 次方（in
ratione sesquiplicata）。**

　　因為短軸是長軸與通徑的比例中項，因此長、短軸的乘積等於通
徑的平方根與長軸的 $\frac{3}{2}$ 次方的乘積。但兩軸的乘積（由命題 14 推論）
正比於通徑的平方根與週期的乘積，雙邊同除以通徑的平方根，即得
到長軸的 $\frac{3}{2}$ 次方正比於週期。　　　　　　　　　　　　證畢。

　　推論.橢圓運動的週期與直徑等於橢圓長軸的圓周運動的週期相
等。

命題16　定理8

　　**在相同條件下，通過物體作軌道切線，再由公共焦點作切線的垂
線，則物體的速度反比於該垂線而正比於通徑的平方根變化。**

　　由焦點 S 作直線 SY 垂直於切線 PR，則物體 P 的速度反比於

量 $\dfrac{SY^2}{L}$ 的平方根變化。因為速度正比於給定時間間隔內掠過的長度

無限小的弧 $\overparen{PQ}$，即（由引理 7）正比於切線 PR，也就是（因爲有比例式 $PR:QT=SP:SY$）正比於 $\dfrac{SP \cdot QT}{SY}$，或反比於 SY，正比於 $SP \cdot QT$，而 $SP \cdot QT$ 是給定時間裏掠過的面積，也就是（由命題 14）正比於通徑的平方根。證畢。

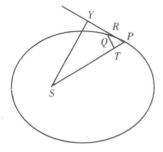

推論 I.通徑正比於垂線的平方以及速度的平方變化。

推論 II.在距焦點最大和最小距離處，物體的速度反比於該距離而正比於通徑的平方根，因爲那些垂線此時就是距離。

推論 III.在距焦點最遠或最近時，沿圓錐曲線的運動速度與沿以相同距離爲半徑的圓周的運動速度的比，等於通徑的平方根與該距離 2 倍的平方根的比。

推論 IV.沿橢圓做環繞運動的物體，在其與公共焦點的平均距離上，其速度與以相同距離做圓周運動的物體的速度相同，即（由命題 4 推論 VI）反比於該距離的平方。因爲此時垂線就是半短軸，也是該距離與通徑的比例中項。令（諸半短軸的）比值的倒數乘以諸通徑的平方根的比，即得到距離比值倒數的平方根。

推論 V.在同一圖形，或甚至在不同圖形中，諸通徑是相等的，而物體的速度反比於由焦點到切線的垂線。

推論 VI.在拋物線上，速度反比於物體到圖形的焦點距離變化率的平方根，相對於該變化率，橢圓速度變化較大，而雙曲線變化較小，因爲（由引理 14 推論 II）由焦點到拋物線切線的垂線正比於距離的平方根。雙曲線垂線變化較小，而橢圓的變化較大。

推論 VII.在拋物線中，到焦點爲任意距離的物體的速度，與以相同距離沿圓周做環繞運動的物體速度的比，等於數字 2 的平方根比 1。對於橢圓該值較小，而雙曲線較大。因爲（由本命題推論 II）在拋物線頂點該速度適於這個比值，而（由本命題推論 IV 和命題 4）在同一距離

上都滿足該比值。所以，對於拋物線，物體在其上各處的速度也等於沿以其距離的一半做圓周運動的速度。對於橢圓速度較小，而對於雙曲線該速度較大。

　　推論Ⅷ.沿任何一種圓錐曲線運動的物體，其速度與以其通徑的一半做圓周運動物體的速度的比，等於該距離與由焦點到曲線的切線的垂線的比，這可由推論 V 得證。

　　推論Ⅸ.因而，由於（根據命題 4 推論 VI）沿這種圓周運動的物體的速度與沿另一任意圓周運動的另一物體的速度比，反比於它們距離之比的平方根，所以，類似地，沿圓錐曲線運動物體的速度與沿以相同距離做圓周運動物體速度的比，是該共同距離以及圓錐曲線通徑的一半，與由公共焦點到曲線切線的垂線的比的比例中項。

命題17　問題 9

　　設向心力反比於物體處所到中心的距離的平方，該力的絕對值已知，求物體由給定處所以給定速度沿給定直線方向運動的路徑。

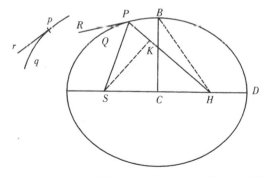

　　令向心力指向點 S，使得物體 p 沿任意給定軌道 pq 運動；設該物體在處所 p 的速度已知。然後，設物體 P 由處所 P 以給定速度沿直線 PR 的方向運動，但由於向心力的作用它立即偏離直線進入圓錐曲線 PQ，這樣，直線 PR 將與曲線在 P 點相切。類似地，設直線 pr 與軌道 pq 於 p 點相切。如果設想一垂線由 S 落向切線，則圓錐曲線的通徑（由命題 16 推論 I）與該軌道通徑之比，等於它們的垂線之比的平方與速度之比的平方的乘積，因而是給定的。令該通徑為

L，圓錐曲線的焦點 S 也已給定。令 $\angle RPH$ 為 $\angle RPS$ 的補角，另一個焦點位於其上的直線 PH 位置已定，作 SK 垂直於 PH，並作共軛半軸 BC，即得到

$$SP^2 - 2PH \cdot PK + PH^2 = SH^2 = 4CH^2 = 4(BH^2 - BC^2)$$
$$= (SP+PH)^2 - L(SP+PH)$$
$$= SP^2 + 2PS \cdot PH + PH^2 - L(SP+PH)，$$

兩邊同加

$$2PK \cdot PH - SP^2 - PH^2 + L(SP+PH)，$$

即有

$$L(SP+PH) = 2PS \cdot PH + 2PK \cdot PH，或者$$
$$(SP+PH):PH = 2(SP+KP):L。$$

因此 PH 的長度和方向都已確定。即在 P 處物體的速度如果使得通徑 L 小於 $2SP + 2KP$，則 PH 將與直線 SP 位於切線 PR 的同一側；所以圖形將是橢圓，其焦點 S、H 以及主軸 $SP + PH$ 都已確定，但如果物體速度較大，使得通徑 L 等於 $2SP + 2KD$，則 PH 的長度為無限大，所以圖形變為拋物線，其軸 SH 平行於直線 PK，因而也得到確定。如果物體在處所 P 的速度更大，直線 PH 處於切線的另一側，使得切線自兩個焦點中間穿過，圖形將變為雙曲線，其主軸等於線段 SP 與 PH 的差，也是確定的。因為在這些情形中，如果物體所沿圓錐曲線確定了，命題 11、12、13 已證明，向心力將反比於物體到力的中心的距離的平方，所以我們就能正確地得出物體在該力作用下自給定處所 P 以給定速度沿給定直線方向運動所畫出的曲線。

證畢。

推論 I.因此，在每一種圓錐曲線中，由頂點 D、通徑 L 和給定的焦點 S，便可以通過令 DH 比 DS 等於通徑比通徑與 $4DS$ 的差來求得另一個焦點 H，因此比例式

$$SP + PH:PH = 2SP + 2KP:L，$$

在本推論情形中變為

$$DS + DH:DH = 4DS:L$$

以及 $\qquad DS : DH = (4DS - L) : L。$

　　推論 II.所以，如果物體在頂點的速度已知，則其軌道就可以求出。即令其通徑與 2 倍距離 DS 的比，等於該給定速度與物體以距離 DS 做圓周運動的速度的比的平方（由命題 16 推論 III），再令 DH 比 DS 等於通徑比通徑與4DS 的差。

　　推論 III.如果物體沿任意圓錐曲線運動，並遭某種推斥作用被逐出其軌道，它以後運動所循的新軌道也可以求出。因為把物體原先的正常運動與單由推斥作用產生的運動加以合成，就可得到物體在被逐出點受給定直線方向的推斥作用後產生的運動。

　　推論 IV.如果該物體連續受到某外力作用的騷擾，則可以通過採集該外力在某些點造成的變化，類推出它在整個序列中的影響，估計它在各點之間的連續作用，近似求出物體的運動。

附注

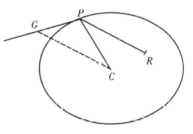

　　如果物體 P 受指向任意點 R 的向心力作用，沿以 C 為中心的任意圓錐曲線運動，並滿足向心力定律；作 CG 不行於半徑 RP，與軌道切線相交於 G 點，則物體受到的力（由命題 10 推論 I 和附注，以及命題 7 推論 III）為 $\dfrac{CG^3}{RP^2}$。

第四章　由已知焦點求橢圓、拋物線和雙曲線軌道

引理15

　　如果由橢圓或雙曲線的兩個焦點 S、H 作直線 SV、HV 相交於任意第三個點 V，使 HV 等於圖形的主軸，即等於焦點所在軸，而另

一條直線 *SV* 被其上的垂線 *TP* 在 *T* 點等分，則該垂線 *TR* 將在某處與該圓錐曲線相切；或者反之，如果它們相切，則 *HV* 必等於圖形的主軸。

因為，如果必要的話，可使垂線 *TR* 與 *HV* 相交於 *R*，連接 *SR*。由於 *TS* 與 *TV* 相等，所以直線 *SR* 與 *VR*，以及 ∠ *TRS* 與 ∠ *TRV* 均相等，因而點 *R* 在圓錐曲線上，*TR* 將與它在同一點相切；反之亦然。　　證畢。

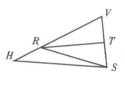

命題18　問題10

由已知的一個焦點和主軸作出橢圓或雙曲線，使之通過給定點並與給定直線相切。

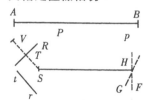

令 *S* 為圖形的公共焦點；*AB* 為任意圓錐曲線的主軸長度；*P* 為圓錐曲線所應通過的點，*TR* 為它應與之相切的直線。以 *P* 為中心，*AB* − *SP* 為半徑，如果軌道是橢圓的話，或者以 *AB* + *SP* 為半徑，如果軌道是雙曲線的話，作圓周 *HG*。在切線 *TR* 上作垂線 *ST* 並延長到 *V* 使 *TV* 等於 *ST*。再以 *V* 為圓心以 *AB* 為半徑作圓周 *FH*。以此方法，無論是已知兩點 *P* 與 *p*，或兩條切線 *TR* 與 *tr*，或一點 *P* 與一條切線 *TR*，都可以作兩個圓周。令 *H* 為其公共交點。以 *S*、*H* 為焦點，由已知主軸作圓錐曲線，問題即得解。因為（橢圓時 *PH* + *SP*，雙曲線時 *PH* − *SP* 均等於主軸）所作圓錐曲線將通過點 *P*，且（由引理 15）與直線 *TR* 相切，由相同方法可使它通過兩點 *P* 和 *p*，或與兩條直線 *TR* 和 *tr* 相切。　　證畢。

命題19　問題11

由一個已知焦點作拋物線，使之通過已知點並與已知直線相切。

令 S 為焦點，P 為給定點，TR 為已知直線。以 P 為圓心，PS 為半徑作圓周 FG，由焦點 S 作切線的垂線 ST，並延長到 V 點，使 TV 等於 ST。用相同方法可作另一個圓 fg，如果已知另一個點 p；或求出另一個點 v，如果另一條直線 tr 已知；再作直線 IF，在已知兩點 P 與 p 時，可使它與兩圓相切；或兩切線 TR 與 tr 已

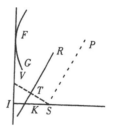

知時，使之通過兩點 V 與 v；或已知點 P 與切線 TR 時，使之與圓 FG 相切並通過點 V，在 FI 上作垂線 SI，K 為其中點，以 SK 為主軸，K 為頂點作出拋物線，問題即得到解決。因為該拋物線（SK 等於 IK，SP 等於 FP）將通過點 P，而且（由引理 14 推論Ⅲ）因為 ST 等於 TV，而 $\angle STR$ 是直角，它將與直線 TR 相切。　　　證畢。

命題20　問題12

由一個已知焦點，作出通過已知點並與已知直線相切的圓錐曲線。

情形 1：由已知焦點求圓錐曲線 ABC，使之通過兩點 B、C。因為圓錐曲線類型已知，其主軸與焦點距離的比值也已知，取 KB 比

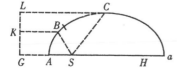

BC 以及 LC 比 CS 等於該值，以 B、C 為圓心，BK、CL 為半徑作兩個圓，並在與它們相切於 K 和 L 的直線 KL 上作垂線 SG；在 SG 上截取兩點 A 與 a，使 GA 比 AS，以及 Ga 比 aS 等於 KB 比 BS；再以 Aa 為軸，A 與 a 為頂點作出圓錐曲線，問題得解。因為令 H 為所畫圖形的

另一個焦點，由於 $GA:AS=Ga:aS$，即有 $(Ga-GA):(aS-AS)$ $=GA:AS$，或者 $Aa:SH=GA:AS$，所以 GA 與 AS 的比等於所畫圖形的主軸與焦距的比，因此，所作圖形正是所要求的類型。而且，由於 $KB:BS=LC:CS$，該圖形將通過點 B、C，這正是圓錐曲線所要求的。

情形 2：由焦點 S 作圓錐曲線，使之與兩條直線 TR、tr 相切。過該焦點作這些切線的垂線 ST、St，並分別延長到 V、v，使 TV、tv 分別等於 TS、tS，在 O 點等分 Vv，並作其不定垂線 OH，並與直線 VS 延長線相交，在 VS 線上截取 K、R，使 VK 比 KS 和 VR 比 RS 等於要畫的圓錐曲線的主軸與其焦距的比，以 Kk 爲直徑作圓

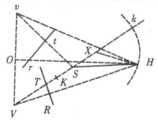

與 OH 相交於 H。以 S、H 爲焦點、VH 爲主軸作圓錐曲線，問題得解。因爲在 X 等分 Kk，連接 HX、HS、HV、Hv，由於 VK 比 KS 等於 Vk 比 kS，因而求和等於 $VK+Kk$ 比 $KS+kS$，求差等於 $Vk-VK$ 比 $kS-KS$，即等於 $2VX$ 比 $2KX$ 以 及 $2KX$ 比 $2SX$，所 以 等 於 VX 比 HX 以 及 HX 比 SX，而 $\triangle VXH$、$\triangle HXS$ 相似，所以 VH 比 SH 等於 VX 比 XH，等於 VK 比 KS，因此所畫圓錐曲線的主軸 VH 與其焦距 SH 的比，等於所要求的圓錐曲線的主軸與焦距的比，所以它們類型相同。而且由於 VH、vH 等於主軸，VS、vS 被直線 TR、tr 垂直等分，顯然（由引理 15）它們與所畫曲線相切。　　　　　　　　　　證畢。

情形 3：由焦點 S 作圓錐曲線，使之在給定點 R 與直線 TR 相切。在直線 TR 上作垂線 ST，延長到 V 使 TV 等於 ST，連接 VR，並在直線 VS 延長線上截取 K、k 兩點，使 VK 比 SK 和 VK 比 Sk 等於要畫的橢圓主軸比其焦距；以 Kk 爲直徑作圓周與直線 VR 相交於 H 點，再以 S、H 爲焦點、VH

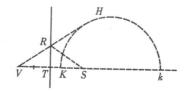

為主軸作圓錐曲線，問題得解。因為 $VH:SH=VK:SK$，因此等於所要畫的圓錐曲線的主軸比其焦距(我已在情形 2 中證明)；因此所畫曲線與所要畫的曲線類型相同，而由圓錐曲線特性知，直線 TR 等分 $\angle VRS$，與曲線在點 R 相切。　　　　　　　　證畢。

情形 4：由焦點 S 作圓錐曲線 APB 使之與直線 TR 相切，並通過切線外任一已知點 P，並與以 S、h 為焦點，以 ab 為主軸的圓錐曲線 apb 相似。在切線 TR 上作垂線 ST，延長至 V 點使 TV 等於 ST；作 $\angle hsq$、$\angle shq$ 等於 $\angle VSP$、SVP，以 q 為圓心，以其與 ab

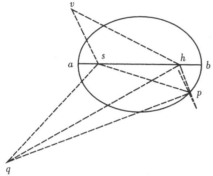

的比等於 SP 與 VS 的比的長度為半徑作圓周與圖形 apb 交於 P 點。連接 SP，作 SH 使 SH 比 sh 等於 SP 比 sp，並使 $\angle PSH$ 等於 $\angle psh$，$\angle VSH$ 等於 $\angle psq$。然後再以 S、H 為焦點，AB 等於距離 VH 為主軸作圓錐曲線，問題得解。因為如果作 sv 使 sv 比 sp 等於 sh 比 sq，$\angle vsp$ 等於 $\angle hsq$，則 $\angle vsh$ 等於 $\angle psq$，$\triangle svh$ 與 $\triangle spq$ 相似，所以 vh 比 pq 等於 sq；即 (因為 $\triangle VSP$、$\triangle hsq$ 相似) 等於 VS 比 SP，或等於 ab 比 pq。所以 vh 等於 ab，但由於 $\triangle VSH$、$\triangle vsh$ 相似，VH 比 SH 等於 vh 比 sh，即所畫曲線的主軸與焦距的比等於主軸 ab 與焦距 sh 的比，所以所畫圖形與圖形 apb 相似，而由於 $\triangle PSH$ 相似於 $\triangle psh$，該圖形通過點 P；又由於

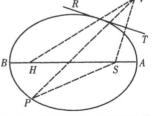

VH 等於其主軸，VS 垂直於直線 TR 且被 TR 等分，因而該圖形與直線 TR 相切。　　　　　　　　證畢。

引理16

由三個已知點向第四個未知點作三條直線，使其差或為已知，或為零。

情形 1：令已知點為 A、B、C，而 Z 是第四個要找出的點；由於直線 AZ、BZ 的差是給定的，所以點 Z 的軌跡將是雙曲線，其焦點是 A 和 B，主軸是給定的差。令該主軸為 MN，取 PM 比 MA 等於 MN 比 AB，作 PR 垂直 AB，並作 PR 的垂線 ZR；則由雙曲線特性知，$ZR：AZ=MN：AB$。由類似的理由，點 Z 的軌跡是另一條雙曲線，其焦點是 A、C，主軸是 AZ 與 CZ 的差。作 QS 垂直於 AC，對 QS 而言，如果由雙曲線上任意一點 Z 作垂線 ZS，則 ZS 比 AZ 等於 AZ 與 CZ 的差比 AC。所以，ZR 與 ZS 對 AZ 的比值是已知的，因而 ZR 比 ZS 的值也是已知的。所以，如果直線 PR、SQ 相交於 T，作 TZ 和 TA，則圖形 $TRZS$ 類型已知，而點 Z 位於其上的直線 TZ 位置也就給定。而直線 TA 與 $\angle ATZ$ 也將給定；因為 AZ 與 TZ 比 ZS 的值已給定，它們之間的比也就給定；類似地，$\triangle ATZ$ 也可給定，其頂點是點 Z。

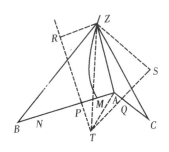

證畢。

情形 2：如果這三條直線中的兩條，如 AZ 和 BZ，是相等的，作直線 TZ 平分直線 AB，再用與上述相同方法找出 $\triangle ATZ$。

證畢。

情形 3：如果三條直線均相等，點 Z 將位於通過點 A、B、C 的圓周的圓心上。

證畢。

本引理中的問題在維埃特① 收編的（佩爾吉的）阿波羅尼奧斯② 《論切觸》（*Book of Tactions*）中作了類似解決。

命題21　問題13

由一個已知焦點作圓錐曲線使之通過已知點並與已知直線相切。

設焦點 S、點 P 和切線 TR 均給定，求另一焦點 H。在切線 TR 上作垂線 ST 並延長到 Y，使 TY 等於 ST，則 YH 等於主軸，連接 SP、HP，則 SP 將是 HP 與主軸的差。用此

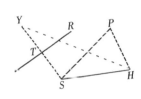

方法，如果已知更多的切線 TR，或已知更多的點 P，總可以確定由所說的點 Y 或 P 到焦點 H 的同樣多的直線 YH 或 PH，確定它們中哪一個等於主軸，哪一個是主軸與已知長度 SP 的差；所以，也就知道它們中哪些是相等的，或具有給定的差，因此（由前述引理），另一個焦點 H 也就知道了，而已知焦點和軸長（或是 YH，或者當爲橢圓時，爲 $PH + SP$；或者，當爲雙曲線時，爲 $PH - SP$）時，圓錐曲線給定。　　　　　　　　　　　　　　　　　證畢。

附注

當圓錐曲線是雙曲線時，上述討論中不包括共軛雙曲線，因爲物體沿一條雙曲線連續運動時不可能跳躍到它的共軛雙曲線軌道上。

---

① Vieta, 1504—1603，法國數學家，法文作 François Viète，他在歷史上第一個引入系統的代數符號，並對方程論作了改進。——中譯者
② Apollonius，約西元前 262—前 190，古希臘數學家，是古代科學巨著《論圓錐曲線》的作者。——中譯者

　　已知三點的情形，可作更簡捷的解決，令 B、C、D 爲已知點，
連接 BC、CD，並分別延長到 E、
F，使 EB 比 EC 等於 SB 比
SC，而 FC 比 FD 等於 SC 比
SD。在 EF 上作垂線 SG、BH，
並將 SG 延長至 a，使 GA 比 AS
以及 Ga 比 aS 等於 HB 比 BS；
則 A 爲頂點，而 Aa 爲曲線主軸，
並由 GA 大於、等於或小於 AS 決

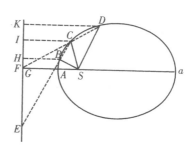

定是橢圓、拋物線或雙曲線。在前一情形中點 a 與點 A 同樣落於直線
GF 的同側；第二種情形裏點 a 位於無限遠處；第三種情形點 a 位
於直線 GF 另一側。因爲如果在 GF 上作垂線 CI、DK，則 IC 比 HB
等於 EC 比 EB，即等於 SC 比 SB；作置換調整，IC 比 SC 等於
HB 比 SB，或等於 EC 比 SA。由類似理由可以證明，KD 與 SD 的
比值也爲同一比率。所以，點 B、C、D 位於以 S 爲焦點的圓錐曲線
上，並使得由焦點 S 到曲線上各點的直線，與由同一點到直線 GF 的
垂線的比爲已知值。

　　傑出的幾何學家德拉希爾③ 曾在他的著作《圓錐曲線》（*Conics*）
第八卷命題 25 中以幾乎相同的方法解決了這一問題。

第五章　焦點未知時怎樣求軌道

引理17

　　如果由已知圓錐曲線上任一點 P 向其任意內接四邊形 $ABDC$

的四個邊 **AB**、**CD**、**AC**、**DB** 以已知夾角作同樣多的直線 **PQ**、**PR**、**PS**、**PT**，每邊對應一條直線，則由位於相對邊 **AB**、**CD** 上的矩形 **PQ・PR** 與位於另兩相對邊 **AC**、**BD** 上的矩形 **PS・PT** 的比是給定的。

情形 1：首先設畫向一對對邊的直線分別與另兩邊平行，即 *PQ* 和 *PR* 與 *AC* 邊，*PS* 和 *PT* 與 *AB* 邊相平行，而另一對對邊，如 *AC* 與 *BD* 也相互平行，則等分這些平行邊的直線是圓錐曲線的一條直徑，而且同樣等分 *RQ*。令 *O* 為 *RQ* 的等分點，*PO* 即為該直徑上的縱座標。延長 *PO* 到 *K*，使 *OK* 等於 *PO*，則 *OK* 為該直徑在另一側的縱座標，因為點 *A*、*B*、*P* 和 *K* 都在圓錐曲線上，而 *PK* 以已知角與 *AB* 相交，則（由阿波羅尼奧斯的《論圓錐曲線》（*Conics*）第三卷，命題 17、命題 19、命題 21 和命題 23）矩形 *PQ・QK* 與矩形 *AQ・QB* 的比為給定值，但 *QK* 與 *PR* 相等，是相等直線 *OK*、*OP* 與 *OQ*、*QR* 的差，所以矩形 *PQ・QK* 與 *PQ・PR* 相等，因此矩形 *PQ・PR* 與矩形 *AQ・QB* 的比，即與矩形 *PS・PT* 的比，是給定的。　　　　　證畢。

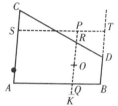

情形 2：再設四邊形相對邊 *AC* 與 *BD* 不平行，作 *Bd* 不行於 *AC*，與圓錐曲線相交於 *d*，與直線 *ST* 相交於 *t*。連接 *Cd* 與 *PQ* 交於 *r*，作 *DM* 平行於 *PQ*，與 *Cd* 交於 *M*，與 *AB* 交於 *N*，則（因為△*BTt* 與△*DBN* 相似）*Bt*：*Tt* 或 *PQ*：*Tt*＝*DN*：*NB*。同樣 *Rr*：*AQ* 或 *Rr*：*PS*＝*DM*：*AN*。所以，前項乘以前項，後項乘以後項，則矩形 *PQ・Rr* 比矩形 *PS・Tt* 等於矩形 *DN・DM* 比矩形 *NA・NB*；同樣（由情形 1）運用除法，則矩形 *PQ・Pr* 比矩形 *PS・Pt* 等於矩形 *PQ・PR* 比 *PS・PT*。　　　　　證畢。

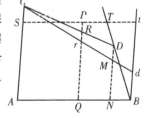

情形 3：最後設四條線 *PQ*、*PR*、*PS*、*PT* 不平行於邊 *AC*、

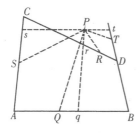

AB，而是任意相交的。作 Pq、Pr 平行於 AC，Ps、Pt 平行於 AB。因為 $\triangle PQq$、$\triangle PRr$、$\triangle PSs$、$\triangle PTt$ 的角是給定的，則 PQ 比 Pq、PR 比 Pr、PS 比 Ps、PT 比 Pt 的值也是給定的，所以複合比 $PQ \cdot PR$ 比 $Pq \cdot Pr$ 以及 $PS \cdot PT$ 比 $Ps \cdot Pt$ 是給定的，但由前面已證明的，$Pq \cdot Pr$ 比 $Ps \cdot Pt$ 為已知，所以 $PQ \cdot PR$ 比 $PS \cdot PT$ 也為已知。　　證畢。

引理18

在相同條件下，如果作向四邊形兩條對邊的直線的乘積 $PQ \cdot PR$ 比作向另兩條對邊的直線的乘積 $PS \cdot PT$ 的值為已知，則點 P 位於圍成該四邊形的圓錐曲線上。

設圓錐曲線通過點 A、B、C、D，以及無限多個點 P 中的一個，例如是 p，則點 P 總是位於該曲線之上。如果否認這一點，連接 AP 與該圓錐曲線相交於 P 以外的一點，比如 b。所以，如果由點 p 和 b 以給定角度向四邊形的邊作直線 pq、pr、ps、pt 和 bk、bn、bf、bd，則（由引理17）$bk \cdot bn$ 比 $bf \cdot bd$ 等於 $pq \cdot pr$ 比 $ps \cdot pt$，而且

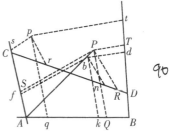

等於（由假定條件）$PQ \cdot PR$ 比 $PS \cdot PT$。因為四邊形 $bkAf$、$PQAS$ 相似，所以 bk 比 bf 等於 PQ 比 PS。將此比例式對應項除前一比例式，得到 bn 比 bd 等於 PR 比 PT。所以，等角四邊形 $Dnbd$ 與 $DRPT$ 相似，它們的對角線 Db、DP 重合，b 落在直線 AP 與 DP 的交點上，因而與點 P 重合。所以，不論如何選取 P，它總落在給定的圓錐曲線上。　　證畢。

推論.如果由公共點 P 向三條已知直線 AB、CD、AC 作同樣多

的直線 PQ、PR、PS，並一一對應，而且相應夾角也是已知的，其中任意兩條的乘積 $PQ \cdot PR$ 與第三條 PS 的平方的比也是已知的，則引出直線的點 P 將位於與直線 AB、CD 相切於 A 和 C 的圓錐曲線上。反之亦然，因爲三條直線 AB、CD、AC 的位置不變，令直線 BD 向 AC 趨近並與之重合，同樣再令直線 PT 與 PS 重合，則乘積 $PT \cdot PS$ 變爲 PS^2，原先與曲線相交於點 A、B、C、D 的直線 AB、CD 不再與之相交，而只是相切於曲線上相重合的點。

附注

　　本引理中，圓錐曲線的概念應作廣義理解，經過錐體頂點的直線截面與平行於錐體底面的圓周截面都包括在內。因爲如果點 P 處在連接 A 與 D 或 C 與 B 點的直線上，圓錐曲線就變成兩條直線，其中一條就是點 P 所在的直線，另一條連接著四個點中的另外兩個。如果四邊形的相對角合起來等於兩個直角，四條直線 PQ、PR、PS、PT 因而以直角或其他相等角引向四條邊，而且矩形 $PQ \cdot PR$ 等於矩形 $PS \cdot PT$，則圓錐曲線變爲圓。如果四條直線以任意角度畫成，乘積 $PQ \cdot PR$ 比乘積 $PS \cdot PT$ 等於後兩條直線 PS、PT 與其對應邊夾角 S、T 的正弦的乘積比前兩條直線 PQ、PR 與其對應邊夾角 Q、R 的正弦的乘積，則圓錐曲線也是圓。在所有其他情形中，點 P 的軌跡是通常稱之爲圓錐曲線的三種曲線中的一種。也可以不用四邊形 $ABCD$，

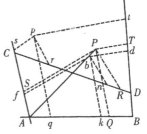

而代之以一種對邊像對角線那樣交叉的四邊形。四個點 A、B、C、D 中的一個或兩個也可以移到無限遠距離處，這意味著四邊形的邊收斂於該點，成爲平行線，在此情形下，圓錐曲線將通過餘下的點，並在同一方向上以拋物線形式伸向無限遠。

引理19

　　求出點 *P*，使由它向已知直線 *AB*、*CD*、*AC*、*BD* 以已知角度作出的同樣多的——對應直線 *PQ*、*PR*、*PS*、*PT* 中的任意兩條的乘積 *PQ*‧*PR* 與另兩條的乘積 *PS*‧*PT* 的比值爲給定值。

　　設引向已知直線 *AB*、*CD* 的兩條直線 *PQ*、*PR* 包含上述乘積之一，並與另兩條已知直線相交於 *A*、*B*、*C*、*D* 點，由這些點中的一個，設爲 *A*，作任意直線 *AH*，使點 *P* 位於其上，令該直線與已知直線 *BD*、*CD* 相交於 *H* 和 *I*；而且由於圖形的所有角度都是已知的，所以 *PQ* 比 *PA*，以及 *PA* 比

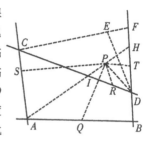

PS，進而 *PQ* 比 *PS* 都是已知的。以該比值除給定比值 *PQ*‧*PR* 比 *PS*‧*PT*，得到比值 *PR* 比 *PT*，再乘以給定比值 *PI* 比 *PR*，和 *PT* 比 *PH*，即得到 *PI* 比 *PH* 的值，以及點 *P*。　　　　　　　證畢。

　　推論 I.由此可以在點 *P* 的軌跡上任意一點 *D* 作切線。在 *AH* 通過點 *D* 處，點 *P* 與 *D* 相遇，弦 *PD* 變成切線。在此情形中，趨於零的線段 *IP* 與 *PH* 的比的最後值可由上述推導求出，所以作 *CF* 平行於 *AD*，與 *BD* 相交於 *F*，並以該最後比值截取 *E* 點，則 *DE* 即爲所求切線；因爲 *CF* 與趨於零的線段 *IH* 平行，並以相同比例在 *E* 和 *P* 截開。

　　推論 II.也可以求出所有點 *P* 的軌跡。通過點 *A*、*B*、*C*、*D* 中的一個，設爲 *A* 作 *AE* 與軌跡相切，通過另一點 *B* 作平行於該切線的直線 *BF* 與軌跡交於 *F*，並由本引理求出點 *F*。在 *G* 點等分 *BF*，作直線 *AG*，它就是直徑所在位置，*BG* 與 *FG* 是其縱座標，令 *AG* 與軌跡相交於 *H*，則 *AH* 爲直徑

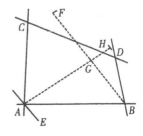

或橫向通徑，而通徑與它的比等於 BG^2 比 $AG \cdot GH$。如果 AG 不與軌跡相交，AH 爲無限，則軌跡爲拋物線，其對應於直線 AG 的通徑爲 $\dfrac{BG^2}{AG}$；但它如果與軌跡相交於某處，則軌跡爲雙曲線，此時點 A 與 H 位於點 G 的同一側；對於橢圓，則點 G 位於點 A 與 H 之間；如果這時 $\angle AGB$ 是直角，同時 BG^2 等於乘積 $GA \cdot GH$，則這種情形下軌跡爲圓。

這樣，我們在此推論中對始自歐幾里得，繼之阿波羅尼奧斯所研究的著名四線問題給出解答，在此不用分析計算，而用幾何作圖，正是古人所要求的。

引理20

如果任意平行四邊形 $ASPQ$ 的相對角的頂點 A 與 P 同圓錐曲線相遇，這兩個角的一條邊 AQ、AS 的延長線與圓錐曲線在 B、C 相遇，再由 B 和 C 向圓錐曲線上的第五個點 D 作兩條直線 BD、CD 並延長，分別與平行四邊形的邊 PS、PQ 相交於 T 和 R，則由平行四邊形邊上截下的部分 PR 與 PT 的比爲給定值；反之，如果截下的部分相互間有給定比值，則點 D 爲通過點 A、B、C、P 的圓錐曲線上的點。

情形 1：連接 BP、CP，由點 D 作兩條直線 DG、DE，使 DG 平行於 AB，並分別與 PB、PQ、CA 相交於 H、I、G；另一條直

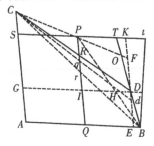

線 DE 平行於 AC，分別與 PC、PS、AB 相交於 F、K、E，則（由引理 17）乘積 $DE \cdot DF$ 與 $DG \cdot DH$ 的比爲給定值。但 PQ 比 DE（或 IQ）等於 PB 比 HB，因而等於 PT 比 DH；整理得，PQ 比 PT 等於 DE 比 DH。類似地，PR 比 DF 等於 RC 比 DC，所以等於

（*IG* 或） *PS* 比 *DG*，調整得 *PR* 比 *PS* 等於 *DF* 比 *DG*；將兩組比式相乘，得到乘積 *PQ*・*PR* 比乘積 *PS*・*PT* 等於乘積 *DE*・*DF* 比乘積 *DG*・*DH*，為給定值，而 *PQ* 與 *PS* 為已知，所以 *PR* 與 *PT* 的比值也就給定。   證畢。

情形 2：如果 *PR* 與 *PT* 相互間比值給定，則由相似理由倒推回去，即得到乘積 *DE*・*DF* 比乘積 *DG*・*DH* 為給定值，因此點 *D*（由引理 18）位於通過點 *A*、*B*、*C*、*P* 的圓錐曲線上。   證畢。

推論 I. 如果作 *BC* 與 *PQ* 相交於 *r*，在 *PT* 上取 *t*，使 *Pt* 比 *Pr* 等於 *PT* 比 *PR*，則 *Bt* 將在 *B* 點與圓錐曲線相切。因為設點 *D* 與點 *B* 合併，使得弦 *BD* 消失，*BT* 即成為切線，而 *CD* 和 *BT* 將分別與 *CB* 和 *Bt* 重合。

推論 II. 反之，如果 *Bt* 是切線，直線 *BD*、*CD* 在曲線上任一點 *D* 上相遇，則 *PR* 比 *PT* 等於 *Pr* 比 *Pt*。而反過來，如果 *PR* 比 *PT* 等於 *Pr* 比 *Pt*，則 *BD* 與 *CD* 相遇於曲線上某點 *D*。

推論 III. 一條圓錐曲線與另一條圓錐曲線的交點不可能超過 4 個。因為，如果這是可能的，令兩條圓錐曲線通過 5 個點 *A*、*B*、*C*、*P*、*O*；令直線 *BD* 與兩曲線分別相交於 *D* 和 *d*，直線 *Cd* 與直線 *PQ* 相交於 *q*。所以 *PR* 比 *PT* 等於 *Pq* 比 *PT*，因而 *PR* 與 *Pq* 相等，與命題衝突。

引理21

如果兩條能動且不確定的直線 *BM*、*CM* 通過給定點 *B*、*C* 並以其為極點，由兩直線的交點 *M* 引第三條位置已知的直線 *MN*，再作另兩條不確定直線 *BD*、*CD*，與前兩條直線在給定點 *B*、*C* 形成給定角 *MBD*、*MCD*，則直線 *BD*、*CD* 的交點 *D* 將畫出圓錐曲線並通過點 *B*、*C*。反之，如果直線 *BD*、*CD* 的交點 *D* 畫出圓錐曲線並通過點 *B*、*C*、*A*，而且 $\angle DBM$ 總是等於已知角 $\angle ABC$，而且 $\angle DCM$ 總是等於給定角 $\angle ACB$，則點 *M* 的軌跡是一條位置已定的直線。

在直線 *MN* 上給定一點 *N*，當可動點 *M* 落到不動點 *N* 上時，令可動點 *D* 落到不動點 *P* 上。連接 *CN*、*BN*、*CP*、*BP*，由點 *P* 作直線 *PT*、*PR* 分別與 *DB*、*CD* 相交於 *T* 和 *R*，並使 ∠*BPT* 等於給定角 ∠*BNM*，∠*CPR* 等於給定角 ∠*CNM*。因為（由設定條件）∠*MBD*、∠*NBP* 相等，∠*MCD*、∠*NCP* 也相等，移去公共角 ∠*NBD* 和 ∠*NCD*，則餘下的 ∠*NBM* 與 ∠*PBT*，以及 ∠*NCM*

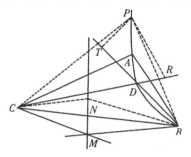

與∠*PCR* 相等；所以△*NBM*、△*PBT* 相似，△*NCM*、△*PCR* 也相似。所以，*PT* 比 *NM* 等於 *PB* 比 *NB*；*PR* 比 *NM* 等於 *PC* 比 *NC*。而點 *B*、*C*、*N*、*P* 是不可移動的，所以 *PT* 和 *PR* 與 *NM* 的比是給定的，因而這兩個比之間也有給定比值；所以，（由引理 20）點 *D* 隨可動直線 *BT* 和 *CR* 連續運動，處於通過點 *B*、*C*、*P* 的圓錐曲線上。　　　　　　　　　　　　　　　　　　　　證畢。

　　反之，如果可動點處於通過點 *B*、*C*、*A* 的圓錐曲線上，∠*DBM* 總是等於給定角 ∠*ABC*，∠*DCM* 總是等於給定角 ∠*ACB*，當點 *D* 相繼落到圓錐曲線上任意兩個不動點 *p*、*P* 上時，可動點 *M* 也相繼落入不動點 *n*、*N*。通過點 *n*、*N* 作直線 *nN*，則該直線 *nN* 為點 *M* 的連續軌跡。因為，如果可能的話，令點 *M* 位於任意曲線上，因而

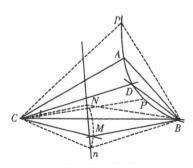

點 *D* 將處於通過五點 *B*、*C*、*A*、*p*、*P* 的圓錐曲線上，同時點 *M* 持續處於一條曲線上。但由前面所證明的，點 *D* 也在通過五個相同點 *B*、*C*、*A*、*p*、*P* 的圓錐曲線上，同時點 *M* 保持在一條直線上，所以

兩條圓錐曲線通過五個相同點,與命題 20 推論 III 相悖。所以,點 M 處於一條曲線上的假設是不合理的。   證畢。

命題22　問題14

作一條圓錐曲線使之通過五個給定點。

令五個給定點為 A、B、C、P、D。由它們中的任意一個,比如

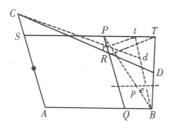

A,到另外任意兩點,如 B、C,它們可稱之為極點,作直線 AB、AC,再通過第四個點 P 作直線 TPS、PRQ 平行於上述兩直線。再由兩個極點 B、C 作通過第五個點 D 的兩條不確定直線 BDT、CRD,分別與上述兩條直線 TPS、PRQ(前者與前者,後者與後者)相交於 T、R。再作直線 tr 平行於 TR,在直線 PT、PR 上截取正比於 PT、PR 的部分 Pt、Pr;如果通過其端點 t、r 以及極點 B、C 作直線 Bt、Cr,並相交於 d,則點 d 即在所求圓錐曲線上,因為(由引理 20)該點 d 處於通過四點 A、B、C、P 的圓錐曲線上;當線段 Rr、Tt 趨於零時,點 d 與點 D 重合,所以圓錐曲線通過五個點 A、B、C、P、D。   證畢。

另一種解法

將已知點中的三個(例如 A、B、C)連接,並以其中兩個點 B、C 為極點,使具有給定大小的 $\angle ABC$、$\angle ACB$ 旋轉,先令邊 BA、CA 移至點 D,然後移至點 P,在這兩種情形中,另兩個邊 BL、CL 分別相交於點 M、N。作不定直線 MN,令兩個可轉動角繞極點 B、C 轉動,由此邊 BL、CL 或 BM、CM 產生的相交點設為 m,它將永遠處於不定直線 MN 上;而邊 BA、CA 或 BD、CD 的交點,現設為 d,將畫出所需的圓錐曲線 $PADdB$,因為(由引理 21)點 d 在通

過點 B、C 的圓錐曲線上，當點 m 與
點 L、M、N 重合時，點 d （見圖）
將與點 A、D、P 重合。所以，由此
將畫出通過五個點 A、B、C、P、D
的圓錐曲線。　　　　　證畢。

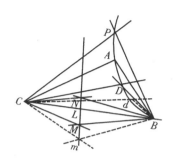

　　推論 I.由此容易畫出一直線使
之在給定點 B 與圓錐曲線相切。令點
d 與點 B 重合，則 Bd 即成爲所要求
的切線。

　　推論 II.由此可以像在引理 19 推論中那樣求出圓錐曲線的中心、
直徑和通徑。

附注

　　上述作圖中的前一種可加以簡化，連接 B、P，並在該直線上，如
果必要的話，在其延長線上，取 Bp 比
BP 等於 PR 比 PT；通過點 p 作不定
直線 pe 平行於 SPT，並使 pe 永遠等
於 Pr；作直線 Be、Cr 相交於 d。因爲
Pr 比 Pt、PR 比 PT、pB 比 PB、pe
比 Pt 都是相同比值，pe 與 Pr 永遠相

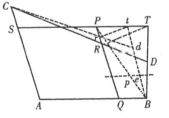

等。沿用此方法圓錐曲線上的點最容易找出，除非採用第二種作圖法
機械地描繪曲線。

命題23　問題15

　　作圓錐曲線通過四個給定點，並與給定直線相切。
　　情形 1：設 HB 爲已知切線，B 爲切點，C、D、P 爲另三個已
知點。連接 BC，作 PS 平行於 BH，PQ 平行於 BC；畫出平行四邊

形 $BSPQ$，作 BD 與 SP 相交於 T，CD 與 PQ 相交於 R。最後，作任意直線 tr 平行於 TR，分別從 PQ、PS 分割出 Pr、Pt 正比於 PR、PT，作 Cr、Bt，它們的交點 d（由引理 20）總是落在所要畫的圓錐曲線上。

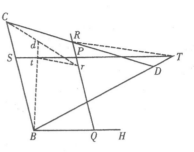

另一種解法

令大小給定的 $\angle CBH$ 繞極點 B 旋轉，並使直線半徑 DC 繞極點 C 旋轉並向兩邊延長，角的一邊 BC 與半徑相交於點 M、N，同時另一邊與相同半徑交於點 P 和 D，再作不定直線 MN，使半徑 CP 或 CD 與角的 BC 邊在該直線上保持相交，則角的另一邊 BH 與半徑的交點將描出所需的曲線。

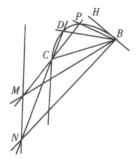

因為，如果在前述問題的作圖中，點 A 與點 B 重合，直線 CA 與 CB 也將重合，則直線 AB 的最後位置就是切線 BH；所以，前述作圖即與本問題作圖相同。所以，BH 邊與半徑的交點所畫出的圓錐曲線將通過點 C、D、P，並在 B 點與直線 BH 相切。　　　　　　　　　　　　　　　　　　　　　　證畢。

情形 2：設已知四點 B、C、D、P 均不在切線 HI 上。由相交於 G 的直線 BD、CP 各連接兩個已知點，並與切線相交於 H 和 I，在 A 分割切線，使得 HA 比 IA 等於 CG 和 GP 的比例中項與 BH 和 HD 的比例中項的乘積，再比 GD 和 GB 的比例中項與 PI 和 IC 的比例中項的乘積，則 A 就是切點。因為，如果平行於直線 PI 的

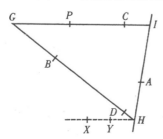

HX 與曲線相交於任意點 X 和 Y，則點 A （由圓錐曲線特性）將使得 HA^2 比 AI^2 的值等於乘積 $HX\cdot HY$ 比乘積 $BH\cdot HD$，或乘積 $CG\cdot GP$ 比乘積 $DG\cdot GB$；再乘以乘積 $BH\cdot HD$ 比乘積 $PI\cdot IC$。而在切點 A 找到之後，曲線即可以由情形1作出。　　　　證畢。

不過點 A 既可以在點 H 與 I 之間，也可以在其外，由此可畫出兩種曲線。

命題24　問題16

畫一條圓錐曲線，使它通過三個已知點，並與兩條已知直線相切。

設 HI、KL 為已知切線，B、C、D 為已知點。通過已知點中的任意兩個，設為 B、D，作不確定直線 BD 分別與兩條切線相交於點 H、K，再用類似方法通過另外兩點 C、D 作直線 CD 分別與兩切線相交於 I、L，將所畫的直線相交於 R、S，使得 HR 比 KR 等於 BH 和 HD 的比例中項比 BK 和 KD 的比例中項，IS 比 LS 等於 CI 和 ID 的比例中項比 CL 和 LD 的比例中項，不過交點在 K 和 H 以及 I 和 L 之間或之外可以隨意選定。然後作 RS 與兩切線相交於 A 和 P，則 A 與 P 就是切點。因為，

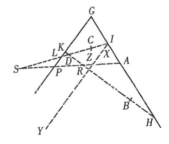

如果在切線上任何其他位置上的 A 與 P 是切點，通過點 H、I、K、L 中的任意一個，設為任一條切線 HI 上的 I，作直線 IY 平行於另一條切線 KL，並與曲線相交於 X 和 Y，在該直線上使 IZ 等於 IX 和 IY 的比例中項，則乘積 $XI\cdot IY$ 或 IZ^2（由圓錐曲線性質）比 LP^2 將等於乘積 $CI\cdot ID$ 比乘積 $CL\cdot LD$，即（如圖）等於 SI 比 SL^2。所以，$IZ:LP=SI:SL$。所以，點 S、P、Z 在同一條直線上。而且，由於兩切線相交於 G，則乘積 $XI\cdot IY$ 或 IZ^2（由圓錐曲線性質）比 IA^2 等於 GP^2 比 GA^2，所以 $IZ:IA=GP:GA$，因而點 Z、P、A 在

一條直線上,所以點 S、P、A 也在一條直線上,由相同理由可以證明 R、P、A 也在一條直線上。因而切點 A 與 P 在直線 RS 上。而在找到這些點後,曲線即可以畫出,與前述問題第一種情形相同。證畢。

　　在本命題以及前一命題情形 2 中,作圖法相同,無論直線 XY 是否與曲線相交於 X、Y,相交與否與作圖無關。但已證明的作圖是採用該直線與曲線相交的假設的,不相交的作圖也就證明了。所以,出於簡捷的考慮,我省略了詳細的證明。

引理22

將圖形變換為同種類的另一個圖形。

　　設任意圖形 HGI 需要加以交換。隨意作兩條平行線 AO、BL 與任意給定的第三條直線 AB 分別相交於 A 和 B,並由圖形中任意點 G 作任意直線 GD 平行於 OA,並延長直線 AB,然後由任意直線 OA 上的給定點 O 向點 D 作直線 OD,與 BL 相交於 d;由該交點作直線 dg 與直線 BL 成任意給定夾角,並使 dg 比 Od 等於 DG 比 OD;則 g 是新圖形 hgi 中對應於 G 的點。由類似方法可使第一個圖形中若干點給出在新圖形中同樣多的對應點,所以,如果設想點 G 以連續運動通過第一個圖形中的所有點,則點 g 將相似地以連續運動通過新圖形中所有的點,畫出相同的圖形。為了加以區別,我們稱 DG 為原縱座標,dg 為新縱座標,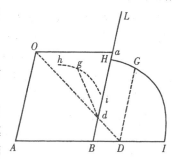 AD 為原橫座標,ad 為新橫座標,O 為極點,OD 為分割半徑,OA 為原縱半徑,Oa (由它使 $\square OABa$ 得以完成)為新縱半徑。

　　如果點 G 在給定直線上,則點 g 也將在一給定直線上;如果點 G 在一圓錐曲線上,則點 g 也在一圓錐曲線上,在此,我把圓也當做圓錐曲線中的一種。而且,如果點 G 在一條三次曲線上,點 g 也將在

三次曲線上，對於更高次的曲線也是如此，點 G 與 g 所在的曲線其次數總是相同。因為 $ad:OA=Od:OD=dg:DG=AB:AD$，所以 AD 等於 $\dfrac{OA \cdot AB}{ad}$，而 DG 等於 $\dfrac{OA \cdot dg}{ad}$。現在，如果點 G 在直線上，則在任何表示橫座標 AD 與縱座標 GD 的關係的方程中，未確定的曲線 AD 和 DG 不會高於一次；在此方程中以 $\dfrac{OA \cdot AB}{ad}$ 代替 AD，以 $\dfrac{OA \cdot dg}{ad}$ 代替 DG，則得到的表示新橫座標 ad 和新縱座標 dg 關係的方程也只是一次的，所以它只表示一條直線；但如果 AD 與 DG（或它們中的一個）在原方程中升為二次方，則 ad 與 dg 在第二個方程中也類似地升到二次方。對於三次或更高次方也是如此。ad 與 dg 在第二個方程中，以及 AD 與 DG 在原方程中所要確定的曲線其次數總是相同的，因而點 G、g 所在曲線的解析次數總是相同的。

而且，如果任意直線與一個圖形中的曲線相切，則同一直線以與曲線相同的方式移至新圖形中也與新圖形中的曲線相切；反之亦然。因為，如果原圖形曲線上的任意兩點相互趨近並重合，則相同的點變換到新圖形中也將相互趨近並重合，所以兩個圖形中那些點構成的直線將變成曲線的切線。我本應用更幾何的形式對此加以證明，但在此從簡了。

所以，如果要將一個直線圖形變換成另一個，只需要將原圖形中包含的直線的交點加以變換，在新圖形中通過已變換的交點作直線。但如果要變換曲線圖形，則必須運用確定該曲線的方法，變換若干點、切線和其他直線。本引理可用於解決更困難的問題，因為由此我們可以把複雜的圖形變換為較簡單的。這樣，把原縱座標半徑以通過收斂直線的交點的直線來代替，可以將收斂到一點的任意直線變換為平行線，因為這樣使它們的交點落在無限遠處；而平行線正是趨向於無限遠處的一點的。在新圖形的問題解決之後，如果運用相反的操作把新圖形變換為原圖形，就會得到所需要的解。

　　本引理還可用於解決立體問題。因爲常需要解決兩條圓錐曲線相交的問題，它們中的任何一條，如果是雙曲線或拋物線的話，都變換成橢圓，而該橢圓又很容易變換爲圓。在平面構圖問題中也是如此，直線與圓錐曲線可以變換爲直線與圓。

命題25　問題17

　　作一圓錐曲線，使它通過兩個已知點，並與三條已知直線相切。

　　通過任意兩條切線的交點，以及第三條切線與通過兩個已知點的直線的交點，作一條不確定直線，將此直線作爲原縱座標半徑，運用前述引理把圖形變換爲新圖形。在此圖形中原先的兩條切線變爲相互平行，而第三條切線與通過兩已知點的直線相互平行。設 hi、kl 爲那兩條平行的切線，ik 爲第三條切線，hl 爲與之相平行的通過兩點 a、b 的直線，在新圖形中圓錐曲線應通過兩點；作 □$hikl$，令直線 hi、ik、kl 相交於 c、d、

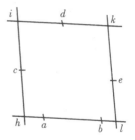

e，並使 hc 比乘積 ahb 的平方根，ic 比 id，以及 ke 比 kd，等於直線 hi 與 ki 的和比三條直線的和，第一條是直線 ik，另兩條是乘積 ahb 與 alb 的平方根；則 c、d、e 爲切點。因爲，由圓錐曲線的性質，

$$hc^2 : ah \cdot hb = ic^2 : id^2 = ke^2 : kd^2 = el^2 : al \cdot lb，$$

所以，

$$hc : \sqrt{ah \cdot hb} = ic : id = ke : kd = el : \sqrt{al \cdot lb}$$
$$= (hc + ic + ke + el) : (\sqrt{ah \cdot hb} + id + kd + \sqrt{al \cdot lb})$$
$$= (hi + kl) : (\sqrt{ah \cdot hb} + ik + \sqrt{al \cdot lb})。$$

所以，由該給定比值可得到新圖形中的切點 c、d、e。運用前一引理的相反操作，將這些點變換到原圖形中，由問題 14 即可畫出所需圓錐曲線。　　　　　　　　　　　　　　　　　　　　　　　證畢。

　　不過，根據點 a、b 落在點 h、l 之間，或是在它們之外，點 c、

d、e 相應地也落在點 h、i、k、l 之間或之外。如果 a、b 中的一個落在點 h、l 之間，而另一個在點 h、l 之外，則問題不可能得解。

命題26　問題18

作一圓錐曲線，使它通過一個已知點，並與四條已知直線相切。

由任意兩條切線的交點到另兩條切線的交點作一條不確定直線；並以此直線爲原縱座標半徑，把圖形（由引理 22）變換爲新圖形，則兩對在原縱座標半徑中相交的切線現在變爲相互平行，令 hi 和 kl、ik 和 hl 爲這兩對平行線，作 $\square\,hikl$。令 p 爲新圖形中對

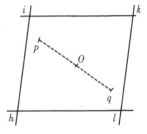

應於原圖形中已知點的點。通過圖形中心 O 作 pq，使 Oq 等於 Op，q 爲在新圖形中圓錐曲線必定要通過的另一個點。運用引理 22 的相反操作，將此點變換到原圖形中，我們就得到圓錐曲線要通過的兩個點。而由命題 17，通過這兩個點可以作出所要畫的圓錐曲線。

引理23

如果兩條已知直線 AC、BD 以已知點 A、B 爲端點，相互間有給定比值，而連接不定點 C、D 的直線在 K 處以一給定比值分割，則點 K 在一給定直線上。

令直線 AC、BD 相交於 E，在 BE 上取 BG 比 AE 等於 BD 比 AC，令 FD 總是等於給定直線 EG；則在圖上，EC 比 GD，即 EC 比 EF 等於 AC 比 BD，所以是給定比值，所以 $\triangle EFC$ 形狀已知。令 CF 在 L 處分割使 CL 比

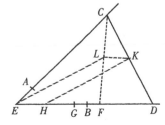

CF 等於 CK 比 CD，由於這是個已知比值，所以 $\triangle EFL$ 形狀也爲已知，因而點 L 在已知直線 EL 上，連接 LK，$\triangle CLK$、$\triangle CFD$ 相似，因爲 FD 是已知直線，LK 比 FD 爲已知，所以 LK 就給定了，令 EH 等於 LK，則 $ELKH$ 總是平行四邊形，所以點 K 總是在該平行四邊形的已知邊 HK 上。   證畢。

推論.因爲圖形 $EFLC$ 形狀已定，三條直線 EF、EL 和 EC，也就是 GD、HK 和 EC 相互間有給定比值。

引理24

如果三條直線與一任意圓錐曲線相切，其兩條直線相互平行且位置已知，則該圓錐曲線上與平行直線相平行的半徑是由兩平行線切點到它們被第三條切線截取的線段的比例中項。

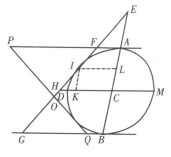

令 AF、GB 爲兩條平行直線，與圓錐曲線 ADB 相切於 A 和 B，EF 爲第三條直線與圓錐曲線相切於 I，並與前兩條切線分別相交於 F 和 G；令 CD 爲圖形上平行於前兩條切線的半徑，則 AF、CD、BG 成連續比例關係，因爲，如果共軛直徑 AB、DM 與切線 FG 相交於 E 和 H，二直徑相交於 C，作 $\square IKCL$；由圓錐曲線性質，

$$EC:CA=CA:CL，$$

所以， $$(EC-CA):(CA-CL)=EC:CA$$
或者 $$EA:AL-EC:CA；$$
所以， $$EA:(EA+AL)=EC:(EC+CA)$$
或者 $$EA:EL=EC:EB。$$
所以，因爲 $\triangle EAF$、$\triangle ELI$、$\triangle ECH$、$\triangle EBG$ 相似，

$$AF:LI=CH:BG，$$

類似地，由圓錐曲線性質，

$$LI : CD \text{ 或 } CK : CD = CD : CH \text{。}$$

在最後兩比例式中對應項相乘並化簡，

$$AF : CD = CD : BG \text{。} \qquad\qquad 證畢。$$

推論 I.如果兩切線 FG、PQ 相交於 O，且與兩平行切線 AF、BG 分別相交於 F 和 G，以及 P 和 Q，則把本引理應用到 EG 和 PQ 上，

$$AF : CD = CD : BG \text{，}$$

$$BQ : CD = CD : AG \text{，}$$

所以， $$AF : AP = BQ : BG$$

而且 $$(AP - AF) : AP = (BG - BQ) : BG$$

或者 $$PF : AP = GQ : BG \text{，}$$

以及 $$AP : BG = PF : GQ = FO : GO = AF : BQ \text{。}$$

推論 II.而且，通過點 P 和 G 以及 F 和 Q 的直線 PG、FQ 將與通過圖形中心以及切點 A、B 的直線 ACB 相交。

引理25

如果一平行四邊形的四條邊與任意一條圓錐曲線相切，並且其延長線與第五條切線相交，則對於平行四邊形對角上的兩條相鄰的邊上被截取的兩段，其一段與截開它的邊的比等於相鄰的邊上切點到第三條邊之間的部分比另一段。

令 $\square MLIK$ 的四條邊 ML、IK、KL、MI 與圓錐曲線相切於 A、B、C、D，令第五條切線 FQ 與這些邊相交於 F、Q、H 和 E，分別取兩邊 MI、KI 上的兩段 ME、KQ，或邊 KL、ML 上的兩段 KH、MF，則

$$ME : MI = BK : KQ \text{，}$$

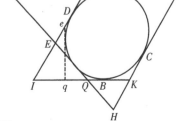

以及　　　　　　　$KH : KL = AM : MF$

因爲，由前述引理推論 I ，

　　　　　　　$ME : EI = AM : BQ$ 或 $BK : BQ$，

用加法，

　　　　　　　$ME : MI = BK : KQ$。　　　　　　　　　　　　　　證畢。

而且，　　　　　　$KH : HL = BK : AF$ 或 $AM : AF$，

用減法，　　　　　$KH : KL = AM : MF$證畢。

推論 I.如果包含給定圓錐曲線的平行四邊形爲已知，則乘積 $KQ \cdot ME$ 以及與之相等的乘積 $KH \cdot MF$ 也就給定了。因爲△KQH、△MFE 相似，因而這些乘積相等。

推論 II.如果作第六條切線 eq 與切線 KI、MI 分別相交於 q 和 e，則乘積 $KQ \cdot ME$ 等於乘積 $Kq \cdot Me$，而且

　　　　　　　$KQ : Me = Kq : ME$，

再由減法，

　　　　　　　$KQ : Me = Qq : Ee$。

推論III.如果作 Eq、eQ 並進行二等分，再通過兩個等分點作直線，則該直線將通過圓錐曲線中心，因爲 $Qq : Ee = KQ : Me$，同一直線將通過所有直線 Eq、eQ、MK 的中點（由引理 23），而直線 MK 的中點就是曲線的中心。

命題27　問題19

作一條圓錐曲線與五條已知直線相切。

　　設 ABG、BCF、GCD、FDE、EA 爲位置已定的切線。在 M、N 平分由其任意四條切線組成的四邊形 $ABFE$ 的對角線 AF、BE；（由引理 25 推論III）通過等分點所作的直線 MN 將通過圓錐曲線中心，再在 P 和 Q 等分由另外任意四條切線組成的四邊形 $BGDF$ 的對角線（如果可以這樣稱它們的話）　BD、GF，則通過等分點的直線 PQ 也將通過圓錐曲線中心；所以該中心在兩條等分點連線的交

點上，設為 O，平行於
任一切線 BC 作 KL，
使中心 O 正好位於兩
切線的中間，則 KL 將
與要畫的圓錐曲線相
切，令該切線與另外兩
條 任 意 切 線 GCD、
FDE 分別相交於 L 和
K，不平行的切線 CL、
FK 與 平 行 切 線 CF、

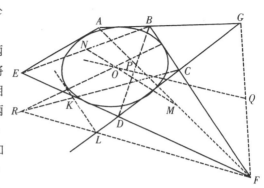

KL 分別相交於點 C 和 K、F 和 L，作直線 CK、FL 相交於 R，再
作直線 OR 並延長，與平行切線 CF、KL 在切點相交，這可以由引理
24 推論 II 證明。用相同的方法可以找到其他切點，再由問題 14 作出圓
錐曲線。　　　　　　　　　　　　　　　　　　　　　　　　證畢。

附注

　　以上諸命題中也包含已知圓錐曲線的中心或漸近線的問題。因為
當已知點、切線和中心時，也就知道了在中心另一側相同距離處同樣
多的點和切線，漸近線可以看做是切
線，其在無限遠處的極點（如果可以這
樣稱它的話）就是一個切點。設想一條
切線的切點向無限遠處移動，則切線最
終變為漸近線，而上述問題中的作圖就
成了已知漸近線問題的作圖了。

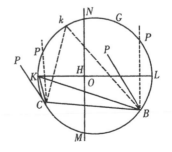

　　作出圓錐曲線後，可以這樣找出它
們的軸和焦點。在引理 21 的構圖中，令
其交點畫出圓錐曲線的動角 $\angle PBN$、$\angle PCN$ 的邊 BP、CP 相互平
行，並在圖形中保持這樣的位置使它們繞其極點 B、C 轉動，同時過

這兩個角的另外兩條邊 CN、BN 的交點 K 或 k 畫出圓 $BKGC$。令 O 為該圓的中心。由該中心向在畫圓錐曲線時使邊 CN、BN 保持交會的平行線 MN 作垂線 OH 並與圓相交於 K 和 L。當另兩條邊 CK、BK 在與平行線 MN 距離最近的點 K 相交時，先前的兩條邊 CP、BP 將平行於長軸，垂直於短軸；如果這些邊相交於最遠點 L，則發生相反情況。所以，當圓錐曲線的中心給定時，其軸也就給定，而它們已知時，其焦點也就易於求得了。

　　兩個軸的平方的比等於 KH 比 LH，因而容易通過四個給定點作已知類型的圓錐曲線，因為如果給定點中的兩個是極點 B、C，第三個將給出動角 $\angle PCK$ 和 $\angle PBK$；而已知這些，可作出圓 $BGKC$。然後，因為圓錐曲線類型已定，OH 比 OK 的值，因而 OH 本身也就給定。關於 O 以間隔 OH 為半徑作另一個圓，而通過邊 CK、BK 的交點與該圓相切的直線，在先前的邊 CP、BP 相交於第四個已知點時，即變成平行線

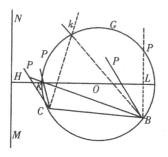

MN，由它即可畫出圓錐曲線。此外，還可以作一個已知圓錐曲線的內接四邊形（少數不可能的情形除外）。

　　還有些引理，通過已知點，相切於已知直線，可作出已知類型的圓錐曲線，其類型是，如果通過一已知點的直線位置已定，它將與給定圓錐曲線相交於兩點，將這兩點間距離二等分，則等分點將與另一個類型相同的圓錐曲線相切，且其軸平行於前一圖形的軸。不過，我急於討論更有用的事情。

引理26

　　三角形的類型和大小均給定，將其三個角分別對應於同樣多的相互不平行的已知直線，使每個角與一條直線相接觸。

三條不定直線 AB、AC、BC 位置已定，現在要求這樣安置
$\triangle DEF$，使 $\angle D$ 與直線 AB 相接觸，$\angle E$
與直線 AC 相接觸，而 $\angle F$ 與直線 BC 相
接觸，在 DE、DF 和 EF 上作三段圓弧
$\overset{\frown}{DRE}$、$\overset{\frown}{DGF}$、$\overset{\frown}{EMF}$，其張角分別等於
$\angle BAC$、$\angle ABC$、$\angle ACB$。而這些圓弧
這樣面對直線 DE、DF、EF，使字母
$DRED$ 的轉動順序與字母 $BACB$ 相同，

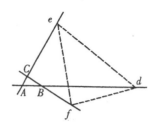

字母 $DGFD$ 的順序與 $ABCA$ 相同，而字母 $EMFE$ 的順序與字母
$ACBA$ 相同；然後將這些圓弧拼成整圓，令前兩個圓相交於 G，並設
它們的中心為 P 和 Q，連接 GP、PQ，使

$$Ga : AB = GP : PQ;$$

以 G 為中心、間隔 Ga 為半徑畫一個圓與第一個圓 DGE 相交於 a，
連接 aD 與第二個圓 DFG 相交於 b，再作 aE 與第三個圓 EMF 相
交於 c，作圖形 $ABCdef$ 與圖形 $abcDEF$ 相似而且相等，則問題得
解。

因為，作 Fc 與 aD 相交於
n，連接 aG、bG、QG、QD、PD，
並畫出 $\angle EaD$ 等 於 $\angle CAB$，
$\angle acF$ 等於 $\angle ACB$；所以 $\triangle anc$
與 $\triangle ABC$ 等角，因而 $\angle anc$ 或
$\angle FnC$ 等於 $\angle ABC$，進而等於
$\angle FbD$；所以點 n 落在點 b 上。而
且，圓心角 $\angle GPD$ 的半角 $\angle GPQ$
等於圓周角 $\angle GaD$，而圓心角
$\angle GQD$ 的半角 $\angle GQP$ 等於圓周
角 $\angle GbD$ 的補角，因而等於
$\angle Gba$。由此，$\triangle GPQ$ 與 $\triangle Gab$ 相似，而且

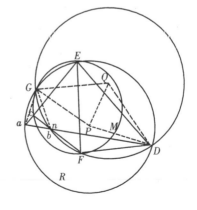

$$Ga : ab = GP : PQ$$

由圖中可知，

$$GP : PQ = Ga : AB。$$

因而 ab 與 AB 相等；至此我們證明了 $\triangle abc$、$\triangle ABC$ 不僅相似，而且相等，所以，由於 $\triangle DEF$ 的 $\angle D$、$\angle E$、$\angle F$ 分別與 $\triangle abc$ 的邊 ab、ac、bc 相切，作出圖形 $ABCdef$ 相似且相等於圖形 $abcDEF$，則問題得解。　　　　　　　　　　　　　　　　證畢。

推論. 因此，可以作出一條直線，其給定長度的部分介於三條位置已定的直線之間。設有 $\triangle DEF$，其點 D 向邊 EF 趨近，隨著邊 DE、DF 變成一條直線，三角形本身也變成一條直線，其給定部分 DE 介於位置已定的直線 AB、AC 之間，而其給定部分 DF 介於位置已定的直線 AB、BC 之間；然後把上述作圖法用於本情形，問題得解。

命題28　問題20

作一類型和大小均已知的圓錐曲線，使其給定部分介於位置已定的三條直線之間。

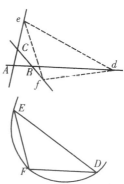

設一條圓錐曲線可以畫成相似且相等於曲線 DEF，並可以被三條位置已定的直線 AB、AC、BC 分割為與該曲線的給定部分相似且相等的部分 DE 和 EF。

作直線 DE、EF、DF；將 $\triangle DEF$ 的 $\angle D$、$\angle E$、$\angle F$ 與位置已定的直線相接觸（由引理 26）。再繞三角形畫出圓錐曲線，使其與曲線 DEF 相似而且相等。　　證畢。

引理27

作一類型已定的四邊形，使其角分別與四條既不相互平行、又不向一公共點收斂的直線相接觸。

　　令四條直線 *ABC*、*AD*、*BD*、*CE* 位置已定；第一條直線與第二條相交於 *A*，與第三條相交於 *B*，與第四條相交於 *C*；設所要畫的四邊形 *fghi* 與四邊形 *FGHI* 相似，其 ∠*f* 等於給定角 ∠*F*，與直線 *ABC* 相接觸；其他的 ∠*g*、∠*h*、∠*i* 等於其他給定角 ∠*G*、∠*H*、∠*I*，分別與其他直線 *AD*、*BD*、*CE* 相接觸。連接 *FH*，並在 *FG*、*FH*、*FI* 上作同樣多的圓弧 $\overparen{FSG}$、$\overparen{FTH}$、$\overparen{FVI}$，其中第一個圓弧 $\overparen{FSG}$ 的張角等於 ∠*BAD*，第二個圓弧 $\overparen{FTH}$ 的張角等於 ∠*CBD*，第三個圓弧 $\overparen{FVI}$ 的張角等於 ∠*ACE*。而這些圓弧這樣面對直線 *FG*、*FH*、*FI*，

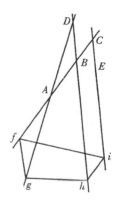

使字母 *FSGF* 的圓順序與字母 *BADB* 相同，字母 *FTHF* 的旋轉順序與字母 *CBDC* 相同，而字母 *FVIF* 的順序與字母 *ACEA* 相同。把這些圓弧拼成整圓，令 *P* 為第一個圓 *FSG* 的中心，*Q* 為第二個圓 *FTH* 的中心，連接 *PQ* 並向兩邊延長，取 *QR* 使得 *QR*：*PQ*＝*BC*：*AB*。而 *QR* 指向點 *Q* 的一側，使得字母 *P*、*Q*、*R* 的順序與字母 *A*、*B*、*C* 的順序相同；再以 *R* 為中心、*RF* 為半徑作第四個圓 *FNc* 與第三個圓 *FVI* 相交於 *c*。連接 *Fc* 與第一個圓交於 *a*，與第二個圓交於 *b*。作 *aG*、*bH*、*cI*，令圖形 *ABCfghi* 相似於圖形 *abcFGHI*；則四邊形 *fghi* 即是所要畫的圖形。

　　因為，令前兩個圓相交於 *K*，連結 *PK*、*QK*、*RK*、*aK*、*bK*、*cK*，並把 *QP* 延長到 *L*。圓周角 ∠*FaK*、∠*FbK*、∠*FcK* 是圓心角 ∠*FPK*、∠*FQK*、∠*FRK* 的一半，所以等於這些角的半角 ∠*LPK*、∠*LQK*、∠*LRK*。所以圖形 *PQRK* 與圖形 *abck* 等角且相似，因而 *ab* 比 *bc* 等於 *PQ* 比 *QR*，即等於 *AB* 比 *BC*。而由作圖知，∠*fAg*、∠*fBh*、∠*fCi* 等於 ∠*FaG*、∠*FbH*、∠*FcI*，所以畫出的圖形 *ABCfghi* 將相似於圖形 *abcFGHI*，此後畫出的四邊形 *fghi* 將相似於四邊形 *FGHI*，而且其 ∠*f*、∠*g*、∠*h*、∠*i* 與直線 *ABC*、*AD*、

BD、CE 相接觸。　　　證畢。

推論.可以作一條直線,其各部分以給定順序介於四條給定直線之間,而且相互間呈已知比。令∠FGH、∠GHI 增大,使得直線 FG、GH、HI 成為同一條直線;根據本情形中問題的作圖,可畫出直線 fghi,其各部分 fg、gh、hi 介於四條位置已定的直線之間,AB 與 AD、AD 與 BD、BD 與 CE,而且其相互間的比

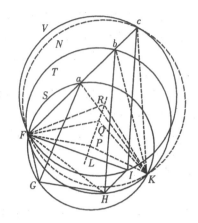

與直線 FG、GH、HI 間同樣順序的比相等。不過,這件事可以用更容易的方法來做:

把 AB 延長到 K、BD 延長到 L,使 BK 比 AB 等於 HI 比 GH;DL 比 BD 等於 GI 比 FG;連接 KL 與直線 CE 相交於 i。把 iL 延長到 M,使 LM 比 iL 等於 GH 比 HI,再作 MQ 平行於 LB,與直線 AD 相交於 g,連接 gi 與 AB、BD 相交於 f、h,則問題得解。

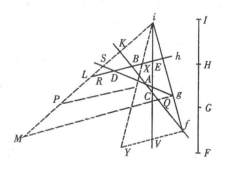

因為,令 Mg 與直線 AB 相交於 Q,AD 與 KL 相交於 S,作直線 AP 平行於 BD 並與 iL 相交於 P,則 gM 比 Lh(gi 比 hi,Mi 比 Li,GI 比 HI,AK 比 BK)與 AP 比 BL 比值相同,在 R 分割 DL,使 DL 比 RL 取同一比值;因為 gS 比 gM,AS 比 AP,以及 DS 比 DL 相等,所以等於 gS 比 Lh,AS 比 BL,DS 比 RL;相互混合,BL−RL 比 Lh−BL,等於 AS−DS 比 gS−AS。即 BR 比 Bh 等

於 *AD* 比 *Ag*，所以等於 *BD* 比 *gQ*。或者，*BR* 比 *BD* 等於 *Bh* 比 *gQ*，或等於 *fh* 比 *fg*。而由作圖知，直線 *BL* 在 *D* 和 *R* 被分割的比值與直線 *FI* 在 *G* 和 *H* 被分割相同，所以 *BR* 比 *BD* 等於 *FH* 比 *FG*。所以，*fh* 比 *fg* 等於 *FH* 比 *FG*。所以，類似地有 *gi* 比 *hi* 等於 *Mi* 比 *Li*，即等於 *GI* 比 *HI*，這意味著直線 *FI*、*fi* 在 *G* 和 *H*、*g* 和 *h* 被相似地分割。　　　　　　　　　　　　　　　證畢。

在本推論作圖中，繼作直線 *LK* 與 *CE* 相交於 *i* 之後，可以把 *iE* 延長到 *V*，使 *EV* 比 *Ei* 等於 *FH* 比 *HI*，然後作 *Vf* 平行於 *BD*。如果以 *i* 為中心，*IH* 為間隔作一圓交 *BD* 於 *X*，再延長 *iX* 到 *Y* 使 *iY* 等於 *IF*，再作 *Yf* 平行於 *BD*，也得到相同結果。

克里斯多夫·雷恩爵士和瓦里斯博士很久以前曾給出這一問題的其他解法。

命題29　問題21

作一類型已定的圓錐曲線，使它被四條位置已定的直線分割成順序、類型和比例均給定的部分。

設所要畫的圓錐曲線相似於曲線 *FGHI*，其各部分相似於且正比於後者的部分 *FG*、*GH*、*HI*，介於位置已定的直線 *AB* 和 *AD*、*AD* 和 *BD*、*BD* 和 *CE* 之間，即第一部分介於前兩條直線之間，第二部分介於第二對直線之間，第三部分介於第三對直線之間。作直線 *FG*、*GH*、*HI*、*FI*；（由引理 27）作四邊形 *fghi* 相似於四邊形 *FGHI*，其 ∠*f*、∠*g*、∠*h*、∠*i* 分別依次與位置已定的直線 *AB*、*AD*、*BD*、*CE* 相接觸，然後關於此四邊形作圓錐曲線，則該圓錐曲線將相似於曲線 *FGHI*。

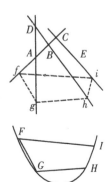

附注

　　這個問題可用下述方法解出，連接 *FG*、*GH*、*HI*、*FI*，延長 *GF* 到 *V*，連接 *FH*、*IG*，使∠*CAK*、∠*DAL* 等於∠*FGH*、∠*VFH*，令 *AK*、*AL* 分別與直線 *BD* 相交於 *K* 和 *L*，再作 *KM*、*LN*，其中 *KM* 使得∠*AKM* 等於∠*GHI*，且 *KM* 比 *AK* 等於 *HI* 比 *GH*。令 *LN* 使∠*ALN* 等於∠*FHI*，且 *LN* 比 *AL* 等於 *HI* 比 *FH*。而 *AK*、*KM*、*AL*、*LN* 是這樣指向直線 *AD*、*AK*、*AL* 的一側，使得字母 *CAKMC*、*ALKA*、*DALND* 的輪換順序與字母 *FGHIF* 相同；作 *MN* 與直線 *CE* 相交於 *i*，使∠*iED* 等於∠*IGF*，令 *PE* 比 *Ei* 等於 *FG* 比 *GI*；通過 *P* 作 *PQf* 使它與直線 *ADE* 的夾角∠*PQE* 等於∠*FIG*，並與直線 *AB* 相交於 *f*，連接 *fi*。而 *PE* 和 *PQ* 是這樣指向直線 *CE*、*PE* 的一側，使得字母 *PEiP* 和 *PEQP* 的輪換順序與字母 *FGHIF* 相同；如果在直線 *fi* 上以相同字母順序作四邊形 *fghi* 相似於四邊形 *FGHI*，再關於它作一類型已知的外切圓錐曲線，則問題得解。

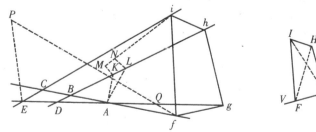

　　迄此為止討論的都是軌道的求法。下面要求出物體在這些軌道上的運動。

第六章　怎樣求已知軌道上的運動

命題30　問題22

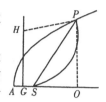

　　求沿拋物線運動的物體在任意給定時刻的位置。

　　令 S 爲拋物線的焦點，A 爲其頂點；設 $4AS \cdot 3M$ 等於拋物線下被分割的部分 APS 的面積，它可以由半徑 SP 在物體離開頂點後掠成，也可以是它到達那裏之前的剩餘。現在我們知道這塊被分割的面積在數值上正比於時間。在 G 二等分 AS，畫垂線 GH 等於 $3M$，以 H 爲中心、HS 爲半徑作一圓，與拋物線在所要求的點 P 相交。作 PO 垂直於主軸，連接 PH，則

$$AG^2 + GH^2 \ [= HP^2 = (AO - AG)^2 + (PO - GH)^2]$$
$$= AO^2 + PO^2 - 2AO \cdot AG - 2GH \cdot PO + AG^2 + GH^2$$

因而，

$$2GH \cdot PO(-AO^2 + PO^2 - 2AO \cdot AG) = AO^2 + \tfrac{3}{4}PO^2$$

以 $AO \cdot \dfrac{PO^2}{4AS}$ 代替 AO^2，再把所有各項除以 $3PO$，乘以 $2AS$，得到

$$\tfrac{1}{3}GH \cdot AS(= \tfrac{1}{6}AO \cdot PO + \tfrac{1}{2}AS \cdot PO$$
$$= \frac{AO + 3AS}{6} \cdot PO = \frac{4AO - 3SO}{6} \cdot PO$$
$$= 面積\ APO - SPO)$$
$$= 面積\ APS。$$

而 GH 等於 $3M$，所以 $\tfrac{1}{3}GH \cdot AS$ 等於 $4AS \cdot M$。所以被分割的面積 APS 等於被分割的面積 $4AS \cdot M$。　　　　　　　證畢。

　　推論 I.所以 GH 比 AS 等於物體掠過 $\overset{\frown}{AP}$ 所用時間比物體掠過由頂點 A 到焦點 S 處主軸垂線所截一段弧所用時間。

　　推論II.設圓 APS 連續地通過運動物體 P，則物體在點 H 處的速度比它在頂點 A 的速度等於 3：8；所以，直線 GH 比物體在相同時間內以其在頂點 A 的速度由 A 運動到 P 所畫直線也是這個比值。

　　推論III.另一方面，也可以求出物體掠過任意給定弧長 $\overset{\frown}{AP}$ 所用時間：連接 AP，在其中點作垂線與直線 GH 相交於 H 即可。

引理28

　　一般地，以任意直線分割的卵形面積不能用求解任意多個有限項和元的方程的方法求出。

　　設在卵形內任意給定一點，一條直線以它為極點做連續勻速轉動，同時在此直線上有一可動點以正比於卵形內直線長的平方的速度由極點向外運動。這樣，該點的運動軌跡是無窮轉數的螺旋線。如果該直線所分割的卵形面積可由有限方程求出，則正比於該面積的動點到極點的距離也可由同一方程確定，因而螺旋線上所有點也都可以由有限方程求出，所以位置已知的直線與該螺旋線的交點也可由有限方程求出。但每一條無限直線與螺旋線有無限多個交點，而決定這兩條線某一交點的方程會在同時以同樣無限多個根表示出所有的交點，因而產生與交點數相同的元。兩個圓相交於兩個交點，其中一個交點如果不用能決定另一個交點的二元方程就無法找到。兩條圓錐曲線可以有 4 個交點，一般而言，如果不用能決定所有交點的四元方程，就無法找出其中任何一個。因為，當分別去找這些交點時，由於所有的定律與條件都相同，使每次的計算也都相同，所以結果也總是相同，它必定是同時表達了所有交點，完全沒有區別。所以，當圓錐曲線與三次曲線相交時，因為其交點多到 6 個，因而需要六元方程；而兩條三次曲線相交時，其交點多達 9 個，因而需用九元方程。若不是這樣的話，則所有立體問題都可以簡化為平面問題，而那些維數高於立體的問題也可以簡化為立體問題了。但我在此討論的曲線其冪次不能降低，因為表達曲線的方程冪次一旦降低，則曲線將不再是完整的曲線，

而是由兩條或更多條曲線的組合，它們的交點可以由不同的計算分別確定。出於相同的理由，直線與圓錐曲線的兩個交點總需要二元方程求解；直線與不能化簡的三次曲線的 3 個交點要由三元方程求出；直線與不能化簡的四次曲線的 4 個交點需由四元方程求出。依次類推至於無限。所以，直線與螺旋線的無數個交點，由於螺旋線是簡單曲線，不能簡化為更多曲線，需要用元和根數都無限多的方程加以總體表達，因為所有的定律和條件都相同。因為，如果由極點作該相交線的垂線，且與相交直線一同圍繞極點旋轉，則螺旋線的交點將相互間交替變換，第一個或最近的一個交點，在直線轉過一周後變為第二個，轉兩周後變為第三個，依次類推：與此同時方程保持不變，只是決定相交直線位置的量的數值不斷改變。所以，由於這些量在旋轉一周後都回到其初始數值，方程又回到其初始形式，因而同一個方程可以表示所有交點，它有可以表示所有交點的無限多個根。所以，一般而言，一條直線與一條螺旋線的交點不能由有限方程來確定；所以，一般而言，被任意直線分割的卵形面積不能由這種方程來表示。

由於同樣理由，如果描述螺旋線的極點與動點間的距離正比於被切割卵形的邊長，則可以證明，該邊長一般不能用有限方程表達。但我在此討論的卵形不與伸向無限遠的共軛圖形相切。

推論.由焦點到運動物體的半徑來表示的橢圓面積，不能由有限方程給出的時間來確定，因而不能由在幾何上有理的曲線作圖求出。在此，說這些曲線在幾何上有理，是指其所有的點都可以由方程求出長度後加以確定。其他曲線（如螺旋線、割圓曲線和擺線）我稱之為幾何上無理的，因為其長度是或不是數與數的比（由歐幾里得《幾何原本》第十卷）在算術上稱為有理或無理的。所以，我用下述方法，以幾何上無理的曲線分割正比於時間的橢圓面積。

命題31　問題23

找出在指定時刻沿已知橢圓運動的物體的處所。

設 A 是橢圓 APB 頂點，S 是焦點，O 是中心；令 P 為所要找出的物體的處所。延長 OA 到 G 使得 $OG：OA = OA：OS$，作垂線 GH；以 O 為中心、OG 為半徑作圓 GEF；再以直線 GH 為底線，設圓輪 GEF 圍繞自己的軸在其上滾動，同時輪上的點 A 畫出擺線 ALI。然後取 GK 比輪的周長 $GEFG$ 等於物體由 A 掠過 $\overset{\frown}{AP}$ 所用的時間比它環繞橢圓一周所用時間。作垂線 KL 與擺線相交於 L；再作 LP 平行 KG，並與橢圓相交於 P，即找出物體的處所。

因為，以 O 為中心、OA 為半徑畫半圓 AQB，如果必要的話，將 LP 延長到 $\overset{\frown}{AQ}$ 於 Q 點，連接 SQ、OQ，令 OQ 與

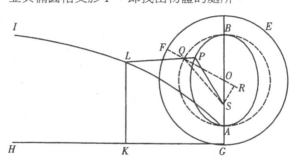

$\overset{\frown}{EFG}$ 交於 F，在 OQ 上作垂線 SR。面積 APS 正比於面積 AQS 變化，即正比於扇形 OQA 與 $\triangle OQS$ 的差，或正比於乘積 $\frac{1}{2}\,OQ \cdot AQ$ 與 $\frac{1}{2}\,OQ \cdot SR$ 的差，即，因為 $\frac{1}{2}\,OQ$ 是已知的，正比於 $\overset{\frown}{AQ}$ 與直線 SR 的差；所以（因為已知比值 SR 比 $\overset{\frown}{AQ}$ 的正弦，OS 比 OA，OA 比 OG，AQ 比 GF，以及相除後 $AQ-SR$ 比 $GF-\overset{\frown}{AQ}$ 的正弦都是相等的）正比於 $\overset{\frown}{GF}$ 與 $\overset{\frown}{AQ}$ 的正弦的差。　　　　　　證畢。

附注

然而，由於畫出這條曲線很困難，用近似求解更為可取。首先，找出一個 $\angle B$，它與半徑的張角 57.29578 度角的比，等於焦距 SH 比橢圓直徑 AB。其次，找出一個長度 L，使它半徑的比等於上述比值的倒數。求出這些後，問題可以由下述分析解決。通過任意作圖（甚至猜想），設我們知道物體的處所 P 靠近其真實處所 p。然後在橢圓的

軸上作縱座標 PR，由橢圓直徑的
比例，可以求出外切圓 AQB 的縱
座標 RQ；設 AQ 是半徑，並與橢
圓相交於 P，則該縱座標是
$\angle AOQ$ 的正弦。這個角即使用接
近於眞實的數字粗略計算也已足
夠。設我們還知道該角正比於時

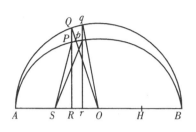

間，即它與四個直角的比等於物體掠過 $\overset{\frown}{Ap}$ 所用時間與環繞橢圓一周
所用時間的比。令該角爲 $\angle N$，再取 $\angle D$，它與 $\angle B$ 的比等於 $\angle AOQ$
的正弦比半徑；取 $\angle E$，使它比 $\angle N-\angle AOQ+\angle D$ 等於長度 L 比
同一長度 L 減去 $\angle AOQ$ 的餘弦，當該角小於直角時；或加上該餘
弦，在它大於直角時。下一步，取 $\angle F$，使它比 $\angle B$ 等於 $\angle AOQ$
$\not\leq E$ 的正弦比半徑；取 $\angle G$，使它比 $\angle N-\angle AOQ-\angle E+\angle F$ 等於長
度 L 比同一長度 L 減去 $\angle AOQ+\angle E$ 的餘弦，當該角小於直角時；
或加上該餘弦，當它大於直角時。第三步，取 $\angle H$，它與 $\angle B$ 的比等
於 $\angle AOQ+\angle E+\angle G$ 的正弦比半徑；取 $\angle I$，它與 $\angle N-\angle AOQ$
$-\angle E-\angle G+\angle H$ 的比，等於長度 L 比同一長度 L 減去 $\angle AOQ$
$+\angle E+\angle G$ 的餘弦，當該角小於直角時；或加上該角的餘弦，當它
大於直角時，反復運用這一方法至於無限。最後，取 $\angle AOq$ 等於
$\angle AOQ+\angle E+\angle G+\angle I+\cdots$，等等，由其餘弦 Or 與縱座標 pr（它
與其正弦 qr 的比等於橢圓的短軸與長軸的比），即可得到物體的正確
處所 p。當 $\angle N-\angle AOQ+\angle D$ 爲負時，$\angle E$ 前的＋號都應改爲
－號，而－號都應改爲＋號。當 $\angle N-\angle AOQ-\angle E+\angle F$ 以及 $\angle N$
$-\angle AOQ-\angle E-\angle G+\angle H$ 爲負時，$\angle G$ 和 $\angle I$ 前的符號都應作相
同變化。但無限系列 $AOQ+E+G+I+\cdots$，等等，收斂如此之快，
很少需要計算到第二項 E 之後。這種計算以這一定理爲基礎，即面積
APS 正比於 $\overset{\frown}{AQ}$ 與由焦點 S 垂直作向半徑 OQ 的直線的差而變化。

　　用大致相同的方法，可以解決雙曲線中的同一問題。令其中心爲
O，頂點爲 A，焦點爲 S，漸近線爲 OK；設其正比於時間的被分割面

積數值已知，令其爲 A，設我們知道分割面積 APS 近乎於眞實的直線 SP 的位置。連接 OP，由 A 和 P 向漸近線作平行於另一漸近線的直線 AI、PK；由對數表可知面積 $AIKP$，以及與之相等的面積 OPA，後者被從 $\triangle OPS$ 中減去後將餘下被切除的面積 APS。將 $2APS-2A$，或 $2A-2APS$，被分割的面積 A，與被切除的面積 APS 的差的 2 倍，除以由焦點 S 垂直作向切線 TP 的直線 SN，即得到弦 PQ 的長度。該弦 PQ 內接於 A 和 P 之間，如果被切除的面積 APS 大於被分割的面積 A；而在其他情形，它則

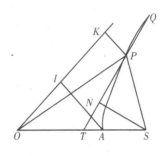

指向點 P 的另一側：則點 Q 是更精確的物體處所。重複這種計算即可以越來越高的精度求得該處所。

　　運用這種計算可得對這一問題的普適的分析解。不過下述特殊計算更適用於天文學目的。設 AO、OB、OD 爲橢圓半軸，L 爲其通徑，D 爲短半軸 OD 與通徑的一半 $\frac{1}{2} L$ 的差：找出一個 $\angle Y$，其正弦比半徑等於差 D 與二軸的和的一半 $AO+OD$ 的乘積比長軸 AB 的平方。再找出另一 $\angle Z$，其正弦比半徑等於焦距 SH 與差 D 的乘積的 2 倍比半長度

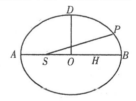

AO 的平方的 3 倍。一旦找到這些角，就可以這樣確定物體的處所：取 $\angle T$ 正比於通過 $\overset{\frown}{BP}$ 的時間，或等於所謂平均運動；取 $\angle V$，第一平均運動均差，比 $\angle Y$，最大第一均差，等於 2 倍 $\angle T$ 的正弦比半徑；取 $\angle X$，第二均差，比 $\angle Z$，第二最大均差，等於 $\angle T$ 的正弦的立方比半徑的立方。然後取 $\angle BHP$，平均差運動，或是等於 $\angle T+\angle X+\angle V$，$\angle T$、$\angle V$、$\angle X$ 的和，如果 $\angle T$ 小於直角；或是等於 $\angle T+\angle X-\angle V$，這些角的差，如果 $\angle T$ 大於一個直角而小於兩個直角；而如果 HP 與橢圓相交於 P，作 SP，則它將分割面積 BSP，近似正比於時間。

這一方法看起來相當簡捷，因爲∠V和∠X均爲秒的若干分之一，是非常小的，隨意求出其前兩三位即足以敷用。類似地，它還以足夠的精度解決行星運動理論問題。因爲即使是火星軌道，其最大的中心均差達到10°，計算誤差也很少超過1秒。而一旦平均運動差角∠BHP求出，眞實運動角∠BSP和距離SP也就易於用已知方法求出。

迄此討論的是物體沿曲線的運動。但我們也會遇到運動物體沿直線上升或下落的情形，現在我繼續討論屬於此類運動的問題。

第七章　物體的直線上升或下降

命題32　問題24

設向心力反比於處所到中心的距離的平方，求物體在給定時間內沿直線下落的距離。

情形1：如果物體不是垂直下落，它將（根據命題13推論I）掠過一焦點在力的中心的圓錐曲線。設該圓錐曲線爲 ARPB，焦點爲 S。首先，如果軌跡是橢圓，在長軸 AB 上作半圓 ADB，令直線 DPC 通過下落物體與主軸成直角；再作 DS、PS，則面積 ASD 將正比於面積 ASP，所以也正比於時間。保持主軸 AB 不變，令橢圓的寬度連續縮小，面積 ASD 總是正比於時間。設寬度無限縮小；此時軌道 APB 與主軸 AB 重合，焦點 S 與主軸頂點 B 重合，則物體沿直線 AC 下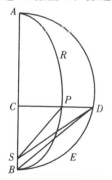落，面積 ABD 也將正比於時間。所以，如果取面積 ABD 正比於時間，並由點 D 作直線 DC 垂直落向直線 AB，則物體在給定時間內由處所 A 垂直下落所掠過的距離可以求出。　　　　證畢。

情形2：如果圖形 RPB 是雙曲線，在同一主軸 AB 上作直角雙

曲線 *BED*；因爲在幾塊面積與高度 *CP* 和 *CD* 之間有如下關係存在：*CSP*：*CSD* = *CBfD*：*CBED* = *SPfB*：*SDEB* = *CP*：*CD*，以及面積 *SPfB* 正比於物體 *P* 通過 $\overgroup{PfB}$ 所用的時間而變化，面積 *SDEB* 也將正比於時間變化。令雙曲線 *RPB* 的通徑無限縮小，同時橫軸保持不變，則 $\overgroup{PB}$ 將與直線 *CB* 重合，焦點 *S* 與頂點 *B* 重合，而直線 *SD* 與直線 *BD* 重合。所以面積 *BDEB* 將正比於物體 *C* 沿直線 *CB* 垂直下落所用時間而變化。

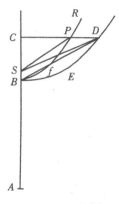

證畢。

情形 3：由相似理由，如果圖形 *RPB* 是拋物線，以同一頂點 *B* 作另一條拋物線 *BED*，並使之保持不變，同時物體 *P* 沿其邊緣運動的前一條拋物線隨著其通徑縮小並變爲零而與直線 *CB* 重合，則拋物線截面 *BDEB* 將正比於物體 *P* 或 *C* 落向中心 *S* 或 *B* 所用的時間而變化。　　　證畢。

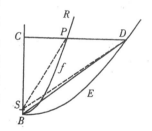

命題33　定理 9

　　在上述假設中，落體在任意處所 *C* 的速度與它環繞以 *B* 爲中心、*BC* 爲半徑的圓運動的速度的比，等於物體到該圓或直角雙曲線的遠頂點 *A* 的距離與該圖形的主半徑 $\frac{1}{2}$ *AB* 的比值的平方根。

　　令兩個圖形 *RPB*、*DEB* 的公共直徑 *AB* 在 *O* 點被等分；作直線 *PT* 與圖形 *RPB* 相切於 *P*，並與公共直徑 *AB* （必要時作延長）相交於 *T*；令 *SY* 垂直於該直線，*BQ* 垂直於直徑，設圖形 *RPB* 的通徑爲 *L*。由命題 16 推論 IX 知，物體沿圍繞中心 *S* 的曲線 *RPB* 運動時在任意處所 *P* 的速度，比它沿圍繞同一中心、半徑爲 *SP* 的圓運動

的速度，等於乘積½ L ·
SP 與 SY^2 的比值的平方
根。因為由圓錐曲線的性
質，$AC \cdot CB$ 比 CP^2 等於
$2\,AO$　比　L，所以
$\dfrac{2CP^2 \cdot AO}{AC \cdot CB}$ 等於 L。所
以這些速度相互間的比等
於　$\dfrac{CP^2 \cdot AO \cdot SP}{AC \cdot CB}$　與
SY^2 的比值的平方根。又
根據圓錐曲線的性質，
$CO : BO = BO : TO$，
所以，
$(CO + BO) : BO = (BO + TO) : TO$，

而且，　　　　　　　　　$CO : BO = CB : BT$。

由此，　　　　　　$(BO - CO) : BO = (BT - CB) : BT$

而且，　　　　　　$AC : AO = TC : BT = CP : BQ$；

由於，　　　　　　　　　$CP = \dfrac{BQ \cdot AC}{AO}$，

即得到　　　　　$\dfrac{CP^2 \cdot AO \cdot SP}{AC \cdot CB} = \dfrac{BQ^2 \cdot AC \cdot SP}{AO \cdot BC}$。

現在設圖形 RPB 的寬 CP 無限縮小，使點 P 與點 C 重合，點 S 與點
B 重合，直線 SP 與直線 BC 重合，直線 SY 與直線 BQ 重合，則物
體沿直線 CB 垂直下落的速度比它沿以 B 為中心、BC 為半徑的圓運
動的速度，等於 $\dfrac{BQ^2 \cdot AC \cdot SP}{AO \cdot BC}$ 與 SY^2 的比值的平方根，即（消去
相等的比值 SP 比 BC，以及 BQ^2 比 SY^2）等於 AC 與 AO 或 ½ AB
的比值的平方根。　　　　　　　　　　　　　　　　　　　證畢。

推論Ⅰ.當點 B 與 S 重合時，TC 比 TS 將等於 AC 比 AO。

推論Ⅱ.以給定距離繞中心做圓周運動的物體，當其運動變爲垂直向上時，可上升到距中心 2 倍的高度。

命題34 定理10

如果圖形 BED 是拋物線，則落體在任意處所 C 的速度等於物體以間隔 BC 的一半圍繞中心 B 做匀速圓周運動的速度。

因爲（由命題 16 推論Ⅶ）物體沿圍繞中心 S 的拋物線 RPB 運動時，在任意處所 P 的速度等於物體在間隔 SP 的一半處圍繞同一中心做匀速圓周運動的速度；令拋物線寬 CP 無限縮小，使拋物線 $\overset{\frown}{PfB}$ 與直線 CB 重合，中心 S 與頂點 B 重合，間隔 SP 與間隔 BC 重合，命題得證。證畢。

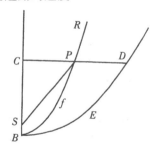

命題35 定理11

在相同假設下，不定半徑 SD 所掠過的圖形的面積 DES，等於物體以圖形 DES 的通徑的一半爲半徑圍繞中心 S 做匀速圓周運動在相同時間裏所掠過的面積。

設物體 C 在最小時間間隔裏下落一個不定小線段 Cc，同時另一物體 K 圍繞中心 S 沿圓周 OKk 做匀速運動，掠過 $\overset{\frown}{Kk}$。作垂線 CD、cd 與圖形 DES 相交於 D、d。連接 SD、Sd、SK、Sk，作 Dd 與軸 AS 交於 T，並在其上作垂線 SY。

情形 1：如果圖形 DES 是圓或直角雙曲線，在 O 點等分其橫向直徑 AS，則 SO 爲其半通徑。而因爲

$$TC : TD = Cc : Dd$$

以　及
$TD:TS=$
$CD:SY$，
即得到
$TC:TS=$
$CD \cdot Cc :$
$SY \cdot Dd$。
但（由命題 33
推論 I ）
$TC:TS=$
$AC:AO$，

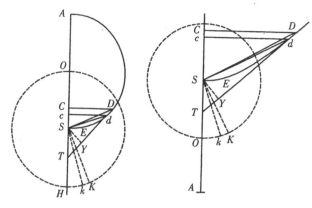

即，如果點 D、d 合併，取線段的最後比值。所以，

$$AC:AO \text{ 或 } AC:SK=CD \cdot Cc:SY \cdot Dd。$$

而且，落體在 C 的速度比物體以間隔 SC 圍繞中心 S 做圓周運動的速度，等於 AC 與 AO 或 SK 的比值的平方根（由命題 33）；而該速度比物體沿圓 OKk 運動的速度等於 SK 與 SC 的比值的平方根（由命題 4 推論 VI）；因而，第一個速度比最後一個速度，即小線段 Cc 比 $\overparen{Kk}$，等於 AC 與 SC 的比值的平方根，即等於 AC 與 CD 的比值。所以，

$$CD \cdot Cc=AC \cdot Kk，$$

因而，
$$AC:SK=AC \cdot Kk:SY \cdot Dd，$$

而且
$$SK \cdot Kk=SY \cdot Dd，$$

$$\tfrac{1}{2} SK \cdot Kk=\tfrac{1}{2} SY \cdot Dd，$$

即面積 KSk 等於面積 SDd。所以，在每一個時間間隔中，都產生出兩個相等的面積元 KSk 和 SDd，如果它們的大小趨於零，而數目無限增多，則（由引理 IV 的推論）得到二者同時產生的整個面積總是相等的。

證畢。

　　情形 2：如果圖形 DES 是拋物線，與上述情形相同，也有

$$CD \cdot Cc:SY \cdot Dd=TC:TS，$$

即等於 2：1，所以，

$$\tfrac{1}{4}\,CD \cdot Cc = \tfrac{1}{2}\,SY \cdot Dd \text{。}$$

但落體在 C 點的速度等於在間隔$\tfrac{1}{2}$
SC 處做匀速圓周運動的速度（由命
題 34）。而該速度比沿以半徑 SK 做
圓周運動的速度，即小線段 Cc 比
$\widehat{Kk}$，（由命題 4 推論 Ⅵ）等於 SK 與
$\tfrac{1}{2}\,SC$ 的比值的平方根；即等於 SK
比$\tfrac{1}{2}\,CD$。所以$\tfrac{1}{2}\,SK \cdot Kk$ 等 於$\tfrac{1}{4}$
$CD \cdot Cc$，所以等於$\tfrac{1}{2}\,SY \cdot Dd$；即
面積 KSK 等於面積 SDd，與上述情
形相同。

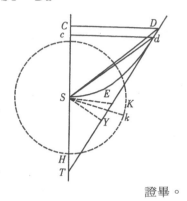

證畢。

命題36　問題25

求物體自給定處所 A 下落的時間。

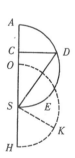

在直徑 AS 上，以開始下落時物體到中心的距
離爲半徑作半圓 ADS，再以 S 爲中心作一相同的
半圓 OKH。由物體的任意處所 C 作縱座標 CD。
連接 SD，取扇形 OSK 等於面積 ASD。顯然（由
命題 35）在落體掠過距離 AC 的同時，另一圍繞中
心 S 做匀速圓周運動的物體將掠過 OK。　證畢。

命題37　問題26

求由給定處所上拋或下拋物體所用的上升或下降的時間。

設物體以任意速度沿直線 GS 離開給定處所 G，取 GA 比$\tfrac{1}{2}\,AS$
等於該速度與該物體以給定間隔 SG 圍繞中心 S 做匀速圓周運動的
速度的比值的平方。如果該比值等於 2 比 1，則點 A 在無限遠處，此

時應像命題 34 所說畫一拋物線，其通徑是任意的，頂點爲 S，主軸爲 SG；但如果該比值小於或大於 2 比 1，則根據命題 33，點 A 應在直徑 SA 上，前一情形畫一個圓，後一情形畫一直角雙曲線。然後圍繞中心 S、以半通徑爲半徑畫一個圓 HkK；再在物體開始上升或下降的處所 G，以及其任意處所 C，作垂直線 GI、CD，與圓錐曲線或圓交於 I 和 D。連接 SI、SD，令扇形 HSK、HSk 等於弓形 $SEIS$、$SEDS$，則在（由命題 35）物體 G 掠過距離 GC 的同時，物體 K 掠過 $\overset{\frown}{Kk}$。　　　　　　　　　　　　　　　　　　　　　　證畢。

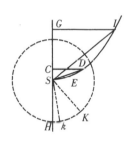
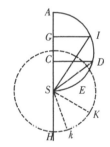
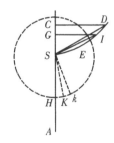

命題38　定理12

設向心力正比於物體的處所到中心的高度或距離，則物體下落的時間和速度，以及所掠過的距離，將分別正比於弧、弧的正弦和正矢。

設物體由任意處所 A 沿直線 AS 下落；圍繞力的中心 S、以 AS 爲半徑作四分之一圓 AE；令 CD 爲任意 $\overset{\frown}{AD}$ 的正弦，則物體 A 將在時間 AD 內下落掠過距離 AC，並在處所 C 獲得速度 CD。

此定理證法與命題 10 相同，一如命題 32 由命題 11 得證。

推論 I.物體由處所 A 到達中心 S 所用時間,與另一物體掠過四分之一圓 $\overset{\frown}{ADE}$ 所用時間相等。

推論 II.所以物體由任意處所到達中心的時間都相等,因爲(由命題 4 推論III)所有環繞物體的週期都相等。

命題39 問題27

設已知任意種類的向心力,以及曲線圖形的面積,求沿一直線上升或下落的物體在它所通過的不同處所的速度,以及它到達任一處所所用的時間;或反過來由速度或時間求出處所。

設物體 E 由任意處所 A 沿直線 $ADEC$ 下落;在處所 E 設想一垂線 EG 總是正比於在該點指向中心 C 的向心力;令 BFG 爲一曲線,是點 G 的軌跡。在開始運動處設 EG 與垂線 AB 重合;則在任意處所 E 物體的速度將是一條直線,其平方等於曲線面積 $ABGE$。

證畢。

在 EG 上取 EM 與其平方等於面積 $ABGE$ 的直線成反比,並令 VLM 爲點 M 恆在其上的曲線,其漸近線爲 AB 的延長線,則物體下落經過 AE 的時間將等於曲線面積 $ABTVME$。

證畢。

因爲,在直線 AE 上取一段已知極小線段,令物體位於 D 時直線 EMG 的處所在 DLF;如果向心力是一條直線,其平方等於面積 $ABGE$,正比於落體的速度,則該面積將正比於速度的平方;即,如果把在 D 和 E 處的速度記爲 V 和 $V+I$,則面積 $ABFD$ 將正比於 VV,而面積 $ABGE$ 正比於 $VV+2VI+II$;由減法,面積 $DFGE$ 正比於 $2VI+II$,所以 $\dfrac{DFFGE}{DE}$ 將正比於 $\dfrac{2VI+II}{DE}$;即,如果取這些

量剛產生時的最初比值,則長度 DF 正比於量 $\dfrac{2VI}{DE}$,所以也正比於該

量的一半 $\dfrac{V \cdot I}{DE}$,但物體掠過極小線段 DE 所用時間正比於該線段,

反比於速度 V;而力正比於速度的增量 I,反比於時間;所以,如果

取這些量剛產生時的最初比值,則力正比於 $\dfrac{V \cdot I}{DE}$,即正比於長度

DF。所以正比於 DF 或 EG 的力將使物體以正比於其平方等於面積
$ABGE$ 的直線的速度下落。   證畢。

　　而且,由於掠過極小的給定長度 DE 所用的時間反比於速度,因
而也反比於其平方等於面積 $ABFD$ 的直線;又由於線段 DL,因而
剛產生的面積 $DLME$,反比於同一直線,則時間正比於面積 $DLME$,
所有時間的和將正比於所有面積的和;即(由引理 4 的推論),掠過
AE 所用的全部時間正比於整個面積 $ATVME$。   證畢。

　　推論 I .令 P 為物體應由之開始下落的處所,使得當它受到任意
已知的均勻向心力(如常見的引力)的作用時,在處所 D 獲得的速度,
等於另一物體受任意力作用下落到同一處所 D 時所獲得的速度。在垂

線 DF 上取 DR,它比 DF 等於該均勻力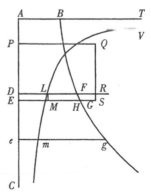
比在處所 D 的另一個力,作矩形 $PDRQ$,
分割面積 $ABFD$ 等於該矩形,則 A 為另
一個物體所由之下落的處所。因為作矩形
$DRSE$,由於面積 $ABFD$ 比面積 $DFGE$
等於 VV 比 $2VI$,所以等於 $\tfrac{1}{2} V$ 比 I,即
等於總速度的一半比下落物體受變化力作
用產生的速度增量;用類似方法,面積
$PQRD$ 比面積 $DRSE$ 等於總速度的一半
比下落物體受均勻力作用產生的速度增

量;而由於這些增量(考慮到初始時間的相等性)正比於產生它們的
力,即正比於縱座標 DF、DR,因而正比於新生面積 $DFGE$、$DRSE$;

所以，整個面積 $ABFD$、$PQRD$ 相互間的比正比於總速度的一半；所以，由於這些速度相等，它們也相等。

推論 II. 如果任意物體被由任意處所 D 以給定速度向上或向下拋出，並且所受到的向心力的規律已給定，則它在任意其他場所，如 e 的速度，可以這樣求出：作縱座標 eg，取該速度比物體在處所 D 的速度等於其平方為矩形 $PQPD$，再加上曲線面積 $DFge$，如果處所 e 低於處所 D；或減同一面積 $DFge$，如果處所 e 高於 D 的直線，比其平方剛好等於矩形 $PQRD$ 的直線。

推論 III. 時間也可以這樣求得：作縱座標 em 反比於 $PQRD$ 加或減 $DFge$ 的平方根，取物體掠過線段 De 的時間比另一物體受均勻力由 P 下落到達到 D 所用的時間等於曲線面積 $DLme$ 比乘積 $2PD \cdot DL$。因為，物體受均勻力作用掠過線段 PD 的時間比同一物體掠過線段 PE 所用的時間等於 PD 與 PE 比值的平方根；即（極小線段 DE 剛剛產生）等於 PD 與 $PD + \frac{1}{2} DE$ 或 $2PD$ 與 $2PD + DE$ 的比值，由減法，它比物體掠過小線段 DE 所用的時間，等於 $2PD$ 比 DE，所以，等於乘積 $2PD \cdot DL$ 比面積 $DLME$；兩個物體掠過極小線段 DE 的時間比物體以變化運動掠過線段 De 的時間，等於面積 $DLME$ 比面積 $DLme$；所以，上述時間中的第一個與最後一個的比等於乘積 $2PD \cdot DL$ 比面積 $DLme$。

第八章　受任意類型向心力作用的物體環繞軌道的確定

命題 40　定理 13

如果一個物體受任意一種向心力的作用以某種方式運動，而另一物體沿一條直線上升或下落，且在某一相同高度上它們的速度相等，則在一切相等高度上它們的速度都相等。

令一物體由 A 通過 D 和 E 落向中心 C，令另一物體由 V 沿曲線 $VIKk$ 運動，以 C 為中心，取任意半徑作同心圓 DI、EK 與直線 AC 相交於 D 和 E，與曲線 VIK 相交於 I 和 K。作 IC 與 KE 交於 N，並在 IK 上作垂線 NT；令兩同心圓的間距 DE 或 IK 為極小；設在 D 與 I 的兩物體速度相等。因為距離 CD 和 CI 相等，在 D 和 I 處的向心力也必相等。用等長短線 DE 和 IN 表示這些向心力；將長 IN （由定律推論 II） 分解為兩個力，NT 與 IT，則力 NT 的作用沿線段 NT 的方向，與物體的路徑相垂直，對物體在該處的速度無影響或改變，只把它拉開直線方向，使它連續偏離軌道切線，沿曲線路徑 $ITKk$ 運行。所以該力只發生這種作用。而另一個力 IT 作用於物體的運動方向上，全部用於對它加速，在極短時間裏產生的加速度正比於該時間，所以在相同的時間裏，物體在 D 和 I 的加速度正比於線段 DE、IT （如果取新生線段 DE、IN、IK、IT、NT 的最初比值）；而在不等的時間裏加速度正比於這些線段與時間的乘積。但由於速度相等（在 D 和 I），物體掠過 DE 和 IK 所用的時間正比於 DE 和 IK 的長度，所以物體在通過線段 DE 和 IK 時的加速度正比於 DE 與 IT，以及 DE 與 IK 的乘積；即等於 DE 的平方比乘積 $IT \cdot IK$。而 $IT \cdot IK$ 等於 IN 的平方，即等於 DE 的平方；所以，物體在由 D

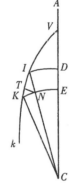

和 I 運動到 E 和 K 時產生的加速度相等。所以，物體在 E 和 K 的速度也相等。由相同的理由知，它們在以後任何相等的距離上總是相等的。　　　　　　　　　　　　　　　　　　　　　　　　證畢。

又由相同的理由，在與中心相同距離處速度相等的物體，在上升到相同距離處時，遞減的速度也相等。　　　　　　　　　　證畢。

推論 I. 一個物體不論是懸於一根弦上擺動，或是被迫沿一光潔、完全平滑的表面做曲線運動，而另一物體沿直線上升或下落，只要它們在某一相同高度處速度相等，則它們在所有相同高度處的速度都相等，因為在擺動物體的弦上，或在容器完全平滑的表面上，所發生的

情形與橫向力 NT 的影響相同，它既不使物體加速也不使之減速，只是迫使它偏離直線運動。

推論 II.設量 P 是物體由中心所能上升到的最大距離，不論是通過擺動，或是沿曲線轉動，或是由曲線上某一點以其在該點的速度向上拋出。令量 A 為物體由其軌道上任意一點到中心的距離；再令向心力總是正比於量 A 的乘冪 A^{n-1}，該乘冪的指數 $n-1$ 是任意數減一，則在任意高度 A，物體的速度正比於 $\sqrt{(P^n - A^n)}$，因而是給定的。因為由命題 39，沿直線上升或下落的物體的速度等於該值。

命題41 問題28

設任意類型的向心力以及曲線圖形的面積均為已知，求物體在其上運動的曲線以及沿此曲線運動的時間。

令任意向心力指向中心 C，要求出曲線 $VIKR$。有一已知圓 VR，其中心是 C，任意半徑是 CV；由同一中心作另兩個任意圓 ID、KE，分別與曲線相交於 I 和 K，與直線 CV 相交於 D 和 E。然後作直線 $CNIX$ 與圓 KE、VR 分別相交於 N 和 X，作直線 CKY 與圓 VR 相交於 Y。令點 I 與 K 無限接近；令物體由 V 通過 I 和 K 運動到 k；再令點 A 為另一物體開始下落的處所，使到達 D 時的速度等於第

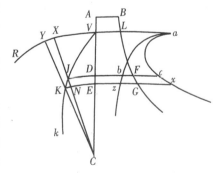

一個物體在 I 的速度。以下方法與命題 39 相同，在最短給定時間內掠過的短線段 IK 將正比於該速度，因而也正比於其平方等於面積 $ABFD$ 的直線，所以正比於時間的 $\triangle ICK$ 可以求出，所以 KN 反比於高度 IC；即（如果給定任意量 Q，高度 IC 等於 A）正比於 $\dfrac{Q}{A}$。

令該量 $\dfrac{Q}{A}$ 等於 Z，設 Q 的大小在某一情形下使得

$$\sqrt{ABFD} : Z = IK : KN，$$

則在所有情形下

$$\sqrt{ABFD} : Z = IK : KN，$$

即

$$ABFD : ZZ = IK^2 : KN^2，$$

由減法，

$$ABFD - ZZ : ZZ = IN^2 : KN^2，$$

所以，

$$\sqrt{(ABFD-ZZ)} : Z \text{ 或 } \sqrt{(ABFD-ZZ)} : \frac{Q}{A} = IN : KN，$$

$$A \cdot KN = \frac{Q \cdot IN}{\sqrt{(ABKD-ZZ)}} 。$$

由於

$$YX \cdot XC : A \cdot KN = CX^2 : AA，$$

所以有

$$YX \cdot XC - \frac{Q \cdot IN \cdot CX^2}{AA\sqrt{(ABFD-ZZ)}}，$$

所以，在垂線 DF 上分別連續取 Db、Dc 分別等於 $\dfrac{Q}{2\sqrt{(ABFD-ZZ)}}$、$\dfrac{Q \cdot CX^2}{2AA\sqrt{(ABFD-ZZ)}}$，畫出曲線 ab、ac，焦點 b 和 c，再由點 V 作直線 AC 的垂線 Va，分割曲線面積 $VDba$、$VDca$，並畫出縱座標 Ez、Ex。因為乘積 $Db \cdot IN$ 或 $DbzE$ 等於乘積 $A \cdot KN$ 的一半，或等於 $\triangle ICK$；而乘積 $DC \cdot IN$ 或 $DcxE$ 等於乘積 $YX \cdot XC$ 的一半，或等於 $\triangle XCY$；即，因為 $VDba$、VIC 的新生面積元 $Dbze$、ICK 總是相等，而 $VDca$、VCX 的新生面積元 $DcxE$、XCY 總是相等，所以產生的面積 $VDba$ 將等於產生的面積 VIC，因而正比於時間，而產生的面積 $VDca$ 等於產生的扇形 VCX。所以，如果給定任意時間，其間物體由 V 開始運動，則正比於該時間的面積 $VDba$ 也就給定，因而物體的高度 CD 或 CI 也就給定，面積 $VDca$ 和與之相等的扇形 VCX 以及扇形張角 VCI 也都給定。而由已知的

$\angle VCI$，高度 CI，也可以求知物體在該時間之末時的處所。　證畢。

推論 I.因此，很容易找出物體的最大和最小高度，即曲線的回歸點。因為當直線 IK 與 NK 相等時，即面積 $ABFD$ 等於 ZZ 時，回歸點通過由中心作向曲線 VIK 的垂線 IC。

推論 II.也容易求出曲線在任意處所與直線 IC 的夾角 $\angle KIN$：通過給定的物體的高度 IC，即通過使該角的正弦比半徑等於 KN 比 IK，也就是等於 Z 比面積 $ABFD$ 的平方根。

推論 III.如果通過中心 C 和頂點 V 作一條圓錐曲線 VRS，由其上任意一點，如 R，作切線 RT 與主軸 CV 的延長線交於點 T，連接 CR。作直線 CP 等於橫座標 CT，使 $\angle VCP$ 正比於扇形

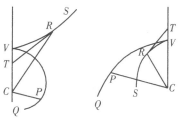

VCR；如果指向中心的向心力反比於物體到中心距離的立方，且由處所 V 以適當速度沿垂直於直線 CV 的方向拋出一物體，則該物體總是沿著點 P 所在的曲線 VPQ 運動；如果圓錐曲線 VRS 是雙曲線，則物體將落入中心；但如果它是橢圓，物體將連續升高，越來越遠直至無限。反之，如果物體以任意速度脫離處所 V，則根據它是直接落向中心，或是直接脫離而去，可判明圖形 VRS 是雙曲線或橢圓，該曲線可以給定比率增大或減小 $\angle VCP$ 求出。在向心力變成離心力時，物體將直接沿曲線 VPQ 離去，該曲線可以取 $\angle VCP$ 正比於橢圓扇形 VRC，取長度 CP 等於長度 CT，由上述相同方法求出。所有這些都可由上述命題通過某一曲線的面積求出，其方法十分容易，為求簡潔在此從略。

命題42　問題29

已知向心力規律，求由給定處所以給定速度沿給定直線方向拋出的物體的運動。

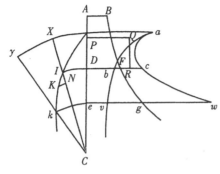

假設條件與上述三個命題相同，令物體在處所 I 拋出，方向沿著小線段 IK，速度與另一物體在均勻向心力作用下由處所 P 下落到 D 處所獲得的速度相同；令該均勻力比物體在 I 處所受到的最初推動力等於 DR 比 DF。令該物體向 k 運動；關於中心 C 以 CR 為半徑作圓 ke，與直線 PD 相交於 e，再作曲線 BFg、abv、acw 的縱座標 eg、ev、ew。由給定矩形 $PDRQ$ 和第一個物體所受到的向心力的定律，曲線 BFg 可通過命題 27 的作圖及其推論 I 求出。然後由給定 $\angle CIK$ 求出新生線段 IK、KN 的比例；因而，由命題 28 的作圖法，求出量 Q 以及曲線 abv、acw；所以，在任意時間 $Dbve$ 終了，物體的高度 Ce 或 Ck，與扇形 XCy 相等的面積 $Dcwe$，以及 $\angle ICK$ 都可以求出，即可以找到物體所在的處所 k。 證畢。

在以上幾個命題中我們假設向心力隨其到中心的距離而依照某種可以任意設定的規律變化，但在到中心相同距離處向心力處處相等。

迄此所討論的物體運動都是沿著不動軌道運動。現在我們要在環繞力的中心的軌道上的物體運動中增加某些內容。

第九章　沿運動軌道的物體運動；回歸點運動

命題43　問題30

使一物體沿一環繞力的中心轉動的曲線運動，其方式與另一物體沿同一靜止曲線運動相同。

在固定軌道 VPK 上，令物體 P 由 V 向 K 做環繞運動。由中心 C 連續作 Cp 等於 CP，使 $\angle VCp$ 正比於 $\angle VCP$；直線 Cp 掠過的面

積比直線 CP 在同一時間裏掠過的面積 VCP，等於直線 Cp 掠過的速度比直線 CP 掠過的速度，即等於∠VCp 比∠VCP，所以其比值爲已知，因而正比於時間。因爲在固定平面上直線 Cp 掠過的面積正比於時間，所以物體在適當的向心力作用下，可以與點 P 一起在曲線上旋轉，而此曲線則由同一個點 P 以剛剛闡述過的方法在一

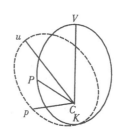

個固定平面上畫出。使∠VCu 等於∠PCp，直線 Cu 等於 CV，圖形 uCp 等於圖形 VCP，則物體總是位於點 P，沿旋轉圖形 uCp 的圖邊運動，畫出其（旋轉） $\overparen{up}$ 所需時間，與另一物體 P 在固定圖形 VPK 上畫出相似且相等的 $\overparen{VP}$ 所用時間相同。然後，由命題 6 推論 V 找出使物體得以沿著由點 P 在固定平面上畫出的軌道旋轉的向心力，問題即解決。　　　　　　　　　　　　　　　　　　　　　　　　　證畢。

命題44　定理14

使一個物體沿固定軌道運動的力，與使另一個物體沿一相同的旋轉軌道做相同運動的力的差，反比於其共同高度的三次方而變化。

令固定軌道上的部分 VP、PK 相似且相等於旋轉軌道上的部分 up、pk；設點 P 與 K 間的距離爲最小。由點 k 作垂線 kr 到直線 pC，並延長到 m，使 mr 比 kr 等於∠VCp 比∠VCP。因爲物體的高度 PC 與 pC、KC 與 kC 總是相等，所以線段 PC 與 pC 的增量或減量總是相等；如果把兩個物體在處所 P 和 p 的運動分別分解爲二（由定律推論 II），其一指向中心，或沿著直線 PC、pC，而另一個則與前一個相垂直，沿著垂直於直線 PC、pC 的方向；則指向中心的運動相等，而物體 p 的橫向運動與物體 P 的橫向運動的比，等於直線 pC 的角運動比直線 PC 的角運動，即等於∠VCp 比∠VCP。所以，在同一時間裏，物體 P 由兩方面的運動到達點 K，而物體 p 則以指向中心的相同運動由點 p 相等地運動到 C；所以，當該時間終止時，它

將位於通過點 k 與直線 pC 相垂直的直線 mkr 上某處，而其橫向運動將使它獲得一個到直線 pC 的距離，該距離比另一物體 P 所獲得的到直線 PC 的距離，等於物體 p 的橫向運動比另一個物體 P 的橫向運動。由於 kr 等於物體 P 到直線 PC 的距離，而 mr 比 kr 等於 $\angle VCp$ 比 $\angle VCP$，即等於物體 p 的橫向運動比物體 P 的橫向運動，所以在該時間終了時，物體 p 將位於所處 m。之所以如此，是因為如果物體 p 和 P 在直線 pc 和 PC 上做相等的運動，則在該方向上受到相等的作用力。但如果取 $\angle pCn$ 比 $\angle pCk$ 等於 $\angle VCp$ 比 $\angle VCP$，nC 等於 kC，在此情形下，物體 p 在時間終了時將的確在 n；如果 nCp 大於 $\angle kCp$，即，如果軌道 upk 以

大於直線 CP 被攜帶前進速度的 2 倍運動，不論是前進或是後退，則物體 p 比物體 P 受到的作用力大。如果軌道的後退運動較慢，則受到的力小。二力的差將正比於在給定時間間隔內物體受該力差的作用所通過的處所的間距 mn。關於中心 C 以間距 cn 或 ck 為半徑作圓與直線 mr、mn 的延長線相交於 s、t，則乘積 $mn \cdot mt$ 等於乘積 $mk \cdot ms$，所以 mn 等於 $\dfrac{mk \cdot ms}{mt}$。但由於在

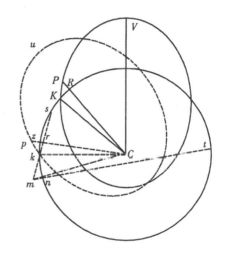

給定時間裏，$\triangle pck$、$\triangle pCn$ 的大小已知，而 kr 和 mr，以及它們的差 mk，它們的和 ms，反比於高度 pC，所以乘積 $mk \cdot ms$ 反比於高度 pC 的平方。而且 mt 正比於 ½ mt，即正比於高度 pC。這些都是新生線段的最初比值。所以，$\dfrac{mk \cdot ms}{mt}$，即新生的短線段 mn，以及

與它成正比的力的差，反比於高度 pC 的立方。　　　　　　　證畢。

推論 Ⅰ.在處所 P 與 p 或 K 與 k 的力的差，比物體在與物體 P 於固定軌道上掠過 $\overset{\frown}{PK}$ 相同的時間內由 R 做圓周運動到 K 所受到的力，等於新生線段 mn 比新生 $\overset{\frown}{RK}$ 的正矢，即等於 $\dfrac{mk \cdot ms}{mt}$ 比 $\dfrac{rk^2}{2kc}$，或等於 $mk \cdot ms$ 比 rk 的平方；也就是說，如果取給定量 F 和 G 的比值等於 $\angle VCP$ 比 $\angle VCp$，則二力之比等於 $GG - FF$ 比 FF。所以，如果由中心 C 以任意半徑 CP 或 Cp 作一圓周扇形等於面積 VPC，等於在任意給定的時間內物體沿固定軌道做環繞運動其到中心的半徑所掠的面積，則兩個力，其一使物體 P 沿固定軌道運動，另一使物體 p 沿運動軌道運動，它們的差，與在面積 VPC 被掠過的同時使另一物體到中心的半徑均勻掠過該扇形的向心力的比，等於 $GG - FF$ 比 FF。因為該扇形與面積 pCk 的比等於它們被掠過的時間的比。

推論 Ⅱ.如果軌道 VPK 是橢圓，其焦點為 C，上回歸點是 V，設有另一橢圓 upk 相似且相等於它，使得 pc 總是等於 PC，$\angle VCp$ 比 $\angle VCP$ 為給定比值 G 比 F；令 A 等於高度 PC 或 pC，$2R$ 等於橢圓的通徑，則使物體在運動橢圓軌道上運動的力將正比於 $\dfrac{FF}{AA} + \dfrac{RGG - RFF}{A^3}$，反之亦然。令使物體沿固定軌道運動的力以量 $\dfrac{FF}{AA}$ 表示，則在 V 的力為 $\dfrac{FF}{CV^2}$。然而，使一物

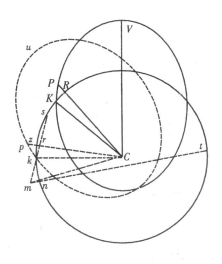

體在距離 CV 處以與物體在橢圓軌道上 V 處相同速度做圓周運動的力，比在回歸點 V 作用於做橢圓運動的物體的力，等於該橢圓通徑的一半比該圓直徑的一半 CV，所以等於 $\dfrac{RFF}{CV^3}$；而與此相比等於 GG $-FF$ 比 FF 的力，等於 $\dfrac{RGG-RFF}{CV^3}$；這個力（由本命題推論 I）正是物體 P 在 V 處沿固定橢圓 VPK 運動所受到的力與物體 p 在運動橢圓 upk 上所受的力的差。由本命題知，在任意其他高度 A 上該差與其自身在高度 CV 上的比等於 $\dfrac{1}{A^3}$ 比 $\dfrac{1}{CV^3}$，因而該差在每一高度 A 上都正比於 $\dfrac{RGG-RFF}{A^3}$。所以在物體沿固定橢圓 VPK 所受的力 $\dfrac{FF}{AA}$ 上，加上差 $\dfrac{RGG-RFF}{A^3}$，其和就是物體在同一時刻沿運動橢圓 upk 運動所受到的力 $\dfrac{FF}{AA}+\dfrac{RGG-RFF}{A^3}$。

推論III. 如果固定軌道 VPK 是橢圓，其中心在力的中心 C，設有一運動橢圓 upk 與之相似、相等而且共心；該橢圓的通徑是 $2R$，橫向涌徑即長軸是 $2T$；而且總有 $\angle VCp$ 比 $\angle VCP$ 等於 G 比 F，則在相同時間裏，使物體在固定軌道和運動軌道上運動的力分別等於 $\dfrac{FFA}{T^3}$ 和 $\dfrac{FFA}{T^3}+\dfrac{RGG-RFF}{A^3}$。

推論IV. 如果令物體的最大高度 CV 為 T，軌道 VPK 在 V 處的曲率半徑，即彎曲度相同的圓的半徑為 R，使物體在處所 V 沿任意固定曲線 VPK 運動的向心力為 $\dfrac{VFF}{TT}$，在另一處所 P 的力為 X，高度 CP 為 A，且取 G 比 F 等於 $\angle VCp$ 比 $\angle VCP$；則一般地，使同一物體在同一時間沿同一曲線 upk 做同一種圓運動的向心力，等於力 X $+\dfrac{VRGG-VRFF}{A^3}$ 的和。

推論 V.給定物體沿固定軌道的運動，則其繞力的中心的角運動也以給定比值增加或減少，所以物體在新的向心力作用下所環繞的新的固定軌道可以求出。

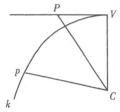

推論 VI.如果作不定長度的直線 VP 垂直於位置已定的直線 CV，作 CP 及與之相等的 Cp，使 $\angle VCp$ 與 $\angle VCP$ 有給定比值，則使物體沿點 p 連續畫出的曲線 Vpk 運動的力，將反比於高度 Cp 的立方。因爲物體 P 在沒有力作用於它時，其慣性使它沿直線 VP 匀速前進，在加上指向中心 C 且反比於高度 CP 或 Cp 的立方的力後，物體（如剛才證明的）將偏離其直線運動而進入曲線 Vpk。但該曲線 Vpk 與命題 41 推論 III 中的曲線 VPQ 相同，物體在這種力吸引下將直接上升。

命題45　問題31

求非常接近於圓的軌道的回歸點的運動。

本問題用算術方法求解，把物體在固定平面上沿運動橢圓（如在命題 44 推論 II 和推論 III 中那樣）運動所畫出的軌道，簡化爲求回歸點的軌道圖形；然後找出物體在固定平面上所畫軌道的回歸點。但要使軌道的圖形相同，需使軌道得以畫出的向心力相互之間在相同的高度上成正比。令點 V 是最高的回歸點，T 是最大高度 CV，A 是其他高度 CP 或 Cp，X 是高度差 $CV-CP$；則使物體繞其焦點 C 轉動的橢圓運動（如命題 44 推論 II 那樣）的力，在推論 II 中等於 $\dfrac{FF}{AA}$ $+\dfrac{RGG-RFF}{A^3}$，即等於 $\dfrac{FFA+RGG-RFF}{A^3}$，以 $T-X$ 代替 A，即變爲 $\dfrac{RGG-RFF+TFF-FFX}{A^3}$。用類似方法，任何其他向心力

都可以化爲分母是 A^3 的分數，而分子可以通過合併同類項變爲相似。這可以通過舉例加以說明。

例1. 設向心力是均勻的，因而正比於 $\dfrac{A^3}{A^3}$，或者，在分子中以 $T-X$ 代替 A，正比於 $\dfrac{T^3-3TTX+3TXX-X^3}{A^3}$。然後合併分子中的對應項，即使已知項與已知項相比，未知項與未知項相比，它變爲

$$(RGG-RFF+TFF):T^3=$$
$$-FFX:(-3TTX+3TXX-X^3)$$
$$=-FF:(-3TT+3TX-XX)。$$

由於假設該軌道極爲接近於圓，令它與圓相重合。因爲在此情形下 R 與 T 相等，X 無限縮小，則最後的比爲

$$GG:T^2=-FF:3TT，$$

以及
$$GG:FF=TT:3TT=1:3；$$

所以，G 比 F，即 $\angle VCp$ 比 $\angle VCP$，等於 $1:\sqrt{3}$。由於在固定橢圓中，當物體由上回歸點落到下回歸點時，將掠過一個，如果可以這樣說的話，180°的角，而另一個在運動橢圓中的物體，處於我們所討論的固定平面上，在其由上回歸點落到下回歸點時，掠過 $\dfrac{180°}{\sqrt{3}}$ 的 $\angle VCp$。之所以如此，是因爲這個由受均勻向心力作用的物體畫出的軌道相似於物體在固定平面上沿運動橢圓運動所畫出的軌跡。通過這種項的比較，使這些軌道相似，但這不是普適的，僅當它們非常近似於圓時才成立。所以，一個物體，當它在均勻向心力作用下沿近圓軌道運動時，由上回歸點到下回歸點總是關於中心掠過一個 $\dfrac{180°}{\sqrt{3}}$，或 103°55′23″ 的角，然後再由下回歸點掠過相同角度回到上回歸點；循環往復以至無限。

例2. 設向心力在正比於高度 A 的任意冪次，例如，A^{n-3} 或 $\dfrac{A^n}{A^3}$；在此，$n-3$ 與 n 表示乘冪的任意指數，可以是整數或分數，有理數或

無理數，正數或負數。用我的收斂級數方法把分子 A^n 或 $(T-X)^n$ 化為不確定級數

$$T^n - nXT^{n-1} + \frac{nn-n}{2}XXT^{n-2}，等等。$$

將這些項與另一個分子的項

$$RGG - RFF + TFF - FFX，$$

作比較，它即變爲

$$(RGG - RFF + TFF) : T^n = -FF : (-nT^{n-1} + \frac{nn-n}{2}XT^{n-2})，$$

等等，當軌道趨近於圓時取最後比值，上式變爲

$$RGG : T^n = -FF : -nT^{n-1}，$$

或

$$GG : T^{n-1} = FF : nT^{n-1}，$$

而且

$$GG : FF = T^{n-1} : nT^{n-1} = 1 : n；$$

所以 G 比 F，即 $\angle VCp$ 比 $\angle VCP$，等於 1 比 $\sqrt{n}$。由於物體在橢圓中由上回歸點落到下回歸點時掠過的 $\angle VCP$ 爲 180°，而在由一物體受正比於乘冪 A^{n-3} 的向心力作用下運動所畫出的近圓軌道上，物體由上回歸點下落到下回歸點時掠過的 $\angle VCp$ 等於 $\frac{180°}{\sqrt{n}}$，物體由下回歸點返回上回歸點時又重複該角，循環往復以至無限。如果向心力正比於物體到中心的距離，即正比於 A，或 $\frac{A^4}{A^3}$，則 n 等於 4，而 $\sqrt{n}$ 等於 2；所以上下回歸點之間的角度爲 $\frac{180°}{2}$，或 90°。所以，物體在掠過圓的四分之一部分後到達下回歸點，掠過下一個四分之一部分後又到達上回歸點，循環往復以至無限。這種情形也出現在命題 10 中。因爲受這種向心力作用的物體沿固定橢圓運動，軌道的中心就是力的中心。如果向心力反比於距離，即正比於 $\frac{1}{A}$ 或 $\frac{A^2}{A^3}$，則 $n=2$，所以上下回歸點間的角度爲 $\frac{180°}{\sqrt{2}}$，或 127°16′45″；所以受這種向心力作用的物體將

持續重複這一角度，不斷由上回歸點到下回歸點，又由下回歸點到上回歸點。而如果向心力反比於高度的 11 次冪的 4 次方根，即反比於 $A^{\frac{11}{4}}$，因而正比於 $\dfrac{1}{A^{\frac{11}{4}}}$，或正比於 $\dfrac{A^{\frac{1}{4}}}{A^3}$，$n$ 等於 $1/4$，則 $\dfrac{180°}{\sqrt{n}}$ 等於 $360°$；所以物體離開其上回歸點連續運動，在完成一個環繞週期後到達下回歸點，再環繞一周後又回到上回歸點，如此不斷地重複。

例3. 取 m 和 n 表示高度的乘冪的指數，b 和 c 為任意給定數，設向心力正比於 $(bA^m + cA^n) \div A^3$，即正比於 $[b(T-X)^m + c(T-X)^n] \div A^3$，或（由上述收斂級數方法）正比於

$$[bT^m + cT^n - mbXT^{m-1} - ncXT^{n-1} + \frac{mm-n}{2} bXXT^{m-2}$$

$$+ \frac{nn-n}{2} - cXXT^{n-2},\ \cdots\cdots] \div A^3\ ;$$

比較分子中的項，得到

$$(RGG - RFF + TFF) : (bT^m + cT^n)$$

$$= -FF : (-mbT^{m-1} - ncT^{n-1} + \frac{mm-m}{2} bXT^{m-2}$$

$$+ \frac{nn-n}{2} cXT^{n-2}),$$

等等。當軌道接近於圓時取最後比值，得到

$$GG : (bT^{m-1} + cT^{n-1}) = FF : (mbT^{m-1} + ncT^{n-1})\ ;$$

以及，　　$GG : FF = (bT^{m-1} + cT^{n-1}) : (mbT^{n-1} + ncT^{n-1})$。

令最大高度 CV 或 T 在算術上等於 1，則該比例式變為，

$$GG : FF = (b+c) : (mb+nc)\ = 1 : \frac{mb+nc}{b+c}。$$

因而 G 比 F，即 $\angle VCp$ 比 $\angle VCP$，等於 1 比 $\sqrt{\dfrac{mb+nc}{b+c}}$。所以，由於在固定橢圓上，$\angle VCP$ 介於上下回歸點之間，為 $180°$，而 $\angle VCp$ 在由物體受正比於 $\dfrac{bA^m + cA^n}{A^3}$ 的向心力作用畫出的軌道上介於相同

的回歸點之間，將等於一個 $180°\sqrt{\dfrac{b+c}{mb+nc}}$ 的角。由相同的理由，如果向心力正比於 $\dfrac{bA^m-cA^n}{A^3}$，則回歸點之間的角等於 $180°$ $\sqrt{\dfrac{b-c}{mb-nc}}$。對於較困難的情形也可以用相同的方法求解這種問題。向心力所正比的量必須分解成分母為 A^3 的收斂級數。然後設該運算中出現的已知分子與未知分子的比，等於分子 $RGG-RFF+TFF-FFX$ 比同一分子中的未知部分。再捨去多餘的量，令 T 為 1，即可得到 G 與 F 的比例式。

推論 I.如果向心力正比於高度的任意冪次，則這個乘冪可以由回歸點的運動求出；反之亦然。即，如果物體返回同一個回歸點的整個角運動，比其環繞一周或 $360°$ 的角運動，等於數 m 比數 n，且高度為 A，則力將正比於高度 A 的乘冪 $A^{\frac{nn}{mm}-3}$，該冪的指數是 $\dfrac{nn}{mm}-3$。這種情形出現在第二個例子中。由此易於理解該力在其距中心最遠處的減小最多不能超過高度比的立方，否則，受這種力作用的物體一旦離開上回歸點開始下落，將再也不能到達下回歸點或最低高度，而是沿著命題 41 推論 III 所討論的曲線落向中心。但如果它離開下回歸點後能稍稍上升，它將決不會回到上回歸點，而是沿著同一推論和命題 45 推論 IV 所討論的曲線無限上升。所以，當在距中心最遠處力的減小大於高度比的立方時，物體一旦離開其回歸點，便或是落向中心，或是逃逸到無限遠，這由其開始運動時是下落或是上升來決定。但如果在距中心最遠處力的減小或是小於高度比的立方，或是隨高度的任意比率而增加，則物體決不會落向中心，而是在某一時刻到達下回歸點；反之，如果物體交替地由其一個回歸點到另一個回歸點不斷上升或下降，決不到達中心，則力或是在距中心最遠處增大，或是其減小小於高度比的立方；物體由一個回歸點到另一個回歸點的時間越短，該力與該立方比值的比就越大。如果物體回到或離開上回歸點前經過 8、4、2 或 $1\frac{1}{2}$ 周的上升和下降，即，如果 m 比 n 為 8、4、2 或 $1\frac{1}{2}$ 比 1，則

$\frac{nn}{mm}-3$ 為 $\frac{1}{64}-3$、$\frac{1}{16}-3$、$\frac{1}{4}-3$ 或 $\frac{4}{9}-3$；則力正比於 $A^{\frac{1}{64}-3}$、$A^{\frac{1}{16}-3}$、$A^{\frac{1}{4}-3}$ 或 $A^{\frac{4}{9}-3}$，即反比於 $A^{3-\frac{1}{64}}$、$A^{3-\frac{1}{16}}$、$A^{3-\frac{1}{4}}$ 或 $A^{3-\frac{4}{9}}$。如果物體每運行一周回到同一個回歸點，該回歸點沒有移動，則 m 比 n 等於 1 比 1，所以 $A^{\frac{nn}{mm}-3}$ 等於 A^{-2} 或 $\frac{1}{AA}$；所以力的減小是高度的平方比值，與以前證明相同。如果物體經過 $\frac{3}{4}$、$\frac{2}{3}$、$\frac{1}{3}$ 或 $\frac{1}{4}$ 周的運行回到同一個回歸點，則 m 比 n 等於 $\frac{3}{4}$、$\frac{2}{3}$、$\frac{1}{3}$ 或 $\frac{1}{4}$ 比 1，所以 $A^{\frac{nn}{mm}-3}$ 等於 $A^{\frac{16}{9}-3}$、$A^{\frac{9}{4}-3}$、A^{9-3} 或 A^{16-3}；所以力反比於 $A^{\frac{11}{9}}$ 或 $A^{\frac{3}{4}}$，或正比於 A^6 或 A^{13}。最後，如果物體由其下回歸點再回到同一個下回歸點運行了整整一周又零三度，因而該回歸點每當物體運行一周後向前移三度，則 m 比 n 等於 363° 比 360°，或 121 比 120，所以 $A^{\frac{nn}{mm}-3}$ 等於 $A^{-\frac{29\,523}{14\,641}}$，因而向心力反比於 $A^{\frac{29\,523}{14\,641}}$，或近似反比於 $A^{2\frac{4}{243}}$。所以向心力的減小比率略大於平方比率，但它接近平方比率比接近立方比率要強 $59\frac{1}{3}$ 倍。

推論 II. 如果一個物體受反比於高度平方的向心力作用，沿焦點位於力的中心的橢圓運動；有一個新的外力增強或減弱這個向心力，則該外力引起的回歸點運動將（由第三個例子）可以求出；反之：如果使物體沿橢圓環繞的力正比於 $\frac{1}{AA}$，而外力正比於 cA，則淨剩力正比於 $\frac{A-cA^4}{A^3}$，（由第三個例子知）b 等於 1，m 等於 1，n 等於 4，則兩回歸點間角度等於 $180°\sqrt{\frac{1-c}{1-4c}}$。設該外力比使物體環繞橢圓的另一個力小 357.45 倍，即 c 為 $\frac{100}{35745}$，A 或 F 等於 1；則 $180°\sqrt{\frac{1-c}{1-4c}}$ 等於 $180°\sqrt{\frac{35\,645}{35\,345}}$ 或 $180.7623°$，即 $180°45'44''$。所以，物體離開上回歸點後，要運動 $180°45'44''$ 才到達下回歸點，再重複這一角運動回到上回歸點，所以每運行一周上回歸點向前移動 $1°31'28''$。月球回歸點的移動約為該數值的 2 倍。

　　物體的軌道平面通過力的中心的運動就討論到此。現在要討論在偏心平面上的運動。因為過去研究各物體運動的作者在考慮這類物體的上升或下落時，不是僅限於垂直方向上，而是涉及給定平面的所有傾斜角度；出於同樣理由，我們在此要研究受任意力作用傾向中心的物體在偏心平面上的運動。假定這些平面完全光滑平坦，對在其上運動的物體沒有任何阻礙。而且，在這些證明中，我將不用物體在其上滾動或滑動，因而是物體的切面的平面，而代之以與它們相平行的平面，物體的中心在其上運動並畫出軌道。此後我還將用相同方法研究彎曲表面上的運動。

第十章　物體在給定表面上的運動物體的擺動運動

命題46　問題32

　　設任意種類的向心力，力的中心以及物體在其上運動的平面均為已知，而且曲線圖形的面積可以求出，求一物體以給定速度沿位於上述平面上的給定直線方向脫離一給定處所的運動。

　　令 S 為力的中心，SC 為該中心到給定平面的最近距離，P 為由處所 P 出發沿直徑 PZ 方向運動的物體，Q 為沿著曲線運動的同一物體，而 PQR 為要在給定平面上求出的曲線本身。連接 CQ、QS，如果在 QS 上取 SV 正比於把物體吸引向中心 S 的力，作 VT 平行於 CQ 並與 SC 相交於 T，則力 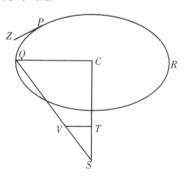 SV 可以分解為二（由定律推論 II），力 ST 和力 TV，其中 ST 沿垂直於平面的直線方向吸引物體，完全不改變它在該平面上的運動，而力 TV 的作用與平面本身的位置相重合，直接把物體吸引向平面上已

知點 C，所以力 SV 使得物體在平面上運動猶如力 ST 被除去一樣，物體就像是在自由空間中受力 TV 的單獨作用圍繞中心 C 運動。而已知使物體 Q 在自由空間中圍繞中心 C 運動的向心力 TV，即可求出（由命題 42）物體畫出的曲線 PQR，物體在任何時刻的位置 Q，以及物體在該處所 Q 的速度。反之亦然。　　　　　　　　證畢。

命題47　定理15

　　設向心力正比於物體到中心的距離，則所有沿任意平面運動的物體都畫出橢圓，而且在相同時間裏完成環繞；而沿直線運動的物體則往返交替，在相同時間裏完成各自的往復週期。

　　設前述命題的所有條件均成立，把在任意平面 PQR 上運動的物體 Q 吸引向中心 S 的力 SV，正比於距離 SQ；則由於 SV 與 SQ、TV 與 CQ 成正比，在軌道平面上把物體吸引向已知點 C 的力 TV 正比於距離 CQ。所以，把出現在平面 PQR 上諸物體吸引向點 C 的力，按距離的比例，等於相同物體被各自吸引向中心 S 的力；所以，諸物體將在任意平面 PQR 上圍繞點 C 在相同時間裏沿相同圖形運動，如同它們在自由空間中繞中心 S 運動一樣；所以（由命題 10 推論 II 和命題 38 推論 II）它們在相同時間裏或是在該平面上畫出圍繞中心 C 的橢圓，或是沿通過該平面上的中心 C 的直線往返運動；在所有情形下完成相同的時間週期。　　　　　　　　證畢。

附注

　　在彎曲表面上物體的上升或下降運動與我們剛才討論的運動有密切關係。設想在任意平面上作若干曲線，並使之沿任意給定的通過力的中心的軸旋轉；畫出若干曲面，做此類運動的物體的中心總是在這些表面上。如果這些物體通過斜向上升和下降而來回擺動，則它們的運動在通過轉動軸的諸平面上進行，因而也在通過轉動形成曲面的諸

曲線上進行。所以，對於這些情形，只要考慮諸曲線中的運動就足夠
了。

命題48　定理16

　　如果一隻輪子直立於一隻球的外表面，並繞其軸沿球上大圓滾
動，則輪子邊緣任意一點自其與球接觸時起所掠過的曲線路徑（該曲
線路徑可稱爲擺線或外擺線）的長度，與自該接觸時刻起它所通過的
球的弧的一半的正矢的 2 倍的比，等於球與輪直徑之和比球的半徑。

命題49　定理17

　　如果輪子直
立於球的內表
面，並繞其軸沿
球上大圓滾動，
則輪子邊緣上任
意一點自其與球
接觸後所掠過的
曲線路徑的長
度，與自接觸後
整個時間裏它所
通過的球的弧的
一半的正矢的 2
倍的比，等於球
與輪直徑的差比
球的半徑。

　　令 *ABL* 爲
球，*C* 是其中

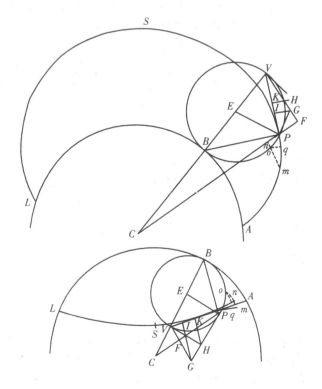

心，BPV 是立於球上的輪子，E 是輪子中心，B 是接觸點，P 是輪邊緣上任意一點。設該輪沿大圓 ABL 由 A 經過 B 向 L 滾動，滾動方式總是使 $\overset{\frown}{AB}$、$\overset{\frown}{PB}$ 相等，同時輪邊緣上給定點 P 畫出曲線路徑 AP。令 AP 為自輪子在 A 與球接觸後畫出的全部曲線路徑，則該曲線路徑的長度 AP 比½$\overset{\frown}{PB}$ 的正矢的 2 倍等於 $2\,CE$ 比 CB。因為令直線 CE（必要時延長）與輪相交於 V，連接 CP、BP、EP、VP；延長 CP，並在其上作垂線 VF。令 PH、VH 相交於 H，與輪相切於 P 和 V，並使 PH 在 G 分割 VF，在 VP 上作垂線 GI、HK。由中心 C 為任意半徑作圓 nom，與直線 CP 相交於 n，與輪子邊緣 BP 相交於 o，與曲線路徑 AP 相交於 m；由中心 V 以 Vo 為半徑作圓與 VP 延長線交於 q。

　　因為滾動中總是圍繞接觸點 B 轉動，則直線 BP 垂直於輪上點 P 所畫出的曲線 AP，所以直線 VP 與此曲線相切於 P。令圓 nom 的半徑逐漸增加或減小，使得它最終與距離 CP 相等；由於趨於零的圖形 $Pnomq$ 與圖形 $PFGVI$ 相似，趨於零的短線段 Pm、Pn、Po、Pq 的最後比值，即曲線 AP、直線 CP、圓弧 $\overset{\frown}{BP}$ 和直線 VP 暫時增量的比值，將分別與直線 PV、PF、PG、PI 的增量相等。但由於 VF 垂直於 CF，VH 垂直於 CV，所以 $\angle HVG$、$\angle VCF$ 相等；$\angle VHG$（因為四邊形 $HVEP$ 在 V 與 P 的角是直角）等於 $\angle CEP$，$\triangle VHG$ 與 $\triangle CEP$ 相似，因而有

$$EP : CE = HG : HV \text{ 或 } HG : HP = KI : PK,$$
由加法或減法，
$$CB : CE = PI : PK,$$
以及　　　　$$CB : 2CE = PI : PV = Pq : Pm。$$

所以直線 VP 的增量，即直線 $BV - VP$ 的增量，比曲線 AP 的增量，等於給定比值 CB 比 $2CE$，所以（由引理 4 推論）由這些增量所產生的長度 $BV - VP$ 與 AP 的比值也相同。但如果 BV 是半徑，VP 是 $\angle BVP$ 或 ½$\angle BEP$ 的餘弦，因而 $BV - VP$ 是同一個角的正矢，則在該半徑為 ½BV 的輪子上，$BV - VP$ 等於 ½$\overset{\frown}{BP}$ 的正矢的 2

倍。所以 AP 比½$\overset{\frown}{BP}$ 的正矢的 2 倍等於 $2CE$ 比 CB。　　　　證畢。

　　爲便於區分，我們把前一個命題中的曲線 AP 稱爲球外擺線，而後一命題中的另一個曲線稱爲球內擺線。

　　推論 I.如果畫出整條擺線 ASL，並在 S 處二等分，則 PS 部分的長度比長度 PV （當 EB 是半徑時，它是 $\angle\,VBP$ 正弦的 2 倍）等於 $2CE$ 比 CB，因而比值是給定的。

　　推論 II.擺線 AS 半徑的長度與輪子 BV 直徑的比等於 $2CE$ 比 CB。

命題50　問題33

　　使擺動物體沿給定擺線擺動。

　　在以 C 爲中心的球 QVS 內作擺線 QRS，並在 R 加以二等分，與球表面在兩邊的極點 Q 和 S 相交。作 CR 在 O 等分 $\overset{\frown}{QS}$，並延長到 A，使得 CA 比 CO 等於 CO 比 CR。圍繞中心 C 以 CA 爲半徑作外圓 DAF，並在此圓內由半徑爲 AO 的輪畫兩個半擺線 AQ、AS 與內圓相切於 Q 和 S，與外圓相交於 A。由點 A 置一長度等於直線 AR 的細線，把物體 T 繫於其上並使之這樣在兩個半擺線 AQ、AS 之間

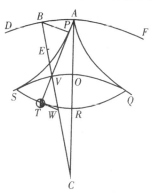

擺動：每當擺離垂線 AR 時，細線 AP 的上部與它所擺向的半擺線 APS 壓合，像固體那樣緊貼在該曲線上，而同一根細線上未接觸半擺線的其餘部分 PT 仍保持直線狀態。則重物 T 沿給定擺線 QRS 擺動。　　　　證畢。

　　因爲，令細線 PT 與擺線 QRS 相交於 T，與圓 QOS 相交於 V，作 CV；由極點 P 和 T 向細線的直線部分作垂線 BP、TW，分別與直線 CV 相交於 B 和

W。顯然，由相似圖形 AS、SR 的作圖和產生知，垂線 PB、TW 從

CV 上截下的長度 VB、VW，分別等於輪子直徑 OA、OR。所以 TP
比 VP （當½BV 是半徑時，它是 $\angle VBP$ 正弦的 2 倍）等於 BW 比
BV，或 $AO+OR$ 比 AO，即 （由於 CA 與 CO，CO 與 CR，以及
由除法 AO 與 OR 均成正比）等於 $CA+CO$ 比 CA，或者，如果在
E 二等分 BV，則等於 $2CE$ 比 CB，所以 （由命題 49 推論 I），細線
PT 的直線部分總是等於擺線 PS 弧長，而整個細線 APT 總是等於
擺線 APS 的一半，即 （由命題 49 推論 II）等於長度 AR；反之，如
果細線總是等於長度 AR，則點 T 總是沿擺線 QRS 運動。 證畢。

　　推論.因為細線 AR 等於半擺線 AS，所以它與外球半徑 AC 的
比，等於相同的半擺線 SR 比內球半徑 CO。

命題51　定理18

　　**如果球面各處的向心力都指向球心 C，且在所有處所都正比於各
處到球心的距離；當單獨受該力作用的物體 T 沿擺線 QRS 擺動（按
上述方法）時，所有的擺動，不管它們多麼不同，其擺動時間都相等。**

　　在切線 TW 的延長線上作垂線 CX，連接 CT。因為迫使物體 T
傾向 C 的向心力正比於距離 CT，將該力 （由定律推論 II）分解爲兩
部分 CX、TX，其中 CX 把物體從 P 拉開，使細線 PT 張緊，而細

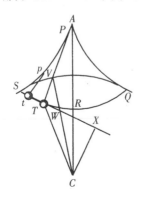

線的阻力使之完全抵消，不產生其他作用，
而另一個力 TX 是橫向拉力，或把物體拉向
X，使之沿擺線的運動加速。所以容易理解，
正比於該加速力的物體的加速度，在每一時
刻都正比於長度 TX，即 （因爲 CV 與
WV、TX 與 TW 成正比，而且都是給定
的）正比於長度 TW，也即 （由命題 39 推論
I）正比於擺線 TR 的弧長。所以，如果兩
個擺 APT、Apt 到垂線 AR 的距離不相
等，令它們同時下落，則它們的加速度總是

正比於它們所掠過的 $\overset{\frown}{TR}$、$\overset{\frown}{tR}$。但運動開始時它們所掠過的部分正比於加速度，即正比於運動開始時它們將要掠過的全部距離，因而它們將要掠過的餘下部分，以及其後的加速度，也正比於這些部分，也正比於全部距離，等等。所以，加速度，以及由此產生的速度，以及這些速度所掠過的部分，以及將要掠過的部分，都總是正比於全部餘下的距離；所以，未掠過的部分相互間維持一個給定比值，將一同消失，即兩個擺動物體將在同時到達垂線 AR；另一方面，由於擺在最低處所 R 沿擺線減速上升，在所經過各處又受到它們下落時的加速力的阻礙，因而容易理解它們在上升或下落經過相同弧長時的速度相等，因而需用時間相等；所以，由於擺線置於垂線兩側的部分 RS 和 RQ 相似且相等，因此兩個擺在相同時間裏完成其擺動的全部或一半。

證畢。

推論.在擺線上 T 處使物體 T 加速或減速的力，與同一物體在最高處所 S 或 Q 的全部重量的比，等於擺線 TR 的弧長比 $\overset{\frown}{SR}$ 或 $\overset{\frown}{QR}$。

命題52　問題34

求擺在各處所的速度，以及完成全部與部分擺動的時間。

圍繞任意中心 G，以等於擺線 RS 的弧長為半徑畫半圓 HKM，並為半徑 GK 所等分。如果向心力正比於處所到中心的距離指向中心 G，且在圓 HIK 上的力等於球 QOS 表面上指向其中心的向心力，

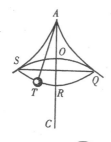

在擺 T 由最高處所 S 下落的同時，一個物體，比如 L，從 H 向 G 下落；則由於作用於二物體上的力在開始時相等，且總是正比於將要掠過的空間 TR、LG，所以，如果 TR 與 LG 相等，則在處所 T 和 L 也相等，因而易於理解這些物體在開始時掠過相等的空間 ST、HL，以後仍在相等的力作用下繼續掠過相等的空間。所以，由命題38，物體掠過 $\overset{\frown}{ST}$ 的時間比一次擺動的時間，等於物體 H 到達 L 所用

時間 $\overset{\frown}{HI}$，比物體 H 將到達 M 所用時間半圓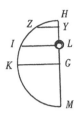
HKM。而擺在處所 T 的速度比其在最低處 R 的速
度，即物體 H 在處所 L 的速度比其在處所 G 的速
度，或者線段 HL 的瞬時增量比線段 HG（$\overset{\frown}{HI}$、$\overset{\frown}{HK}$
以均勻速度增加）的瞬時增量，等於縱座標 LI 比半徑
GK，或等於 $\sqrt{(SR^2-TR^2)}$ 比 SR。所以，由於在不相等的擺動中相
同時間裏掠過的弧長正比於整個擺動弧長，則由給定時間，一般可以
得到所有擺動的速度和所掠過的弧長。這是求解問題的第一步。

現在令任意擺錘沿由不同的球內畫出的不同擺線擺動，它們受到
的絕對力也不同；如果任意球 QOS 的絕對力為 V，則推動球面上擺
錘的加速力，在擺錘直接向球心運動時，將正比於擺錘到球心的距離
與球的絕對力的乘積，即正比於 $CO \cdot V$。所以，正比於該加速力 $CO \cdot$
V 的短線段 HY 可以在給定時間內畫出，而如果作垂線 YZ 與球面
相交於 Z，則新生弧長 HZ 可表示該給定時間。但該新生弧長 HZ 正
比於乘積 $GH \cdot HY$ 的平方根，因而正比於 $\sqrt{(GH \cdot CO \cdot V)}$ 而變化。
因而沿擺線 QRS 的一次全擺動的時間（它正比於半圓 HKM，後者直
接表示一次全擺動；反比於以類似方式表示給定時間的弧長 HZ）將
正比於 GH 而反比於 $\sqrt{(GH \cdot CO \cdot V)}$；即，因為 GH 與 SR 相等，
正比於 $\sqrt{\dfrac{SR}{CO \cdot V}}$，或（由命題 50 推論）正比於 $\sqrt{\dfrac{AR}{AC \cdot V}}$。所以，
沿所有球或擺線的擺動、在某種絕對力驅使下，其變化正比於細線長
度的平方根，反比於擺錘懸掛點到球心的距離的平方根，還反比於球
的絕對力的平方根。　　　　　　　　　　　　　　　　　　證畢。

推論 I．因此可以將物體的擺動、下落和環繞時間作相互比較。因
為，如果在球內畫出擺線的輪子的直徑等於球的半徑，則擺線成為通
過球心的直線，而擺動變為沿該直線的上下往返。因而可求出物體由
任一處所下落到球心的時間，以及物體在任意距離上繞球心匀速環繞
四分之一周所用的時間。因為該時間（由情形2）比在任意擺線上的半

擺動時間等於 $1 : \sqrt{\dfrac{AR}{AC \cdot V}}$。

推論 II.由此還可以推出克里斯多夫‧雷恩爵士和惠更斯先生關於普通擺線的發現。因為,如果球的直徑無限增大,則其球面將變成平面,向心力沿垂直於該平面的方向均勻作用,而我們的擺線則變得與普通擺線相同,但在此情形中介於該平面與畫出擺線的點之間的擺線弧長等於介於相同平面和點之間的輪子的半弧長正矢的 4 倍,與克里斯多夫‧雷恩爵士的發現相同。而介於這樣的兩條擺線之間的擺將在相等時間裏沿一條相似且相等的擺線擺動,一如惠更斯先生所證明的。重物體的下落時間與一次擺動時間相同,這也是惠更斯先生已證明的。

這裏證明的幾個命題,適用於地球的真實構造。如果使輪子沿地球大圓滾動,則輪邊的釘子的運動將畫出一條球外擺線;在地下礦井或深洞中的擺將畫出球內擺線,這些擺動都可以相同時間進行,因為重力(第三卷將要討論)隨其離開地球表面而減弱:在地表之上正比於到地球中心距離的平方根,在地表之下正比於該距離。

命題53　問題35

已知曲線圖形的面積,求使物體沿給定曲線做等時擺動的力。

令物體 T 沿任意給定曲線 $STRQ$ 擺動,曲線的軸 AR 通過力的中心 C。作 TX 與曲線相切於物體 T 的任意處所,並在該切線 TX 上取 TY 等於弧長 TR。該弧長可用普通方法由圖形面積求得。由點 Y 作直線 YZ 垂直於切線,作 CT 與 YZ 相交於 Z,則向心力將正比於直線 TZ。　　　　　　　　　　　　證畢。

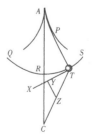

因為,如果把物體由 T 吸引向 C 的力以正比於它的直線 TZ 來表示,則該力可以分解為兩個力 TY、YZ,其中 YZ 沿細繩 PT 的

長度方向拉住物體，對其運動變化完全沒有作用，而另一個力 TY 直接沿曲線 $STRQ$ 方向對物體的運動加速或減速。所以，由於該力正比於將要掠過的空間 TR，則掠過兩次擺動的兩個成正比部分（一個較大，一個較小）的物體的加速或減速，將總是正比於這些部分，因而同時掠過這些部分。而在相同時間內連續掠過正比於整個擺程的部分的物體，將在相同時間內掠過整個擺程。　　　　　　證畢。

推論 I.如果物體 T 由直細繩 AT 懸掛在中心 A，掠過圓弧 $\overset{\frown}{STRQ}$，同時受平行向下的任意力的作用，該力與均勻重力的比等於 $\overset{\frown}{TR}$ 比其正弦 TN，則各種擺動的時間相等。因為 TZ、AR 相等，$\triangle ATN$、$\triangle ZTY$ 相似，所以 TZ 比 AT 等於 TY 比 TN；即，如果均勻的重力由給定長度 AT 表示，則使擺動等時的力 TZ 比重力 AT 等於與 TY 相等的弧長 $\overset{\frown}{TR}$ 比該弧的正弦 TN。

推論 II.在時鐘裏，如果通過某種機械把力加在維持運動的擺上，並將它與重力這樣複合，使得指向下的合力總是正比於一條直線，該直線等於 $\overset{\frown}{TR}$ 與半徑 AR 的乘積除以正弦 TN，則整個擺動具有等時性。

命題54　問題36

已知曲線圖形的面積，求物體沿著位於經過力的中心的平面上的曲線在任意向心力作用下上升或下降的時間。

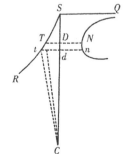

令物體由任意處所 S 下落，沿著經過力的中心 C 的平面上的給定曲線 $STtR$ 運動。連接 CS，並把它分為無數相等部分，令 Dd 為其中之一。以 C 為中心，以 CD、Cd 為半徑作圓 DT、dt 與曲線 $STtR$ 相交於 T 和 t。由於向心力的規律已給定，物體開

始下落的高 CS 也已給定,則物體在任意其他高度 CT 的速度可以求出(由命題39)。而物體掠過短線段 Tt 的時間正比於該線段,即正比於 $\angle tTC$ 的正割而反比於速度。令正比於該時間的縱座標 DN 在點 D 垂直於直線 CS,由於 Dd 已給定,則乘積 $Dd \cdot DN$,即面積 $DNnd$,將正比於同一時間。所以,如果 PNn 是點 N 連續接觸的曲線,其漸近線 SQ 與直線 CS 垂直,則面積 $SQPND$ 將正比於物體下落經過曲線 ST 所用的時間;所以求出該面積也就求出了時間。 證畢。

命題55 定理19

如果物體沿任意曲線表面運動,該表面的軸通過力的中心,由物體作軸的垂線,並由軸上任意給定點作與之相等的平行線,則該平行線圍成的面積正比於時間。

令 BKL 為曲線表面,T 是在其上運動的物體,STR 是物體在同一表面上掠過的曲線,S 是曲線的起點,OMK 是曲線表面的軸,TN 是由物體作向軸的垂線,OP 是由軸上給定點 O 作出的與之相等的平行線,AP 是旋轉線 OP 所在平面 AOP 上一點 P 掠過的路徑,A 是該路徑對應於點 S 的起點;TC 是由物體作向中心的直線,TG 是其上與使物體傾向於中心 C 的力成正比的部分;TM 是垂直於曲面的直線,TI 是其上正比於物體壓迫表面的力的部分,該力又受到表面上指向 M 的力的反抗;PTF 是平行於軸且通過物體的直線,而 GF、IF 是由點 G、I 向它所作的垂線且平行於 $PHTF$,則由半徑 OP 做運動開始後掠過的面積 AOP 正比於時間。因為,力 TG (由定律推論II)分解為兩個力 TF、FG;而力 TI 分解為力 TH、HI;但力 TF、TH 作用在與平面 AOP 相垂直的直線

PF 方向上，對垂直於該平面方向以外的運動變化無影響。所以，物體的運動，就其在平面位置相同方向上而言，即畫出曲線在平面上投影 AP 的點 P 的運動，如同力 TF、TH 不存在一樣，而物體的運動只受力 FG、HI 的作用，即與物體在平面 AOP 上受指向中心 O 的向心力作用畫出曲線 AP 一樣，該力等於力 FG 與 HI 的和。而受該力作用所掠過的面積 AOP （由命題 1）正比於時間。　　　　證畢。

推論.由相同理由，如果物體受指向兩個或更多位於同一條直線上 CO 上的中心的若干力的作用，並在自由空間中掠過任意曲線 ST，相應的面積 AOP 總是正比於時間。

命題56　問題37

已知曲線圖形面積，以及指向一給定中心的向心力的規律，和其軸通過該中心的曲面，求物體在該曲面上以給定速度沿曲面上的給定方向離開給定點所畫出的曲線。

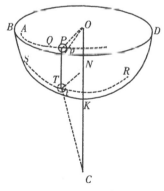

保留上述圖形，令物體 T 離開給定處所 S，沿位置已定的直線方向，進入要求的曲線 STR，其在平面 BDQ 上的正交投影是 AP。由物體在高度 SC 的速度，可以求出它在任意高度 TC 的速度。從該速度令物體在給定時刻掠過其軌跡的一小段 Tt，它在平面 AOP 上的投影是 Pp。連接 Op，並在曲面上圍繞中心 T 以 Tt 爲半徑作一個小圓，該圓在平面 AOP 上的投影是橢圓 pQ。因爲該小圓 Tt 的大小，以及它到軸 CO 的距離 TN 或 PO 已給定，橢圓 pQ 的形狀、大小以及它到直線 PO 的距離也就給定。由於面積 POp 正比於時間，而時間已給定，因而 $\angle POp$ 也給定，所以橢圓與直線 Op 的公共交點，以及曲線投影 APp 與直線 OP 的夾角 $\angle OPp$

都可以求出。而由此（比較命題 41 與其推論 II）即易於看出確定曲線 APp 的方法。然後由若干投影點 P 向平面 AOP 作垂直線 PT 與曲面相交於 T，即可得到曲面上各點 T。　　　　　　　　　　證畢。

第十一章　受向心力作用物體的相互吸引運動

　　至此為止我論述的都是物體被吸引向不動中心的運動；雖然自然界中很可能不存在這種事情。因為吸引是針對物體的，而根據第三定律，被吸引與吸引物體的作用是相反且相等的，這使得兩個物體，不論是被吸引者還是吸引者，都不是真正的靜止，而兩者（由定律推論 IV）是相互吸引，繞公共重心旋轉。如果有更多物體，不論它們是受到一個物體的吸引，它們也吸引它，還是它們之間相互吸引，這些物體都將這樣運動，使得它們的公共重心或是靜止，或是沿直線做勻速運動。所以我現在來討論相互吸引物體的運動，把向心力看做是吸引作用，雖然從物理學嚴格性上說它們也許應更準確地稱為推斥作用。但這些命題只被看做是純數學的，所以我把物理考慮置於一邊，用所熟悉的表達方式，使我所要說的更易於為數學讀者理解。

命題57　定理20

　　兩個相互吸引的物體，圍繞它們的公共重心，也相互圍繞對方，描出相似圖形。

　　因為物體到它們公共重心的距離與物體成反比，所以相互間有給定比值；比值的人小與物體間的全部距離也成固定比值。這些距離隨著物體繞其公共端點以均勻角速度運動，因為位於同一條直線上，所以它們不會改變相互間的傾向。但相互間有給定比例的直線，也隨物體繞其端點在平面上做均勻角速度運動，這平面或是相對於它們靜止，或是做沒有角運動的移動，而直線關於這些端點所畫出的圖形完全相似。所以，這些距離旋轉畫出的圖形都是相似的。

命題58　定理21

如果兩個物體以某種力相互吸引，且繞公共重心旋轉，則在相同力作用下，繞其中一個被固定物體旋轉所得到的圖形，相似且相等於這種相互環繞運動作出的圖形。

令 物 體 S 和 P
圍繞它們的公共重心
C 旋轉，方向是由 S
向 T 以 及 由 P 向
Q。由給定點 s 連續
作 sp、sq 等於且平行

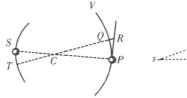
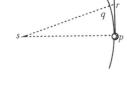

於 SP、TQ，則點 p 繞固定點 s 旋轉所作曲線 pqv 將相似於且相等於物體 S 和 P 相互環繞所作的圖形；因此，由定理 20，也相似於相同物體圍繞它們的公共引力中心 C 旋轉所得的曲線 ST 和 PQV；而且這也可以由線段 SC、CP 與 SP 或相互間給定比例推知。

情形 1：公共重心 C （由定律推論Ⅳ）或是靜止，或是勻速直線運動。首先設它靜止，兩物體位於 s 和 p，在 s 處的不動，在 p 處的另一個運動，與物體 S 和 P 的情況相似。作直線 PR 和 pr 與曲線 PQ 和 pq 相交於 p 和 q，並延長 CQ 和 sq 到 R 和 r。因為圖形 $CPRQ$、$sprq$ 相似，RQ 比 rq 等於 CP 比 sp，所以有給定比值。所以如果把物體 P 吸引向物體 S，因而也吸引向其間的引力中心 C 的力比把物體 p 吸引向中心 s 的力取相同比值，則這些力在相同時間裏通過正比於該力的間隔 RQ、rq 把物體由切線 PR、pr 吸引向 $\overset{\frown}{PQ}$、$\overset{\frown}{pq}$；所以後一種力（指向 s）使物體 p 沿曲線 pqv 旋轉，它與第一個力推動物體 P 旋轉所沿的曲線 PQV 相似；它們的環繞在相同時間內完成。但由於這些力相互比值不等於 CP 與 sp 的比值，而是（因為物體 S 與 s，P 與 p，以及距離 SP 與 sp 的相等性）相等，物體在相同時間內由切線所作的曲線也相等；所以物體 p 通過更大的間隔 rq 被吸引，需要

正比於該間隔平方根的更長的時間；因為，由引理 10，運動開始時掠過的距離正比於時間的平方。然後，設物體 p 的速度比物體 P 的速度等於距離 sp 與距離 CP 比值的平方根，使得相互間有簡單比值的 $\overset{\frown}{pq}$、$\overset{\frown}{PQ}$ 可以在正比於距離平方根的時間畫出；而物體 P、p 總是受到相同的力吸引，將繞固定中心 C 和 s 畫出相似圖形 PQV、pqv，其中後一圖形 pqv 相似且相等於物體 P 繞運動物體 S 旋轉所畫出的圖形。　　　　　　　　　　　　　　　　　　　　　　　　　證畢。

　　情形 2：設公共重心，以及物體在其間相互運動的空間，沿直線勻速運動，則（由定律推論 VI）在此空間中所有運動都與前一情形相同，所以物體相互間運動所畫出的圖形也相似且相等於圖形 pqv，如前所述。　　　　　　　　　　　　　　　　　　　　　　　　　　　證畢。

　　推論 I.所以兩個以正比於其距離的力相互吸引的物體，（由命題 10）都繞其公共重心，以及相互環繞對方，畫出共心的橢圓；反之，如果畫出這樣的圖形，則力正比於距離。

　　推論 II.兩個物體，其力反比於距離的平方，（由命題 11、命題 12、命題 13）都環繞其公共重心，以及相互環繞對方，畫出圓錐曲線，其焦點在圖形環繞的中心。反之，如果畫出這樣的圖形，則向心力反比於距離的平方。

　　推論 III.繞公共重心旋轉的兩個物體，其伸向該中心或對方的半徑所掠過的面積正比於時間。

命題59　定理22

　　兩個物體 S 和 P 繞其公共重心 C 運動的週期，比其中一個物體 P 繞另一個保持固定的物體 S，並作出相似且相等於二物體相互環繞所作圖形的運動的週期，等於 $\sqrt{S}$ 比 $\sqrt{(S+P)}$。

　　因為，由前一命題的證明，畫出任意相似弧 $\overset{\frown}{PQ}$ 和 $\overset{\frown}{pq}$ 的時間的比等於 $\sqrt{CP}$ 比 $\sqrt{SP}$ 或 $\sqrt{sp}$，即等於 $\sqrt{S}$ 比 $\sqrt{(S+P)}$。將該比值疊加，畫出整個相似弧 $\overset{\frown}{PQ}$ 和 $\overset{\frown}{pq}$ 的時間的和，即畫出整個圖形的總時間，

等於同一比值，$\sqrt{S}$比$\sqrt{(S+P)}$。 證畢。

命題60 定理23

如果兩個物體 P 和 S 以反比於它們的距離的平方的力相互吸引，繞它們的公共重心旋轉，則其中一個物體，如 P，繞另一個物體 S 旋轉所畫出的橢圓的主軸，與同一個物體 P 以相同週期環繞固定了的另一個物體 S 運動所畫成的橢圓的主軸，二者之比等於兩個物體的和 $S+P$ 比該和與另一個物體 S 之間的兩個比例中項中的前一項。

因為，如果畫出的橢圓是相等的，則由前一定理知，它們的週期時間正比於物體 S 與物體的和 $S+P$ 的比的平方根。令後一橢圓的週期時間按相同比例減小，則週期相等；但由命題 15，該橢圓的主軸將按前一比值的½次方減小，即它的立方等於 S 比 $S+P$，因而它的軸比另一橢圓的軸等於 $S+P$ 與 S 比 $S+P$ 之間的兩個比例中項中的前一個之間的比。反之，繞運動物體畫出的橢圓的主軸比繞不動物體畫出的橢圓主軸等於 $S+P$ 比 $S+P$ 與 S 之間的兩個比例中項中的前一項。 證畢。

命題61 定理24

如果兩個物體以任意種類的力相互吸引，不受其他干擾或阻礙，以任意方式運動，則它們的運動等同於它們並不相互吸引，而都受到位於它們的公共重心的第三個物體的相同的力的吸引，而且該吸引力的規律，就物體到公共重心的距離，以及兩物體之間的距離而言，是相同的。

因為使物體相互吸引的力，在指向物體的同時，也指向位於物體之間連線上的公共引力中心，所以與從其間的物體上所發出的力相同。 證畢。

又，因為其中一個物體到公共中心的距離與兩物體間距離的比值已給定，當然也就可以求出一個距離的任意冪次與另一個距離的同冪次的比值；還可以求出一個距離以任意方式與給定量組合而任意導出的新量，與另一個距離以相同方式與數量相同且與該距離和第一個距離有相同比值的量所複合而成的另一個新的量的比值。所以，如果一個物體受另一個物體的吸引力正比或反比於兩物體間的相互距離，或正比於該距離的任意冪次；或者，正比於該距離以任意方式與給定量所複合而成的量；則使同一個物體為公共引力中心所吸引的相同的力，也以相同方式正比或反比於被吸引物體到公共引力中心的距離，或正比於該距離的任意次冪；或者，最後，正比於以相同方式由該距離與類似的已知量的複合量。即，吸引力的規律對這兩種距離而言是相同的。   證畢。

命題62 問題38

求相互間吸引力反比於距離平方的兩個物體自給定處所下落的運動。

由上述定理，物體的運動方式與它們受置於公共重心的第三個物體吸引相同；由命題假設該中心在運動開始時是固定的，所以（由定律推論Ⅳ）它總是固定的。所以物體的運動（由問題25）可以由與它們受指向該中心的力推動的相同方式求出；由此即得到相互吸引物體的運動。   證畢。

命題63 問題39

求兩個以反比於其距離的平方的力相互吸引的物體自給定處所以給定速度沿給定方向的運動。

開始時物體的運動已給定，因而可以求出公共重心的均勻運動，以及隨該垂心沿直線做勻速運動的空間的運動，以及最初或開始時物

體相對於該空間的運動。（由定律推論 V 和前一定理）物體隨後在該空間中的運動，其方式與該空間和公共重心保持靜止，以及二物體間沒有吸引力，而受位於公共重心的第三個物體的吸引相同。所以在此運動空間中，每個離開給定處所以給定速度沿給定方向運動，且受到指向該垂心的向心力作用的物體的運動，可以由問題 9 和問題 26 求出，同時還可以求出另一個物體繞同一垂心的運動。將此運動與該空間以及在其中環繞的物體的整個系統的勻速直線運動合成，即得到物體在不動空間中的絕對運動。　　　　　　　　　　　　　　　證畢。

命題64　問題40

設物體相互間吸引力隨其到中心距離的簡單比值而增加，求各物體相互間的運動。

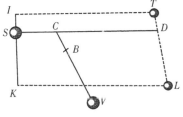

設前兩個物體 T 和 L 的公共重心是 D，則由定理 21 推論 I 知，它們畫出以 D 爲中心的橢圓，由問題 5 可以求出橢圓的大小。

設第三個物體 S 以加速力 ST、SL 吸引前兩個物體 T 和 L，它也受到它們的吸引。力 ST （由運動定律推論 II）可以分解爲力 SD、DT；而力 SL 可分解爲力 SD 和 DL。力 DT、DL 的合力是 TL，它正比於使二體相互吸引的加速力，將該力加在物體 T 和 L 的力上，前者加於前者，後者加於後者，得到的合力仍與先前一樣正比於距離 DT 和 DL，只是比先前的力大；所以 （由命題 10 推論 I，命題 4 推論 I 和推論Ⅷ） 它與先前的力一樣使物體畫出橢圓，但運動得更快。餘下的加速力 SD 和 DL，通過其運動力 $SD \cdot T$ 和 $SD \cdot L$，沿平行於 DS 的直線 TI 和 LK 同樣吸引物體，完全不改變物體相互間的位置，只能使它們同等地趨近直線 IK，該直線通過物體 S 的中心，且垂直於直線 DS。但這種向直線 IK 的趨近受到阻止，物體 T 和

L 在一邊，而物體 S 在另一邊組成的系統以適當速度繞公共重心 C 旋轉。在這種運動中，由於運動力 $SD\cdot T$ 與 $SD\cdot L$ 的和正比於距離 CS，物體 S 傾向於重心 C，並圍繞該中心畫出橢圓；而由於 CS 與 CD 成正比，點 D 畫出與之對應的類似橢圓。受到運動 $SD\cdot T$ 和 $SD\cdot L$ 吸引力的物體 T 和 L，如前面所說，前者對應前者，後者對應後者，同等地沿平行直線 TI 和 LK 的方向，（由定律推論 V 和推論 VI）繞運動點 D 畫出各自的橢圓。　　　　證畢。

如果再加上第四個物體 V，由同樣的理由可以證明，該物體與點 C 圍繞公共重心 B 畫出橢圓；而物體 T、L 和 S 繞重心 D 和 C 的運動不變，只是速度加快了。運用相同方法還可以隨意加上更多的物體。　　　　證畢。

即使物體 T 和 L 相互吸引的加速力大於或小於它們按距離比例吸引其他物體的加速力，上述情形仍成立。令所有加速吸引力相互間的比等於吸引物體距離的比，則由以前的定理容易推知，所有物體都在一個不動平面上以相同週期圍繞它們的公共重心 B 畫出不同的橢圓。　　　　證畢。

命題65　定理25

力隨其到中心距離的平方而減小的物體，相互間沿橢圓運動；而由焦點引出的半徑掠過的面積極近似於與時間成正比。

在前一命題中我們已證明了沿橢圓精確進行的運動情形。力的規律與該情形的規律相距越遠，物體運動間的相互干擾越大；除非相互距離保持某種比例，否則按該命題所假設的規律相互吸引的物體不可能嚴格沿橢圓運動。不過，在下述諸情形中軌道與橢圓差別不大。

情形 1：設若干小物體圍繞某個很大的物體在距它不同距離上運動，且指向每個物體的力正比於其距離。因為（由定律推論 IV）它們全體的公共重心或是靜止，或是勻速運動，設小物體如此之小，以至於根本不能測出大物體到該重心的距離；因而大物體以無法感知的誤

差處於靜止或勻速運動狀態中；而小物體繞大物體沿橢圓運動，其半徑掠過的面積正比於時間；如果我們排除由大物體到公共重心間距所引入的誤差，或由小物體相互間作用所引入的誤差的話。可以使小物體如此縮小，使該間距和物體間的相互作用小於任意給定值；因而其軌道成爲橢圓，對應於時間的面積總會小於任意給定值的誤差。

證畢。

　　情形 2：設一個系統，其中若干小物體按上述情形繞一個極大物體運動，或設另一個相互環繞的二體系統做勻速直線運動，同時受到另一個距離很遠的極大物體的推動而偏向一側。因爲沿平行方向推動物體的加速不改變物體相互間的位置，只是在各部分維持其間的相互運動的同時，推動整個系統改變其位置，所以相互吸引物體之間的運動不會因該極大物體的吸引而有所改變，除非加速吸引力不均勻，或相互間沿吸引方向的平行線發生傾斜。所以，設所有指向該極大物體的加速吸引力反比於它和被吸引物體間距離的平方，通過增大極大物體的距離，直到由它到其他物體所作的直線長度之間的差，以及這些直線相互間的傾斜都可以小於任意給定值，則系統內各部分的運動將以不大於任意給定值的誤差繼續進行。由於各部分間距離很小，整個被吸引的系統如同一個物體，它像一個物體一樣因而受到吸引而運動，即它的重心將圍繞該極大物體畫出一條圓錐曲線（如果該吸引較弱則畫出拋物線或雙曲線，如果吸引較強則畫出橢圓），而且由極大物體指向該系統的半徑將正比於時間掠過面積，而由前面假設知，各部分間距離所引起的誤差很小，並可以任意縮小。　　　　證畢。

　　由類似的方法可以推廣到更複雜的情形，以至於無限。

　　推論 I．在情形 2 中，極大物體與二體或多體系統越是趨近，則該系統內各部分相互間運動的攝動越大，因爲由該極大物體作向各部分的直線相互間傾斜變大，而且這些直線比例不等性也變大。

　　推論 II．在各種攝動中，如果設系統所有各部分指向極大物體的加速吸引力相互之間的比不等於它們到該極大物體的距離的平方的反比，則攝動最大；尤其當這種比例不等性大於各部分到極大物體距離

的不等性時更是如此。因爲，如果沿平行線方向同等作用的加速力並不引起系統內部分運動的攝動，而當它不能同等作用時，當然必定要在某處引起攝動，其大小隨不等性的大小而變化。作用於某些物體上的較大推斥力的剩餘部分並不作用於其他物體，必定會使物體間的相互位置發生改變。而這種攝動疊加到由於物體間連線的不等性和傾斜而產生攝動上，將使整個攝動更大。

推論III.如果系統中各部分沿橢圓或圓周運動，沒有明顯的攝動，且它們都受到指向其他物體的加速力的作用，則該力十分微弱，或在很近處沿平行方向近於同等地作用於所有部分之上。

命題66　定理26

三個物體，如果它們相互吸引的力隨其距離的平方而減小，且其中任意兩個傾向於第三個的加速吸引力反比於相互間距離的平方，兩個較小的物體繞最大的物體旋轉，則兩個環繞物體中較靠內的一個作向最靠內且最大物體的半徑，環繞該物體所掠過的面積更接近於正比於時間，畫出的圖形更接近於橢圓，其焦點位於兩個半徑的交點，如果該最大物體受到這吸引力的推動，而不是像它完全不受較小物體的吸引，因而處於靜止；或者像它被遠爲強烈，或遠爲微弱的力所吸引，或在該吸引力作用下被遠爲強烈，或遠爲微弱地推動所表現的那樣的話。

由前一命題的第二個推論不難得出這一結論，但也可以用某種更嚴格、更一般的方法加以證明。

情形 1：令小物體 P 和 S 在同一平面上圍繞最大物體 T 旋轉，物體 P 畫出內軌道 PAB，S 畫出外軌道 ESE。令 SK 爲物體 P 和 S 的平均距離；物體 P 在平均距離處指向 S 的加速吸引力由直線 SK 表示。作 SL 比 SK 等於 SK 的平方比 SP 的平方，則 SL 是物體 P 在任意距離 SP 處指向 S 的加速吸引力。連接 PT，作 LM 平行於它並與 ST 相交於 M；將吸引力 SL 分解（由定律推論 II）爲吸引力

SM、LM。這
樣，物體 P 受
到三個吸引力
的作用。其中
之 一 指 向

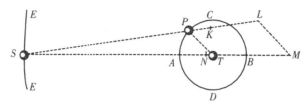

T，來自物體 T 和 P 的相互吸引。該力使物體 P 以半徑 PT 環繞物
體 T，掠過的面積正比於時間，畫出的橢圓焦點位於物體 T 的中心；
這一運動與物體 T 處於靜止或受該吸引力而運動無關，這可以由命
題 11 以及定理 21 的推論 II 和推論 III 知道。另一個力是吸引力 LM，
由於它由 P 指向 T，因而疊加在前一個力上，產生的面積，由定理 21
推論 III 知，也正比於時間。但由於它並不反比於距離 PT 的平方，在
疊加到前一個力上後，產生的複合力將使平方反比關係發生變化；複
合力中這個力的比例相對於前一個力越大，變化也越大，其他方面則
保持不變。所以，由命題 11 和定理 21 推論 II，畫出以 T 爲焦點的橢
圓的力本應指向該焦點，且反比於距離 PT 的平方，而使該關係發生
變化的複合力將使軌道 PAB 由以 T 爲焦點的橢圓軌道發生變化；
該力的關係變化越大，軌道的變化也越大，而且第二個力 LM 相對於
第一個力的比例也越大，其他方面保持不變。而第三個力 SM 沿平行
於 ST 的方向吸引物體 P，與另兩個力合成的新力不再直接由 P 指
向 T；這種方向變化的大小與第三個力相對於另兩個力的比例相
同，其他方面保持不變，因此，使物體 P 以半徑 TP 掠過的面積不再
正比於時間；相對於該正比關係發生變化的大小與第三個力相對於另
兩個力的比例的大小相同。然而這第三個力加劇了軌道 PAB 相對於
前兩種力造成的相對於橢圓圖形的變化：首先，力不是由 P 指向
T；其次，它不反比於距離 PT 的平方。當第三個力盡可能地小，而
前兩個力保持不變時，掠過的面積最爲接近於正比於時間；而當第二
和第三兩個力，特別是第三個力，盡可能地小，第一個力保持先前的
量不變時，軌道 PAB 最接近於上述橢圓。

　　令物體 T 指向 S 的加速吸引力以直徑 SN 表示；如果加速吸引

力 *SM* 與 *SN* 相等，則該力沿平行方向同等地吸引物體 *T* 和 *P*，完全不會引起它們相互位置的改變，由定律推論 Ⅵ，這兩個物體之間的相互運動與該吸引力完全不存在時一樣。由類似的理由，如果吸引力 *SN* 小於吸引力 *SM*，則 *SM* 被吸引力 *SN* 抵消掉一部分，而只有（吸引力）剩餘的部分 *MN* 干擾面積與時間的正比性和軌道的橢圓圖形。再由類似的方法，如果吸引力 *SN* 大於吸引力 *SM*，則軌道與正比關係的攝動也由吸引力差 *MN* 引起。在此，吸引力 *SN* 總是由於 *SM* 而減弱爲 *MN*，第一個吸引力與第二個吸引力完全保持不變。所以，當 *MN* 爲零或盡可能小時，即當物體 *P* 和 *T* 的加速吸引力盡可能接近於相等時，亦即吸引力 *SN* 既不爲零，也不小於吸引力 *SM* 的最小值，而是等於吸引力 *SM* 的最大值和最小值的平均值，即既不遠大於也不遠小於吸引力 *SK* 之時，面積與時間最接近於正比關係，而軌道 *PAB* 也最接近於上述橢圓。　　　　　　　　　　　　　　　　　　證畢。

情形 2：令小物體 *P*、*S* 圍繞大物體 *T* 在不同平面上旋轉。在軌道 *PAB* 平面上沿直線 *PT* 方向的力 *LM* 的作用與上述相同，不會使物體 *P* 脫離該軌道平面。但另一個力 *NM*，沿平行於 *ST* 的直線方向作用（因而，當物體 *S* 不在交點連線上時，傾向於軌道 *PAB* 的平面），除引起所謂縱向攝動之外，還產生另一種所謂橫向攝動，把物體 *P* 吸引出其軌道平面。在任意給定物體 *P* 和 *T* 的相互位置情形下，這種攝動正比於產生它的力 *MN*；所以，當力 *MN* 最小時，即（如前沭）當吸引力 *SN* 既不遠大於也不遠小於吸引力 *SK* 時，攝動最小。

　　　　　　　　　　　　　　　　　　證畢。

推論 Ⅰ.所以，容易推知，如果幾個小物體 *P*、*S*、*R* 等圍繞極大物體 *T* 旋轉，則當大物體與其他物體相互間都受到吸引和推動（根據加速吸引力的比值）時，在最裏面運動的物體 *P* 受到的攝動最小。

推論 Ⅱ.在三個物體 *T*、*P*、*S* 的系統中，如果其中任意兩個指向第三個的加速吸引力反比於距離的平方，則物體 *P* 以 *PT* 爲半徑圍繞物體 *T* 掠過面積時，在會合點 *A* 及其對點 *B* 附近時快於掠過方照點 *C* 和 *D*。因爲，每一種作用於物體 *P* 而不作用於物體 *T* 的力，都

不沿直線 PT 方向，根據其方向與物體的運動方向相同或是相反，對它掠過面積加速或減速。這就是力 NM。在物體由 C 向 A 運動時，該力指向運動方向，對物體加速；在物體到達 D 時，該力與運動方向相反，對物體減速；然後直到物體運動到 B，它才與運動方向同向；最後物體由 B 到 C 時它又與運動方向反向。

推論III.由相同理由知，在其他條件不變時，物體 P 在會合點及其對點比在方照點運動得快。

推論IV.在其他條件不變時，物體 P 的軌道在方照點比在會合點及其對點彎曲度大。因為物體運動越快，偏離直線路徑越少。此外，在會合點及其對點，力 KL 或 NM 與物體 T 吸引物體 P 的力方向相反，因而使該力減小；而物體 P 受物體 T 吸引越小，偏離直線路徑越少。

推論 V.在其他條件不變時，物體 P 在方照點比在會合點及其對點距物體

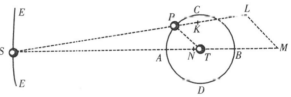

T 更遠，不過這僅在不計離心率變化時才成立。因為如果物體 P 的軌道是偏心的，當回歸點位於朔望點時，其離心率（如將在推論IX中計算的）最大，因而有可能出現這種情況，當物體 P 的朔望點接近其遠回歸點時，它到物體 T 的距離大於它在方照點的距離。

推論VI.因為使物體 P 滯留在其軌道上的中心物體 T 的向心力，在方照點由於力 LM 的加入而增強，而在朔望點由於減去力 KL 而削弱，又因為力 KL 大於 LM，因而削弱的多於增強的；而且，由於該向心力（由命題 4 推論II）正比於半徑 TP，反比於週期的平方變化，所以不難推知力 KL 的作用使合力比值減小；因此設軌道半徑 PT 不變，則週期增加，並正比於該向心力減小比值的平方根；因此，設半徑增大或減小，則由命題 4 推論VI，週期以該半徑的3⁄2冪次增大或減小。如果該中心物體的吸引力逐漸減弱，被越來越弱地吸引的物體

P 將距中心物體 T 越來越遠；反之，如果該力越來越強，它將距 T 越來越近。所以，如果使該力減弱的遠物體 S 的作用由於旋轉而有所增減，則半徑 TP 也相應交替地增減；而隨著遠物體 S 的作用的增減，週期也隨半徑的比值的 $\frac{3}{2}$ 冪次，以及中心物體 T 的向心力的減弱或增強比值的平方根的複合比值而增減。

推論 VII. 由前面證明的還可以推知，物體 P 所畫橢圓的軸，或回歸線的軸，

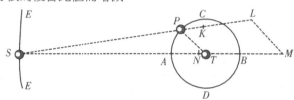

隨其角運動而交替前移或後移，只是前移較後移為多，因此總體直線運動是向前移的。因為，在方照點力 MN 消失，把物體 P 吸引向 T 的力由力 LM 和物體 T 吸引物體 P 的向心力複合而成。如果距離 PT 增加，第一個力 LM 近似於以距離的相同比例增加，而另一個力則以正比於距離比值的平方減少；因此兩個力的和的減少小於距離 PT 比值的平方；因此由命題 45 推論 I，將使回歸線，或者等價地，使上回歸點後移。但在會合點及其對點使物體 P 傾向於物體 T 的力是力 KL 與物體 T 吸引物體 P 的力的差，而由於力 KL 極近似於隨距離 PT 的比值而增加，該力差的減少大於距離 PT 比值的平方；因此由命題 45 推論 I，使回歸線前移。在朔望點和方照點之間的地方，回歸線的運動取決於這兩種因素的共同作用，因此它按兩種作用中較強的一項的剩餘值比例前移或後移。所以，由於在朔望點力 KL 幾乎是力 LM 在方照點的 2 倍，剩餘在力 KL 一方，因而回歸線向前移。如果設想兩個物體 T 和 P 的系統為若干物體 S、S、S，等等在各邊所環繞，分佈於軌道 ESE 上，則本結論與前一推論便易於理解了，因為由於這些物體的作用，物體 T 在每一邊的作用都減弱，其減少大於距離比值的平方。

推論VIII. 但是，由於回歸點的直線或逆行運動決定於向心力的減小，即決定於在物體由下回歸點移向上回歸點過程中，該力大於或是

小於距離 TP 比值的平方；也決定於物體再次回到下回歸點時向心力類似的增大；所以，當上回歸點的力與下回歸點的力的比值較之距離平方的反比值有最大差值時，該回歸點運動最大。不難理解，當回歸點位於朔望點時，由於相減的力 KL 或 $NM-LM$ 的緣故，其前移較快；而在方照點時，由於相加的力 LM，其後移較慢。因為前行速度或逆行速度持續時間很長，所以這種不等性相當明顯。

推論 IX.如果一個物體受到反比於它到任意中心的距離的平方的力的阻礙，環繞該中心運動；在它由上回歸點落向下回歸點時，該力受到一個新的力的持續增強，且超過距離減小比值的平方，則該總是被吸引向中心的物體在該新力的持續作用下，將比它單獨受隨距離減小的平方而減小的力的作用更傾向於中心，因而它畫出的軌道比原先的橢圓軌道更靠內，而且在下回歸點更接近於中心。所以，新力持續作用下的軌道更為偏心。如果隨著物體由下回歸點向上回歸點運動冉以與上述的力的增加的相同比值減小向心力，則物體回到原先的距離上；而如果力以更大比值減小，則物體受到的吸引力比原先要小，將遷移到較大的距離，因而軌道的離心率增大得更多。所以，如果向心力的增減比值在第一周中都增大，則離心率也增大；反之，如果該比值減小，則離心率也減小。

所以，在物體 T、P、S 的系統中，當軌道 PAB 的回歸點位於方照點時，上述增減比值最小，而當回歸點位於朔望點時最大。如果回歸點位於方照點，該比值在回歸點附近小於距離比值的平方，而在朔望點大於距離比值的平方；而由該較大比值即產生的回歸線運動，正如前面所述。但如果考慮上下回歸點之間的整個增減比值，它還是小於距離比值的平方。下回歸點的力比上回歸點的力小於上回歸點到橢圓焦點的距離與下回歸點到同一焦點的距離的比值的平方；反之，當回歸點位於朔望點時，下回歸點的力比上回歸點的力大於上述距離比值的平方。因為在方照點，力 LM 疊加在物體 T 的力上，複合力比值較小；而在朔望點，力 KL 減弱物體 T 的力，複合力比值較大。所以，在回歸點之間運動的整個增減比值，在方照點最小，在朔望點最

大；所以，回歸點在由方照點向朔望點運動時，該比值持續增大，橢圓的離心率也增大；而在由朔望點向方照點運動時，比值持續減小，離心率也減小。

推論 X.我們可以求出緯度誤差。設軌道 EST 的平面不動，由上述誤差的原因可知，兩個力 NM、ML 是誤差的唯一和全部原因，其中力 ML 總是在軌道 PAB 平面內作用，不會干擾緯度方向的運動；而力 NM，當交會點位於朔望點時，也作用於軌道的同一平面，此時也不會影響

緯度運動。但當交會點位於方照點時，它對緯度運動有強烈干擾，把物體持續吸引出其軌道平面；在物體由方照點向朔望點運動時，它減小軌道平面的傾斜，而當物體由朔望點移向方照點時，它又增加軌道平面的傾斜。所以，當物體到達朔望點時，軌道平面傾斜最小，而當物體到達下一個交會點時，它又恢復到接近於原先的值。但如果物體位於方照點後的八分點（45°），即位於 C 和 A、D 和 B 之間，則由於剛才說明的原因，物體 P 由任一交會點向其後 90° 點移動時，軌道平面傾斜逐漸減小；然後，在物體由下一個 45° 向下一個方照點移動時，傾斜又逐漸增加；其後，物體再由下一個 45° 向交會點移動時，傾斜又減小。所以，傾斜的減小多於增加，因而在後一個交會點總是小於前一個交會點。由類似理由，當交會點位於 A 和 D、B 和 C 之間的另一個八分點時，軌道平面傾斜的增加多於減少。所以，當交會點在朔望點時傾斜最大。在交會點由朔望點向方照點運動時，物體每次接近交會點，傾斜都減小，當交會點位於方照點同時物體位於朔望點時傾斜達到最小值；然後它又以先前減小的程度增加，當交會點到達下一個朔望點時恢復到原先值。

推論 XI.因為，當交會點在方照點時，物體 P 被逐漸吸引離開其軌道平面，又因為該吸引力在它由交會點 C 通過會合點 A 向交會點 D

運動時是指向 S 的，而在它由交會點 D 通過對應點 B 移向交會點 C 時，方向又相反，所以，在離開交會點 C 的運動中，物體逐漸離開其原先的軌道平面 CD，直至它到達下一個交會點，因而在該交會點上，由於它到原先平面 CD 距離最遠，因此它將不在該平面的另一個交會點 D，而在距物體 S 較近的一個點通過軌道 EST 的平面，該點即該交會點在其原先處所後的新處所。而由類似理由，物體由一個交會點向下一個交會點運動時，交會點也向後退移。所以，位於方照點的交會點逐漸退移；而在朔望點沒有干擾緯度運動的因素，交會點不動；在這兩處所之間兩種因素兼而有之，交會點退移較慢。所以，交會點或是逆行，或是不動，總是後移，或者說，在每次環繞中都向後退移。

　　推論 XII. 在物體 P、S 的會合點，由於產生攝動的力 NM、ML 較大，上述諸推論中描述的誤差總是略大於對點的誤差。

　　推論 XIII. 由於上述諸推論中誤差和變化的原因與比例同物體 S 的大小無關，所以即使物體 S 大到使兩物體 P 和 T 的系統環繞它運動時，上述情形也會發生。物體 S 的增大使其向心力增大，導致物體 P 的運動誤差增大，也使在相同距離上所有誤差都增大，在這種情形下，誤差要大於物體 S 環繞物體 P 和 T 的系統運動的情形。

　　推論 XIV. 但是，當物體 S 極為遙遠時，力 NM、ML 極其接近於正比於力 SK 以及 PT 與 ST 的比值；即，如果距離 PT 與物體 S 的絕對力都給定，反比於 ST^3，由於力 NM、ML 是前述各推論中所有誤差和作用的原因，則如果物體 T 和 P 仍與先前相同，只改變距離 ST 和物體 S 的絕對力，所有這些作用都將極為接近於正比於物體 S 的絕對力，反比於距離 ST 的立方。所以，如果物體 P 和 T 的系統繞遠物體 S 運動，則力 NM、ML 以及它們的作用將（由命題 4 推論 II）反比於週期的平方。所以，如果物體 S 的大小正比於其絕對力，則力 NM、ML 及其作用將正比於由 T 看遠物體 S 的視在直徑的立方；反之亦然。因為這些比值與上述複合比值相同。

　　推論 XV. 如果軌道 ESE、PAB 保持其形狀比例及相互間夾角不

變，而只改變其大小，且物體 S 和 T 的力或者保持不變，或者以任意給定比例變化，則這些力（即物體 T 的力，它迫使物體 P 由直線運動進入軌道 PAB，以及物體 S 的力，它使物體 P 偏離同一軌道）總是以相同方式和相同比例起作用。因而，所有的作用都是相似而且是成比例的。這些作用的時間也是成比例的；即，所有的直線誤差都比例於軌道直徑，角誤差保持不變；而相似直線誤差的時間，或相等的角誤差的時間，正比於軌道週期。

推論 XVI. 如果軌道圖形和相互間夾角給定，而其大小、力以及物體的距離以任意方式變化，則我們可以由一種情形下的誤差以及誤差的時間非常近似地求出其他任意情形下的誤差和誤差時間。這可以由以下方法更簡捷地求出。力 NM、ML 正比於半徑 TP，其他條件不變；這些力的週期作用（由引理 10 推論 II）正比於力以及物體 P 的週期的平方。這正是物體 P 的直線誤差；而它們到中心 T 的角誤差（即回歸點與交會點的運動，以及所有視在經度和緯度誤差）在每次環繞中都極近似於正比於環繞時間的平方。令這些比值與推論 XVI 中的比值相乘，則在物體 T、P、S 的任意系統中，P 在非常接近處環繞 T 運動，而 T 在很遠處環繞 S 運動，由中心 T 觀察到的物體 P 的角誤差在 P 的每次環繞中都正比於物體 P 的週期的平方，而反比於物體 T 的週期的平方。所以回歸點的平均直線運動與交會點的平均運動有給定比值；因而這兩種運動都正比於物體 P 的週期，反比於物體 T 的週期的平方。軌道 PAB 的離心率和傾角的增大或減小對回歸點和交會點的運動沒有明顯影響，除非這種增大或減小確乎爲數極大。

推論 XVII. 由於直線 LM 有時大於，有時又小於半徑 PT，令力 LM 的平均量由半徑 PT 來表示，則該平均量比平均力 SK 或 SN（它也可以由 ST 來表

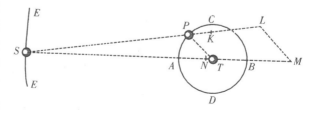

示）等於長度 PT 比長度 ST。但使物體 T 維持其環繞 S 的軌道上的平均力 SN 或 ST 與使物體 P 維持在其環繞 T 的力的比值，等於半徑 ST 與半徑 PT 的比值，和物體 P 環繞 T 的週期的平方與物體 T 環繞 S 的週期的平方的比值的複合。因而，平均力 LM 比使物體 P 維持在其環繞 T 的軌道上的力（或使同一物體 P 在距離 PT 處圍繞不動點 T 做相同週期運動的力）等於週期的平方比值。因而週期給定，同時距離 PT、平均力 LM 也給定；而這個力給定，則由直線 PT 和 MN 的對比也可非常近似地得出力 MN。

　　推論 XVIII. 利用物體 P 環繞物體 T 的相同規律，設許多流動物體在相同距離處環繞物體 T 運動；它們的數目如此之多，以至於首尾相接，形成圓形流體圈，或圓環，其中心在物體 T；這個環的各個部分在與物體 P 相同的規律作用下，在距物體 T 更近處運動，並在它們自己以及物體 S 的會合點及其對點運動較快，而在方照點運動較慢。該環的交會點或它與物體 S 或 T 的軌道平面的交會點在朔望點靜止；但在朔望點以外，它們將退行，或逆行方向運動，在方照點時速度最大，而在其他處所較慢。該環的傾角也變化，每次環繞中它的軸都擺動，環繞結束時軸又回到原先的位置，唯有交會點的歲差使它做少許轉動。

　　推論 XIX. 設球體 T 包含若干非流體物體，被逐漸擴張其邊緣延伸到上述環處，沿球體邊緣開挖一條注滿水的溝道，該球繞其自身的軸以相同週期勻速轉動，則水被交替地加速或減速（如前一推論那樣），在朔望點速度較快，方照點較慢，在溝道中像大海一樣形成退潮和漲潮。如果撤去物體 S 的吸引，則水流沒有潮漲和潮落，只沿球的靜止中心環流。球做勻速直線運動，同時繞其中心轉動時與此情形相同（由定律推論 V），而球受直線力均勻吸引時也與此情形相同（由定律推論 VI）。但當物體 S 對它有作用時，由於吸引力的變化，水獲得新的運動；距該物體較近的水受到的吸引較強，而較遠的吸引較弱。力 LM 在方照點把水向下吸引，並一直持續到朔望點；而力 KL 在朔望點向上吸引水，並一直持續到方照點；在此，水的漲落運動受到溝道方向

的導引，以及些微的摩擦除外。

推論 XX. 設圓環變硬，球體縮小，則水的漲落運動停止；但環面的傾斜運動和交會點歲差不變。令球與環共軸，且旋轉時間相同，球面接觸環的內側並連爲整體，則球參與環的運動，而整體的擺動、交會點的退移一如我們所述，與所有作用的影響完全相同。當交會點在朔望點時，環面傾角最大。在交會點向方照點移動時，其影響使傾角逐漸減小，並在整個球運動中引入一項運動。球使該運動得以維持，直至環引入相反的作用抵消這一運動，併入相反方向的新的運動。這樣，當交會點位於方照點時，使傾角減小的運動達到最大值，在該方照點後八分點處傾角有最小值；當交會點位於朔望點時，傾斜運動有最大值，在其後的八分點處斜角最大。對於沒有環的球，如果它的赤道地區比極地地區略高或略密一些，則情形與此相同，因爲赤道附近多出的物體取代了環的地位。雖然我們可以設球的向心力任意增大，使其所有部分像地球上各部分一樣垂直向下指向中心，但這一現象與前述各推論卻少有改變，只是水位最高和最低處有所不同，因爲這時水不再靠向心力維繫在其軌道內，而是靠它所沿著流動的溝道維繫。此外，力 LM 在方照點吸引水向下最強，而力 KL 或 $NM-LM$ 在朔望點吸引水向上最強。這些力的共同作用使水在朔望點之前的八分點不再受到向下的吸引，而轉爲受到向上吸引；而在該朔望點之後的八分點不再受到向上的吸引，而轉爲向下的吸引。因此，水的最大高度大約發生在朔望點後的八分點，其最低高度大約發生在方照點之後的八分點，只是這些力對水面上升或下降的影響可能由於水的慣性或溝道的阻礙而有些微推延。

推論 XXI. 由同樣的理由，球上赤道地區的過剩物質使交會點退移，因此這種物質的增多會使逆行運動增大，而減少則使逆行運動減慢，除去這種物質則逆行停止。因此，如果除去較過剩者更多的物質，即如果球的赤道地區比極地地區凹陷，或物質稀薄，則交會點將前移。

推論 XXII. 所以，由交會點的運動可以求出球的結構。即，如果球的極地不變，其（交會點的）運動逆行，則其赤道附近物體較多；如果該

運動是前行的，則物質較少。設一均勻而精確的球體最初在自由空間中靜止，由於某種側面施加於其表面的推斥力使其獲得部分轉動和部分直線運動。由於該球相對於其通過中心的所有軸是完全相同的，對一個方向的軸比對另一任意軸沒有更大的偏向性，則球自身的力決不會改變球的轉軸，或改變轉軸的傾角。現在設該球如上述那樣在其表面相同部分又受到一個新的推斥力的斜向作用，由於推斥力的作用不因其到來的先後而有所改變，則這兩次先後到來的推斥力衝擊所產生的運動與它們同時到達效果相同，即與球受到由這二者複合而成的單個力的作用而產生的運動相同（由定律推論 II），即產生一個關於給定傾角的軸的轉動。如果第二次推斥力作用於第一次運動的赤道上任意其他處所，情形與此相同，而第一次推斥力作用在由第二次作用所產生的運動的赤道上的任意一點上的情形也與此完全相同；所以兩次推斥力作用於任意處的效果均相同，因為它們產生的旋轉運動與它們同時共同作用於由這兩次衝擊分別單獨作用所產生的運動的赤道的交點上所產生的運動相同。所以，均勻而完美的球體並不存留幾種不同的運動，而是將所有這些運動加以複合，化簡為單一的運動，並總是盡其可能地繞一根給定的軸做單向勻速轉動，軸的傾角總是維持不變。向心力不會改變軸的傾角或轉動的速度。因為如果設球被涌過其中心的任意平面分為兩個半球，向心力指向該中心，則該力總是同等地作用於這兩個半球，所以不會使球圍繞其自身的軸的轉動有任何傾向。但如果在該球的赤道和極地之間某處添加一堆像山峰一樣的物質，則該堆物質通過其脫離運動中心的持續作用，干擾球體的運動，並使其極點在球面上遊蕩，圍繞其自身以及其對點運動畫出圓形，極點的這種巨大偏移運動無法糾正，除非把此山移到二極之一，在此情形中，由推論 XXI，赤道的交會點順行；或移至赤道地區，這種情形中，由推論 XX，交會點逆行；或者，最後一種方法，在軸的另一邊加上另一座新的物質山堆，使其運動得到平衡；這樣，交會點或是順行，或是逆行，這要由山與新增的物質是近於極地或是近於赤道來決定。

命題67 定理27

在相同的吸引力規律下，較外的物體 S，以它伸向較內的物體 P 與 T 的公共重心點 O 的半徑環繞該重心運動，比它以伸向最裏面最重的物體 T 的半徑環繞該物體 T 的運動，所掠過的面積更近於正比於時間，畫出的軌道更近於以該重心爲焦點的橢圓。

因爲物體 S 指向 T 和 P 的吸引力複合成其絕對吸引力，它更近於指向物體 T 和 P 的公共重心 O，而不是最大的物體 T；它更近於反比於距離 SO 的平方，而不是距離 ST 的平方；這稍作考慮即可明白。

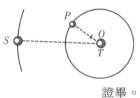

證畢。

命題68 定理28

在相同的吸引力規律下，如果最裏面最大的物體像其他物體一樣也受到該吸引力的推動，而不是處於靜止，完全不受吸引力作用，或者，不是被或是極強或是極弱地吸引而或是極強或是極弱地被推動，則最外面的物體 S，以其連向較內的物體 P 和 T 的公共重心的半徑，圍繞該重心所掠過的面積更近於正比於時間，其軌道也更近於以該重心爲焦點的橢圓。

該定理可以用與命題 66 相同的方法證明，但由於它冗長繁瑣，我在此略過。可以用如下簡便方法來考慮。由前一命題的證明易知，物體 S 受到兩個力的共同作用而傾向的中心，非常接近於另兩個物體的公共重心，如果該中心與該公共重心重合，而且這三個物體的公共重心是靜止的，物體 S 位於其一側，而那兩個物體的公共重心位於其另一側，則它們都將圍繞該靜止公共重心畫出眞正的橢圓。這可以由命題 58 推論 II，比較命題 64 和命題 65

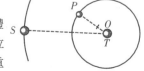

的證明推知。現在這一精確的橢圓運動受到兩個物體的重心到使第三個物體 S 被吸引的中心的距離的微小干擾，而且還要加上三個物體公共重心的運動，攝動增加更多。所以，當三個物體的公共重心靜止時，即當最裏面、最大的物體 T 受到與其他物體一樣的吸引力作用時，攝動最小；而當三物體的公共重心由於物體 T 的運動的減小而開始運動，並越來越劇烈時，攝動最大。

推論.如果若干小物體繞大物體旋轉，容易推知，如果所有物體都受到正比於其絕對力、反比於距離平方的加速力的相互吸引和推動，如果每個軌道的焦點都位於所有較靠裏面物體的公共重心上（即，如果第一個和最靠裏面的軌道的焦點位於最大和最裏面物體的重心上，第二個軌道的焦點位於最裏面兩個物體的公共重心上，第三個軌道的焦點位於最裏面的三個物體的公共重心上，依此類推），而不是最裏面的物體處於靜止，而且是所有軌道的公共焦點，則軌道接近於橢圓，面積的生成也比較均勻。

命題69　定理29

在若干物體 A、B、C、D，等等的系統中，如果其中一個，如 A，吸引所有其他物體 B、C、D，等等，加速力反比於它到吸引物體距離的平方；而另一個物體，如 B，也吸引所有其他物體 A、C、D，等等，加速力也反比於它到吸引物體的距離的平方；則吸引物體 A 和 B 的絕對力相互間的比就等於這些力所屬的物體 A 和 B 的比。

因為，由假設知，所有物體 B、C、D 指向物體 A 的加速吸引力在距離相同時相等；由類似方法知所有物體指向 B 的加速吸引力在距離相同處也相等。而物體 A 的絕對吸引力比物體 B 的絕對吸引力，等於所有物體指向物體 A 的絕對吸引力比在相同距離處所有物體指向物體 B 的絕對吸引力；物體 B 指向物體 A 的加速吸引力比物體 A 指向物體 B 的加速吸引力也與此相等。但是，物體 B 指向物體 A 的加速吸引力比物體 A 指向物體 B 的加速吸引力等於物體 A 的

質量比物體 B 的質量；因為運動力（由定義 2、定義 7 和定義 8）正比於加速力乘以被吸引的物體，且由第三定律相互間是相等的，所以物體 A 的絕對加速力比物體 B 的絕對加速力等於物體 A 的質量比物體 B 的質量。   證畢。

推論 I.如果系統 A、B、C、D 中的每一個物體都獨自以反比於它到吸引物體的距離的平方的加速力吸引其他物體，則所有這些物體的絕對力之間的比等於它們自身的比。

推論 II.由類似理由，如果系統 A、B、C、D 中的每一個物體都獨自吸引其他物體，其加速力或是反比或是正比於它到吸引物體的任意次冪；或者，該力按某種共同規律由它到吸引物體間的距離來決定；則易知這些物體的絕對力正比於物體自身。

推論 III.在一系統中力正比於距離的平方而減少，如果小物體沿橢圓繞一個極大物體運動，它們的公共焦點位於極大物體的中心，橢圓形狀極為精確；而且，連向該極大物體的半徑精確地正比於時間掠過半徑；則這些物體的絕對力相互間的比，或是精確地或是接近於等於物體的比，反之亦然。這可以由命題 68 的推論與本命題的推論 I 比較得證。

附注

由這些命題自然使我們推知向心力與這種力通常所指向的中心物體之間類似之處；因為有理由認為被指向物體的向心力應當由這些物體的性質和量來決定，如我們在磁體實驗中所見到的那樣。當這種情形發生時，我們必須通過賦予它們中每一個以適當的力來計算物體的吸引，再求出它們的總和。我在此使用的**吸引**一詞是廣義的，指物體所造成的相互趨近的一切企圖，不論這企圖來自物體自身的作用，由於發射精氣而相互靠近或推移；或來自以太，或空氣，或任意媒介的相互作用，不論這媒介是物質的還是非物質的，以任意方式促使處於其中的物體相互靠攏。我使用**推斥**一詞同樣是廣義的，在本書中我並

不想定義這些力的類別或物理屬性，而只想研究這些力的量與數學關係，一如我們以前在定義中所聲明的那樣。在數學中，我們研究力的量以及它們在任意設定條件下的相互關係，而在物理學中，則要把這些關係與自然現象作比較，以便了解這些力在哪些條件下對應著吸引物體的哪些類型。做完這些準備工作之後，我們就更有把握去討論力的本質、原因和關係。現在，讓我們再來研究用哪些力可以使由具有吸引能力的部分組成的球體必定按上述方式相互作用，以及因此會產生哪些類型的運動。

第十二章　球體的吸引力

命題70　定理30

　　如果指向球面每一點的相等的向心力隨到這些點的距離的平方減小，則該球面內的小球將不會受到這些向心力的吸引。

　　令 *HIKL* 爲球面，*P* 是球面內的小球。通過 *P* 向球面作兩條直線 *HK*、*IL*，截取極短弧 $\overset{\frown}{HI}$、$\overset{\frown}{KL}$；因爲（由引理 7 推論Ⅲ）△*HPI*、

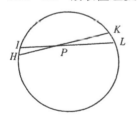

△*LPK* 相似，所以這些弧正比於距離 *IIP*、*LP*；落在由通過 *P* 的直線在球面上所限定的 $\overset{\frown}{HI}$ 和 $\overset{\frown}{KL}$ 之內的那些粒子，正比於這些距離的平方。所以這些粒子作用於物體 *P* 上的力相互間相等。因爲力正比於粒子，反比於距離的平方，這兩個比值複合成相等的比值 1：1，所以吸引相等，但作用於相反方向上，相互抵消。由類似理由，整個球面產生的吸引由於反向吸引而全部抵消。所以物體 *P* 完全不受這些吸引力的作用。　　　　　　　　　　　　　　　　　證畢。

命題71　定理31

在相同條件下，球面外小球受到的指向球面中心的吸引力反比於它到該中心距離的平方。

令 $AHKB$、$ahkb$ 為圍繞中心 S、s 的兩個相等的球面，它們的直徑分別為 AB、ab；令 P 和 p 為二球面外直徑延長線上的小球。由小球作直

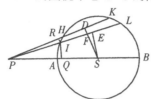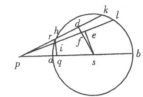

線 PHK、PIL、phk、pil，在大圓 AHB、ahb 上截取相等弧長 HK、hk、IL、il，並作這些直線的垂線 SD、sd、SE、se、IR、ir，其中 SD、sd 分別與 PL、pl 交於 F 和 f。再在直徑上作垂線 IQ、iq。現在令 $\angle DPE$、$\angle dpe$ 消失；因為 DS 與 ds、ES 與 es 相等，故可以取直線 PE、PF 與 pe、pf，以及短線段 DF、df 相等；因為當 $\angle DPE$、$\angle dpe$ 共同消失時，它們的比值是相等的比值。由此可得：

$$PI : PF = RI : DF$$

以及
$$pf : pi = df : ri \text{ 或 } DF : ri。$$

將對應項相乘，

$$PI \cdot pf : PF \cdot pi = RI : ri$$
$$= \overset{\frown}{IH} : \overset{\frown}{ih} \text{ （由引理 7 推論 III）。}$$

又，
$$PI : PS = IQ : SE$$

以及
$$ps : pi = se : q \text{ 或 } SE : iq。$$

因而，
$$PI \cdot ps : PS \cdot pi = IQ : iq。$$

將其對應項與前面相似的比例式相乘：

$$PI^2 \cdot pf \cdot ps : pi^2 \cdot PF \cdot PS = HI \cdot IQ : ih \cdot iq，$$

即，等於當半圓 AKB 圍繞其直徑 AB 旋轉時 $\overset{\frown}{IH}$ 所掠過的環面，比當半圓 akb 圍繞其直徑 ab 旋轉時 $\overset{\frown}{ih}$ 所掠過的環面。而由假設條件

知，使這些環面沿指向它們的方向吸引小球 P 和 p 的力正比於環面自身，反比於環面到小球的距離的平方，即等於 $pf \cdot ps$ 比 $PF \cdot PS$。又，這些力與其沿直線 PS、ps 指向球心的斜向部分（由運動定律推論 II 中那樣力的分解得到）的比，等於 PI 比 PQ，以及 pi 比 pq；即（由於 $\triangle PIQ$ 與 $\triangle PSF$，以及 $\triangle piq$ 與 $\triangle psf$ 相似）等於 PS 比 PF 以及 ps 比 pf。所以，吸引小球 P 指向 S 的吸引力比吸引小球 p 指向 s 的力，等於 $\dfrac{PF \cdot pf \cdot ps}{PS}$ 比 $\dfrac{pf \cdot PF \cdot PS}{ps}$，即等於 ps^2 比 PS^2。而且，由類似理由，$\overset{\frown}{KL}$、$\overset{\frown}{kl}$ 旋轉生成的環面吸引小球的力的比也等於 ps^2 比 PS^2。在球面上，只要取 sd 等於 SD，se 等於 SE，則所分割的環面對小球的吸引力的比總是有相同的比值。所以，把它們再組合起來，整個球面作用於小球的力的比也有相同比值。　　　　　　　　證畢。

命題72　定理32

如果指向球上若干點的相等的向心力隨其到這些點的距離的平方而減小，而且球的密度以及球直徑與小球到球中心的比值爲給定值，則使小球被吸引的力正比於球半徑。

因爲，設想兩個小球分別受到兩個球的吸引，一個吸引一個，另一個吸引另一個，且它們到球心的距離分別正比於球的直徑；則球可以分解爲與小球所在位置相對應的相似粒子。則一個小球對球各相似粒子的吸引比其他小球對其他球同樣多的相似粒子的吸引，等於正比於各部分間的比值與反比於距離平方的比值的複合比。而各粒子正比於球，即正比於直徑的立方，而距離正比於直徑；所以第一個比值正比於後一個比值的二次反比，變成直徑與直徑的比值。　　　　　　證畢。

推論 I.如果多個小球繞由同等吸引的物質組成的球做圓周運動，且到球中心的距離正比於它們的直徑，則環繞週期相等。

推論 II.反之，如果週期相等，則距離正比於直徑。這兩個推論可由命題 4 推論 III 得證。

推論III.如果兩個物體形狀相似密度相等,其上各點的相等的向心力隨到這些點的距離的平方而減少,則使處於相對於兩個物體相似位置上的小球受吸引的力之間的比,等於物體的直徑的比。

命題73　定理33

如果已知球上各點相等的向心力隨到這些點的距離的平方而減小,則球內小球受到的吸引力正比於它到中心的距離。

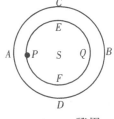

在以 S 爲中心的球 $ACBD$ 中,置入一小球 P;圍繞同一中心 S,以間隔 SP 爲半徑作一內圓 $PEQF$。易知(由命題 70)共心球組成的球面差 $AEBF$ 對於其上的物體 P 不發生作用,吸引力被反向吸引所抵消,所以只剩下內球 $PEQF$ 的吸引力,而(由命題 72)該吸引力正比於距離 PS。　　　　　　　　　證畢。

附注

我在此設想的構成固體的表面,並不是純數學面,而是極薄的殼體,其厚度幾乎爲零;即,當殼體的數目不斷增加時,最終構成球的新生殼體的厚度無限減小。同樣地,構成線、面和體的點也可看做是一些相等的粒子,其大小也是完全不可想像的。

命題74　定理34

在相同條件下,球外的小球受到的吸引力反比於它到球心的距離的平方。

設該球分割爲無數共心球面,各球面對小球的吸引(由命題 71)反比於小球到球心的距離的平方。通過求和,這些吸引力的和,即整

個球對小球的吸引力，也等於相同比值。　　　　　　　　　證畢。

推論 I .均勻球在相同距離處的吸引力的比等於球自身的比。因為（由命題 72）如果距離正比於球的直徑，則力的比等於直徑的比。令較大的距離以該比值減小，使距離相等，則吸引力以該比值的平方增大；所以它與其他吸引力的比等於該比值的立方，即等於球的比值。

推論 II .在任意距離處吸引力正比於球，反比於距離的平方。

推論 III .如果位於均勻球外的小球受到的吸引力反比於它到球心距離的平方，而球由吸引粒子組成，則每個粒子的力將隨小球到每個粒子的距離的平方而減小。

命題75　定理35

如果加在已知球上的各點的向心力隨到這些點的距離的平方而減小，則另一個相似的球也受到它的吸引，該力反比於二球心距離的平方。

因為，每個粒子的吸引反比於它到吸引球的中心的距離的平方（由命題 74），因而該吸引力如同出自一個位於該球心的小球。另一方面，該吸引力的大小等於該小球自身所受到的吸引，如同它受到被吸引球上各粒子以等於它吸引它們的力吸引它一樣。而小球的吸引（由命題 74）反比於它到被吸引球的中心的距離的平方；所以，與之相等的球的吸引的比值相同。　　　　　　　　　　　　　　　證畢。

推論 I .球對其他均勻球的吸引正比於吸引的球除以它們的中心到被它們吸引的球的中心距離的平方。

推論 II .被吸引的球也能吸引時情形相同。因為一個球上若干點吸引另一球上若干點的力，與它們被後者吸引的力相同；由於在所有吸引作用中（由定律 III ），被吸引的與吸引的點二者同等作用，吸引力由於它們的相互作用而加倍，而其比例保持不變。

推論 III .在涉及物體圍繞圓錐曲線的焦點運動時，如果吸引的球位於焦點，物體在球外運動，則上述諸結論均成立。

　　推論Ⅳ.如果環繞運動發生在球內，則僅有物體繞圓錐曲線的中心運動才滿足上述結論。

命題76　定理36

　　如果若干球體（就其物質密度和吸引力而言）相互間由其中心到表面的同類比值完全不相似，但各球在其到中心給定距離處是相似的，而且各點的吸引力隨其到被吸引物體的距離的平方而減小，則這些球體中的一個吸引其他球體的全部的力反比於球心距離的平方。

　　設若干同心相似球 AB、CD、EF，等等，其中最裏面的一個加上最外面的一個所包含的物質其密度大於球心，或者減去球心處密度

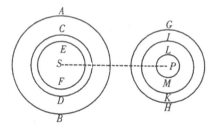

後餘下同樣稀薄的物質，則由命題75，這些球體將吸引其他相似的同心球 GH、IK、LM 等，其中每一個對其他一個的吸引力反比於距離 SP 的平方。運用相加或相減方法，所有這些力的總和，或者其中之一與其他的差，即整個球體 AB （包括所有其他同心球或它們的差）的合力吸引整個球體 GH （包括所有其他同心球或它們的差）也等於相同比值。令同心球數目無限增加，使物質密度同時使吸引力在沿由球面到球心的方向上按任意給定規律增減；並通過增加無吸引作用的物質補足不足的密度，使球體獲得所期望的任意形狀；而由前述理由，其中之一吸引其他球體的力同樣反比於距離的平方。　　　　　　　　　　　證畢。

　　推論Ⅰ.如果有許多此類的球，在一切方面相似，相互吸引，則每個球體對其他一個球體的加速吸引作用，在任意相等的中心距離處，都正比於吸引球體。

　　推論Ⅱ.在任意不相等的距離處，正比於吸引球體除以兩球心距離的平方。

推論Ⅲ.一個球相對於另一個球的運動吸引，或二者間的相對重量，在相同的球心距離處，共同正比於吸引的與被吸引的球，即正比於這兩個球的乘積。

推論Ⅳ.在不同的距離處，正比於該乘積，反比於兩球心距離的平方。

推論Ⅴ.如果吸引作用由兩個球相互作用產生，上述比例式依然成立，因為兩個力的相互作用僅使吸引作用加倍，比例式保持不變。

推論Ⅵ.如果這樣的球繞其他靜止的球轉動，每個球繞另一個球轉動，而且靜止球與運動球球心的距離正比於靜止球的直徑，則環繞週期相同。

推論Ⅶ.如果週期相同，則距離正比於直徑。

推論Ⅷ.在繞圓錐曲線焦點的運動中，如果具有上述條件和形狀的吸引球位於焦點上，上述結論成立。

推論Ⅸ.如果具有上述條件的運動球也能吸引，結論依然成立。

命題77　定理37

如果球心各點的向心力正比於這些點到被吸引物體的距離，則兩個相互吸引的球的複合力正比於兩球心間的距離。

情形1：令 *AEBF* 為一個球體，*S* 是其中心，*P* 是被它吸引的小球，*PASB* 為球體通過小球中心的軸，*EF*、*ef* 是分割球體的兩個平面，與該軸垂直，而且在球的兩邊到球心的距離相等，*G* 和 *g* 是二平面與軸的交點，*H* 是平面 *EF* 上任意一點。點 *H* 沿直線 *PH* 方向作

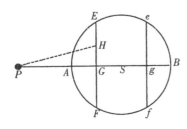

用於小球 *P* 的向心力正比於距離 *PH*；而（由定律推論Ⅱ）沿直線 *PG* 方向或指向球心 *S* 的力，也正比於長度 *PG*。所以，平面 *EF* 上所有點（即整個平面）向中心 *S* 吸引小球 *P* 的力正比於距離 *PG* 乘以

這些點的數目,即正比於由平面 EF 和距離 PG 構成的立方體。由相似方法,使小球 P 被吸引向球心 S 的平面 ef 的力,正比於該平面乘以其距離 Pg,或正比於相等平面 EF 乘以距離 Pg;這兩個平面的力的和正比於平面 EF 乘以距離的和 $PG+Pg$,即正比於該平面乘以中心到小球距離 PS 的 2 倍;即正比於平面 EF 的 2 倍乘以球心到小球距離 PS,或正比於相等平面 $EF+ef$ 乘以相同距離。而由類似理由,整個球體上球心兩邊到球心距離相同的所有平面的力,都正比於這些平面的和乘以距離 PS,即正比於整個球體與距離 PS 的乘積。

證畢。

情形 2:設小球 P 也吸引球體 $AEBF$。由相同理由,則使球體被吸引的力也正比於距離 PS。 證畢。

情形 3:設另一球體包含無數小球 P。因為使每個小球被吸引的力正比於小球到第一個球心的距離,同樣也正比於第一個球,因而這個力好像是從一個位於球心的小球所發出的一樣,則使第二個球體中所有小球被吸引的力,即整個第二個球被吸引的力,也如同是受到位於第一個球心的小球所發生的吸引力一樣;所以正比於兩個球心之間的距離。 證畢。

情形 4:令兩球相互吸引,則吸引力加倍,但比例不變。證畢。

情形 5:令小球 P 置於球體 $AEBF$ 內,因為平面 ef 作用於小球的力正比於該平面與距離 pg 所圍成的立方體;而平面 EF 的相反的力正比於它與距離 PG 所圍成的立方體;二者的複合力正比於兩個立方體的差,即正比於兩個相等平面的和乘以距離的差的一半;

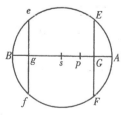

即,正比於該和乘以 pS,小球到球心的距離。而且,由類似理由,通過整個球體的所有平面 EF、ef 的吸引力,即整個球體的吸引力,正比於所有平面的和,或正比於整個球體,也正比於 pS,小球到球體中心的距離。 證畢。

情形 6:如果由無數小球 p 組成的新球體置於第一個球體

$AEBF$ 之內，可以證明，與前述相同，不論是一個球體吸引另一個，或是二者相互吸引，吸引力都正比於二球心的距離 pS。　　　證畢。

命題78　定理38

設有二球體，由球心到球面方向上既不相似也不相等，但到中心相等距離處均相似；而且每個點的吸引力正比於它到被吸引物體的距離，則使兩個這樣的球體相互吸引的全部的力正比於兩球心之間的距離。

這可以由前一個命題得證，與命題 76 可由命題 75 得證一樣。

推論. 以前在命題 10 和命題 64 中所證明的物體繞圓錐曲線運動的結論，當吸引作用來自具有上述條件的球體的力，以及被吸引物體也是同類球體時，均都成立。

附注

至此我已解釋了吸引的兩種基本情形，即當向心力隨距離的比的平方而減小，或隨距離的簡單比值而增大，使物體在這兩種情形下都沿圓錐曲線轉動，並組合成球體，其向心力按同樣規律隨其到球心的距離而增減，一如球體內各部分那樣；這一點極為重要。至於其他情形，其結論有欠優雅和重要，如果把它們像上述情形一樣詳加論述則有失繁冗。以下我寧可用一種普適的方法對它們作總體的解釋和求解。

引理29

如果圍繞中心 S 畫一任意圓周 AEB，又繞中心 P 畫兩個圓周 EF 和 ef，並與第一個圓分別相交於 E 和 e，與直線 PS 分別相交於 F 和 f，再在 PS 上作垂線 ED、de，則如果弧長 EF、ef 的距離無

限減小，趨於零的線段 **Dd** 與趨於零的線段 **Ff** 的最後比值等於線段
PE 比線段 **PS**。

如果直線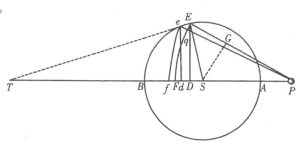
Pe 與 $\overset{\frown}{EF}$ 相交
於 q；而直線
Ee 與趨於零的
$\overset{\frown}{Ee}$ 重合，並延
長與直線 PS 相
交於 T；再由
S 向 PE 作垂線 SG，則，因爲△DTE、△dTe、△DES 相似，

$$Dd : Ee = DT : TE = DE : ES；$$

又因爲△Eeq、△ESG （由引理 8 和引理 7 推論 III） 相似，

$$Ee : eq 或 Ee : Ff = Es : SG。$$

將兩比例式對應項相乘，

$$Dd : Ff = DE : SG = PE : PS$$

（因爲△PDE、△PGS 相似）。 證畢。

命題79　定理39

設一表面 **EFfe** 的寬度無限縮小，並剛好消失，而同一個表面繞
軸 **PS** 轉動產生一個球狀凹凸形體，其各部分受到相等的向心力，則
形體吸引位於 **P** 的小球的力，等於立方 **$DE^2 \cdot Ff$** 的比值與使位於
Ff 處給定部分吸引同一個小球的力的比值的複合比值。

首先考慮 $\overset{\frown}{FE}$ 旋轉而成的球面 EF 的力，該弧在某處，比如 r 被
直線 de 分割，這樣 $\overset{\frown}{rE}$ 旋轉而成的面的圓環部分將比例於短線 Dd，
而球體的半徑 PE 保持不變，正如阿基米德在他的著作《論球體和圓
柱體》中所證明的那樣。直線 PE 或 Pr 分佈於整個圓錐體表面，圓環
面的力沿著直線 PE 或 Pr 的方向，比例於該圓環本身；即，正比於短
線 Dd，或者，等價地，正比於球體的已知半徑 PE 與短線段 Dd 的乘

積；但該力沿直線 PS 方向指向球心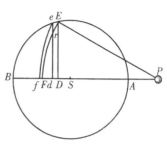
S，小於 PD 與 PE 的比值，所以正比於
$PD \cdot Dd$。現在，設線段 DF 被分割成
無數個相等的粒子，每個粒子都以 Dd
表示，則表面 FE 也被分割成同樣多個
圓環；它們的力正比於所有乘積 $PD \cdot$
Dd 的 總 和，即 正 比 於 $\frac{1}{2}PF^2 - \frac{1}{2}$

PD^2，所以正比於 DE^2。再將表面 FE 乘以高度 Ff，則立體 $EFfe$ 作
用於小球 P 的力正比於 $DE^2 \cdot Ff$；即，如果這個力已知，則正比於其
上任一給定粒子 Ff 在距離 PF 處作用於小球 P 的力。而如果這個力
為未知，則立體 $EFfe$ 的力將正比於立體 $DE^2 \cdot Ff$ 乘以該未知力。

　　　　　　　　　　　　　　　　　　　　　　　　　　　　　　　證畢。

命題80　定理40

　　如果以 S 為中心的球體 ABE 上若干相等部分都受到相等的向
心力作用，而且在球 AB 的直徑上置一小球，並在直徑上取若干點
D，在其上作垂線 DE 與球體相交於 E。如果在這些垂線上取長度
DN 正比於量 $\dfrac{DE^2 \cdot PS}{PE}$，同時也正比於球體內位於軸上的一粒子在
距離 PE 處作用於小球的力，則使小球被吸引向球體的全部力正比於

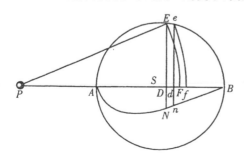

球體 AB 的軸與點 N 的軌
跡曲線 ANB 所圍成的面
積 ANB。

　　設前一引理和定理的作
圖成立，把球體 AB 的軸分
割為無數相等粒子 Dd，則
整個球體分為同樣多的凹凸
圓片 $EFfe$；作垂線 dn。由

前一定理，圓片 $EFfe$ 吸引小球 P 的力正比於 $DE^2 \cdot Ff$ 與一個粒子在距離 PE 或 PF 處作用於小球的力的乘積。但（由上述引理）Dd 比 Ff 等於 PE 比 PS，所以 Ff 等於 $\dfrac{PS \cdot Dd}{PE}$；而 $DE^2 \cdot Ff$ 等於 $Dd \cdot \dfrac{DE^2 \cdot PS}{PE}$；所以圓片 $EFfe$ 的力正比於 $Dd \cdot \dfrac{DE^2 \cdot PS}{PE}$ 與一個粒子在距離 PF 處的作用力的乘積，即，由命題知，正比於 $DN \cdot Dd$，或正比於趨於零的面積 $DNnd$。所以，所有圓片作用於小球的總力正比於所有面積 $DNnd$，即整個球的力正比於整個面積 ANB。證畢。

　　推論 I.如果指向若干粒子的向心力在所有距離上都相等，而且 DN 正比於 $\dfrac{DE^2 \cdot PS}{PE}$，則球體吸引小球的全部力正比於面積 ANB。

　　推論 II.如果各粒子的向心力反比於它到被吸引小球的距離，而且 DN 正比於 $\dfrac{DE^2 \cdot PS}{PE^2}$，則整個球體對小球 P 的吸引力正比於面積 ANB。

　　推論 III.如果各粒子的向心力反比於被它吸引的小球的距離的立方，而且 DN 正比於 $\dfrac{DE^2 \cdot PS}{PE^4}$，則整個球體對小球的吸引力正比於面積 ANB。

　　推論 IV.一般地，如果指向球體若干粒子的向心力反比於量 V，而且 DN 正比於 $\dfrac{DE^2 \cdot PS}{PE \cdot V}$，則整個球體吸引小球的力正比於面積 ANB。

命題81　問題41

　　在上述條件下，求面積 ANB。
　　由點 P 作直線 PH 與球體相切於 H；在軸 PAB 上作垂線 HI，在 L 二等分 PI；則（由歐幾里得《幾何原本》第二卷命題12）

PE^2 等於 $PS^2 + SE^2 + 2PS \cdot$
SD。但因為 $\triangle SPH$ 和 $\triangle SHI$
相似，SE^2 或 SH^2 等於乘積
$PS \cdot IS$。所以，PE^2 等於 PS
與 $PS + SI + 2SD$ 的乘積，即
PS 與 $2LS + 2SD$ 的乘積，也
即 PS 與 $2LD$ 的乘積。而且，
DE^2 等於 $SE^2 - SD^2$，或等於

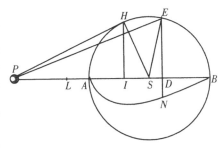

$SE^2 - LS^2 + 2LS \cdot LD - LD^2$，即 $2LS \cdot LD - LD^2 - LA \cdot LB$。由
於 $LS^2 - SE^2$ 或 $LS^2 - SA^2$（由歐幾里得《幾何原本》第二卷命題 6）
等於乘積 $LA \cdot LB$，所以，把 DE^2 以 $2LS \cdot LD - LD^2 - LA \cdot LB$
代替，則正比於長度 DN（由前一命題推論Ⅳ）的量 $\dfrac{DE^2 \cdot PS}{PE \cdot V}$ 可以

分解爲三部分

$$\frac{2SLD \cdot PS}{PE \cdot V} - \frac{LD^2 \cdot PS}{PE \cdot V} - \frac{ALB \cdot PS}{PE \cdot V};$$

如果以向心力的反比值代替 V，以 PS 與 $2LD$ 的比例中項代替 PE，
則這三部分即變成同樣多的曲線的縱座標，曲線的面積可由普通方法
求出。　　　　　　　　　　　　　　　　　　　　　　　　　證畢。

　　例 1. 如果指向球體各粒子的向心力反比於距離，以距離 PE 代替

V，$2PS \cdot LD$ 代替 PE^2，則 DN 正比於 $SL - \frac{1}{2}LD - \dfrac{LA \cdot LB}{2LD}$。

設 DN 等於其 2 倍 $2SL - LD - \dfrac{LA \cdot LB}{LD}$，則縱座標的已知部分

$2SL$ 與長度 AB 構成長方形面積 $2SL \cdot AB$；其不確定部分 LD 以連
續運動垂直通過同一長度，並在其運動中通過增減其一邊或另一邊的

長度使之總是等於長度 LD，作出面積 $\dfrac{LB^2 - LA^2}{2}$，即面積 $SL \cdot$

AB；它被從前一個面積 $2SL \cdot AB$ 中減去後，餘下面積 $SL \cdot AB$。

但用相同方法垂直地連續通過同一長度的第三部

分 $\dfrac{LA \cdot LB}{LD}$，將畫出一個雙曲線的面積，從面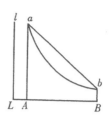

積 $SL \cdot AB$ 中減去它後就餘下要求的面積

ANB。由此得到本問題的作圖法。在點 L、A、

B 作垂線 Ll、Aa、Bb，使 Aa 等於 LB，Bb 等

於 LA。以 Ll 和 LB 爲漸近線，通過點 a、b 作

雙曲線 ab。作弦線 ba，則所圍的面積 aba 就是要求的面積 ANB。

例 2. 如果指向球體各粒子的向心力反比於距離的立方，或（是同

一回事）正比於該立方除以一個任意給定平面，以 $\dfrac{PE^3}{2AS^2}$ 代替 V，以

$2PS \cdot LD$ 代替 PE^2，則 DN 正比於 $\dfrac{SL \cdot AS^2}{PS \cdot LD} - \dfrac{AS^2}{2PS}$

$- \dfrac{LA \cdot LB \cdot AS^2}{2PS \cdot LD^2}$，即（因爲 PS、AS、SI 連續成正比）正比於 $\dfrac{LSI}{LD}$

$- \frac{1}{2}SI - \dfrac{LA \cdot LB \cdot SI}{2LD^2}$。

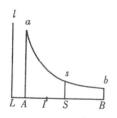

將這三部分通過長度 AB，第一部分 $\dfrac{SL \cdot SI}{LD}$ 產

生雙曲線的面積，第二部分 $\frac{1}{2}SI$ 產生面積 $\frac{1}{2}$

$AB \cdot SI$，第三部分 $\dfrac{LA \cdot LB \cdot SI}{2LD^2}$ 產生面積

$\dfrac{LA \cdot LB \cdot SI}{2LA} - \dfrac{LA \cdot LB \cdot SI}{2LB}$，即 $\frac{1}{2} AB \cdot$

SI。從第一個面積中減去第二個和第三個面積的

和，則餘下的即是要求的面積 ANB。由此得本問題的作圖法。在點

L、A、S、B，作垂線 Ll、Aa、Ss、Bb，其中設 Ss 等於 SI；通過

點 s，以 Ll、LB 爲漸近線作雙曲線 asb 與垂線 Aa、Bb 分別相交於

a 和 b；從雙曲線面積 $AasbB$ 中減去面積 $2SA \cdot SI$，即得到要求的面

積 ANB。

例 3. 如果指向球體各粒子的向心力隨其到各粒子的距離的四次

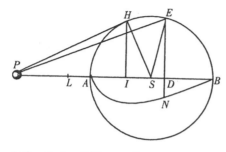

方而減小，以 $\dfrac{PE^4}{2AS^3}$ 代替 V，以 $\sqrt{(2PS+LD)}$ 代替 PE，則 DN 正比於

$$\dfrac{SI^2 \cdot SL}{\sqrt{2SI}} \cdot \dfrac{1}{\sqrt{LD^3}}$$

$$- \dfrac{SI^2}{2\sqrt{2SI}} \cdot \dfrac{1}{\sqrt{LD}}$$

$$- \dfrac{SI^2 \cdot LA \cdot LB}{2\sqrt{2SI}} \cdot \dfrac{1}{\sqrt{LD^5}} 。$$

將這三部分通過長度 AB，產生以下三個面積：$\dfrac{2SI^2 \cdot SL}{\sqrt{2SI}}$ 產生 $\left(\dfrac{1}{\sqrt{LA}} - \dfrac{1}{\sqrt{LB}} \right)$，$\dfrac{SI^2}{\sqrt{2SI}}$ 產生 $\sqrt{LB} - \sqrt{LA}$，$\dfrac{SI^2 \cdot LA \cdot LB}{3\sqrt{2SI}}$ 產生 $\left(\dfrac{1}{\sqrt{LA^3}} - \dfrac{1}{\sqrt{LB^3}} \right)$。經過化簡後得到 $\dfrac{2SI^2 \cdot SL}{LI}$、$SI^2$ 和 $SI^2 + \dfrac{2SI^3}{3LI}$。

從第一項中減去後兩項，得到 $\dfrac{4SI^3}{3LI}$。所以小球所受到的指向球體中心的總力正比於 $\dfrac{SI^3}{PI}$，即反比於 $PS^2 \cdot PI$。　　　　　　證畢。

　　運用相同方法可以求出位於球體內小球受到的吸引力，但採用下述定理將更為簡便。

命題82　定理41

　　一個以 S 為球心、以 SA 為半徑的球體，如果取 SI、SA、SP 為連續正比項，則位於球體內任意位置 I 的小球所受到的吸引力，與位於球體外 P 處的所受到力的比，等於兩者到球心的距離 IS、PS 的比值的平方根，與在這兩處 P 和 I 指向球心的向心力的比值的平方根的複合比。

如果球體各粒子的向心力反比於被它們吸引的小球的距離，則整個球體吸引位於 I 處的小球的力，比它吸引位於 P 處的小球的力，等於距離 SI 與距離 SP 的比值的平方根，以及位於球心的任意粒子在 I 處產生的向心力與同一粒子在 P 處產生的向心力的比值二者的複合比。即，反

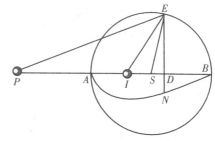

比於距離 SI、SP 相互間比值的平方根。這兩個比值的平方根複合成相等比值，所以整個球體在 I 處與在 P 處產生的吸引相等。由類似計算，如果球上各粒子的力反比於距離的平方，則可以發現 I 處的吸引力比 P 處的吸引力等於距離 SP 比球體半徑 SA。如果這些力反比於距離比值的立方，在 I 處和 P 處吸引力的比將等於 SP^2 比 SA^2；如果反比於比值的四次方，則等於 SP^3 比 SA^3。所以，由於在最後一種情形中 P 處的吸引力反比於 $PS^2 \cdot PI$，在 I 處的吸引力將反比於 $SA^3 \cdot PI$，即因為 SA^3 給定，反比於 PI。用相同方法可依次類推至於無限。該定理的證明如下：

保留上述作圖，一個小球在任意處所 P，其縱座標 DN 正比於 $\dfrac{DE^2 \cdot PS}{PE \cdot V}$。所以，如果畫出 IE，則任意其他處所的小球，如 I 處，其縱座標（其他條件不變）正比於 $\dfrac{DE^2 \cdot IS}{IE \cdot V}$。設由球體任意點 E 發出的向心力在距離 IE 和 PE 處的比為 PE^n 比 IE^n（在此，數值 n 表示 PE 與 IE 的冪次），則這些縱座標變為 $\dfrac{DE^2 \cdot PS}{PE \cdot PE^n}$ 和 $\dfrac{DE^2 \cdot IS}{IE \cdot IE^n}$，相互間比值為 $PS \cdot IE \cdot IE^n$ 比 $IS \cdot PE \cdot PE^n$。因為 SI、SE、SP 是連續正比的，$\triangle SPE$、$\triangle SEI$ 相似；因而 IE 比 PE 等於 IS 比 SE 或 SA。以 IS 與 SA 的比值代替 IE 與 PE 的比值，則縱座標比值變為 $PS \cdot IE^n$ 與 $SA \cdot PE^n$ 的比值。但 PS 與 SA 的比值是距

離 PS 與 SI 的比值的平方根,而 IE^n 與 PE^n 的比值（因為 IE 比 PE 等於 IS 比 SA）是在距離 PS、IS 處吸引力的比值的平方根。所以,縱座標,進而縱座標畫出的面積,以及與它成正比的吸引力之間的比值,是這些比值的平方根的複合比。　　　　　　　　證畢。

命題83　問題42

求使位於球體中心處一小球被吸引向任意一球冠的力。

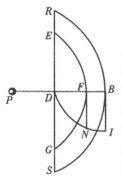

令 P 為球體中心處物體,RBSD 為平面 RDS 與球表面 RBS 之間的球冠。令 DB 為由球心 P 畫出的球面 EFG 分割於 F,並將球冠分割為 BREFGS 與 FEDG 兩部分。設該球冠不是純數學的而是物理的表面,具有某種厚度,但又是完全無法測度的。令該厚度為 O,則（由阿基米德所證明的）該表面正比於 $PF \cdot DF \cdot O$。再設球上各粒子吸引力反比於距離的某次冪,其指數為 n;則表面 EFG 吸引物體 P 的力將（由命題79）正比於 $\dfrac{DE^2 \cdot O}{PF^n}$,即正比於 $\dfrac{2DF \cdot O}{PF^{n-1}} - \dfrac{DE^2 \cdot O}{PF^n}$。令垂線 FN 乘以 O 正比於這個量,則縱座標 FN 連續運動通過長度 DB 所畫出的曲線面積 BDI,將正比於整個球冠吸引物體 P 的力。　　　證畢。

命題84　問題43

求不在球心處而在任意一球冠軸上的小球受該球冠吸引的力。

令物體 P 位於球冠 EBK 的軸 ADB 上,受到球冠的吸引。圍繞中心 P 以 PE 為半徑畫球面 EFK,它把球冠分為兩部分:EBKFE 和 EFKDE。用命題 81 求出第一部分的力,再由命題 83 求出後一部分的力,兩力的和就是整個球冠 EBKDE 的力。　　　證畢。

附注

　　敍述完球體的吸引力後，應該接著討
論由吸引的粒子以類似方法組成的其他物
體的吸引定律；但我的計畫不擬專門討論
它們。只需補述若干與這些物體的力以及
由此產生的運動有關的普適命題即足以敷
用，因爲這些知識在哲學研究中用處不大。

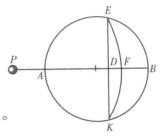

第十三章　非球形物體的吸引力

命題85　定理42

　　**如果一個物體受到另一個物體的吸引，而且該吸引作用在它與吸
引物體相接觸時遠大於它們之間有極小間隔時，則吸引物體各粒子的
力，在被吸引物體離開時，以大於各粒子的距離比值的平方而減小。**

　　如果力隨著到各粒子的距離的平方而減小，則指向球體的吸引力
（由命題 74）應反比於被吸引物體到球心距離的平方，不會由於接觸
而有顯著增大，而如果在被吸引物體離開時，吸引力以更小的比率減
小，則更不可能增大。所以，本命題在吸引球體的情形中是顯而易見
的。在凹形球殼吸引外部物體的情形中也是一樣。而當球殼吸引位於
其內部的物體時則更是如此，因爲吸引作用在通過球殼的空腔時被擴
散，受到反向吸引力的抵消，因而在接觸處甚至沒有吸引作用。如果
在這些球體或球殼遠離接觸點處移去任意部分，並在其他任意地方增
補新的部分，也就對吸引物體作了隨意的改變；但在遠離接觸點處增
補或移去的部分對兩物體接觸而產生的吸引作用沒有明顯增強。所以
本命題對於所有形狀的物體都適用。　　　　　　　　　　　證畢。

命題86　定理43

　　如果組成吸引物體的粒子的力，在吸引物體離開時，隨它到各粒子距離的三次方或多於三次方而減小，則在接觸點的吸引力遠大於吸引物體與被吸引物體相互分離時的情形，儘管分離的間隔極小。

　　當被吸引小球向這種吸引球靠近並接觸時，吸引力無限增大，這已在問題41的第二和第三個例子的求解中表明。靠近凹形球殼的物體的吸引（通過比較這些例子和定理41）也是一樣，不論被吸引物體是置於球殼之外，還是放在空腔內。而通過移去球體或球殼上接觸點以外任意地方的吸引物質，使吸引物體變爲預期的任意形狀，本命題仍將普適於所有物體。　　　　　　　　　　　　　　　　　　證畢。

命題87　定理44

　　如果兩個物體相似，並包含吸引作用相同的物質，分別吸引兩個正比於這些物體且位置與它們相似的小球，則小球指向整個物體的加速吸引將正比於小球指向物體的與整體成正比且位置相似的粒子的加速吸引。

　　如果把物體分爲正比於整體的粒子，且在其中位置相似，則指向一個物體中任一粒子的吸引力比指向另一個物體中對應粒子的吸引力，等於指向第一個物體中若干粒子的吸引力比指向另一個物體中對應粒子的吸引力；而且，通過比較知，也等於指向整個第一個物體的吸引力比指向整個第二個物體的吸引力。　　　　　　　　證畢。

　　推論Ⅰ.如果隨著被吸引小球距離的增加，各粒子的吸引力按距離的任意次冪的比率減小，則指向整個物體的加速吸引力將正比於物體，反比於距離的冪，如果各粒子的力隨被吸引小球的距離的平方而減小，而且物體正比於 A^3 和 B^3，則物體的立方邊，以及被吸引小球

到物體的距離正比於 A 和 B；而指向物體的加速吸引將正比於 $\dfrac{A^3}{A^2}$ 和 $\dfrac{B^3}{B^2}$，即正比於物體的立方邊 A 和 B。如果各粒子的力隨到被吸引小球距離的立方減小，則指向整個物體的加速吸引將正比於 $\dfrac{A^3}{A^3}$ 和 $\dfrac{B^3}{B^3}$，即相等。如果力隨四次方減小，則指向物體的吸引正比於 $\dfrac{A^3}{A^4}$ 和 $\dfrac{B^3}{B^4}$，即反比於立方邊 A 和 B。其他情形依次類推。

推論 II. 另一方面，由相似物體吸引位置相似小球的力，可以求出在被吸引小球離開時各粒子的吸引力減小的比率，如果這種減小僅僅正比或反比於距離的某種比率的話。

命題88　定理45

如果任意物體中相等粒子的吸引力正比於到該粒子的距離，則整個物體的力指向其重心；對於由相似且相等物質構成，且球心在重心上的球體，它的力的情況相同。

令物體 $RSTV$ 的粒子 A、B 以正比於距離 AZ、BZ 的力吸引任意小球 Z，兩粒子是相等的；如果它們不相等，則力共同正比於這些粒子與距離 AZ、BZ，或者（如果可以這樣說的話）正比於這些粒子分別乘以它們的距離 AZ、BZ。以 $A \cdot AZ$ 和 $B \cdot BZ$ 表示這些力。連接 AB，並在 G 被分割，使 AG 比 BG 等於粒子 B 比粒子 A，則 G 為 A 和 B 二粒子的公共重心。力 $A \cdot AZ$ 可以（由定律推論 II）分解為力 $A \cdot GZ$ 和 $A \cdot AG$；而力 $B \cdot BZ$

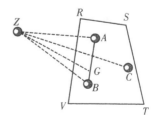

可以分解為 $B \cdot GZ$ 和 $B \cdot BG$。因為 A 垂直於 B，BG 垂直於 AG，力 $A \cdot AG$ 與 $B \cdot BG$ 相等，所以沿相反方向作用而相互抵消，只剩

下力 $A \cdot GZ$ 和 $B \cdot GZ$，它們由 Z 指向中心 G，複合爲力 $(A+B) \cdot$ GZ；即它等同於吸引粒子 A 和 B 一同置於其公共重心上組成一隻較小的球體所產生的力。

由相同理由，如果加上第三個粒子 C，它的力與指向中心 G 的力 $(A+B) \cdot GZ$ 複合，形成指向位於 G 的球體與粒子 C 的公共重心的力，即指向三個粒子 A、B、C 的公共重心，等同於該球體與粒子 C 同置於它們的公共重心組成一更大的球體；可以照此類推至於無限。所以任意物體 $RSTV$ 的所有粒子的合力與該物體保持其重心不變而變爲球體形狀後相同。　　　　　　　　　　　　　　　　　證畢。

推論. 被吸引物體 Z 的運動與吸引物體 $RSTV$ 變爲球體後相同；所以，不論該吸引物體是靜止，還是做勻速直線運動，被吸引物體都將沿中心在吸引物體重心上的橢圓運動。

命題89　定理46

如果若干物體由其力正比於相互間距離的相等粒子組成，則使任意小球被吸引的所有力的合力指向吸引物體的公共重心，而且其作用與這些吸引物體保持其公共重心不變而組成一隻球體相同。

本命題的證明方法與前一命題相同。

推論. 所以被吸引物體的運動，與吸引物體保持其公共重心不變而組成一隻球體後相同。所以，不論吸引物體的公共重心是靜止，還是做勻速直線運動，被吸引物體都將沿其中心在吸引物體公共重心上的橢圓運動。

命題90　問題44

如果指向任意圓周上各點的向心力相等，並隨距離的任意比率而增減，求使一小球被吸引的力，即該小球位於一條與圓周平面成直角且穿過圓心的直線上某處。

設一圓周圓心爲 A，半徑爲 AD，處在以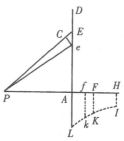
直線 AP 爲垂線的平面上；所要求的是使小
球 P 被吸引指向同一圓周的力。由圓上任一點
E 向被吸引小球 P 作直線 PE。在直線 PA 上
取 PF 等於 PE，並在 F 作垂線 FK，正比於
E 點吸引小球 P 的力。再令曲線 IKL 爲點 K
的軌跡。令該曲線與圓周平面相交於 L。在 PA
上取 PH 等於 PD，作垂線 HI 與曲線相交於 I，則小球 P 指向圓周
的吸引力將正比於面積 $AHIL$ 乘以高度 AP。　　　　　　　證畢。

　　因爲，在 AE 上取極小線段 Ee，連接 Pe，又在 PE、PA 上取
PC、Pf，二者都等於 Pe。因爲在上述平面上以 A 爲圓心、AE 爲半
徑的圓任意點 E 吸引物體 P 的力，設正比於 FK，所以該點把物體
吸引向 A 的力正比於 $\dfrac{AP \cdot FK}{PE}$；整圓把物體 P 吸引向 A 的力共
同正比於該圓和 $\dfrac{AP \cdot FK}{PE}$；而該圓又正比於半徑 AE 與寬 Ee 的
乘積，該乘積又（因爲 PE 與 AE、Ee 與 CE 成正比）等於乘積 $PE \cdot$
CE 或 $PE \cdot Ef$；所以該圓把物體 P 吸引向 A 的力共同正比於 $PE \cdot$
Ff 和 $\dfrac{AP \cdot FK}{PE}$，即正比於 $Ff \cdot FK \cdot AP$，或正比於面積 $FKkf$ 乘
以 AP。所以，對於以 A 爲圓心、AD 爲半徑的圓，把物體 P 吸引向
A 的力的總和，正比於整個面積 $AHIKL$ 乘以 AP。　　　　　　證畢。

　　推論 I．如果各點的力隨距離的平方減小，即如果 FK 正比於
$\dfrac{1}{PF^2}$，因而面積 $AHIKL$ 正比於 $\dfrac{1}{PA} - \dfrac{1}{PH}$，則小球 P 指向圓的吸
引力正比於 $1 - \dfrac{PA}{PH}$，即正比於 $\dfrac{AH}{PH}$。

　　推論 II．一般地，如果在距離 D 的點的力反比於距離的任意次冪，
即如果 FK 正比於 $\dfrac{1}{D^n}$，因而面積 $AHIKL$ 正比於 $\dfrac{1}{PA^{n-1}}$

$-\dfrac{1}{PH^{n-1}}$，則小球 P 指向圓的吸引力正比於 $\dfrac{1}{PA^{n-2}}-\dfrac{PA}{PH^{n-1}}$。

推論III.如果圓的直徑無限增大，數 n 大於 1，則小球 P 指向整個無限平面的吸引力反比於 PA^{n-2}，因爲另一項 $\dfrac{PA}{PH^{n-1}}$ 已變爲零。

命題91　問題45

求位於圓形物體軸上的小球的吸引力，指向該圓形物體上各點的向心力隨距離的某種比率減小。

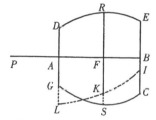

令小球 P 位於物體 $DECG$ 的軸 AB 上，受到該物體的吸引。令與該軸垂直的任意圓 RFS 分割該物體，圓半徑 FS 在一穿過軸的平面 $PALKB$ 上，在 FS 上（由命題 90）取長度 FK 正比於使小球被吸引向該圓的力。令點的軌跡爲曲線 LKI，與最外面的圓 AL 和 BI 的平面相交於 L 和 I，則小球指向物體的吸引力正比於面積 $LABI$。　　　　　　　證畢。

推論 I .如果物體是由平行四邊形 $ADEB$ 繞軸 AB 旋轉而成的圓柱體，而且指向其上各點的向心力反比於到各點距離的平方，則小球 P 指向該圓柱體的吸引正比於 $AB-PE+PD$。因爲縱座標 FK

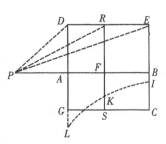

（由命題 90 推論 I ）正比於 $1-\dfrac{PF}{PR}$。該量的第一部分乘以長度 AB，表示面積 1·AB；另一部分 $\dfrac{PF}{PR}$ 乘以長度 PB，表示面積 1·$(PE-AD)$（這易於由曲線 LKI 的面積求得）；用類似方法，同一部分乘以長度 PA 表示面積 1·$(PD-AD)$，乘以 PB 與 PA 的差 AB，表示面積差 1·$(PE$

$-PD)$。由第一項 $1 \cdot AB$ 中減去最後一項 $1 \cdot (PE-PD)$，餘下的面積 $LABI$ 等於 $1 \cdot (AB-PE+PD)$。所以吸引力正比於該面積 $AB-PE+PD$。

推論 II.還可以求出橢圓體 $AGBC$ 吸引位於其外且在軸 AB 上的物體 P 的力。令 $NKRM$ 為一圓錐曲線，其垂直於 PE 的縱座標 ER 總是等於線段 PD 的長度，PD 由向該縱座標與橢圓體的交點 D 連續畫出。由該橢圓體的頂點 A、B 向其軸 AB 作垂線 AK、BM，分別等於 AP、BP，與圓錐曲線相交於 K 和 M；連接 KM，分割出面積 $KMRK$。令 S 為橢圓體的中心，SC

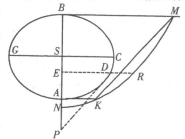

為其長半軸，則該橢圓體吸引物體 P 的力比以 AB 為直徑的球體吸引同一物體的力等於 $\dfrac{AS \cdot CS^2 - PS \cdot KMRK}{PS^2 + CS^2 - AS^2}$ 比 $\dfrac{AS^2}{3PS^2}$。運用同一原理可以計算出橢圓體球冠的力。

推論 III.如果小球位於橢球內部的軸上，則吸引力正比於它到球心的距離。這可以容易地由下述理由推出，無論該小球是在軸上還是在其他已知直徑上。令 $AGOF$ 為吸引橢球，球心為 S，P 是被吸引物體。通過物體 P 作半徑 SPA，再作兩條直線 DE、FG 與橢球交於 D 和 E，F 和 G；令 PCM、HLN 為與外面的橢球共心且相似的兩個內橢球的表面，其中第一個通過物體 P，並與直線 DE、FG 分別相交於 B 和 C；後者與相同直線分別交於 H 和 I，K 和 L。令所有橢球共軸，且直線被二邊截下的部分 DP 和 BE、FP 和 CG、DH 和 IE、FK 和 LG 分別相等；因為直線 DE、PB 和 HI 在同一點被二

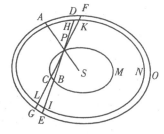

等分，直線 FG、PC 和 KL 也在同一點被二等分。現設 DPF、EPG

表示以無限小頂∠*DPF*、∠*EPG* 畫出的相反圓錐曲線，則線段 *DH*、*EI* 也爲無限小。由橢球表面分割的圓錐曲線的局部 *DHKF*、*GLIE*，根據線段 *DH* 和 *EI* 的相等性知，相互間的比等於到物體 *P* 距離的平方，因而對該物體吸引相同。由類似理由，如果把空間 *DPF*、*EGCB* 用無數與上述橢球相似且共軸的橢球加以分割，則得到的所有粒子也都在兩邊對物體 *P* 施加同等反向的吸引。所以，圓錐曲線 *DPF* 與圓錐曲線局部 *EGCB* 的力相等，而且由於反向作用而相互抵消。這一情形適用於所有內橢球 *PCBM* 以外的物質的力。所以，物體 *P* 只受到內橢球 *PCBM* 的吸引，因此（由命題 72 推論Ⅲ）它的吸引力比整個橢球 *AGOD* 對物體 *A* 的吸引力等於距離 *PS* 比距離 *AS*。　證畢。

命題92　問題46

已知吸引物體，求指向其上各點向心力減小的比率。

該已知物體必定是球體、圓柱體或某種規則形狀物體，它對應於某種減小率的吸引力規律可以由命題 80、81 和 91 求出。然後，通過實驗，可以測出在不同距離處的吸引力，求出整個物體的吸引規律，由此，即可求得不同部分的力的減小比率；問題得解。

命題93　定理47

如果物體的一邊是平面，其餘各邊都無限伸展，由吸引作用相等的相等粒子組成。當到該物體的距離增大時，其力以大於距離的平方的某冪次的比率減小，一個置於該平面某一側之前的小球受到整個物體的吸引，則隨著到平面距離的增大，整個物體的吸引力將按一個冪的比率減小，冪的底是小球到平面的距離，其指數比距離的冪指數小 3。

　情形 1：令 *LGl* 爲標界物體的平面。物體位於平面指向 *I* 一側，令物體分解爲無數平面 *mHM*、*nIN*、*oKO* 等等，都與 *GL* 平行。首

先設被吸引物體 C 置於物體之外。作 $CGHI$ 垂直於這些平面，並令物體中各點的吸引力按距離的冪的比率減小，冪指數是不小於 3 的數 n。因而（由命題 90 推論Ⅲ）任意平面 mHM 吸引點 C 的力反比於 CH^{n-2}。在平面 mHM 上取長

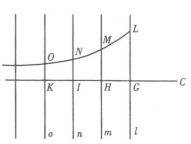

度 HM 反比於 CH^{n-2}，則該力正比於 HM。以類似方法，在各平面 lGL、nIN、oKO 等上取長度 GL、IN、KO 等，反比於 CG^{n-2}、CI^{n-2}、CK^{n-2}等，這些平面的力正比於如此選取的長度，所以力的和正比於長度的和，即整個物體的力正比於向著 OK 無限延伸的面積 $GLOK$。而該面積（由已知求面積方法）反比於 CG^{n-3}，所以整個物體的力反比於 CG^{n-3}。 證畢。

情形 2：令小球 C 置於平面 lGL 的在物體內的另一側，取距離 CK 等於距離 CG。在平行平面 lGL、oKO 之間的物體局部 $LGloKO$ 對位於其正中的小球 C，既不從一邊又不從另一邊吸引，相對點的反向作用由於相等而抵消，所以小球只受到位於平面 OK 以外

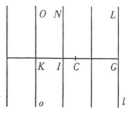

的物體的吸引。而該吸引力（同情形 1）反比於 CK^{n-3}，即反比於 CG^{n-3}（因為 CG、CK 相等）。 證畢。

推論Ⅰ.如果物體 $LGIN$ 的兩側以兩個無限的平行平面 LG、IN 為邊，它的吸引力可以由整個無限物體 $LGKO$ 的吸引力中減去無限延伸至 KO 的較遠部 $NIKO$ 求得。

推論Ⅱ.如果移去該物體較遠的部分，則由於其吸引較之較近部分的吸引小得不可比擬，較近處部分的吸引，將隨著距離的增大，近似地以乘冪 CG^{n-3}的比率減小。

推論Ⅲ.如果任意有限物體，以平面為其一邊，吸引置於平面中間附近的小球，小球與平面間的距離較之吸引物體的尺度極小；且吸引

物體由均勻部分構成，其吸引力隨大於距離的四次方減小；則整個物體的吸引力將極近似於以一個乘冪的比率減小，冪的底是該極小距離，指數比前一指數小了。但該結論不適用於物體的組成粒子的吸引力隨距離的三次方減小的情形；因為，在此情形中，推論 II 中無限物體的較遠部分的吸引總是無限大於較近部分的吸引。

附注

如果一物體被垂直吸引向已知平面，由已知的吸引定律求解該物體的運動；這一問題可以（由命題 39）求出物體沿直線落向平面的運動，再（由定律推論 II）將該運動與沿平行於該平面的直線方向的運動相複合。反之，如果要求沿垂直方向指向平面的吸引力的定律，這種吸引力使物體沿一已知曲線運動，則問題可以沿用第三個問題的方法求解。

不過，如果把縱座標分解為收斂級數，運算可以簡化。例如，底數 A 除以縱座標長度 B 為任意已知角數，該長度正比於底的任意冪次 $A^{\frac{m}{n}}$；求使一物體沿縱座標方向被吸引向或推斥開該底的力，物體在該力作用沿縱座標上端畫出的曲線運動；設該底增加了一個極小的部分 O，把縱座標 $(A+O)^{\frac{m}{n}}$ 分解為無限級數 $A^{\frac{m}{n}}+\frac{m}{n}OA^{\frac{m-n}{n}}+\frac{mm-mn}{2nn}OOA^{\frac{m-2n}{n}}$ 等等，設吸引力正比於級數中 O 為二次方的項，即正比於 $\frac{mm-mn}{2nn}OOA^{\frac{m-2n}{n}}$。所以要求的力正比於 $\frac{mm-mn}{nn}A^{\frac{m-2n}{n}}$，或者等價地，正比於 $\frac{mm-mn}{nn}B^{\frac{m-2n}{n}}$。如果縱座標畫出拋物線，$m=2$，而 $n=1$，力正比於已知量 $2B°$，因而是已知的。所以，在已知力作用下物體沿拋物線運動，正如伽利略所證明的那樣。如果縱座標畫出雙曲線，$m=0-1$，$n=1$，則力正比於 $2A^{-3}$ 或 $2B^3$；所以正比於縱座標的立方的力使物體沿雙曲線運動。對此類命題的討論到此

爲止，下面我將論述一些與迄此未涉及的運動有關的命題。

第十四章　受指向極大物體各部分的向心力推動的極小物體的運動

命題94　定理48

　　如果兩個相似的中介物相互分離，其間隔空間以兩平行平面爲界，一個物體受垂直指向兩中介物之一的吸引力或推斥力的作用通過該空間，而不受其他力的推動或阻礙；在距平面距離相等處吸引力是處處相等的，都指向平面的同一側方向；則該物體進入其中一個平面的入射角的正弦比自另一平面離開的出射角的正弦爲一給定比值。

　　情形 1：令 Aa 和 Bb 爲兩個平行平面，物體自第一個平面 Aa 沿直線 GH 進入，在穿越整個中介空間過程中受到指向作用介質的吸引或推斥，令曲線 HI 表示該作用，而物體又沿直線 IK 方向離開。作 IM 垂直於物體離開的平面 Bb，與入射直線 GH 的延長線相交於 M，與入射平面 Aa 相交於 R；延長出射直線 KI 與 HM 相交於 L。以 L 爲圓心、LI 爲半徑作圓，與 HM 相交於 P 和 Q，與 MI 的延長線相交於 N，首先，如果吸引力或推斥力是均勻的，曲線 HI（伽利略曾證明過）是拋物線，其性質是，

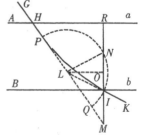

已知通徑乘以直線 M 等於 HM 的平方，而且直線 HM 在 L 處被二等分。如果作 MI 的垂線 LO，則 MO 與 OR 相等，加上相等的 ON、OI，整個 MN、IR 也相等。所以，由於 IR 已知，MN 也已知，乘積 $MI \cdot MN$ 比通徑乘以 IM，即比 HM^2 也爲一已知比值。但乘積 $MI \cdot MN$ 等於乘積 $MP \cdot MQ$，即比平方差 $ML^2 - PL^2$ 或 LI^2；而 HM^2 與其四分之一的平方 ML^2 有給定比值；所以，$ML^2 - LI^2$ 與 ML^2 的比值

是給定的，把 LI^2 與 ML^2 的比值加以變換，其平方根 LI 比 ML 也是給定值。而在每個三角形中，如 $\triangle LMI$，角的正弦正比於對邊，所以入射角 $\angle LMR$ 的正弦比出射 $\angle LIR$ 的正弦是給定的。　　　證畢。

情形 2：設物體先後通過以平行平面 $AabB$、$BbcC$ 等隔開的若干空間，在其中它分別受到均勻力的作用，但在不同空間中力也不同；

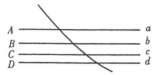

由剛才所證明的，在第一平面 Aa 上，入射角的正弦比由第二個平面 Bb 出射角的正弦爲給定值；而這一物體在第二個平面 Bb 上的入射角的正弦比自第三個平面 Cc 的出射角的正弦也爲給定值；這個正弦比自第四個平面的出射角的正弦還是給定值，依次類推到無限；通過將這些量相乘，物體自第一個平面入射角的正弦比自最後一個平面出射角的正弦的比爲給定值。現在令平面之間的間隔趨於零，則它們的數目無限增多，使得物體受到規律已知的吸引力或推斥力的作用連續運動，它自第一個平面入射角的正弦與自最後一個平面同樣爲已知的出射角的正弦的比，也是給定值。　　　　　　　　　　　　　　　證畢。

命題95　定理49

　　在相同條件下，物體入射前的速度與出射後的速度的比等於出射角的正弦比入射角的正弦。

　　取 AH 等於 Id，作垂線 AG、dK 與入射線 GH 和出射線 IK 相交於 G 和 K。在 GH 上取 TH 等於 IK，在平面 Aa 上作垂線 Tv。（由定律推論 II）將物體運動分解爲兩部分，一部分垂直於平面 Aa、Bb、Cc 等，另一部分與它們平行。沿垂直於這些平面方向作用的吸引力或推斥力對沿平行方向的運動無影響，所以在相等時間裏物體沿該方向的運

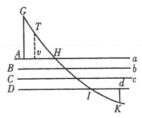

動通過直線 AG 與點 K 以及點 I 與直線 dK 之間的相等的平行間隔；即在相等的時間裏畫出相等的直線 GH 和 IK。所以入射前的速度比出射後的速度等於 GH 比 IK 或 TH，即等於 AH 或 Id 比 vH，即（設 TH 或 IK 爲半徑）等於出射角的正弦比入射角的正弦。

命題96　定理50

在相同條件下，且入射前的運動快於入射後的運動，則如果入射線是連續偏折的，物體將最終被反射出來，且反射角等於入射角。

設物體與前面一樣在平行平面 Aa、Bb、Cc 等等之間通過，畫出拋物線弧；令這些弧爲 HP、PQ、QR 等。又令入射線 GH 這樣傾斜於第一個平面 Aa，使得入射角正弦比正弦與之相等的圓半徑，等於同一個入射角正弦比由平面 Dd 進入空間 $DdeE$ 的出射角的正弦；因爲現在該出射角正弦與上述半徑相等，出射角成爲直角，因而出射線與平面 Dd 重合。令物體在 R 點到達該平面；因爲出射線與平面重合，所以物體不可能再達到平面 Ee。

但它也不可能沿出射線 Rd 前進，因爲它總是受到入射介質的吸引或推斥。所以，它將在平面 Cc 和 Dd 之間

返回，畫出一個頂點在 R （由伽利略的證明推知）的拋物線弧，以與在 Q 入射的相同角度與平面 Cc 相交於 q；然後沿與入射弧 $\widehat{QP}$、$\widehat{PH}$ 等相似且相等的拋物線弧 $\widehat{ap}$、$\widehat{ph}$ 等行進，與其餘平面以與入射時在 P、H 等處相同的角度在 p、h 等處相交，最後在 h 以與在 H 處進入同一平面相同的傾斜離開第一個平面。現設平面 Aa、Bb、Cc 等的間隔無限縮小，數目無限增多，使按已知規律作用的吸引或推斥力連續變化；則出射角總是等於對應的入射角，直至最後出射角等於入射角。　　　　　　　　　　　　　　　　　證畢。

附注

　　這些吸引作用極為類似於斯奈爾（Snell）發現的光的反射角和折射角有給定正割比，因而也像笛卡兒所證明的那樣有給定正弦比。因為木星衛星的現象已經表明，許多天文學家已經證實，光是連續傳播的，從太陽到地球大約需要 7 分鐘或 8 分鐘。而且，空氣中的光束〔最近格里馬爾迪（Grimaldi）發現，我本人也試驗過，光通過小孔射入暗室〕經過物體的棱邊

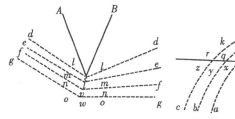

時，不論物體是透明的還是不透明的（如金幣、銀幣或銅幣的圓形或方形邊緣，或刀、石塊、玻璃的邊緣）都像受到它們的吸引一樣而圍繞物體彎曲或屈折；最靠近物體的光彎曲得最厲害，像受到最強烈的吸引一樣；我也十分仔細地觀察了這一現象。距離物體較遠的光束彎曲較小；反而遠的光束則向相反方向彎曲，形成二個彩色條紋。圖中 s 表示刀口，或任意一種楔形 AsB；$gowog$、$fnunf$、$emtme$、$dlsld$ 是沿著 $\overgroup{owo}$、$\overgroup{nun}$、$\overgroup{mtm}$、$\overgroup{lsl}$ 向刀口彎曲的光束；彎曲的大小程度隨到刀口的距離而定。由於光束的這種彎曲發生在刀口以外的空氣中，因而落在刀口上的光束必定在接觸刀口之前已首先彎曲。落在玻璃上的光束情形也相同。所以，折射不是發生在入射點，而是由光束逐漸的、連續的彎曲造成的；折射部分發生於光束接觸玻璃前的空氣中，部分發生於（如果我沒有想錯）入射以後的玻璃中；如圖中所示，光束 $ckzc$、$biyb$、$ahxa$ 落在 r、q、p，彎曲發生在 k 和 z、i 和 y、h 和 x 之間。所以，因為光線的傳播與物體的運動相類似，我認為把下述命題付諸光學應用是不會有錯的，在此完全不考慮光線的本質，或探究它們究竟是不是物體，只是假定物體的路徑極其相似於光線的

路徑而已。

命題97　問題47

　　設在任意表面上入射角的正弦與出射角的正弦的比爲給定值，且物體路徑在表面附近的偏折發生於極小空間內，可以看做是一個點，求能使所有自一給定處所發出的小球會聚到另一給定處所的面。

　　令 A 爲小球所要發散的處所，B 爲它們所要匯聚的處所；CDE 爲一曲線，當它繞軸 AB 旋轉時即得到所求曲面；D、E 爲曲線上兩個任意點；EF、EG 爲物體路徑 AD、DB 上的垂線，令點 D 趨近點 E；使 AD 增加的線段 DF 與使 DB 減少的線段 DG 的比，等於入射正弦與出射正

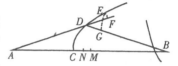

弦的比。所以，直線 AD 的增加量與直線 DB 的減少量的比爲給定值；因而，如在軸 AB 上任取一點 C，使曲線 CDE 必定經過該點，再按給定比值取 AC 的增量 CM 比 BC 的減量 CN，以 A、B 爲圓心，AM、BN 爲半徑作兩個圓相交於點 D，則該點 D 與所要求的曲線 CDE 相切，而且通過使它在任意處相切，可求出曲線。　　證畢。

　　推論 I.通過使點 A 或 B 某些時候遠至無窮，某些時候又趨向點 C 的另一側，可以得到笛卡兒在《光學》（*Optics*）和《幾何學》（*Geometry*）中所畫的與折射有關的圖形。笛卡兒對此發明祕而不宣，我在此昭示於世。

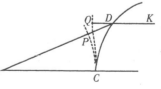

　　推論 II.如果一個物體按某種規律沿直線 AD 的方向落在任意表面 CD 上，將沿另一直線 DK 的方向彈出；由點 C 作曲線 CP、CQ 總是與 AD、DK 垂直；則直線 PD、QD 的增量，因而由增量產生的直線 PD、QD 本身相互間的比，將等於入射正弦與出射正弦的比。反之亦然。

命題98　問題48

　　在相同條件下，如果繞軸 **AB** 作任意吸引表面 **CD**，規則的或不規則的，且由給定處所 **A** 出發的物體必定經過該面，求第二個吸引表面 **EF**，它使這些物體匯聚於一給定處所 **B**。

令 連 線 *AB* 與 第一個面交於 *C*、與第二個面交於 *E*，點 *D* 為一任意點。設在第一個面上的入射正弦與出射正弦的比，以及在第二個

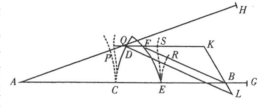

面上的出射正弦與入射正弦的比，等於任意給定量 *M* 比另一任意給定 量 *N*；延 長 *AB* 到 *G*，使 *BG* 比 *CE* 等 於 *M* − *N* 比 *N*；延 長 *AB* 到 *H*，使 *AH* 等 於 *AG*；延 長 *DF* 到 *K*，使 *DK* 比 *DH* 等 於 *N* 比 *M*。連接 *KB*，以 *D* 為圓心、*DH* 為半徑畫圓與 *KB* 延長線相交於 *L*，作 *BF* 平行於 *DL*；則點 *F* 與直線 *EF* 相切，當它繞軸 *AB* 轉動時，即得到要求的面。

　　設曲線 *CP*、*CQ* 分別處處垂直於 *AD*、*DF*，曲線 *ER*、*ES* 垂直於 *FB*、*FD*，因而 *QS* 總是等於 *CE*；而且（由命題 97 推論 II）　*PD* 比 *QD* 等於 *M* 比 *N*，所以等於 *DL* 比 *DK* 或 *FB* 比 *FK*；由相減法，等於 *DL* − *FB* 或 *PH* − *PD* − *FB* 比 *FD* 或 *FQ* − *QD*；由相加法，等於 *PH* − *FB* 比 *FQ*，即（因為 *PH* 與 *CG*，*QS* 與 *CE* 相等），等於 *CE* + *BG* − *FR* 比 *CE* − *FS*。而（因為 *BG* 比 *CE* 等於 *M* − *N* 比 *N*）　*CE* + *BG* 比 *CE* 等於 *M* 比 *N*；所以，由相減法，*FR* 比 *FS* 等於 *M* 比 *N*；所以（由命題 97 推論 II）表面 *EF* 把沿 *DF* 方向落於其上的物體沿直線 *FR* 彈射到處所 *B*。　　　　　　　　　　證畢。

附注

　　用同樣的方法可以推廣到三個或四個面。但在所有形狀中，球形最適於光學應用。如果望遠鏡的物鏡由兩片球形玻璃製成，它們之間充滿水，則利用水的折射來糾正玻璃外表面造成的折射誤差到足夠精度不是不可能的。這樣的物鏡比凸透鏡或凹透鏡好，不僅由於它們易於製作，精度高，還由於它們能精確折射遠離鏡軸的光線。但不同光線有不同的折射率，致使光學儀器終究不能用球形或任何其他形狀而臻於完美。除非能糾正由此產生的誤差，否則校正其他誤差的所有努力都將是徒勞的。

第二卷　物體的運動
（在阻滯介質中）

第一章　受與速度成正比的阻力作用的物體運動

命題 1　定理 1

　　如果一個物體受到的阻力與其速度成正比，則阻力使它損失的運動正比於它在運動中所掠過的距離。

　　因在每個相等的時間間隔裏損失的運動都正比於速度，即正比於掠過距離的微小增量，所以通過加以複合可知，整個時間中損失的運動正比於掠過的距離。　　　　　　　　　　　　　　　　　證畢。

　　推論. 如果該物體不受任何引力作用，僅靠其慣性力推動在自由空間中運動，並且已知其開始運動時的全部運動，以及它掠過部分路程後剩餘的運動，則也可以求出該物體能在無限時間中所掠過的總距離，因為該距離比現已掠過的距離等於開始時的總運動比該運動中已損失的部分。

引理 1

　　正比於其差的各個量連續正比。

　　令 $A:(A-B)=B:(B-C)=C:(C-D)$，等等；

則由相減法，

$$A:B=B:C=C:D，等等。$$ 　　證畢。

命題 2　定理 2

如果一個物體受到正比於其速度的阻力，並只受其慣性力的推動而運動，通過均勻介質，把時間分為相等的間隔，則在每個時間間隔的開始時的速度形成幾何級數，而其間掠過的距離正比於該速度。

情形 1：把時間分為相等間隔；如果設在每個間隔開始時阻力以正比於速度的一次衝擊對物體作用，則每個間隔裏速度的減少量都正比於同一個速度。所以這些速度正比於它們的差，因而（由第二卷引理 1）連續正比。所以，如果越過相等的間隔數把任意相等的時間部分加以組合，則在這些時間開始時的速度正比於從一個連續級數中越過相等數目的中間項取出的項。但這些項的比值是由中間項相等比值重複組合得到的，因而是相等的。所以正比於這些項的速度，也構成幾何級數，令相等的時間間隔趨於零，其數目趨於無限，使阻力的衝擊變得連續；則在相等時間間隔開始時連續正比的速度這時也連續正比。

情形 2：由相減法，速度的差，即每個時間間隔中所失去的速度部分正比於總速度；而每個時間間隔中掠過的距離正比於失去的速度部分（由第一卷命題 1），因而也正比於總距離。

推論.如果關於直角漸近線 AC、CH 作雙曲線 BG，再作 AB、DG 垂直於漸近線 AC，把運動開始時物體的速度和介質阻力用任意已知線段 AC 表示，而若干時間以後的用不定直線 DC 表示，則時間可以由面積 $ABGD$ 表示，該時間中掠過的距離可以由線段 AD 表示。因為，如果該面積隨著點 D 的運動而與時間一樣均勻增加，則直線 DC 將按幾何比率隨速度一同減少；而在相同時間裏所畫出的直線 AC 部分，也將以相同比率減少。

命題 3　問題 1

　　求在均勻介質中沿直線上升或下落的物體的運動，其所受阻力正比於其速度，還有均勻重力作用於其上。

　　設物體上升，令任意給定矩形 *BACH* 表示重力；而直線 *AB* 另一側的矩形 *BADE* 表示上升開始時的介質阻力。通過點 *B*，圍繞直角漸近線 *AC*、*CH* 作一雙曲線，分別與垂線 *DE*、*de* 相交於 *G*、*g*；上升的物體在時間 *DGgd* 內掠過距離 *EGge*，在時間 *DGBA* 內掠過整個上升距離 *EGB*，在時間 *ABKI* 內掠

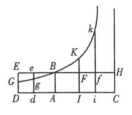

過下落距離 *BFK*，在時間 *IKki* 內掠過下落距離 *KFfk*；而物體在此期間的速度（正比於介質阻力）分別爲 *ABED*、*ABed*、*O*、*ABFI*、*ABfi*；物體下落所獲得的最大速度爲 *BACH*。

　　因爲，把矩形 *BACH* 分解爲無數小矩形 *Ak*、*Kl*、*Lm*、*Mn* 等，它們將正比於在同樣多相等時間間隔內產生的速度增量，則 *O*，*Ak*，*Al*、*Am*、*An* 等正比於總速度，因而（由假設）正比於每個時間間隔開始時的介質阻力。取 *AC*

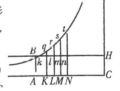

比 *AK*，或 *ABHC* 比 *ABkK* 等於第二個時間間隔開始時的重力比阻力；則從重力中減去阻力，*ABHC*、*KkHC*、*LlHC*、*MmHC* 等等，將正比於在每個時間間隔開始時使物體受到作用的絕對力，因而（由定律 I）正比於速度的增量，即正比於矩形 *Ak*、*Kl*、*Lm*、*Mn* 等等，因而（由第一卷引理 1）組成幾何級數。所以，如果延長直線 *Kk*、*Ll*、*Mm*、*Nn* 等使之與雙曲線相交於 *q*、*r*、*s*、*t* 等，則面積 *ABqK*、*KqrL*、*LrsM*、*MstN* 等將相等，因而與相等的時間以及相等的重力相似。但面積 *ABqK*（由第一卷引理 7 推論 III 和引理 8）比面積 *Bkq* 等於 *Kq* 比½*kq*，或 *AC* 比½*AK*，即等於重力比第一個時間間隔中

間時刻的阻力。由類似理由，面積 $qKLr$、$rLMs$、$sMNt$ 等等比面積 $qklr$、$rlms$、$smnt$ 等等，等於重力比第二、第三、第四等等時間間隔中間時刻的阻力。所以，由於相等於面積 $BAKg$、$qKLr$、$rLMs$、$sMNt$ 等等相似於重力，面積 Bkg、$qklr$、$rlms$、$smnt$ 等等也相似於每個時間間隔中間時刻的阻力，即（由假設）相似於速度，也相似於掠過的距離。取相似量以及面積 Bkq、Blr、Bms、Bnt 等等的和，它將相似於掠過的總距離；而面積 $ABqK$、$ABrL$、$ABsM$、$ABtN$ 等等也與時間相似。所以，下落的物體在任意時間 $ABrL$ 內掠過距離 Blr，在時間 $LrtN$ 內掠過距離 $rlnt$。　　　　　　證畢。

下降運動的證明與此相似。

推論 I.物體下落所能得到的最大速度比任意已知時間內得到的速度，等於連續作用於它之上的已知重力比在該時間末阻礙它運動的阻力。

推論 II.時間作算術級數增加時，物體在上升中最大速度與速度的和，以及在下落中它們的差，都以幾何級數減少。

推論 III.在相等的時間差中，掠過的距離的差也以相同幾何級數減少。

推論 IV.物體掠過的距離是兩個距離的差，其一正比於開始下落後的時間，另一個則正比於速度；而這兩個（距離）在開始下落時相等。

命題 4　問題 2

設均勻介質中的重力是均勻的，並垂直指向水平面，求其中受正比於速度的阻力作用的拋體的運動。

令拋體自任意處所 D 沿任意直線 DP 方向拋出，在運動開始時的速度以長度 DP 表示。自點 P 向水平線 DC 作垂線 PC，與 DC 相交於 A，使 DA 比 AC 等於開始向上運動時拋體所受到的介質阻力的垂直分量比重力；或（等價地）使得 DA 與 DP 的乘積比 AC 與 CP 的乘積等於開始運動時的全部阻力比重力。以 DC、CP 為漸近線作任

意雙曲線 *GTBS* 與垂線 *DG*、*AB* 相交
於 *G* 和 *B*；作平行四邊形 *DGKC*，其
邊 *GK* 與 *AB* 相交於 *Q*。取一段長度
N，使它與 *QB* 的比等於 *DC* 比 *CP*；
在直線 *DC* 上任意點 *R* 作其垂線
RT，與雙曲線相交於 *T*，與直線 *EH*、
GK、*DP* 相交於 *I*、*t* 和 *V*；在該垂線
上取 *Vr* 等於 $\frac{tGT}{N}$，或等價地，取 *Rr*

等於 $\frac{GTIE}{N}$；拋體在時間 *DRTG* 內

將到達點 *r*，畫出曲線 *DraF*，即點 *r*
的軌跡；因而將在垂線 *AB* 上的點 *a*
達到其最大高度；以後即向漸近線 *PC*
趨近，它在任意點 *r* 的速度正比於曲線
的切線 *rL*。　　　　　　　　　證畢。

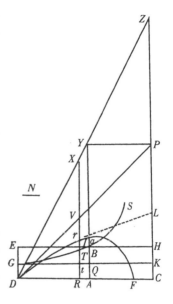

　　因為　　　　　　 $N:QB=DC:CP=DR:RV$，

所以 *RV* 等於 $\frac{DR \cdot QB}{N}$，而且 *Rr*（即 *RV*　*Vr* 或

$\frac{DR \cdot QB - tGT}{N}$）等於 $\frac{DR \cdot AB - RDGT}{N}$。現在令面積 *RDGT* 表

示時間，且把物體的運動（由定律推論 II）分為兩部分，一為向上的，
另一為水平的。由於阻力正比於運動，把它也分解為與這兩種運動成
正比且方向相反的兩部分，因而表示水平方向運動的長度（由第二卷
命題 2）正比於線段 *DR*，而高度（由第二卷命題 3）正比於面積 *DR*·
AB − *RDGT*，即正比於線段 *Rr*。但在運動剛開始時面積 *RDGT* 等

於乘積 *DR*·*AQ*，因而該線段 *Rr*（或 $\frac{DR \cdot AB - DR \cdot AQ}{N}$）比 *DR*

等於 *AB* − *AQ* 或 *QB* 比 *N*，即等於 *CP* 比 *DC*，所以等於開始時向
上的運動比水平的運動。由於 *Rr* 總是正比於高度，*DR* 總是正比於水

平長度，而開始運動時 Rr 比 DR 等於高度比長度，由此可以推出，Rr 比 DR 總是等於高度比長度，所以物體將沿點 r 的軌跡曲線 $DraF$ 運動。   證畢。

推論 I. Rr 等於 $\dfrac{DR \cdot AB}{N} - \dfrac{RDGT}{N}$；所以，如果延長 RT 到 X，使 RX 等於 $\dfrac{DR \cdot AB}{N}$，即，如果作平行四邊形 $ACPY$，作 DY 與 CP 相交於 Z，再延長 RT 與 DY 相交於 X，則 Xr 等於 $\dfrac{RDGT}{N}$，因而正比於時間。

推論 II. 如果按幾何級數選取無數個線段 CR，或等價地，取無數個線段 ZX，則有同樣多個線段 Xr 按算術級數與之對應。所以曲線 $DraF$ 很容易用對數表作出。

推論 III. 如果以 D 為頂點作一拋物線，把直徑 DG 向下延長，其通徑比 $2DP$ 等於運動開始時的全部阻力比重力，則物體由處所 D 沿直線 DP 方向在均勻阻力的介質中畫出曲線 $DraF$ 的速度，與它由同一處所 D 沿同一直線 DP 方向在無阻力介質中畫出一拋物線的速度相同。因為在運動剛開始時，該拋物線的

通徑為 $\dfrac{DV^2}{Vr}$；而 Vr 等於 $\dfrac{tGT}{N}$ 或 $\dfrac{DR \cdot Tt}{2N}$。如果作一條直線與雙曲線 GTS 相切於 G，則它平行於 DK，因而 Tt 等於 $\dfrac{CK \cdot DR}{DC}$，而 N 等於 $\dfrac{QB \cdot DC}{CP}$。所以 Vr 等於 $\dfrac{DR^2 \cdot CK \cdot CP}{2DC^2 \cdot QB}$，即（由於 DR 與

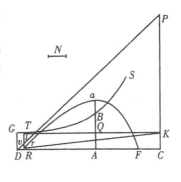

DC、DV 與 DP 成正比）等於 $\dfrac{DV^2 \cdot CK \cdot CP}{2DP^2 \cdot QB}$；通徑 $\dfrac{DV^2}{Vr}$ 等於

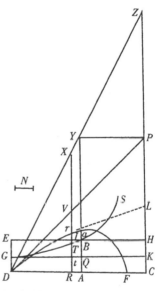

$\dfrac{2DP^2 \cdot QB}{CK \cdot CP}$，即（因為 QB 與 CK、DA 與 AC 成正比）等於

$\dfrac{2DP^2 \cdot DA}{AC \cdot CP}$，所以通徑比 $2DP$ 等於 $DP \cdot DA$ 比 $CP \cdot AC$；即等於

阻力比重力。　　　　　　　　　　　　　　　　　　　　　　　　　證畢。

推論 Ⅳ. 如果從任意處所 D 以給定速度拋出一物體，拋出方向沿著位置已定的直線 DP，且在運動開始時介質阻力為已知，則可以求出物體畫出的曲線 $DraF$。因為速度已知，則容易求出拋物線的通徑。再取 $2DP$ 比該通徑等於引力比阻力，即可求出 DP。然後在 DC 上取 A，使 $CP \cdot AC$ 比 $DP \cdot DA$ 等於重力比阻力，即求得點 A，因此得到曲線 $DraF$。

推論 Ⅴ. 反之，如果已知曲線 $DraF$，則可以求出物體在每一個處所 r 的速度和介質的阻力。因為 $CP \cdot AC$ 與 $DP \cdot DA$ 比值已知，則開始運動時的介質阻力，以及拋物線的通徑可以求出。因而也可以求出開始運動時的速度，再由切線 rL 的長度即可求得與它成正比的任意處所 r 的速度以及與該速度成正比的阻力。

推論 Ⅵ. 由於長度 $2DP$ 比拋物線的通徑等於在 D 處的引力比阻力，由速度的增加可知阻力也以相同比率增加，而拋物線通徑以該比率的平方增加，容易推知長度 $2DP$ 僅以該簡單比率增加，所以它總是正比於速度；$\angle CDP$ 的變化對它的增減沒有影響，除非速度也變化。

推論 Ⅶ. 由此得到一種與該現象很近似的求曲線 $DraF$ 的方法，因而可以求出被拋射物體受到的阻力和速度。由處所 D 沿不同角度 $\angle CDP$ 和 $\angle CDp$ 以相同速度拋出兩個相等的物體，測知它們落在地

平面 DC 上的位置 F、f。然後在 DP 或 Dp 上任取一段長度表示 D 處的阻力，它與重力的比爲任意比值，令該比值以任意長度 SM 表示。然後，由該假設長度 DP 計算出長度 DF、Df；再由計算出的比值 $\dfrac{Ff}{DF}$ 減去由實驗測出的同一比值；令該差值以垂線 MN 表示。通過不斷設定阻力與引力的新比值 SM 得到新的差 MN，重複兩到三次，在直線 SM 的一側畫出正差值，另一側畫出負差值；通過點 N、N、N 畫出規則曲線 NNN，與直線 $SMMM$ 相交於 X，則 SX 就是要求的阻力與重力

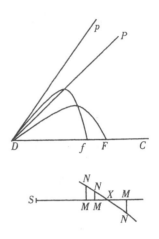

的實際比值。由該比值可以計算出長度 DF；而那個與假設長度 DP 的比等於實驗測出的長度 DF 與剛計算出的長度 DF 的比的長度，就是 DP 的實際長度。求出這些以後，就既可以得到物體畫出的曲線 $DraF$，又可以得到物體在任一處所的速度和阻力。

附注

不過，物體的阻力正比於速度，與其說是物理實際，不如說是數學假設。在完全沒有黏度的介質中，物體受到的阻力都正比於速度的平方。因爲，運動速度較快的物體在較短時間內把占較大速度中較多比例的運動傳遞給等量的介質；而在相同時間裏，由於受到擾動的介質數量較多，被傳遞的運動正比於該比例的平方；而阻力（由定律 II 和定律 III）正比於被傳遞的運動。所以，讓我們看看這一阻力定律帶來什麼樣的運動。

第二章　受正比於速度平方阻力作用的物體運動

命題 5　定理 3

如果一物體受到的阻力正比於其速度的平方，在均勻介質中運動時只受其慣性力的推動；按幾何級數取時間值，並將各項由小到大排列；則每個時間間隔開始時的速度是同一個幾何級數的倒數；而每個時間間隔內物體越過的距離相等。

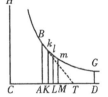

由於介質的阻力正比於速度的平方，而速度的減少正比於阻力：如果把時間分為無數相等間隔，則各間隔開始時速度的平方正比於相同速度的差。令這些時間間隔為直線 CD 上選取的 AK、KL、LM 等等，作垂線 AB、Kk、Ll、Mm 等等，與以 C 為中心，以 CD、CH 為直角漸近線的雙曲線 $BklmG$ 相交於 B、k、l、m 等等；則 AB 比 Kk 等於 CK 比 CA，由相減法，$AB-Kk$ 比 Kk 等於 AK 比 CA，交換之，$AB-Kk$ 比 AK 等於 Kk 比 CA，所以等於 $AB \cdot Kk$ 比 $AB \cdot CA$。所以既然 AK 和 $AB \cdot CA$ 是已知的，$AB-Kk$ 正比於 $AB \cdot Kk$；最後，當 AB 與 Kk 重合時正比於 AB^2。由類似理由，$Kk-Ll$、$Ll-Mm$ 等等都分別正比於 Kk^2、Ll^2等等。所以線段 AB、Kk、Ll、Mm 等等的平方正比於它們的差；所以，既然前面已證明速度的平方正比於它們的差，則這兩個級數量是相似的。由此還可以推知這些線段掠過的面積與這些速度掠過的距離也是相似級數。所以，如果以線段 AB 表示第一個時間間隔 AK 開始時的速度，以線段 Kk 表示第二個時間間隔 KL 開始時的速度，以面積 $AKkB$ 表示第一個時間內掠過的長度，以後的速度可以由以下線段 Ll、Mm 等等來表示，掠過的長度可以由面積 Kl、Lm 等等來表示。經過組合後，如果以 AM 表示全部時間，即各間隔總和，以 $AMmB$ 表示全部長度，即其各部分之總和，設時間

AM 被分割爲部分 AK、KL、LM 等等，使得 CA、CK、CL、CM 等按幾何級數排列，則這些時間部分也按相同幾何級數排列，而對應的速度 AB、Kk、Ll、Mm 等等則按相同級數的倒數排列，而相應的空間 Ak、Kl、Lm 等等都是相等的。 　　　　　　證畢。

推論 I.可以推知，如果以漸近線上任意部分 AD 表示時間，以縱座標 AB 表示該時間開始時的速度，而以縱座標 DG 表示結束的速度；以鄰近的雙曲線面積 $ABGD$ 表示掠過的全部距離；則任意物體在相同時間裏以初速度 AB 通過無阻力介質的距離，可以由乘積 $AB \cdot AD$ 表示。

推論 II.由此，可以求出在阻抗介質中掠過的距離，方法是它與物體在無阻力介質中以均勻速度 AB 掠過的距離的比，等於雙曲線面積 $ABGD$ 比乘積 $AB \cdot AD$。

推論 III.也可以求出介質的阻力。在運動剛開始時，它等於一個均勻向心力，該力可以使一個物體在無阻力介質中的時間 AC 內獲得下落速度 AB。因爲如果作 BT 與雙曲線相切於 B，與漸近線相交於 T，則直線 AT 等於 AC，它表示該均勻分佈的阻力完成抵消速度 AB 所需的時間。

推論 IV.由此還可以求出該阻力與重力或其他任何已知向心力的比例。

推論 V.反之，如果已知該阻力與任何已知向心力的比值，則可以求出時間 AC，在該時間內與阻力相等的向心力可以產生正比於 AB 的速度；由此也可以求出點 B，通過它可以畫出以 CH、CD 爲漸近線的雙曲線；還可以求出距離 $ABGD$，它是物體以開始運動時的速度 AB 在任意時間 AD 內掠過均勻阻力介質的距離。

命題 6　定理 4

均勻而相等的球體受到正比於速度平方的阻力，在慣性力的推動下運動，它們在反比於初始速度的時間內掠過相同的距離，而失去的

速度部分正比於總速度。

　　以 *CD*、*CH* 為直角漸近線作任意雙曲線 *BbEe*，與垂線 *AB*、*ab*、*DE*、*de* 相交於 *B*、*b*、*E*、*e*；令垂線 *AB*、*DE* 表示初速度，線段 *Aa*、*Dd* 表示時間。因而（由假設） *Aa* 比 *Dd* 等於 *DE* 比 *AB*，也（由雙曲線性質）等於 *CA* 比 *CD*；經過組合知，等於 *Ca* 比 *Cd*。所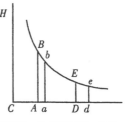
以，面積 *ABba*、*DEed*，即掠過的距離，相互間相等，而初速度 *AB*、*DE* 正比於末速度 *ab*、*de*；所以，由相減法，正比於速度所失去的部分 *AB* − *ab*、*DE* − *de*。　　　　　　　　　　　　　　　證畢。

命題 7　定理 5

　　如果球體的阻力正比於速度的平方，則在正比於初速度、反比於初始阻力的距離內，它們失去的運動正比於其全部，而掠過的距離正比於該時間與初速度的乘積。

　　因為運動所失去的部分正比於阻力與時間的乘積，所以該部分應正比於全部阻力與應正比於運動的時間的乘積，所以時間正比於運動、反比於阻力。所以在以該比值選取的時間間隔內，物體所失去的運動部分總是正比於其全部，因而餘下的速度也總正比於初速度。因為速度的比值是給定的，所以它們所掠過的距離正比於初速度與時間的乘積。　　　　　　　　　　　　　　　證畢。

　　推論 I.如果速度相同的物體其阻力正比於直徑的平方，則不論均勻球體以什麼樣的速度運動，在掠過正比於其直徑的距離後，它所失去的運動部分都正比於其全部。因為每個球的運動都正比於其速度與質量的乘積，即正比於速度與其直徑立方的乘積；阻力（由假設）則正比於直徑的平方與速度的平方的乘積；而時間（由假設）與前者成正比，與後者成反比；所以，正比於時間與速度的距離也正比於直徑。

　　推論 II.如果速度相同的物體的阻力正比於其直徑的³⁄₂冪次，則以

任意速度運動的均勻球體在掠過正比於其直徑3/2冪次的距離後，所失去的運動部分正比於其全部。

推論III.一般而言，如果速度相同的物體受到的阻力正比於直徑的任意冪次，則以任意速度運動的均勻球體，在失去其運動的部分正比於總運動量時，所掠過的距離正比於直徑的立方除以該冪。令球體直徑爲 D 和 E，如果在速度相等時阻力正比於 D^n 和 E^n，則在球體以任意速度運動並失去其運動的部分正比於全部時，它所掠過的距離正比於 D^{3-n} 和 E^{3-n}，而所餘下的速度相互間的比值等於開始時的比值。

推論IV.如果球是不均勻的，較密的球所掠過的距離的增加正比於密度，因爲在相等速度下，運動正比於密度，而時間（由假設）也正比於運動增加，球所掠過的距離則正比於時間。

推論V.如果球在不同的介質中運動，在其他條件相同時，在阻力較大的介質中，距離正比於該較大阻力減少，因爲時間（由假設）的減少正比於增加的阻力，而距離正比於時間。

引理 2

任一生成量（genitum）的瞬（moment）等於各生成邊（generating sides）的瞬乘以這些邊的冪指數，再乘以它們的係數，然後再求總和。

我稱之爲生成量的任意量，不是由若干分立部分相加或相減形成的，而是在算術上由若干項通過相乘、相除或求方根產生或獲得的；在幾何上則由求容積和邊，或求比例外項和比例中項形成。這類量包括有乘積、商、根、長方形、正方形、立方體、邊的平方和立方以及類似的量。在此，我把這些量看做是變化的和不確定的，可隨連續的運動或流動增大或減小。所謂瞬，即指它們的瞬時增量；可以認爲，呈增加時瞬爲正值，呈減少時瞬爲負值。但應注意這不包括有限小量。有限小量不是瞬，卻正是瞬所產生的量，我們應把它們看做是有限的量所剛剛新生出的份額。在此引理中我們也不應將瞬的大小，而只應

將瞬的初始比,看做是新生的。如果不用瞬,則可以用增加或減少 (也可以稱做量的運動、變化和流動) 的速率,或相應於這些速率的有限量來代替,效果相同。所謂生成邊的係數,指的是生成量除以該生成邊所得到的量。

因此,本引理的含義是,如果任意量 A、B、C 等等由於連續的流動而增大或減小,而它們的瞬或與它們相應的變化率以 a、b、c 來表示,則生成量 AB 的瞬或變化等於 $aB+bA$;乘積 ABC 的瞬等於 $aBC+bAC+cAB$;而這些變數所產生的冪 A^2、A^3、A^4、$A^{\frac{1}{2}}$、$A^{\frac{3}{2}}$、$A^{\frac{1}{3}}$、$A^{\frac{2}{3}}$、A^{-1}、A^{-2}、$A^{-\frac{1}{2}}$ 的瞬分別為 $2aA$、$3aA^2$、$4aA^3$、$\frac{1}{2}aA^{-\frac{1}{2}}$、$\frac{3}{2}aA^{\frac{1}{2}}$、$\frac{1}{3}aA^{-\frac{2}{3}}$、$\frac{3}{2}aA^{-\frac{1}{3}}$、$-aA^{-2}$、$-2aA^{-3}$、$-\frac{1}{2}aA^{-\frac{3}{2}}$;一般地,任意冪 $A^{\frac{n}{m}}$ 的瞬為 $\frac{n}{m}aA^{\frac{n-m}{m}}$。生成量 A^2B 的瞬為 $2aAB+bA^2$;生成量 $A^3B^4C^2$ 的瞬為 $3aA^2B^4C^2+4bA^3B^3C^2+2cA^3B^4C$;生成量 $\frac{A^3}{B^2}$ 或 A^3B^{-2} 的瞬為 $3aA^2B^{-2}-2bA^3B^{-3}$;依此類推。本引理可以這樣證明:

情形 1:任一長方形,如 AB,由於連續的流動而增大,當邊 A 和 B 尚缺少其瞬的一半$\frac{1}{2}a$ 和$\frac{1}{2}b$ 時,等於 $A-\frac{1}{2}a$ 乘以 $B-\frac{1}{2}b$,或者 $AB-\frac{1}{2}aB-\frac{1}{2}bA+\frac{1}{4}ab$;而當邊 A 和 B 長出半個瞬時,乘積變為 $A+\frac{1}{2}a$ 乘以 $B+\frac{1}{2}b$,或者 $AB+\frac{1}{2}aB+\frac{1}{2}bA-\frac{1}{4}ab$。將此乘積減去前一個乘積,餘下差 $aB+bA$。所以當變數增加 a 和 b 時,乘積增加 $aB+bA$。   證畢。

情形 2:設 AB 恆等於 G,則容積 ABC 或 CG(由情形 1)的瞬為 $gC+cG$,即(以 AB 和 $aB+bA$ 代替 G 和 g) $aBC+bAC+cAB$。不論乘積有多少變數,瞬的求法與此相同。   證畢。

情形 3:設變數 A、B 和 C 恆相等,則 A^2,即乘積 AB 的瞬 $aB+bA$ 變為 $2aA$;而 A^3,即容積 ABC 的瞬 $aBC+bAC+cAB$ 變為 $3aA^2$。同樣地,任意冪 A^n 的瞬是 naA^{n-1} 證畢。

情形 4：由於 $\frac{1}{A}$ 乘以 A 是 1，則 $\frac{1}{A}$ 的瞬乘以 A，再加上 $\frac{1}{A}$ 乘以 a，就是 1 的瞬，即等於零。所以，$\frac{1}{A}$ 或 A^{-1} 的瞬是 $\frac{-a}{A^2}$。一般地，由於 $\frac{1}{A^n}$ 乘 A^n 等於 1，$\frac{1}{A^n}$ 的瞬乘以 A^n 再加上 $\frac{1}{A^n}$ 乘以 naA^{n-1} 等於零，所以 $\frac{1}{A^n}$ 或 A^{-n} 的瞬是 $-\frac{na}{A^{n+1}}$。　　證畢。

情形 5：由於 $A^{\frac{1}{2}}$ 乘以 $A^{\frac{1}{2}}$ 等於 A，$A^{\frac{1}{2}}$ 的瞬乘以 $2A^{\frac{1}{2}}$ 等於 a（由情形 3），所以 $A^{\frac{1}{2}}$ 的瞬等於 $\frac{a}{2A^{\frac{1}{2}}}$ 或 $\frac{1}{2}aA^{-\frac{1}{2}}$。推而廣之，令 $A^{\frac{m}{n}}$ 等於 B，則 A^m 等於 B^n，所以 maA^{m-1} 等於 nbB^{n-1}，maA^{-1} 等於 nbB^{-1}，或 $nbA^{-\frac{m}{n}}$；所以 $\frac{m}{n}aA^{\frac{n-m}{n}}$ 等於 b，即等於 $A^{\frac{m}{n}}$ 的瞬。　　證畢。

情形 6：所以，生成量 $A^m B^n$ 的瞬等於 A^m 的瞬乘以 B^n，再加上 B^n 的瞬乘以 A^m，即 $maA^{m-1}B^n + nbB^{n-1}A^m$；不論冪指數 m 和 n 是整數還是分數，是正數還是負數。對於更高次冪也是如此。證畢。

推論 I.對於連續正比的量，如果其中一項已知，則其餘項的變化率正比於該項乘以該項與已知項間隔項數。令 A、B、C、D、E、F 連續正比；如果 C 為已知，則其餘各項的瞬之間的比為 $-2A$、$-B$、D、$2E$、$3F$。

推論 II.如果在四個正比量裏兩個中項為已知，則端項的變化率正比於該端項。這同樣適用於已知乘積的變數。

推論 III.如果已知兩個平方的和或差，則變數的瞬反比於該變數。

附注

我在 1672 年 12 月 10 日致科林斯① 先生的信中，曾談到一種切線方法，我猜測它與司羅斯② 當時尚未發表的方法是相同的，這封信中說：

這是一種普適方法的特例或更是一種推論，它不僅可以毫無困難地推廣到求作無論是幾何的還是力學的曲線的切線，或與直線及其他曲線有關的方法中，還可用於解決有關曲率、面積、長度、曲線的重心等困難問題；它還不(像許德③ 的求極大值與極小值方法那樣)僅限於不含不盡根量的方程，把我的方法和這種方法聯合運用於求解方程，可將它們化簡爲無限級數。

以上是那封信中的一段話。其中最後幾句是針對我在 1671 年寫成的一篇關於這項專題研究的論文的。這個普適方法的基礎已包含在上述引理中。

命題 8　定理 6

如果均勻介質中的物體在重力的均勻作用下沿一條直線上升或下落，將它所掠過的全部距離分爲若干相等部分，並將各部分起點（根據物體上升或下落，在重力中加上或減去阻力）與絕對力對應起來，則這些絕對力組成幾何級數。

① John Collins，1625-1683，英國代數學家。未受過大學教育，1667 年當選爲英國皇家學會會員。曾與當時的科學家（主要是數學家）有大量書信交往。——中譯者
② Rene—Francois de Sluse，1622-1685，法國業餘數學家，與巴斯卡、惠更斯、瓦里斯等有大量書信交往，1674 年當選爲英國皇家學會會員。——中譯者
③ Johan van Waveren Hudde，1628-1704，荷蘭數學家。英譯本誤作 Hudden。——中譯者

令已知線段 *AC* 表示重力，不定線段 *AK* 表示阻力，二者的差 *KC* 表示下落物體的絕對力；線段 *AP* 表示物體速度，它是 *AK* 和 *AC* 的比例中項，因而正比於阻力的平方根，短線段 *KL* 表示給定時間間隔中阻力的增量，

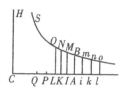

而短線段 *PQ* 表示速度的瞬時增量；以 *C* 為中心，以 *CA*、*CH* 為直角漸近線，作雙曲線 *BNS* 與垂線 *AB*、*KN*、*LO* 相交於 *B*、*N* 和 *O*。因為 *AK* 正比於 *AP²*，所以其中一個的瞬 *KL* 正比於另一個的瞬 $2AP \cdot PQ$，即正比於 $AP \cdot KC$，因為速度的增量 *PQ*（由定律 II）正比於產生它的力 *KC*。將 *KL* 的比值乘以 *KN* 的比值，則乘積 *KL·KN* 正比於 $AP \cdot KC \cdot KN$，即（因為乘積 $KC \cdot KN$ 已知）正比於 *AP*，但雙曲線 *KNOL* 的面積與矩形 *KL·KN* 的最後比值，在點 *K* 與 *L* 重合時，變為相等比值。所以，雙曲線趨於零的面積正比於 *AP*。所以整個雙曲線面積 *ABOL* 由總是正比於速度 *AP* 的間隔組成；因而它本身也正比於速度掠過的距離。現將該距離分為若干相等部分 *ABMI*、*IMNK*、*KNOL* 等等，則對應的絕對力 *AC*、*IC*、*KC*、*LC* 等等構成幾何級數。證畢。

由類似理由，在物體的上升中，在點 *A* 的另一側取相等面積 *ABmi*、*imnk*、*knol* 等等，則可以推知絕對力 *AC*、*iC*、*kC*、*lC* 等連續正比。所以，如果整個上升和下降距離分為相等部分，則所有的絕對力 *lC*、*kC*、*iC*、*AC*、*IC*、*KC*、*LC* 等等構成連續正比。

證畢。

推論 I.如果以雙曲線面積 *ABNK* 表示掠過的距離，則重力物體的速度和介質的阻力，可以分別用線段 *AC*、*AP* 和 *AK* 表示；反之亦然。

推論 II.物體在無限下落中所能達到的最大速度可以用線段 *AC* 表示。

推論 III.如果對應於已知速度的介質阻力為已知，則可以求出最大速度。方法是令它比該已知速度等於重力比該已知阻力的平方根。

命題 9　定理 7

在相同條件下，如果取圓與雙曲線張角的正切正比於速度，再取一適當大小的半徑，則物體上升到最高處所的總時間正比於圓的扇形，而由最高處下落的總時間正比於雙曲線的扇形。

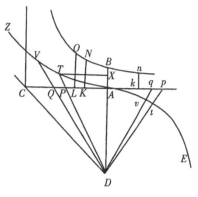

在表示重力的直線 AC 上作與之相等的垂線 AD，以 D 爲圓心、AD 爲半徑作一個四分之一圓 AtE，再作直角雙曲線 AVZ，其軸爲 AK，頂點爲 A，漸近線爲 DC。作 Dp、DP，則圓扇形 AtD 正比於上升到最高處所的總時間；而雙曲線扇形 ATD 則正比於由該最高處下落的總時間；如果這成立，則切線 Ap、AP 正比於速度。

情形 1：作 Dvq 在扇形 ADt 和 $\triangle ADp$ 上切下變化率或同時掠過的小間隔 tDv 和 qDp。由於這些間隔（因爲屬於共同角 $\angle D$）正比於邊的平方，間隔 tDv 正比於 $\dfrac{qDp \cdot tD^2}{pD^2}$，即（因爲 tD 已知）正比於 $\dfrac{qDp}{pD^2}$。但 pD^2 等於 $AD^2 + Ap^2$，即 $AD^2 + AD \cdot Ak$，或者 $AD \cdot Ck$；而 qDp 等於 $\frac{1}{2}AD \cdot pq$。所以扇形間隔 tDv 正比於 $\dfrac{pq}{Ck}$，即正比於速度的減小量 pq，反比於減慢速度的力 Ck；所以正比於對應於速度減量的時間間隔。通過組合，在扇形 ADt 中所有間隔 tDv 的總和正比於對應於不斷變慢的速度 Ap 所失去的每一個小間隔 pq 的時間間隔的總和，直到該趨於零的速度消失；即整個扇形 ADt 正比於上升到最高處所的時間。　　　　　　　證畢。

情形 2：作 DQV 在扇形 DAV 和 $\triangle DAQ$ 上割下小間隔 TDV 和 PDQ；這兩個小間隔相互間的比等於 DT^2 比 DP^2，即（如果 TX 與 AP 平行）等於 DX^2 比 DA^2 或 TX^2 比 AP^2；由相減法，等於 $DX^2 - TX^2$ 比 $DA^2 - AP^2$，但由雙曲線性質知，$DX^2 - TX^2$ 等於 AD^2；而由命題所設條件，AP^2 等於 $AD \cdot AK$。所以二間隔相互間的比等於 AD^2 比 $AD^2 - AD \cdot AK$，即等於 AD 比 $AD - AK$ 或 AC 比 CK；所以扇形的間隔 TDV 等於 $\dfrac{PDQ \cdot AC}{CK}$；所以（因爲 AC 與 AD 已知）等於 $\dfrac{PQ}{CK}$，即正比於速度的增量，反比於產生該增量的力；所以正比於對應於該增量的時間間隔。通過組合知，使速度 AP 產生全部增加量 PQ 的總時間間隔，正比於扇形 ATD 的間隔，即總時間正比於整個扇形。　　　　　　　　　　　　　　　　　證畢。

推論 I.如果 AB 等於 AC 的四分之一部分，則在任意時間內物體下落所掠過的距離，比物體以其最大速度 AC 在同一時間內勻速運動所掠過的距離，等於表示下落掠過的距離的面積 $ABNK$ 比表示時間的面積 ATD。因爲

$$AC : AP = AP : AK$$

由本卷引理 2 推論 I，

$$LK : PQ = 2AK : AP = 2AP : AC，$$

所以　　　　　$$LK : \tfrac{1}{2}PQ = AP : \tfrac{1}{4}AC \text{ 或 } AP : AB，$$

而由於　　　　　$$KN : AC \text{ 或 } KN : AD = AD : CK，$$

將對應項相乘，

$$LKNO : DPQ = AP : CK。$$

如上所述，

$$DPQ : DTV = CK : AC。$$

所以，　　　　　　　　$LKNO：DTV＝AP：AC；$

即，等於落體速度比它在下落中所能獲得的最大速度。所以，由於面積 $ABNK$ 和 ATD 的變化率 $LKNO$ 和 DTV 正比於速度，在同一時間裏產生的這些面積的所有部分正比於同一時間裏掠過的距離；所以自下落開始後產生的整個面積 $ABNK$ 和 ADT，正比於下落的全部距離。　　　　　　　　　　　　　　　　　　　　　　證畢。

推論Ⅱ.物體上升所掠過的距離情況相同，也就是說，總距離比同一時間中以均勻速度 AC 掠過的距離，等於面積 $ABnK$ 比扇形 ADt。

推論Ⅲ.物體在時間 ATD 內下落的速度，比它同一時間裏在無阻力空間中所可能獲得的速度，等於△APD 比雙曲線扇形 ATD，因為在無阻力介質中速度正比於時間 ATD，而在有阻力介質中正比於 AP，即正比於△APD。而在剛開始下落時，這些速度與面積 ATD、APD 一樣，都是相等的。

推論Ⅳ.由同樣理由，上升速度比物體相同時間裏在無阻力空間中所損失的上升運動，等於△ApD 比圓扇形 AtD，或等於直線 Ap 比 $\overset{\frown}{At}$。

推論Ⅴ.所以，物體在有阻力介質中下落所獲得的速度 AP，比它在無阻力空間中下落獲得最大速度 AC 所需時間，等於扇形 ADT 比△ADC；而物體在無阻力介質中由於上升而失去速度 Ap 的時間，比它在有阻力介質中上升失去相同速度所需時間，等於 $\overset{\frown}{At}$ 比切線 Ap。

推論Ⅵ.由已知時間可以求出上升或下落的距離。因為物體無限下落的最大速度是已知的（由第二卷定理 6 推論Ⅱ和推論Ⅲ），因而也可以求出物體在無阻力空間中下落獲得這一速度所需要的時間。取扇形 ADT 或 ADt 比△ADC 等於已知時間比剛求出的時間，即可以求出速度 AP 或 Ap，以及面積 $ABNK$ 或 $ABnk$，它與扇形 ADT 或 ADt 的比等於所求距離與前面求出的在已知時間內以最大速度勻速運動掠過的距離的比。

推論Ⅶ.採用反向推導，由已知上升或下落的距離 $ABnk$ 或

$ABNK$，可以求出時間 ADt 或 ADT。

命題10 問題 3

設均勻重力垂直指向地平面，阻力正比於介質密度與速度平方的乘積，求使物體沿任意給定曲線運動的各點介質密度，以及物體的速度和各點的介質阻力。

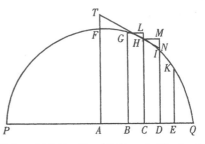

令 PQ 爲與紙平面垂直的平面；$PFHQ$ 爲一曲線，與該平面相交於點 P 和 Q；物體沿此曲線由 F 到 Q 經過四個點 G、H、I、K；GB、HC、ID、KE 是由這四點向地平面作的四條平行縱座標，落向地平線 PQ 上的垂點 B、C、D、E；令縱座標間距 BC、CD、DE 相等。由點 G 和 H 作直線 GL、HN 與曲線相切於點 G、H，並與縱座標向上的延長線 CH、DI 相交於 L 和 N；作出平行四邊形 $HCDM$。則物體掠過 $\overset{\frown}{GH}$、$\overset{\frown}{HI}$ 的時間，正比於物體在該時間裏由切點下落的高度 LH、NI 的平方根；而速度正比於掠過的長度 GH、HI，反比於時間。令 T 和 t 表示時間，$\frac{GH}{T}$ 和 $\frac{HI}{t}$ 表示速度，則時間 t 內速度的減量爲 $\frac{GH}{T} - \frac{HI}{t}$。該減量是由阻礙物體的阻力和對它加速的重力所產生的。伽利略曾證明過，掠過距離 NI 的落體所受重力產生的速度，可以使它在相同時間裏掠過 2 倍的距離，即速度 $\frac{2NI}{t}$。但如果物體掠過的是 $\overset{\frown}{HI}$，這個力只使弧增加長度 $HI - HN$，或者 $\frac{MI \cdot NI}{HI}$，所以產生速度 $\frac{2MI \cdot NI}{t \cdot HI}$。將這一速度加上前述減量，就可以得阻力單

獨產生的速度減量，即 $\dfrac{GH}{T}-\dfrac{HI}{t}+\dfrac{2MI\cdot NI}{t\cdot HI}$。由於在同一時間裏

重力使落體產生速度 $\dfrac{2NI}{t}$，則阻力比重力等於 $\dfrac{GH}{T}-\dfrac{HI}{t}$

$+\dfrac{2MI\cdot NI}{t\cdot HI}$ 比 $\dfrac{2NI}{t}$ 或者 $\dfrac{t\cdot GH}{T}-HI+\dfrac{2MI\cdot NI}{HI}$ 比$2NI$。

現設橫座標 CB、CD、CE 爲 $-o$、o、$2o$，縱座標 CH 爲 P；MI 爲任意級數 $Qo+Ro^2+So^2+\cdots$。則級數中第一項以後的所有項，即 $Ro^2+So^2+\cdots$，等於 NI；而縱座標 DI、EK 和 BG 則分別爲 $P-Qo-Ro^2-So^3-\cdots$。$P-2Qo$

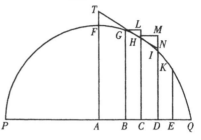

$-4Ro^2-8So^3-\cdots$，以及 $P+Qo-Ro^2+So^3-\cdots$。取縱座標的差 $BG-CH$ 與 $CH-DI$ 的平方，再加上 BC 與 CD 的平方，即得到 $\widehat{GH}$、$\widehat{HI}$ 的平方 $oo+QQoo-2QRo^3+\cdots$，以及 $oo+QQoo+2QRo^3+\cdots$，它們的根 $o\sqrt{(1+QQ)-\dfrac{QRoo}{(1+QQ)}}$ 與 $o\sqrt{(1+QQ)+\dfrac{QRoo}{(1+QQ)}}$ 就是 $\widehat{GH}$ 和 $\widehat{HI}$。而且，如果由縱座標 CH 中減去縱座標 BG 與 DI 的和的一半，由縱座標 DI 中減去縱座標 CH 與 EK 的和的一半，則餘下 Roo 與 $Roo+3So^3$，這是 $\widehat{GI}$ 和 $\widehat{HK}$ 的正矢。它們正比於短線段 LH 和 NI，因而正比於無限小時間 T 和 t 的平方；因而比值 $\dfrac{t}{T}$ 正比於

$\dfrac{R+3So}{R}$ 或 $\dfrac{R+\frac{3}{2}So}{R}$ 的平方變化；在 $\dfrac{t\cdot GH}{T}-HI+\dfrac{2MI\cdot NI}{HI}$ 中代入剛才求出的 $\dfrac{t}{T}$、GH、HI、MI 和 NI 的值，得到 $\dfrac{3Soo}{2R}\cdot$ $\sqrt{(1+QQ)}$。由於 $2NI$ 等於 $2Roo$，則阻力比重力等於 $\dfrac{3Soo}{2R}\cdot$ $\sqrt{(1+QQ)}$比$2Roo$，即等於 $3S\sqrt{(1+QQ)}$ 比 $4RR$。

速度等於一物體自任意處所 H 沿切線 HN 方向在眞空中畫出拋物線的速度，該拋物線的直徑爲 HC，通徑爲 $\dfrac{HN^2}{NI}$ 或 $\dfrac{1+QQ}{R}$。

阻力正比於介質密度與速度平方的乘積，因而介質密度正比於阻力，反比於速度平方，即正比於 $\dfrac{3S\sqrt{(1+QQ)}}{4}$，反比於 $\dfrac{1+QQ}{R}$，即正比於 $\dfrac{S}{R\sqrt{(1+QQ)}}$。 證畢。

推論 I.如果將切線 HN 向兩邊延長，使它與任意縱座標 AF 相交於 T，則 $\dfrac{HT}{AC}$ 等於 $\sqrt{(1+QQ)}$，因而由上述推導知可以替代 $\sqrt{(1+QQ)}$。由此，阻力比重力等於 $3S \cdot HT$ 比 $4\,RR \cdot AC$，速度正比於 $\dfrac{HT}{AC\sqrt{R}}$，介質密度正比於 $\dfrac{S \cdot AC}{R \cdot HT}$。

推論 II.由此，如果像通常那樣曲線 $PFHQ$ 由底或橫座標 AC 與縱座標 CH 的關係來決定，縱座標的值分解爲收斂級數，則本問題可利用級數的前幾項簡單地解決，如下例所示。

例 1.令 $PFHQ$ 爲直徑 PQ 上的半圓，求使拋體沿此曲線運動的介質密度。

在 A 二等分直徑 PQ，並令 AQ 爲 n，AC 爲 a，CH 爲 e，CD 爲 o，則 DI^2 或 $AQ^2 - AD^2 = nn - aa - 2ao \quad oo$，或 $ee - 2ao - oo$；用我們的方法求出根，得到

$$DI = e - \frac{ao}{e} - \frac{oo}{2e} - \frac{aaoo}{2e^3} - \frac{ao^3}{2e^3} - \frac{a^3o^3}{2e^5} - \cdots 。$$

在此取 nn 等於 $ee + aa$，則

$$DI = ee - \frac{ao}{e} - \frac{nnoo}{2e^3} - \frac{anno^3}{2e^5} - \cdots 。$$

在此級數中我用這一方法區分不同的項：不含無限小 o 的項爲第一項，含該量一次方的爲第二項，含二次方的爲第三項，三次方的爲第四項；依此類推以至無限。其第一項在這裏是 e，總是表示位於不

確定量 o 的起點的縱座標 CH
的長度。第二項是 $\dfrac{ao}{e}$，表示 CH
與 DN 的差，被 $\square\,HCDM$ 切下
的短線段 MN；因而總是決定
著切線 HN 的位置；在此，方法
是取 $MN:HM=\dfrac{ao}{e}:o=a:$

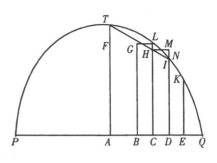

e。第三項是 $\dfrac{nnoo}{2e^3}$，表示位於切

線與曲線之間的短線段 IN，它決定切角 IHN，或曲線在 H 的曲率。
如果該短線段 IN 有確定量，則它由第三項與其以後無限多個項決
定。但如果該短線段無限縮短，則以後的項比第三項為無限小，可以
略去。第四項決定曲率的變化；第五項是該變化的變化，等等。順便
指出，由此我們得到了一種不容輕視的方法，利用這一級數可以求解
曲線的切線和曲率問題。

　　現在，將級數

$$e-\frac{ao}{e}-\frac{nnoo}{2e^3}-\frac{anno^3}{2e^3}-\cdots,$$

與級數

$$P-Qo-Roo-So^3-\cdots,$$

作一比較，以 e、$\dfrac{a}{e}$、$\dfrac{nn}{2e^3}$ 和 $\dfrac{ann}{2e^5}$ 代替 P、Q、R 和 S，以 $\sqrt{1+\dfrac{aa}{ee}}$

或 $\dfrac{n}{e}$ 代替 $\sqrt{(1+QQ)}$，則得到介質和密度正比於 $\dfrac{a}{ne}$，即（因為 n 為
已知）正比於 $\dfrac{a}{e}$ 或 $\dfrac{AC}{CH}$，即正比於切線 HT 的長度，它由 PQ 上的
垂直半徑截得；而阻力比重力等於 $3a$ 比 $2n$，即等於 $3AC$ 比圓的直
徑 PQ；速度則正比於 $\sqrt{CH}$。所以，如果物體自位置 F 以一適當速
度沿平行於 PQ 的直線運動，介質中各點 H 的密度正比於切線 HT
的長度，且注意點 H 處的阻力比重力等於 $3AC$ 比 PQ，則物體將畫

出圓的四分之一 FHQ。 證畢。

但如果同一物體由位置 P 沿垂直於 PQ 的直線運動，且在開始時沿著半圓 PFQ 的弧，則必須在圓心 A 的另一側選取 AC 或 a；所以它的符號也應改變，以 $-a$ 代替 $+a$。對應的介質密度正比於 $-\dfrac{a}{e}$。但自然界中不存在負密度，即使物體運動加速的密度；所以，不可能使物體自動由 P 上升畫出圓的四分之一 PF，要獲得這一效應，物體應能在推動的介質中而不是在有阻力的介質中，得到加速。

例 2.令曲線 PFQ 爲拋物線，其軸垂直於地平線 PQ，求使拋體沿該曲線運動的介質密度。

由拋物線性質，乘積 $-PQ \cdot DQ$ 等於縱座標 DI 與某個已知直線的乘積；即，如果該直線是 b，而 PC 爲 a，PQ 爲 c，CH 爲 e，CD 爲 o，則乘積

$$(a+o)(c-a-o)=$$
$$ac-aa-2ao+co-oo=b \cdot DI \ ;$$

所以，$DI=\dfrac{ac-aa}{b}+\dfrac{c-2a}{b} \cdot o-\dfrac{oo}{b}$。現在，

以該級數中第二項 $\dfrac{c-2a}{b}o$ 代替 Qo，以第三項

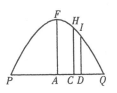

$\dfrac{oo}{b}$ 代替 Roo。但由於沒有更多的項，第四項

的係數 S 是零，因此介質的密度所正比的量

$\dfrac{S}{R\sqrt{(1+QQ)}}$ 是零。所以，在介質密度爲零的

地方，拋體沿拋物線運動。這正是伽利略所

證明了的。 證畢。

例 3.令曲線 AGK 爲雙曲線，其漸近線 NX 垂直於地平面 AK，求使拋體沿此曲線運動的介質密度。

令 MX 爲另一條漸近線，與縱座標 DG

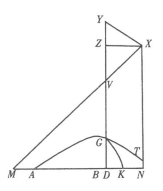

的延長線相交於 V；由雙曲線性質，XV 與 VG 的乘積是已知的，DN 與 VX 的比值也是已知的，所以 DN 與 VG 的乘積也為已知。令該乘積爲 bb；作 $\square DNXZ$，令 BN 爲 a，BD 爲 o，NX 爲 c；令已知比值 VZ 比 ZX 或 DN 爲 $\dfrac{m}{n}$，則 DN 等於 $a-o$，VG 等於 $\dfrac{bb}{a-o}$，VZ 等於 $\dfrac{m}{n}(a-o)$，而 GD 或 $NX-VZ-VG$ 等於

$$c - \frac{m}{n}a + \frac{m}{n}o - \frac{bb}{a-b}\text{。}$$

把項 $\dfrac{bb}{a-o}$ 分解爲收斂級數

$$\frac{bb}{a} + \frac{bb}{aa}o + \frac{bb}{a^3}oo + \frac{bb}{a^4}o^3 + \cdots,$$

則 GD 等於

$$c - \frac{m}{n}a - \frac{bb}{a} + \frac{m}{n}o - \frac{bb}{aa}o - \frac{bb}{a^3}o^2 - \frac{bb}{a^4}o^3 - \cdots,$$

該級數第二項 $\dfrac{m}{n}o - \dfrac{bb}{aa}o$ 就是 Qo，第三項 $\dfrac{bb}{a^3}o^2$ 改變符號就是 Ro^2，第四項 $\dfrac{bb}{u^4}o^3$ 改變符號就是 So^3，它們的係數 $\dfrac{m}{n} - \dfrac{bb}{aa}$、$\dfrac{bb}{a^3}$ 和 $\dfrac{bb}{a^4}$ 就是前述規則中的 Q、R 和 S，完成這一步後，得到介質的密度正比於

$$\frac{\dfrac{bb}{a^4}}{\dfrac{bb}{a^3}\sqrt{\left(1 + \dfrac{mm}{nn} - \dfrac{2mbb}{n} + \dfrac{b^4}{aa}\right)}}$$

或者

$$\frac{1}{\sqrt{\left(aa + \dfrac{mm}{nn}aa - \dfrac{2mbb}{n} + \dfrac{b^4}{aa}\right)}}$$

即，如果在 VZ 上取 VY 等於 VG，則正比於 $\dfrac{1}{XY}$。因為 aa 與 $\dfrac{m^2}{n^2}$

$a^2 - \dfrac{2mbb}{n} + \dfrac{b^4}{aa}$ 是 XZ 和 ZY 的平方。但阻力與重力的比值等於 $3XY$ 與 $2YG$ 的比值；而速度則等於可使該物體畫出一拋物體的速度，其頂點爲 G，直徑爲 DG，通徑爲 $\dfrac{XY^2}{VG}$。所以，設介質中各點 G 的密度反比於距離 XY，而且任意點 G 的阻力比重力等於 $3XY$ 比 $2YG$；當物體由點 A 出發以適當速度運動時，將畫出雙曲線 AGK。

證畢。

例 4.設 AGK 是一條雙曲線，其中心爲 X，漸近線爲 MX、NX，使得畫出矩形 $XZDN$ 後，其邊 ZD 與雙曲線相交於 G，與漸近線相交於 V，VG 反比於線段 ZX 或 DN 的任意冪次 DN^n，冪指數爲 n，求使拋體沿此曲線運動的介質密度。

分別以 A、O、C 代替 BN、BD、NX，令 VZ 比 XZ 或 DN 等於 d 比 e，且 VG 等於 $\dfrac{bb}{DN^n}$，則 DN 等於 $A - O$，

VG 等於 $\dfrac{bb}{(AG)^n}$，VZ 等於 $\dfrac{d}{e}(A - O)$，

GD 或 $NX - VZ - VG$ 等於 $C - \dfrac{d}{e}A$

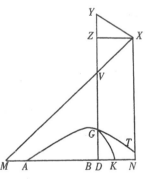

$+ \dfrac{d}{e}O - \dfrac{bb}{(A - O)^n}$。將項 $\dfrac{bb}{(A - O)^n}$ 分解

爲無限級數

$$\dfrac{bb}{A^n} + \dfrac{nbb}{A^{n+1}} \cdot O + \dfrac{nn+n}{2A^{n+2}} \cdot bbO^2 + \dfrac{n^3 + 3nn + 2n}{6A^{n+3}} \cdot bbO^3 + \cdots,$$

則 GD 等於

$$C - \dfrac{d}{e}A - \dfrac{bb}{A^n} + \dfrac{d}{e}O - \dfrac{nbb}{A^{n+1}}O - \dfrac{+nn+n}{2A^{n+2}}bbO^2$$

$$- \dfrac{+n^3 + 3nn + 2n}{6A^{n+3}}bbO^3 + \cdots$$

該級數的第二項 $\dfrac{d}{e}O-\dfrac{nbb}{2A^{n+1}}O$ 就是 Qo，第三項 $\dfrac{nn+n}{2A^{n+2}}bbO^2$ 是 Roo，第四項 $\dfrac{n^3+3nn+2n}{6A^{n+3}}bbO^3$ 是 So^3，因此在任意處所 G 介質的密度 $\dfrac{S}{R\sqrt{(1+QQ)}}$ 等於

$$\frac{n+2}{3\sqrt{\left(A^2+\dfrac{dd}{ee}A^2-\dfrac{2dnbb}{eA^n}A+\dfrac{nnb^4}{A^{2n}}\right)}},$$

所以，如果 VZ 上取 VY 等於 $n\cdot VG$，則密度正比於 XY 的倒數。因為 A^2 與 $\dfrac{dd}{ee}A^2-\dfrac{2dnbb}{eA^n}A+\dfrac{nnb^4}{A^{2n}}$ 是 XZ 和 ZY 的平方。而同一處所 G 的介質阻力比重力等於 $3S\cdot\dfrac{XY}{A}$ 比 $4RR$，即等於 XY 比 $\dfrac{2nn+2n}{n+2}VG$。速度則與使物體沿一條拋物線的相同，該拋物線頂點是 G，直徑為 GD，通徑為 $\dfrac{1+QQ}{R}$ 或 $\dfrac{2XY^2}{(nn+n)\cdot VG}$。　　　證畢。

附注

由與推論 I 相同的方法，可得出介質的密度正比於 $\dfrac{S\cdot AC}{R\cdot HT}$，如果阻力正比於速度 V 的任意冪次 V^n，則介質密度正比於

$$\frac{S}{R^{\frac{4-n}{2}}}\cdot\left(\frac{AC}{HT}\right)^{n-1}$$

所以，如果能求出一條曲線，使得 $\dfrac{S}{R^{\frac{4-n}{2}}}$ 與 $\left(\dfrac{HT}{AC}\right)^{n-1}$，或 $\dfrac{S^2}{R^{4-n}}$ 與 $(1+QQ)^{n-1}$ 的比值為已知，則在阻力正比於速度 V 的任意冪次 V^n 的均勻介質中，物體將沿此曲線運動。現在還是讓我們回到比較簡單的曲線上來。

由於在無阻力介質中只存在拋物線運動，而這裏所描述的雙曲線運動是由連續阻力產生的，所以很明顯，拋體在均勻阻力介質中的軌道更近於雙曲線而不是拋物線。這樣的軌道曲線當然屬於雙曲線類型，但它的頂點距漸近線較遠，而在遠離頂點處較之

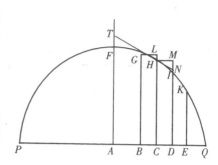

這裏所討論的雙曲線距漸近線更近。然而，其間的差別並不太大，在實用上可以足夠方便地以後者代替前者，也許這些比雙曲線更有用，雖然它更精確，但同時也更複雜。具體應用按下述方法進行。

作 $\square\,XYGT$，則直線 GT 將與雙曲線相切於 G，因而在 G 點介質密度反比於切線 GT，速度正比於 $\sqrt{\dfrac{GT^2}{GV}}$，阻力比重力等於 GT 比 $\dfrac{2nn+2n}{n+2}\cdot GV$。

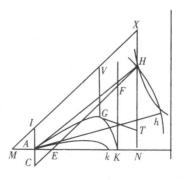

所以，如由處所 A 拋出的物體沿直線 AH 的方向畫出雙曲線 AGK，延長 AH 與漸近線 NX 相交於 H，作 AI 與它平行並與另一條漸近線 MX 相交於 I，則 A 處介質密度反比於 AH，物體速度正比於 $\sqrt{\dfrac{AH^2}{AI}}$，阻力比重力等於 AH 比 $\dfrac{2nn+2n}{n+2}\cdot AI$。由此得出以下規則。

規則 1 .如果 A 點的介質密度以及拋出物體的速度保持不變，而角 NAH 改變，則長度 AH、AI、HX 不變。所以，如果在任何一種情況下求出這些長度，則由任意給定角 $\angle NAH$ 可以很容易求出雙曲線。

規則 2 .如果 $\angle NAH$ 與 A 點的介質密度保持不變，拋出物體的速度改變，則長度 AH 維持不變；而 AI 則反比於速度的平方改變。

規則 3 .如果 $\angle NAH$、物體在 A 點的速度以及加速引力保持不變，而 A 點的阻力與運動引力的比以任意比率增大，則 AH 與 AI 的比值也以相同比率增大；而上述拋物線的通徑保持不變，與它成正比的長度 $\dfrac{AH^2}{AI}$ 也不變；因而 AH 以同一比率減小，而 AI 則以該比率的平方減小。但當體積不變而比重減小，或當介質密度增大，或當體積減小，而阻力以比重量更小的比率減小時，阻力與重量的比增大。

規則 4 .因為在雙曲線頂點附近的介質密度大於處所 A 的，所以要求平均密度，應先求出切線 GT 的最小值與切線 AH 的比值，而 A 點的密度的增加應大於這兩條切線的和的一半與切線 GT 最小值的比值。

規則 5 .如果長度 AH、AI 已知，要畫出圖形 AGK，則延長 HN 到 X，使 HX 比 AI 等於 $n+1$ 比 1；以 X 為中心，MX、NX 為漸近線，通過點 A 畫出雙曲線，使 AI 比任意直線 VG 等於 XV^n 比 XI^n。

規則 6 .數 n 越大，物體由 A 上升的雙曲線就越精確，而向 K 下落的就越不精確；反之亦然。圓錐雙曲線是這二者的平均，並比所有其他曲線都簡單。所以，如果雙曲線屬於這一類，要找出拋體落在通過點 A 的任意直線上的點 K，令 AN 延長與漸近線 MX、NX 相交於 M、N，取 NK 等於 AM。

規則 7 .由此現象得到一種求這條雙曲線的簡便方法。令兩個相等物體以相同速度沿不同角度 HAK、hAk 拋出，落在地平面上的點 K 和 k 處；記下 AK 與 Ak 比值，令其為 d 比 e。作任意長度的垂線

AI，並任意設定長度 AH 或 Ah，然後用作圖法，或使用直尺與指南針，收集 AK、Ak 的長度（用規則 6）。如果 AK 與 Ak 的比值等於 d 與 e 比值，則 AH 長度選取正確。如果不相等，則在不定直線 SM

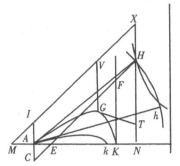
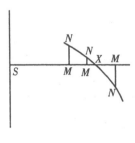

上取 SM 等於所設 AH 的長；作垂線 MN 等於二比值的差 $\dfrac{AK}{Ak}$ $-\dfrac{d}{e}$ 再乘以任意已知直線。由類似方法，得到若干 AH 的假設長度，對應有不同的點 N；通過所有這些點作規則曲線 $NNXN$，與直線 $SMMM$ 相交於 X。最後，設 AH 等於橫座標 SX，再由此找出長度 AK；則這些長度比 AI 的假設長度，以及這最後假設的長度 AH，等於實驗測出的 AK 比最後求得的長度 AK，它們就是所要求的 AI 和 AH 的真正長度，而求出這些後，也就可求出處所 A 的介質阻力，它與重力的比等於 AH 比⅓AI。令介質密度按規則 4 增大，如果剛求出的阻力也以同樣比率增大，則結果更為精確。

　　規則 8 .已知長度 AH、HX，求直線 AH 的位置，使以該已知速度拋出的物體能落在任意點 K 上。在點 A 和 K，作地平線的垂直線 AC、KF；把 AC 垂直向下畫，並等於 AI 或½HX。以 AK、KF 為漸近線畫一條雙曲線，它的共軛線通過點 C；以 A 為圓心、間隔 AH 為半徑畫一圓與該雙曲線相交於點 H；則沿直線 AH 方向拋出的物體將落在點 K 上。　　　　　　　　　　　　證畢。

　　因為給定長度 AH 的緣故，點 H 必定在畫出的圓圖上，作 CH

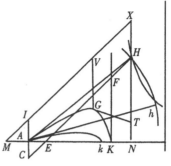

與 AK 和 KF 相交於 E 和 F；因爲 CH、MX 相平行，AC 與 AI 相等，所以 AE 等於 AM；因而也等於 KN，而 CE 比 AE 等於 FH 比 KN，所以 CE 與 FH 相等。所以點 H 又落在以 AK、KF 爲漸近線的雙曲線上，其共軛曲線通過點 C；因而找出了該雙曲線與所畫出的圓周的公共交點。　證畢。

應當說明的是，不論直線 AKN 與地平線是平行還是以任意角傾斜，上述方法都是相同的；由兩個交點 H、h 得到兩個角 $\angle NAH$、$\angle NAh$；在力學實踐中，一次只要畫一個圓就足夠了，然後用長度不定的直尺向點 C 作 CH，使其在圓與直線 FK 之間的部分 FH 等於位於點 C 與直線 AK 之間的部分 CE 即可。

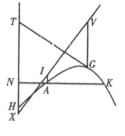

有關雙曲線的結論都很容易應用於拋物線。因爲如果以 $XAGK$ 表示一條拋物線，在頂點 X 與一條直線 XV 相切，其縱座標 IA、VG 正比於橫座標 XI、XV 的任意冪次 XI^n、XV^n；作 XT、GT、AH，使 XT 平行於 VG，令 GT、AH 與拋物線相切於 G 和 A，則由任意處所 A，沿直線 AH 方向，以一適當速度拋出的物體，在各點 G 的介質密度反比於切線 GT 時，將畫出這條拋物線。在此情形下，在 G 點的速度將等於物體在無阻力空間中畫出圓錐拋物線的速度，該拋物線以 G 爲頂點，VG 向下的延長線爲直徑，$\dfrac{2GT^2}{(nn-n)}$ VG 爲通徑。而 G 點的阻力比重力等於 GT 比 $\dfrac{2nn-2n}{n-2}\cdot VG$。所以，如果 NAK 表示地平線，點 A 的介質密度與拋出物體的速度不變，則不論 $\angle NAH$ 如何改變，長度 AH、AI、HX 都保持不變；因而可以求出拋物線的頂點 X，以及直線 XI 的位置；如果取 VG 比

IA 等於 XV^n 比 XI^n，則可求得拋物線上所有的點 G，這正是拋體所經過的軌跡。

第三章　物體受部分正比於速度、部分正比於速度平方的阻力的運動

命題11　定理 8

如果物體受到部分正比於其速度、部分正比於其速度的平方的阻力，在均勻的介質中只受到慣性力的推動而運動，而且把時間按算術級數劃分，則反比於速度的量，在增加某個給定量後，變爲幾何級數。

以 C 爲中心：$CADd$ 和 CH 爲直角漸近線畫雙曲線 BEe，令 AB、DE、de 平行於漸近線 CH。在漸近線 CD 上令 A、G 爲已知點；如果由雙曲線面積 $ABED$ 表示的時間均勻增加，則以 GD 爲其倒數的長度 DF 與給定直線 CG 所共同組成的長度 CD 所表示的速度按幾何級數增加。

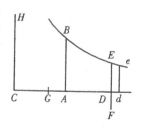

因爲，令小面積 $DEed$ 爲時間的最小增量，則 Dd 反比於 DE，因而正比於 CD。所以 $\frac{1}{GD}$ 的減量 $\frac{Dd}{GD^2}$（由第二卷引理 2）也正比於 $\frac{CD}{GD^2}$ 或 $\frac{CG+GD}{GD^2}$，即正比於 $\frac{1}{GD}+\frac{CG}{GD^2}$。所以，當時間 $ABED$ 均勻地增加給定間隔 $EDde$ 時，$\frac{1}{GD}$ 以與速度相同的比率減小。因爲速度的減量正比於阻力，即（由題設）正比於兩個量的和，其中之一正比於速度，另一個正比於速度的平方；而 $\frac{1}{GD}$ 的減量正比於量 $\frac{1}{GD}$ 和

247

第二卷　物體的運動(在阻滯介質中)

$\dfrac{CG}{GD^2}$，其中第一項是 $\dfrac{1}{GD}$ 本身，後一項 $\dfrac{CG}{GD^2}$ 正比於 $\dfrac{1}{GD^2}$；所以 $\dfrac{1}{GD}$

正比於速度，二者的減量是類似的。如果量 GD 反比於 $\dfrac{1}{GD}$，並增加

給定量 CG，則當時間 $ABED$ 均勻增加時，其和 CD 按幾何級數增

加。　　　　　　　　　　　　　　　　　　　　　　　　證畢。

推論 I.如果點 A 和 G 已知，雙曲線面積 $ABED$ 表示時間，則速

度由 GD 的倒數 $\dfrac{1}{GD}$ 表示。

推論 II.取 GA 比 GD 等於任意時間 $ABED$ 開始時速度的倒數

比該時間結束時速度的倒數，則可以求出點 G。求出該點後，則可由

任意給定的其他時間求出速度。

命題12　定理 9

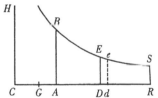

　　　　　　　　　　在相同條件下，如果將掠過的距離分

　　　　　　　　為算術級數，則速度在增加一個給定量後

　　　　　　　　變為幾何級數。

　　　　　　　　　設在漸近線 CD 上已知點 R，作垂線

RS 與雙曲線相交於 S，令掠過的距離以

雙曲線面積 $RSED$ 表示，則速度正比於長度 GD，該長度與給定線

CG 組成的長度 CD，當距離 $RSED$ 按算術級數增加時，按幾何級數

減小。

　　因為，空間增量 $EDde$ 為給定量，GD 的減量短線 Dd 反比於

ED，因而正比於 CD，即正比於同一個 CD 與給定長度 CG 的和。而

在掠過給定空間間隔 $DdeE$ 所需的正比於速度的時間中，速度的減量

正比於阻力乘以時間，即正比於兩個量的和，反比於速度，這兩個量

中之一正比於速度，另一個正比於速度的平方；因而正比於兩個量的

和，其中一個是給定的，另一個正比於速度。所以，速度以及直線 GD

二者的減量正比於給定量與一個減小量的乘積；而因爲兩個減量相似，兩個減小的量，即速度與線段 GD，也總是相似的。　　證畢。

　　推論 I.如果以長度 GD 表示速度，則掠過的距離正比於雙曲線面積 $DESR$。

　　推論 II.如果任意設定點 R，則通過取 GR 比 GD 等於開始時的速度比掠過距離 $RSED$ 後的速度，則可以求出點 G。求得點 G 後，即可由給定速度求出距離；反之亦然。

　　推論 III.由於由給定時間（由第二卷命題 11）可以求出速度，而（由本命題）距離又可以由給定速度推出，所以由給定時間可以求出距離；反之亦然。

命題13　定理10

　　設一物體受垂直向下的均勻重力作用沿一直線上升或下落；受到的阻力同樣部分正比於其速度，部分正比於其平方；如果作幾條平行於圓和雙曲線直徑且通過其共軛直徑端點的直線，而且速度正比於平行線上始自一給定點的線段，則時間正比於由圓心向線段端點所作直線截取的扇形面積；反之亦然。

　　情形 1：首先設物體上升，以 D 爲圓心、以任意半徑 DB 畫圓的四分之一 $\overset{\frown}{BETF}$，通過半徑 DB 的端點 B 作不定直線 BAP 平行於半徑 DF。在該直線上設有已知點 A，取線段 AP 正比於速度。由於阻力的一部分正比於速度，另一部分正比於速度的平方，令整個阻力正比於 AP^2 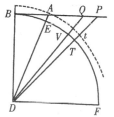 $+2BA \cdot AP$。連接 DA、DP 與圓相交於 E 和 T，令 DA^2 表示重力，使得重力比 P 處的阻力等於 DA^2 比 $AP^2+2BA \cdot AP$；則整個上升時間正比於圓的扇形 EDT。

　　作 DVQ，分割出速度 AP 的變化率 PQ，以及對應於給定時間變化率的扇形 DET 的變化率 DTV，則速度的減量 PQ 正比於重力

DA^2 與阻力 $AP^2+2BA \cdot AP$ 的和,即 (由歐幾里得《幾何原本》第二卷命題 12) 正比於 DP^2。而正比於 PQ 的面積 DPQ 正比於 DP^2,面積 DTV 比面積 DPQ 等於 DT^2 比 DP^2,因而 DTV 正比於給定量 DT^2。所以,面積 EDT 減去給定間隔 DTV 後,均勻地隨著未來時間的比率減小,因而正比於整個上升時間。 證畢。

情形 2:如果物體的上升速度像前一情形那樣以長度 AP 表示,則阻力正比於 $AP^2+2BA \cdot AP$;而如果重力小得不足以用 DA^2 表示,則可以這樣取 BD 的長度,使 AB^2-BD^2 正比於重力,再令 DF 垂直且等於

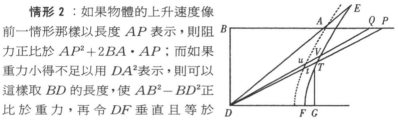

DB,通過頂點 F 畫出雙曲線 $FTVE$,其共軛半徑為 DB 和 DF,曲線與 DA 相交於 E,與 DP、DQ 相交於 T 和 V;則整個上升時間正比於雙曲線扇形 TDE。

因為在已知時間間隔中產生的速度減量 PQ 正比於阻力 $AP^2+2BA \cdot AP$ 與重力 AB^2-BD^2 的和,即正比於 BP^2-BD^2,但面積 DTV 比面積 DPQ 等於 DT^2 比 DP^2;所以,如果作 GT 垂直於 DF,則上述比等於 GT^2 或者 GD^2-DF^2 比 BD^2,也等於 GD^2 比 BP^2,由相減法知,等於 DF^2 比 BP^2-BD^2。所以,由於面積 DPQ 正比於 PQ,即正比於 BP^2-BD^2,因而面積 DTV 正比於給定量 DF^2。所以,面積 EDT 在每一個相等的時間間隔內,通過減去同樣多的間隔 DTV,將均勻減小,因而正比於時間。

證畢。

情形 3:令 AP 為下落物體的速度,$AP^2+2BA \cdot AP$ 為阻力,BD^2-AB^2 為重力,$\angle DBA$ 為直角。如果以 D 為中心、B 為頂點,作直角雙曲線 $BETV$ 與 DA、DP 和 DQ 的延長線相交於 E、T、V,則該雙曲線的扇形 DET 正比於整個下落時間。

因爲速度的增量 PQ，以及正比於它的面積 DPQ，正比於重力減去阻力的剩餘，即正比於 $BD^2 - AB^2 - 2BA \cdot AP - AP^2$ 或 $BD^2 - BP^2$；而面積 DTV 比面積 DPQ 等於 DT^2 比 DP^2，所以等於 GT^2 或 $GD^2 - BD^2$ 比 BP^2，也等於 $GD^2 - BD^2$，由相減法，等於 BD^2 比 $BD^2 - BP^2$，因此由於面積 DPQ 正比於 $BD^2 - BP^2$，面積 DTV 正比於給定量 BD^2。所以面積 EDT 在若干相等的時間間隔內，加上同樣多的間隔 DTV 後，將均勻增加，因而正比於下落時間。

證畢。

推論.如果以 D 爲中心、以 DA 爲半徑，通過頂點 A 作一個 $\overgroup{At}$ 與 $\overgroup{ET}$ 相似，其對角也是 $\angle ADT$，則速度 AP 比物體在時間 EDT 內在無阻力空間由於上升所失去或由於下落所獲得的速度，等於 $\triangle DAP$ 的面積比扇形 DAt 的面積，因而該速度可以由已知的時間求出。因爲在無阻力的介質中速度正比於時間，所以也正比於這個扇形；在有阻力介質中，它正比於該三角形；而在這兩種介質中，當它很小時，趨於相等，扇形與三角形也是如此。

附注

還可以證明這種情形，物體上升時，重力小得不足以用 DA^2 或 $AB^2 + BD^2$ 表示，但又大於以 $AB^2 - DB^2$ 來表示，因而只能用 AB^2 表示。不過我在此擬討論其他問題。

命題14　定理11

在相同條件下，如果按幾何級數取阻力與重力的合力，則物體上升或下落所掠過的距離，正比於表示時間的面積與另一個按算術級數增減的面積的差。

取 AC（在三個圖中）正比於重力，AK 正比於阻力；如果物體上升，這二者取在點 A 的同側，如果物體下落，則取在兩側。作垂線

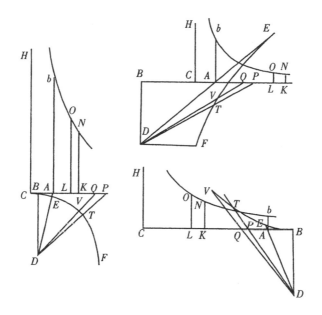

Ab,使它比 DB 等於 DB^2 比 $4BA \cdot CA$;以 CK、CH 爲直角漸近線作雙曲線 bN;再作 KN 垂直於 CK,則面積 $AbNK$ 在力 CK 按幾何級數取值時按算術級數增減,所以物體到其最大高度的距離正比於面積 $AbNK$ 減去面積 DET 的差。

因爲 AK 正比於阻力,即正比於 $AP^2 \cdot 2BA \cdot AP$;設任意給定量 Z,取 AK 等於 $\dfrac{AP^2+2BA \cdot AP}{Z}$;則 (由第二卷引理 2) AK 的瞬 KL 等於 $\dfrac{2PQ \cdot AP+2BA \cdot PQ}{Z}$ 或者 $\dfrac{2PQ \cdot BP}{Z}$,而面積 $AbNK$ 的瞬等於 $\dfrac{2PQ \cdot BP \cdot LO}{Z}$ 或者 $\dfrac{PQ \cdot BP \cdot BD^3}{2Z \cdot CK \cdot AB}$。

情形 1:如果物體上升,重力正比於 AB^2+BD^2,BET 是一個

圓，則正比於重力的直線 AC 等於 $\dfrac{AB^2+BD^2}{Z}$，而 DP^2 或 AP^2 $+2BA \cdot AP+AB^2+BD^2$ 等於 $AK \cdot Z+AC \cdot Z$ 或 $CK \cdot Z$；所以面積 DTV 比面積 DPQ 等於 DT^2 或 DB^2 比 $CK \cdot Z$。

情形 2：如果物體上升，重力正比於 AB^2-BD^2，則直線 AC 等於 $\dfrac{AB^2-BD^2}{Z}$，而 DT^2 比 DP^2 等於 DF^2 或 DB^2 比 BP^2-BD^2 或 $AP^2+2BA \cdot AP+AB^2-BD^2$，即，比 $AK \cdot Z+AC \cdot Z$ 或 $CK \cdot Z$。所以面積 DTV 比面積 DPQ 等於 DB^2 比 $CK \cdot Z$。

情形 3：由相同理由，如果物體下落，因而重力正比於 BD^2-AB^2，直線 AC 等於 $\dfrac{BD^2-AB^2}{Z}$，則面積 DTV 比面積 DPQ 等於 DB^2 比 $CK \cdot Z$，與前述相同。

所以，由於這些面積總是取這同一個比值，如果不用不變的面積 DTV 表示時間的瞬，而代之以任意確定的矩形 $BD \cdot m$，則面積 DPQ，即 $\frac{1}{2}BP \cdot PQ$，比 $BD \cdot m$ 等於 $CK \cdot Z$ 比 BD^2，因而 $PQ \cdot BD^3$ 等於 $2BD \cdot m \cdot CK \cdot Z$，而以前求出的面積 $AbNK$ 的瞬 $KLON$ 變成 $\dfrac{BP \cdot BD \cdot m}{AB}$。由面積 DET 減去它的瞬 DTV 或 $BD \cdot m$，則餘下 $\dfrac{AP \cdot BD \cdot m}{AB}$。所以，瞬的差，即面積的差的瞬，等於 $\dfrac{AP \cdot BD \cdot m}{AB}$，因此（因為 $\dfrac{BD \cdot m}{AB}$ 是給定量）正比於速度 AP，即正比於物體在上升或下落中掠過距離的瞬。所以，二面積的差，與正比於瞬且與之同時開始又同時消失的距離的增減，是成正比的。

證畢。

推論.如果以 M 表示面積 DET 除以直線 BD 所得到的長度；再取一個長度 V，使它比長度 M 等於線段 DA 比線段 DE；則物體在有阻力介質中上升或下落的總距離，比在無阻力介質中相同時間內由靜止開始下落的距離，等於上述面積差比 $\dfrac{BD \cdot V^2}{AB}$；因而可以由給定

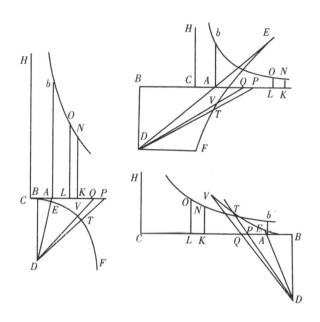

時間求出。因為在無阻力介質中距離正比於時間的平方，或正比於 V^2；又因為 BD 與 AB 是已知的，也即正比於 $\dfrac{BD \cdot V^2}{AB}$。該面積等

於面積 $\dfrac{DA^2 \cdot BD \cdot M^2}{DE^2 \cdot AB}$，$M$ 的瞬是 m；所以該面積的瞬是

$\dfrac{DA^2 \cdot BD \cdot 2M \cdot m}{DE^2 \cdot AB}$。而該瞬比上述二面積 DET 與 $AbNK$ 的差的

瞬，即比 $\dfrac{AP \cdot BD \cdot m}{AB}$，等於 $\dfrac{DA^2 \cdot BD \cdot M}{DE^2}$ 比 $\frac{1}{2}BD \cdot AP$，或等

於 $\dfrac{DA^2}{DE^2}$ 乘以 DET 比 DAP；因此，當面積 DET 與 DAP 極小時，

比值為 1。所以，當所有這些面積都極小時，面積 $\dfrac{BD \cdot V^2}{AB}$ 以及面積

DET 與 $AbNK$ 的差，有相等的瞬，因此二者相等。由於在下落開始
與上升終了時的速度相等，因而在兩種介質中所掠過的距離，是趨於
相等的，所以二者相比等於面積 $\dfrac{BD \cdot V^2}{AB}$ 比面積 DET 與 $AbNK$ 的
差；而且，由於在無阻力介質中距離連續正比於 $\dfrac{BD \cdot V^2}{AB}$，而在有阻
力介質中，距離連續正比於面積 DET 與 $AbNK$ 的差；由此必然推
導出在兩種介質中，相同時間內所掠過的距離的比，等於面積
$\dfrac{BD \cdot V^2}{AB}$ 比面積 DET 與 $AbNK$ 的差。　　　　　　　證畢。

附注

　　球體在流體中受到的阻力部分來自黏滯性，部分來自摩擦，部分
來自介質密度。其中來自流體密度的那部分阻力，我已討論過，是正
比於速度的平方的；另一部分來自流體的黏滯性，它是均勻的，或正
比於時間的瞬；因此，我們現在可以進而討論這種物體運動，它受到
的阻力部分來自一個均勻的力，或正比於時間的瞬，部分正比於速度
的平方。不過早在本卷的命題 8 和命題 9 及其推論中，就已經為解決
這種問題做好了準備。因為在這些命題中，可以將上升物體的重力所
帶來的均勻阻力，代之以介質的黏滯性所產生的均勻阻力，前提是物
體只受慣性力的推動；而當物體沿直線上升時，可把均勻力疊加在重
力上，當物體沿直徑下落時，則從中減去。還可以進而討論受到部分
是均勻的、部分正比於速度、部分正比於同一速度的平方的阻力的物
體的運動。而我在本卷的命題 13 和命題 14 中為此建構了方法，其中，
只要用介質黏滯性產生的均勻阻力代替重力，或者像以前那樣，代之
以二者的合力。我們還有其他問題要討論。

第四章　物體在阻滯介質中的圓運動

引理 3

令 **PQR** 爲一螺旋線，它以相同角度與所有的半徑 **SP**、**SQ**、**SR** 等相交。作直線 **PT** 與螺旋線相交於任意點 **P**，與半徑 **SQ** 相交於 **T**；作 **PO**、**QO** 與螺旋線垂直，並相交於 **O**，連接 **SO**：如果點 **P** 和 **Q** 趨於重合，則 $\angle PSO$ 成爲直角，而乘積 $TQ \cdot 2PS$ 與 PQ^2 的最後的比成爲相等的比。

因爲，由直角 $\angle OPQ$、$\angle OQR$ 中減去相等的 $\angle SPQ$、$\angle SQR$，餘下的 $\angle OPS$、$\angle OQS$ 仍相等。所以，通過點 O、P、S 的圓必定也通過點 Q。令點 P 與 Q 重合，則該圓在 P、Q 重合處與螺旋線相切，因而與直線 OP 垂直相交。所以，OP 成爲該圓的直徑，而 $\angle OSP$ 位於半圓上，所以是直角。　　　　證畢。

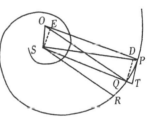

作 QD、SE 垂直於 OP，則幾條線最後的比等於

$$TQ : PQ = TS : PE \text{ 或 } PS : PE = 2PQ : 2PS ;$$

以及　　　　　　　　　　$$PD : PQ = PQ : 2PO ;$$

將相等比式中對應項相乘，

$$TQ : PQ = PQ : 2PS 。$$

因而　　　　　　　　　　$$PQ^2 = TQ \cdot 2PS 。$$　　　　　　證畢。

命題15　定理12

如果各點的介質密度反比於由該點到不動中心的距離，且向心力正比於密度的平方，則物體沿一螺旋線運動，該線以一給定角度與所有指向中心的半徑相交。

設所有條件與前述引理相同，延長
SQ 到 V，使得 SV 等於 SP。令物體在
任意時間內在有阻力介質中掠過極短弧
$\overset{\frown}{PQ}$，而在 2 倍的時間裏掠過極短弧
$\overset{\frown}{PR}$；而阻力造成的弧的減量，或它們
與在無阻力介質中相同時間內所掠過的
弧的差，相互間的比值正比於生成它們
的時間的平方；所以 $\overset{\frown}{PQ}$ 的減量是 $\overset{\frown}{PR}$

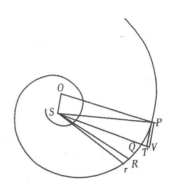

的減量的四分之一。因而，如果取面積
QSr 等於面積 PSQ，則 $\overset{\frown}{PQ}$ 的減量也等於矩線 Rr 的一半；所以阻
力與向心力之間的比等於短線 $\frac{1}{2} Rr$ 與同時生成的 TQ 的比。因為物
體在點 P 受到的向心力反比於 SP^2，而（由第一卷引理 10）該力所產
生的短線 TQ 正比於一個複合量，它正比於該力以及掠過 $\overset{\frown}{PQ}$ 所用的
時間的平方（在此我略去阻力，因為它比起向心力來為無限小），由此
導出 $TQ \cdot SP^2$，即（由第二卷引理 3）$\frac{1}{2} PQ^2 \cdot SP$，正比於時間的
平方，因而時間正比於 $PQ \cdot \sqrt{SP}$；而在該時間裏物體掠過 $\overset{\frown}{PQ}$ 的速
度正比於 $\dfrac{PQ}{PQ \cdot \sqrt{SP}}$ 或 $\dfrac{1}{SP}$，即反比於 SP 的平方根。而且由相同理
由，掠過 $\overset{\frown}{QR}$ 的速度反比於 SQ 的平方根。現在，$\overset{\frown}{PQ}$ 與 $\overset{\frown}{QR}$ 的比等
於速度的比，即等於 SQ 比 SP 的平方根，或等於 SQ 比
$\sqrt{(SP \cdot SQ)}$；而因為 $\angle SPQ$、$\angle SQr$ 相等，面積 PSQ、QSr 相等，
$\overset{\frown}{PQ}$ 比 $\overset{\frown}{Qr}$ 等於 SQ 比 SP。取正比部分的差，得到 $\overset{\frown}{PQ}$ 比 $\overset{\frown}{Pr}$ 等於
SQ 比 $SP - \sqrt{(SP \cdot SQ)}$ 或 $\frac{1}{2} VQ$，因為點 P 與 Q 重合時，SP
$- \sqrt{(SP \cdot SQ)}$ 與 $\frac{1}{2} VQ$ 的最終比值是相等比值。由於阻力產生的 $\overset{\frown}{PQ}$
的減量或其 2 倍 Rr，正比於阻力與時間的平方的乘積，所以阻力正比
於 $\dfrac{Rr}{PQ^2 \cdot SP}$。取 PQ 比 Rr 等於 SQ 比 $\frac{1}{2} VQ$，因而 $\dfrac{Rr}{PQ^2 \cdot SP}$ 正比
於 $\dfrac{\frac{1}{2} VQ}{PQ \cdot SP \cdot SQ}$，或正比於 $\dfrac{\frac{1}{2} OS}{OP \cdot SP^2}$。因為點 P 與 Q 重合時，SP

與 SQ 也重合，$\triangle PVQ$ 成為一直角三角形；又因為 $\triangle PVQ$、$\triangle PSO$ 相似，PQ 比 ½ VQ 等於 OP 比 ½ OS。所以 $\dfrac{OS}{OP \cdot SP^2}$ 正比於阻力，即正比於點 P 的介質密度與速度平方的乘積。抽去速度的平方部分，即 $\dfrac{1}{SP}$，則餘下 P 處的介質密度，它正比於 $\dfrac{OS}{OP \cdot SP}$。令螺旋線為已知的，因為 OS 比 OP 為已知，點 P 處介質密度正比於 $\dfrac{1}{SP}$。所以在密度反比於距離 SP 的介質，物體將沿該螺旋線運動。　　　　證畢。

推論Ⅰ.在任意處所 P 的速度，恆等於物體在無阻力介質中受相同向心力以相同距離做圓周運動的速度。

推論Ⅱ.如果距離 SP 已知，則介質密度正比於 $\dfrac{OS}{OP}$，但如果距離未知，則介質密度正比於 $\dfrac{OS}{OP \cdot SP}$。所以螺旋線適用於任何介質密度。

推論Ⅲ.在任意處所 P 的阻力比同一處所的向心力等於 ½ OS 比 OP。因為二力相互間的比等於 ½ Rr 比 TQ，或等於 $\dfrac{¼\,VQ \cdot PQ}{SQ}$ 比 $\dfrac{½\,PQ^2}{SP}$，即等於 ½ VQ 比 PQ，或 ½ OS 比 OP，所以給定了螺旋線，也就給定了阻力與向心力的比值；反之，由該比值也可求出螺旋線。

推論Ⅳ.除非阻力小於向心力的一半，否則物體不會沿螺旋線運動。令阻力等於向心力的一半，螺旋線與直線 PS 重合，在該直線上，物體落向中心，其速度比先前討論過的沿拋物線（由第一卷定理 10）在無阻力介質中下落的速度，等於 1 比 2 的平方根。所以下落時間反比於速度，因而是給定的。

推論Ⅴ.因為在到中心距離相等處，螺旋線 PQR 上的速度等於直線 SP 上的速度，螺旋線的長度比直線 PS 的長度為給定值，即等於 OP 比 OS；沿螺旋線下落的時間與沿直線下落的時間的比也為相同比值，因而是給定的。

推論 Ⅵ.如果由中心引出兩條任意
半徑作兩個圓；保持二圓不變，使螺旋
線與半徑 PS 的交角任意改變；則物體
在兩個圓之間沿螺旋線環繞的圈數正比
於 $\dfrac{PS}{OS}$，或正比於螺旋線與半徑 PS 夾
角的正切；而同一環繞的時間正比於
$\dfrac{OP}{OS}$，即正比於同一個角的正割，或反
比於介質密度。

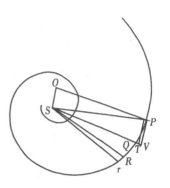

推論 Ⅶ.如果物體在密度反比於處所到中心距離的介質中沿任意
曲線繞該中心運動，且在 B 點與第一個半徑 AS 的交角與在 A 點相
同，其速度與在 A 點的速度的比正比於到中心的距離的平方根（即等

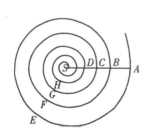

於 AS 比 AS 與 BS 的比例中項），則該物
體將連續掠過無數個相似的環繞軌道
BFC、CGD 等，將半徑 AS 分割為連續正
比的部分 AS、BS、CS、DS 等。但環繞週
期正比於軌道周長 AEB、BFC、CGD 等，
反比於在這些軌道起點 A、B、C 等處的速
度，即正比於 $AS^{\frac{3}{2}}$、$BS^{\frac{3}{2}}$、$CS^{\frac{3}{2}}$。而物體到
達中心的總時間比第一個環繞的時間，等於
所有連續正比項 $AS^{\frac{3}{2}}$、$BS^{\frac{3}{2}}$、$CS^{\frac{3}{2}}$等直至無窮的和，比第一項 $AS^{\frac{3}{2}}$，
即非常近似地等於第一項 $AS^{\frac{3}{2}}$比前兩項的差 $AS^{\frac{3}{2}}-BS^{\frac{3}{2}}$，或 ⅔ AS
比 AB。因而容易求出總時間。

推論Ⅷ.由此也可以足夠近似地推出，物體在密度均勻或按任意設
定規律變化的介質中的運動。以 S 為中心，以連續正比的半徑 SA、
SB、SC 等畫出數目相同的圓；設在以上討論的介質中，在任意兩個
圓之間的環繞時間，比在相同圓之間在擬定介質中的環繞時間，近似
等於這兩個圓之間擬定介質的平均密度，比上述介質的平均密度；而

且在上述介質中上述螺旋線與半徑 AS 的交角的正割正比於在擬定介質中新螺旋與同一半徑的交角的正割;以及在兩個相同的圓之間環繞的次數都近似正比於交角的正切;如果在每兩個圓之間的情形處處如此,則物體的運動連續通過所有的圓。由此方法可以毫不困難地求出物體在任意規則介質中環繞的運動和時間。

推論 IX.雖然這些偏心運動是沿近似於橢圓的螺旋線進行的,但如果假設這些螺旋線的若干次環繞是在相同距離進行的,而且其傾向於中心的程度與上述螺旋線是相同的,則也可以理解物體是怎樣沿著這螺旋線運動的。

命題16 定理13

如果介質在各處的密度反比於由該處到不動中心的距離,而向心力反比於同一距離的任意冪次,則物體沿螺旋線的環繞與所有指向中心的半徑都以給定角度相交。

本命題的證明與前一命題相同。因爲如果在 P 處的向心力反比於距離 SP 的任意冪次 SP^{n+1},其指數爲 $n+1$,則與前者相同,可以推知物體掠過任意弧 $\overset{\frown}{PQ}$ 的時間正比於 $PQ \cdot PS^{\frac{1}{2n}}$;而 P 處的阻力正比於

$$\frac{Rr}{PQ^2 \cdot SP^n}$$,或正比於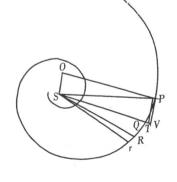

$$\frac{(1-\frac{1}{2}n) \cdot VQ}{PQ \cdot SP^n \cdot SQ}$$,因而正比於

$$\frac{(1-\frac{1}{2}n) \cdot OS}{PQ \cdot SP^{n+1}}$$,即(因爲

$$\frac{(1-\frac{1}{2}n) \cdot OS}{OP}$$ 是給定量)反比於

SP^{n+1}。所以,由於速度反比於 $SP^{\frac{1}{2n}}$,P 處的密度反比於 SP。

證畢。

推論 I.阻力比向心力等於 $(1-\frac{1}{2}n) \cdot OS$ 比 OP。

推論 II.如果向心力反比於 SP^3，則 $1-\frac{1}{2}n$ 等於 0；因而阻力與介質密度均為零，情形與第一卷命題 9 相同。

推論III.如果向心力反比於半徑 SP 的任意冪次，其指數大於 3，則正阻力變為負值。

附注

本命題與前一命題均與不均勻密度的介質有關，它們只適用於物體運動如此之小的場合，以至於對物體一側的介質密度高出另一側的部分可以不予考慮。此外，等價地，我還設阻力正比於密度。所以，在阻力不正比於密度的介質中，密度必須迅速增加或減小，使得阻力的出超或不足部分得以抵消或補充。

命題17　問題 4

一個物體的速度規律已知，沿一條已知螺旋線環繞，求介質的向心力和阻力。

令螺旋線為 PQR。由物體掠過極小弧段 $\overset{\frown}{PQ}$ 的速度可以求出時間；而由正比於向心力的高度 TQ，以及時間的平方，可以求出向心力。然後由相同時間間隔中畫出的面積 PSQ 和 QSR 的差 RSr，可以求出物體的變慢；而由這一變慢可以求出阻力和介質密度。

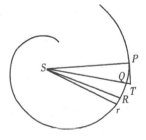

命題18　問題 5

已知向心力規律，求使一物體沿已知螺旋線運動的介質各處的密

度。

由向心力必定可以求出各處的速度，然後由速度的變慢可以求出介質密度。這與前一命題相同。

不過，我在本卷命題 10 和引理 2 中已解釋過處理這類問題的方法，不擬再向讀者詳細介紹這些繁瑣的問題。現在我將增加某些與運動物體的力以及該運動發生於其中的介質的密度和阻力有關的內容。

第五章 流體密度和壓力；流體靜力學

流體定義

流體是這樣一種物體，它的各部分能屈服於作用於其上的力，而且這種屈服能使它們相互間輕易地發生運動。

命題19 定理14

盛裝在任意靜止容器內的均勻而靜止並且在各方向上都受到壓迫的流體的各部分（不考慮凝聚力、重力以及一切向心力），在各方面上都受到相等的壓力，停留在各自的處所，不會因該壓力而產生運動。

情形 1：令流體盛裝於球形容器 ABC 內，各方面均勻受到壓迫，則該壓力不會使流體的任何部分運動。因為，如果任意部分 D 運動，則各邊上到球心距離相等的類似部分必定都在同時也做類似的運動，因為它們所受到的壓力都是相似而且相等的；而不是由於這種壓力而產生的運動都是不可能的。而如果這些部分都向中心附近運動，則流體

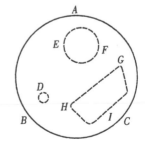

必定向球心集聚，這與題設矛盾；如果它們遠離球心而去，則流體必定向球面集聚，這也與題設矛盾。它們不能向任何方向運動，只能保

持其到中心的不變距離,因為相同的理由可以使它們向相反方向運動;而同一部分不可能同時向相反的兩個方向運動,所以流體的各部分都不會離開其處所。　　　　　　　　　　　　　　　　　證畢。

　　情形 2:該流體的所有球形部分在各方向上都受到相等的壓力。因為令 *EF* 為流體的球體部分,如果它不是受到各方面相等的壓力,則壓力較小方面會增加壓力直到各方面壓力相等,而該部分(由情形1)將停留在其位置上。但在壓力增加之前,它們不會離開原先的位置(由情形1);而由流體定義,增加新的壓力後它們將會由這些位置運動。這兩個結論相互矛盾。所以球體 *EF* 各方向上受不等壓力的說法是錯誤的。　　　　　　　　　　　　　　　　　　　證畢。

　　情形 3:此外,球的不同部分的壓力也相等。因為球體毗鄰部分在接觸點相互施加相等的壓力(由定律III),但(由情形2)它們向各方面都施以相同的壓力,所以球體的任意兩個不毗鄰的部分,由於能與這二者都接觸的中介部分的作用,相互間也施以相等的壓力。

　　　　　　　　　　　　　　　　　　　　　　　　　　　證畢。

　　情形 4:流體的所有部分處處壓力相等。因為任意兩個部分都與球體的某些點保持接觸,它們對這些球體部分的壓力相等(由情形3),因而受到的反作用也相等(由定律III)。　　　　證畢。

　　情形 5:由於流體的任意部分 *GHI* 被封閉在流體的其餘部分內,如同盛裝在容器之中一樣,對各方面的壓力相等,而且它的各部分也相互間同等壓迫,因而相互間維持靜止;所以說流體的所有部分 *GHI* 向各方面施加壓力,相互間也同等地壓迫,而且相互間保持靜止。　　　　　　　　　　　　　　　　　　　　　　證畢。

　　情形 6:如果流體盛裝在一個屈服物質或非剛體的容器中,且各方面壓力不相等,則由流體定義,容器也將向較大的壓力屈服。

　　情形 7:所以,在非流動的或剛體容器中,流體不會向一個方向維持較其他方向更大的壓力,而是在短時間內向它屈服;因為容器的剛性邊壁不會隨流體一同屈服,而屈服的流體會壓迫容器的對邊,這樣各方面的壓力趨於相等。而因為流體--且屈服於壓力較大的部分而

運動,即受到容器對面邊壁阻力的抗衡,使一瞬間各方面的壓力變為相等,不發生局部運動;由此知,流體的各部分 (由情形5) 相互間同等壓迫,維持靜止。   證畢。

推論.所以流體各部分相互之間的運動不可能由於外表面所傳遞的壓力而有所改變,除非該表面的形狀發生改變,或由於流體所有各部分間相互壓力較強或較弱,使它們相互間的滑移有或多或少的困難。

命題20　定理15

如果球形流體的所有部分在到球心距離相等處是均勻的,置於一同心的瓶上,都被吸引向球心,則該瓶所承受的是一個柱體的重量,其底等於球的表面,而高度則等於覆蓋的流體高度。

令 DHM 為瓶的表面,AEI 為流體的上表面。把流體分為等厚度的同心球殼,相應的是無數個球面 BFK、CGL等;設重力只作用於每個球殼的外表面,而且對球面上相等的部分作用相等。因而上表面 AEI 只受到其自身重力的作用,這個力使上表面的所有部分,以及第二個表面 BFK (由第二卷命題 19),根據其大小而受到相等的壓

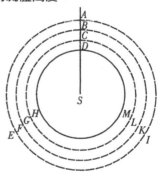

力。類似地,第二個表面 BFK 也受到其自身的重力作用,該力疊加在前一種上使壓力加倍。而第三個表面 CGL 則根據該力的大小,在其自身重力之外又受到這一壓力的作用,使它的壓力增為 3 倍。用類似的方法,第四個表面的壓力是 4 倍,第五個表面是 5 倍壓力,依次類推。所以作用於每個表面的壓力並不正比於上層流體的體積量,而是正比於到達流體上表面的層數,等於最低層乘以層數,即等於一個體積的重量,它與上述柱體的最後的比 (當層數無限增加,層厚無限減

小，使由下表面到上表面的重力作用變得連續時）是相等的比。所以，下表面承受著上述柱體的重量。　　　　　　　　　　　　　　證畢。

由類似理由，流體的重力按到中心的距離的任意給定比率減小，以及流體的上部稀薄，而下部稠密，都是本命題的明證。　　　證畢。

推論 I.瓶並未受到其上的流體全部重量的壓力，只承受本命題中所述的那一部分壓力；其餘壓力為球形流體的拱曲表面所承受。

推論 II.壓力的量在到中心距離相等處總是相等的，既不論表面受到的力是平行於地平面，或是垂直於它，或與它斜向相交，也不論流體是由受壓表面沿直線向上湧出，或是自蜿蜒曲折的洞穴和隧道斜向流出，也不論這些通道是規則或不規則的，是寬是窄。這些條件都不能使壓力有任何改變，這可以由將本定理應用到若干種流體的情形得到證明。

推論 III.由同一證明還可以推出（由第二卷命題 19），重流體各部分自身相互間不會因為其上部重量的壓力而運動，因凝聚而產生的運動除外。

推論 IV.如果一個比重相同又不會壓縮的另一個物體沒入流體中，它將不會因其上部的重量而發生運動：它既不下沉亦不上浮，外形也不改變。如果它是球體，儘管有此壓力它仍保持球形，如果它是立方體，則仍保持立方體，既不論它是柔軟的或是流體的，也不論它是在該流體中自由遊動或沉入底部。因為流體內部各部分與沒入其中的部分狀態相同；而具有相同的尺度、外形和比重的沒入物體，其情形都與此相似。如果沒入的物體保持其重量，分解而轉變成流體，則這個物體如果原先是上浮的、下沉的，或受某種壓力變為新形狀的，都將類似地仍然上浮、下沉或變為新形狀，這是因為其重力和其運動的其他原因得以維持。但是（由第二卷命題 19 情形 5）它現在應是靜止的，保持其原形。所以與上一種情形相同。

推論 V.如果物體的比重大於包圍著它的流體，它將下沉；而比重較輕的則上浮，所獲得的運動和外形變化正比於其重力所超出或不足部分。因為超出或不足的部分其效果等同於一個衝擊，它可以使與流

體各部分取得的平衡受到作用；這與天平一邊的重量增減的情形相類似。

推論Ⅵ.所以在流體內的物體有兩種重力：其一是眞實和絕對的，另一種是表象的、普通的和相對的。絕對重力是使物體垂直向下的全部的力；相對和普通的重力是重力的超出部分，它使物體比周圍的流體更強烈地垂直向下。第一種重力使流體和物體的所有部分被吸引在適當的處所，所以它們的重力合在一起即構成總體的重量。因爲全體合在一起就是重量，正如盛滿液體的容器那樣；全體的重量等於所有部分的重量的和，是由所有部分組成的。另一種重力並不使物體被吸引在其處所，即通過相互比較，它們並不超出，但阻礙相互的下沉傾向，使其像沒有重量那樣滯留在原處。空氣中比空氣輕的物體，一般被認爲是沒有重量的。而重於空氣的物體通常是有重量的，因爲它們不能爲空氣的重量所承擔。普通重量無非是物體的重量超出空氣重量的部分。因而沒有重量的物體，一般也稱爲輕物體，它們輕於空氣，被向上托起，但這只是相對地輕，不是眞實的，因爲它們在眞空中仍是下沉的。同樣，在水中，物體由其重量決定下沉或上浮，相對地表現出重或是輕；它們相對的、表象的重或輕正是它們的眞實重量超出或不足於水的重量的部分。不過那些重於流體而不下沉，輕於流體而不上浮的物體，雖然它們的眞實重量增加了總體重量，但一般而言，它們在水中沒有相對重量。這些情形可以作類似的證明。

推論Ⅶ.已證明的結論適用於與所有其他向心力有關的場合。

推論Ⅷ.所以，如果介質受到其自重或任意其他向心力的作用，在其中運動的物體受到同一種力的更強烈的作用，則兩種力的差正是運動力，在前述命題中，我都稱之爲向心力。但如果該物體受此力作用較輕，則力的差變爲離心力，而且只能按離心力來處理。

推論Ⅸ.但是，由於流體的壓力不改變沒入其中的物體的形狀，因此（由第二卷命題19推論）也不改變其內部各部分相互間的位置關係；因而，如果動物沒入流體中，而且所有的知覺是由各部分的運動產生的，則流體既不傷害浸入的軀體，也不刺激任何感覺，除非軀體

受到壓迫而蜷縮。所有爲流體所包圍的物體系統都與此情形相同。系統的所有部分都像在眞空中一樣受到同一種運動的推動，只保留相對重量；除非流體或多或少地阻礙它們的運動，或在壓力下被迫與之結合。

命題21　定理16

令任意流體的密度正比於壓力，其各部分受反比於到中心距離平方的向心力的吸引垂直向下，則如果該距離是連續正比的，則在相同距離處的流體密度也是連續正比的。

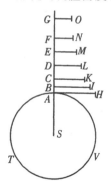

令 ATV 表示流體的球形底面，S 是球心，SA、SB、SC、SD、SE、SF 等是連續正比的距離。作垂線 AH、BI、CK、DL、EM、FN 等等，正比於 A、B、C、D、E、F 處的介質密度，則這些處所的比重正比於 $\dfrac{AH}{AS}$、$\dfrac{BI}{BS}$、$\dfrac{CK}{CS}$ 等，或者完全等價地，正比於 $\dfrac{AH}{AB}$、$\dfrac{BI}{BC}$、$\dfrac{CK}{CD}$ 等。首先設這些重力由 A 到 B、由 B 到 C、由 C 到 D 等都是均匀的，連續的，而在點 B、C、D 等處形成減量臺階。將這些重力乘以高度 AB、BC、CD 等即得到壓力 AH、BI、CK 等，它們作用於底 ATV（由第二卷定理15）。所以，部分 A 承受著 AH、BI、CK、DL 等直至無限的所有壓力；部分 B 承受著除第一層 AH 以外的所有壓力；而部分 C 承受著除前兩層以外的所有壓力；依此類推。所以第一部分 A 的密度 AH 比第二部分 B 的密度 BI，等於 $AH+BI+CK+DL$ 等等所有無限多項的和比 $BI+CK+DL$ 等所有無限多項的和。而第二部分 B 的密度 BI 比第三部分 C 的密度 CK，等於 $BI+CK+DL+\cdots\cdots$ 的和比 $CK+DL+\cdots\cdots$ 的和。所以這些和正比於它們的差 AH、BI、CK 等

等，因而是連續正比的。而由於在處所 A、B、C 等的密度正比於 AH、BI、CK 等，因此它們也是連續正比的。間隔地取值，在連續正比的距離 SA、SC、SE 處，密度 AH、CK、EM 也連續正比。由類似理由，在連續正比的任意距離 SA、SD、SG 處，密度 AH、DL、GO 也是連續正比的。現在令 A、B、C、D、E 等點重合，使由底 A 到流體頂部的比重級數變為連續的，則在連續正比的任意距離 SA、SD、SG 處，相應也連續正比的密度 AH、DL、GO 仍將維持連續正比。　　　　　　　　　　　　　　　　　　　　　　　證畢。

推論.如果 A、E 兩處的流體密度為已知，則可以求出任意其他處所 Q 的密度。以 S 為中心，圍繞直角漸近線 SQ、SX 作雙曲線與垂線 AH、EM、QT 相交於 a、e 和 q，與漸近線 SX 的垂線 HX、MY、TZ 相交於 h、m 和 t。作面

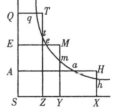

積 $YmtZ$ 比已知面積 $YmhX$ 等於給定面積 $EeqQ$ 比給定面積 $EeaA$；延長直線 Zt 截取線段 QT 正比於密度。因為，如果直線 SA、SE、SQ 是連續正比的，則面積 $EeqQ$、$EeaA$ 相等，而與它們正比的面積 $YmtZ$、$XhmY$ 也相等；而直線 SX、SY、SZ，即 AH、EM、QT 連續正比，如它們所應當的那樣。如果直線 SA、SE、SQ 按其他次序成連續正比序列，則由於正比的雙曲線面積，直線 AH、EM、QT 也按相同的次序構成連續正比序列。

命題22　定理17

令任意流體的密度正比於壓力，其各部分受反比於到中心距離平方的重力作用而垂直向下，則如果按調和級數取距離，在這些距離上的流體密度構成幾何級數。

令 S 為中心，SA、SB、SC、SD、SE 為按幾何級數取的距離。作垂線 AH、BI、CK 等，它們都正比於 A、B、C、D、E 等處的

流體密度，而對應的比重則正比

於 $\dfrac{AH}{SA^2}$、$\dfrac{BI}{SB^2}$、$\dfrac{CK}{SC^2}$，等。設

這些重力是均勻連續的，第一個
由 A 到 B，第二個由 B 到 C，
第三個由 C 到 D，等等，它們乘
以高度 AB、BC、CD、DE 等，
或者等價地，乘以距離 SA、
SB、SC 等，正比於這些高度，

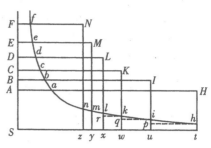

則得到表示壓力的 $\dfrac{AH}{SA}$、$\dfrac{BI}{SB}$、$\dfrac{CK}{SC}$，等，所以，由於密度正比於這

些壓力的和，則密度的差 $AH-BI$、$BI-CK$ 等正比於這些和 $\dfrac{AH}{SA}$、

$\dfrac{BI}{SB}$、$\dfrac{CK}{SC}$ 的差。以 S 為中心，SA、Sx 為漸近線畫任意雙曲線，與

垂線 AH、BI、CK 等相交於 a、b、c 等，與垂線 Ht、Iu、Kw 相

交於 h、i、k；則密度的差 tu、uw 等將正比於 $\dfrac{AH}{SA}$、$\dfrac{BI}{SB}$ 等，即正

比於 Aa、Bb 等。因為，由雙曲線的特性，SA 比 AH 或 SA 比 St

等於 th 比 Aa，因而 $\dfrac{AH \cdot th}{SA}$ 等於 Aa。由類似理由，$\dfrac{BI \cdot ui}{SB}$ 等於

Bb，等等。但 Aa、Bb、Cc 等是連續正比的，因而也正比於它們的
差 $Aa-Bb$、$Bb-Cc$ 等，所以矩形 tp，uq 等也正比於這些差；也正
比於矩形的和 $tp+uq$ 乘 $tp+uq+wr$ 與差 $Aa-Cc$ 或 $Aa-Dd$ 的
和的比。設這些項中的若干個與所有差的和，如 $Aa-Ff$，正比於所
有矩形 $zthn$ 的和。無限增加項數，減小點 A、B、C 等之間的距離，
則這些矩形等於雙曲線面積 $zthn$，因而差 $Aa-Ff$ 正比於該面積。現
按調和級數取任意距離 SA、SD、SF，則差 $Aa-Dd$、$Dd-Ff$ 相
等；所以面積 $thlx$、$xlnz$ 正比於這些差，而且相互相等，而密度 St、
Sx、Sz，即 AH、DL、FN 則連續正比。　　　　　　　　　　證畢。

推論.如果已知流體的兩個密度 AH、BI，則可以求出對應於其差 tu 的面積 $thiu$；因而取面積 $thnz$ 比該已知面積 $thiu$ 等於差 $Aa-Ff$ 比差 $Aa-Bb$，即可求出任意高度 SF 的密度 FN。

附注

由類似理由可以證明，如果流體各部分的重力正比於它們到中心距離的立方、反比於距離 SA、SB、SC 等的平方（即 $\frac{SA^3}{SA^2}$、$\frac{SA^3}{SB^2}$、$\frac{SA^3}{SC^2}$）減小，並按算術級數取值，則密度 AH、BI、CK 等構成幾何級數。而如果重力正比於距離的四次方、反比於距離的立方（即 $\frac{SA^4}{SA^3}$、$\frac{SA^4}{SB^3}$、$\frac{SA^4}{SC^3}$ 等）減小，按算術級數取值，則密度 AH、BI、CK 等也構成幾何級數。依次類推可至無限。而且，如果流體各部分的重力在所有距離處都是相同的，距離為算術級數，則密度也是幾何級數，正如哈雷博士所發現的那樣。如果重力正比於距離，而距離的平方為算術級數，則密度仍是幾何級數。依次類推可至無限。當流體因壓迫而集聚，其密度正比於壓迫力；或者，等價地，當流體所佔據的空間反比於這個力時，上述情形均成立。還可以設想一些其他的凝聚規律，如凝聚力的立方正比於密度的四次方，或力的比值的立方等於密度比值的四次方：在此情形下，如果重力反比於流體到中心距離的平方，則密度反比於距離的立方。設壓力的立方正比於密度的五次方；如果重力反比於距離的平方，則密度反比於距離的³⁄₂次方。設壓力正比於密度的平方，重力反比於距離的平方，則密度反比於距離。但就我們的空氣而言，這個關係取自實驗，它的密度精確地，至少是極為近似地正比於壓力；因而地球大氣中的空氣密度正比於上面全部空氣的重量，即正比於氣壓計中的水銀高度。

命題23　定理18

　　如果流體由相互離散的粒子組成，密度正比於壓力，則各粒子的
離心力反比於它們中心之間的距離。反之，如果各粒子是相互離散的，
離散力反比於它們中心間的距離的平方，則由此組成的彈性流體，其
密度正比於壓力。

　　設流體貯存於立方空間 ACE 中，然後被壓縮入較小的立方空間
ace；在這兩個空間中各粒子維持著相似的相互位置關係，距離正比
於立方的邊 AB、ab；而介質的密度反比於包含的空間 AB^3、ab^3。
在大立方體 $ABCD$ 的平面邊取一平方形 DP 等於小立方體的平面邊

db；由題設知，平方形 DP 壓迫其內部流體的
壓力，比平方形 db 壓迫其內部流體的壓力，等
於兩種介質相互間的比，即等於 ab^3 比 AB^3。
但平方形 DB 壓迫其內部流體的壓力比平方
形 DP 壓迫其內部相同流體的壓力，等於平方
形 DB 比平方形 DP，即等於 AB^2 比 ab^2。所
以兩式的對應項相乘，平方形 DB 壓迫流體的
壓力比平方形 db 壓迫其內部流體的壓力等於
ab 比 AB。作平面 FGH、fgh 通過兩個立方

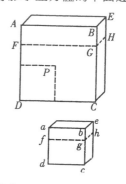

體的內部，把流體分爲兩部分，這兩部分相互間的壓力等於它們受到
平面 AC、ac 的壓力，即相互比值等於 ab 比 AB，因而承受該壓力
的離心力也有相同比值。在兩個立方空間中，被平面 FGH、fgh 隔開
的粒子數目相同，位置相似，所有的粒子產生的作用於全體的力正比
於各粒子間相互作用的力。所以在大立方體中被平面 FGH 隔開的各
粒子間的作用力，比在小立方體中被平面 fgh 隔開的各粒子間的作用
力，等於 ab 比 AB，即反比於各粒子之間的距離。　　　　證畢。

　　反之，如果某一粒子的力反比於距離，即反比於立方體的邊 AB、
ab，則力的和也爲相同比值，而邊 DB、db 的壓力正比於力的和；因

而平方形 *DP* 的壓力比邊 *DB* 的壓力等於 ab^2 比 AB^2。將比例式中對應項相乘，得到平方形 *DP* 的壓力比邊 *db* 的壓力等於 ab^3 比 AB^3；即在一個中的壓力比在另一個中的壓力等於前者的密度比後者的密度。　　　　　　　　　　　　　　　　　　　　　　　　　　　　證畢。

附注

　　由類似理由，如果各粒子的離心力反比於其中心之間距離的平方，則壓力的立方正比於密度的四次方。如果離心力反比於距離的三次或四次方，則壓力的立方正比於密度的五次或六次方。一般地，如果 *D* 是距離，*E* 是受壓流體的密度，離心力反比於距離的任意冪次 D^n，其指數為 *n*，則壓力正比於 E^{n+2} 的立方根，其指數為 $n+2$；反之亦然。所有這些要求離心力僅發生於相鄰接的粒子之間，或相距不遠者，磁體提供了一個這方面的例子。磁體的力會因為間隔的鐵板而減弱，幾乎終止於該鐵板：因為遠處的物體受磁體的吸引不如受鐵板的吸引強，參照此方法，各粒子排斥與它同類型的鄰近粒子，而對較遠處的則無作用，則這種粒子所組成的流體與本命題所討論的流體相同。如果粒子的力向所有力向無限擴散，則要構成具有相同密度的較大量的流體，需要更大的凝聚力。但彈性流體究竟是否由這種相互排斥的粒子組成，這是個物理學問題。我們在此只對由這種粒子組成的流體的性質做出證明，哲學家們不妨對這個問題作一討論。

第六章　擺體的運動與阻力

命題24　定理19

　　幾個擺體的擺動中心到懸掛中心的距離均相等，則擺體的物質的量的比等於它們在真空中重量的比與擺動時間比的平方的乘積。

　　因為一個已知的力在已知時間內所能使已知物體產生的速度正比

於該力和時間，反比於物體，力或時間越大，或物體越小，則所產生的速度越大。這是第二運動定律所闡明的。如果各擺長度相同，在到擺距離相等處運動力正比於重量，則如果兩個擺體掠過相等弧度，把這兩個弧度分為若干相等部分；由於擺體掠過弧的對應部分所用的時間正比於總擺動時間，擺過各對應部分的速度相互間的比，正比於運動力和總擺動時間，反比於物質的量；所以物質的量正比於擺動的力和時間，反比於速度。但速度反比於時間，因而時間正比於而速度反比於時間的平方，因而物質的量正比於運動力和時間的平方，即正比於重量與時間的平方。   證畢。

推論Ⅰ.如果時間相等，則各自物質的量正比於重量。

推論Ⅱ.如果重量相等，則物質的量正比於時間的平方。

推論Ⅲ.如果物質的量相等，則重量反比於時間的平方。

推論Ⅳ.完全等價地，由於時間的平方正比於擺長，所以如果時間與物質的量都相等，則重量正比於擺長。

推論Ⅴ.一般地，擺體的物質的量正比於重量和時間的平方，反比於擺長。

推論Ⅵ.但在無阻力介質中，擺體的物質的量正比於相對重量和時間的平方，反比於擺長。因為前面已證明，相對重量是物體在任意重介質中的運動力，所以它在無阻力介質中的作用與真空中的絕對重量相同。

推論Ⅶ.由此得到一種方法，用以比較物體各自所含物質的量，以及同一物體在不同處所的重量，以了解重力變化情況。我通過極為精密的實驗發現，物體所含物質的量總是正比於它們的重量。

命題25　定理20

在任意介質中受到的阻力正比於時間的瞬的擺體，與在比重相同的無阻力介質中運動的擺體，它們在相同時間內擺動都畫出一條擺線，而且共同掠過成正比的弧段。

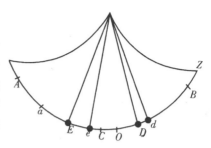

　　令物體 D 在無阻力介質中
擺動時，在任意時間內畫出的一
段擺線弧爲 $\overset{\frown}{AB}$。在 C 點二等分
該弧，使 C 爲其最低點，則物體
在任意處所 D、d 或 E 受到的
加速力，正比於弧長 $\overset{\frown}{CD}$、$\overset{\frown}{Cd}$ 或
$\overset{\frown}{CE}$。令該力以這些弧表示；由
於阻力正比於時間的瞬，因而是已知的，令它以擺線弧的已知段 $\overset{\frown}{CO}$
表示，取 $\overset{\frown}{Od}$ 比 $\overset{\frown}{CD}$ 等於 $\overset{\frown}{OB}$ 比 $\overset{\frown}{CB}$，則擺體在有阻力介質中的 d 點
受到的力爲力 $\overset{\frown}{Cd}$ 超出阻力 $\overset{\frown}{CO}$ 的部分，以 $\overset{\frown}{Od}$ 表示，它與擺體 D 在
無阻力介質中的處所 D 受到的力的比，等於 $\overset{\frown}{Od}$ 比 $\overset{\frown}{CD}$；而在處所
B，等於 $\overset{\frown}{OB}$ 比 $\overset{\frown}{CB}$。所以如果兩個擺體 D、d 自處所 B 處受到這兩
個力的推動，由於在開始時力正比於 $\overset{\frown}{CB}$ 和 $\overset{\frown}{OB}$，則開始的速度與所
掠過的弧比值相同，令該弧爲 $\overset{\frown}{BD}$ 和 $\overset{\frown}{Bd}$，則餘下的 $\overset{\frown}{CD}$、$\overset{\frown}{Od}$ 比值也
相同。所以正比於 $\overset{\frown}{CD}$、$\overset{\frown}{Od}$ 的力在開始時也保持相同比值，因而擺體
以相同比值共同擺動。所以力、速度和餘下的 $\overset{\frown}{CD}$、$\overset{\frown}{Od}$ 總是正比於總
弧長 $\overset{\frown}{CB}$、$\overset{\frown}{OB}$，而餘下的弧是共同掠過的。所以兩個擺體 D 和 d 同
時到達處所 C 和 O；在無阻力介質中的擺動到達處所 C，而另一個
在有阻力介質中的擺動到達處所 O。現在，由於在 C 和 O 的速度正比
於 $\overset{\frown}{CB}$、$\overset{\frown}{OB}$，擺體仍以相同比值掠過更遠的弧。令這些弧爲 $\overset{\frown}{CE}$ 和
$\overset{\frown}{Oe}$。在無阻力介質中的擺體 D 在 E 處受到的阻力正比於 $\overset{\frown}{CE}$，而在
有阻力介質中的擺體 d 在 e 處受到的阻力正比於力 $\overset{\frown}{Ce}$ 與阻力 $\overset{\frown}{CO}$
的和，即正比於 $\overset{\frown}{Oe}$；所以兩擺體受到的阻力正比於 $\overset{\frown}{CB}$、$\overset{\frown}{OB}$，即正
比於 $\overset{\frown}{CE}$、$\overset{\frown}{Oe}$；所以以相同比值變慢的速度的比也爲相同的已知比
值。所以速度以及以該速度掠過的弧相互間的比總是等於 $\overset{\frown}{CB}$ 和 $\overset{\frown}{OB}$
的已知比值。所以，如果整個弧長 $\overset{\frown}{AB}$、$\overset{\frown}{aB}$ 也按同一比值選取，則擺
體 D 和 d 同時掠過它們，在處所 A 和 a 同時失去全部運動。所以整
個擺動是等時的，或在同一時間內完成的；而共同掠過弧長 $\overset{\frown}{BD}$、$\overset{\frown}{Bd}$
或 $\overset{\frown}{BE}$、$\overset{\frown}{Be}$，正比於總弧長 $\overset{\frown}{BA}$、$\overset{\frown}{Ba}$。　　　　　　　　　　　證畢。

推論.所以在有阻力介質中，最快的擺動並不發生在最低點 C，而是發生在掠過的總弧長 $\overset{\frown}{Ba}$ 的二等分點 O。而擺體由該點擺向點 a 的減速度與它由 B 落向 O 的加速度相同。

命題26　定理21

受阻力正比於速度的擺體，沿擺線做等時擺動。

如果兩個擺體到懸掛中心的距離相等，擺動中掠過的弧長不相等，但在對應弧段的速度的比等於總弧長的比，則正比於速度的阻力的比也等於該弧長比。所以，如果在正比於弧長的重力產生的運動力上疊加或減去這些阻力，則得到的和或差的比也為相同的比值；而由於速度的增量或減量正比於這些和或差，速度總是正比於總弧長；所以，如果速度在某種情況下正比於總弧長，則它們總是保持相同比值。但在運動開始時，當擺體開始下落並掠過弧時，此刻正比於弧的力所產生的速度正比於弧。所以，速度總是正比於尚未掠過的總弧長，而這些弧將在同一時間內畫出。　　　　　　　　　　　　證畢。

命題27　定理22

如果擺體的阻力正比於速度的平方，則在有阻力介質中擺動的時間，與在比重相同但無阻力介質中擺動的時間的差，近似地正比於擺動掠過的弧長。

令等長擺在有阻力介質中掠過不等弧長 $\overset{\frown}{A}$、$\overset{\frown}{B}$，則沿 $\overset{\frown}{A}$ 擺動的物體的阻力比在 $\overset{\frown}{B}$ 上對應部分擺動的物體的阻力等於速度平方的比，即近似等於 AA 比 BB。如果 $\overset{\frown}{B}$ 的阻力比 $\overset{\frown}{A}$ 的阻

力等於 AB 比 AA，則沿 $\overset{\frown}{A}$ 和 $\overset{\frown}{B}$ 的擺動時間相等（由前一命題）。所

以 $\overset{\frown}{A}$ 的阻力 AA 或 $\overset{\frown}{B}$ 的阻力 AB 在 $\overset{\frown}{A}$ 上引起的時間超過在無阻力介質中的時間；而阻力 BB 在 $\overset{\frown}{B}$ 上引起的時間超過在無阻力介質中的時間，而這些超出量近似地正比於有效力 AB 和 BB，即正比於 $\overset{\frown}{A}$ 和 $\overset{\frown}{B}$。　　　　　　　　　　　　　　　　　　　證畢。

推論 I. 因此，由在有阻力介質中不相等的弧擺動時間可以求出在比重相同的無阻力介質中的擺動時間，因為這個時間差比沿短弧擺動時間超出在無阻力介質中的時間等於兩個弧的差比短弧。

推論 II. 短弧擺動更近於等時性，極小的擺動其時間近似等於在無阻力介質中的時間。而做較大弧擺動所需時間略長，因為在擺體下落中受到使時間延長的阻力，與下落所掠過的長度相比，較之隨後的上升所遇到的使時間縮短的阻力變大了。不過，擺動時間的長度似乎因介質的運動而延長。因為減速的擺體其阻力與速度比值較小，而加速的擺體該比值較勻速運動為大；因為介質從擺體獲得某種運動，與它們同向運動，在前一種受到的推動較強，後一情形較弱；造成擺體運動的快慢變化。所以就與速度相比較而言，在擺體下落時阻力較大，而上升時較小；這二者導致時間的延長。

命題28　定理23

如果擺體沿擺線擺動，阻力正比於時間的變化率，則阻力與重力的比，等於下落所掠過的整個弧長減隨後上升的弧長的差值比擺長的 2 倍。

令 $\overset{\frown}{BC}$ 表示下落掠過的弧長，$\overset{\frown}{Ca}$ 為上升弧長，$\overset{\frown}{Aa}$ 為二弧的差，其他條件與命題 25 的作圖和證明相同，則擺體在任意處所 D 受到的作用力比阻力等於 $\overset{\frown}{CD}$ 比 $\overset{\frown}{CO}$，後者是差 $\overset{\frown}{Aa}$ 的一半。所以，在擺線的起點或最高點，擺

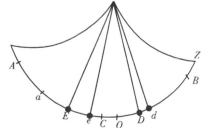

體所受到的作用力，即重力，比阻力等於最高點與最低點 C 之間的擺線弧比 $\overset{\frown}{CO}$，即 (把它們都乘以 2) 等於整個擺弧或擺長的 2 倍比 $\overset{\frown}{Aa}$。

證畢。

命題29　問題 6

設沿擺線擺動的擺體的阻力正比於速度的平方，求各處的阻力。

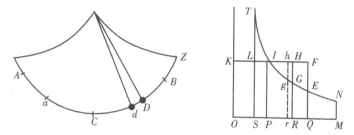

　　令 $\overset{\frown}{Ba}$ 為一次全擺動的弧長，C 為擺線最低點，CZ 為整個擺線的半長，等於擺長。要求在任意處所 D 擺體的阻力。在 O、S、P、Q 點分割直線 OQ，使 (作垂線 OK、ST、PI、QE，以 O 為中心，OK、OQ 為漸近線，作雙曲線 $TIGE$ 與垂線 ST、PI、QE 相交於 T、I 和 E，通過點 I 作 KF，平行於漸近線 OQ，與漸近線 OK 相交於 K，與垂線 ST 和 QE 相交於 L 和 F) 雙曲線面積 $PIEQ$ 比雙曲線面積 $PITS$ 等於擺體下落掠過的 $\overset{\frown}{BC}$ 比上升掠過的 $\overset{\frown}{Ca}$，以及面積 IEF 比面積 ILT 等於 OQ 比 OS。然後以垂線 MN 截取雙曲線面積 $PINM$，使該面積比雙曲線面積 $PIEQ$ 等於 $\overset{\frown}{CZ}$ 比下落掠過的 $\overset{\frown}{BC}$。如果垂線 RG 截取雙曲線面積 $PIGR$，使它比面積 $PIEQ$ 等於任意 $\overset{\frown}{CD}$ 比整個下落弧長 $\overset{\frown}{BC}$，則在任意處所 D 的阻力比重力等於面積 $\dfrac{OR}{OQ}IEF - IGH$ 比面積 $PINM$。

　　因為，在處所 Z、B、D、a 重力作用於擺體的力正比於 $\overset{\frown}{CZ}$、$\overset{\frown}{CB}$、$\overset{\frown}{CD}$、$\overset{\frown}{Ca}$，而這些弧正比於面積 $PINM$、$PIEQ$、$PIGR$、$PITS$；令

這些面積分別表示這些弧和力。令 Dd 爲擺體下落中掠過的極小距離，以極小面積 $GRgr$ 表示，夾在平行線 RG、rg 之間。延長 rg 到 h，使 $GHhg$ 和 $GRgr$ 爲面積 IGH、$PIGR$ 的瞬時減量，則面積 $\frac{OR}{OQ}$ $IEF-IGH$ 的增量 $GHhg-\frac{Rr}{OQ}IEF$，或者 $Rr \cdot HG-\frac{Rr}{OQ}IEF$，比面積 $PIGR$ 的減量 $RGgr$ 或 $Rr \cdot RG$，等於 $HG-\frac{IEF}{OQ}$ 比 RG；因而等於 $OR \cdot HG-\frac{OR}{OQ}IEF$ 比 $OR \cdot GR$ 或 $OP \cdot PI$，即（因爲 $OR \cdot HG$、$OR \cdot HR-OR \cdot GR$、$ORHK-OPIK$、$PIHR$ 和 $PIGR+IGH$ 相等）等於 $PIGR+IGH-\frac{OR}{OQ}IEF$ 比 $OPIK$。所以，如果面積 $\frac{OR}{OQ}$ $IEF-IGH$ 稱爲 Y，且已知面積 $PIGR$ 的減量 $RGgr$，則面積 Y 的增量正比於 $PIGR-Y$。

　　如果以 V 表示擺體在 D 處受重力作用的力，它正比於將要掠過的 $\overset{\frown}{CD}$，以 R 表示阻力，則 $V-R$ 爲擺體在 D 處受到的總力，所以速度增量正比於 $V-R$ 與產生它的時間間隔的乘積。而速度本身又正比於同時所掠過的距離增量而反比於同一個時間間隔。所以，由於命題規定阻力正比於速度平方，阻力增量（由第二卷引理2）正比於速度與速度增量的乘積，即正比於距離的瞬與 $V-R$ 的乘積；所以，如果給定距離增量正比於 $V-R$，即如果以 $PIGR$ 表示力 V，以任意其他面積 Z 表示阻力，則正比於 $PIGR-Z$。

　　所以，面積 $PIGR$ 按照給定的負瞬而均勻減小，而面積 Y 則以 $PIGR-Y$ 的比率增大，面積 Z 按 $PIGR-Z$ 的比率增大。所以，如果面積 Y 和 Z 是同時開始的，且在開始時是相等的，則它們通過增加相等的量而持續相等；而又以相似的方式減去相等的變化率而減小，並一同消失。反之，如果它們同時開始和消失，則它們有相同的瞬，因而總是相等。因爲，如果阻力 Z 增加，則擺體上升所掠過的 $\overset{\frown}{Ca}$ 和速度都減少；而運動和阻力都消失的點向點 C 趨近，因而阻力比面積

Y 消失得快。當阻力減小時,則又發生相反的過程。

面積 Z 產生和消失於阻力爲零之處,即運動開始處,$\overgroup{CD}$ 等於 $\overgroup{CB}$,而直線 RG 落在直線 QE 上;以及運動終止處,$\overgroup{CD}$ 等於 $\overgroup{Ca}$,而直線 RG 落在直線 ST 上。面積 Y 或 $\frac{OR}{OQ}IEF - IGH$ 也產生和消失於阻力爲零之處,所以在該處 $\frac{OR}{OQ}IEF$ 和 IGH 相等,即 (如命題 29 問題 6 圖) 在該處直線 RG 先後落在直線 QE 和 ST 上。所以這些面積同時產生和消失,因而總是相等。因此,面積 $\frac{OR}{OQ}IEF - IGH$ 等於表示阻力的面積 Z,它比表示重力的面積 $PINM$,等於阻力比重力。

證畢。

推論 I.在最低處所 C,阻力比重力等於面積 $\frac{OR}{OQ}IEF$ 比面積 $PINM$。

推論 II.在面積 $PIHR$ 比面積 IEF 等於 OR 比 OQ 處,阻力有最大值。因爲在此情形下它的瞬 (即 $PIGR - Y$) 爲零。

推論 III.也可以求出在各處的速度,它正比於阻力的平方根變化,而且在運動開始時等於在無阻力介質中沿相同擺線擺動的擺體速度。

但是,由於在本命題中求解阻力和速度很困難,我們擬補充下述命題。

命題30 定理24

如果直線 aB 等於擺體所掠過的擺線弧長,在其上任意點 D 作垂線 DK,該垂線比擺長等於擺體在該點受到的阻力比重力,則在整個下落過程和隨後的整個上升過程擺體所掠過的弧差乘以相同的弧的和的一半等於所有垂線構成的面積 BKa。

令一次全擺動掠過的擺線弧長以與它相等的直線 aB 表示,而擺體在眞空中掠過的弧長以長度 AB 表示。在 C 點二等分 AB,則 C 表

示該擺線的最低點，而 *CD* 正
比於重力所產生的力，它使擺
體在點 *D* 受到沿擺線切線方
向的作用，與擺長的比等於在
D 點的力比重力。所以，令該
力以長度 *CD* 表示，而重力以
擺長表示；如果在 *DE* 上取

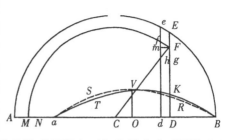

DK 比擺長等於阻力比重力，則 *DK* 表示阻力。以 *C* 為中心，間隔 *CA*
或 *CB* 為半徑畫半徑 *BEeA*。令物體在極短時間裏掠過距離 *Dd*；作
垂線 *DE*、*de* 與半圓相交於 *E*、*e*，則它們正比於擺體在眞空中由點
B 下落到 *D* 和 *d* 所獲得的速度。這已由第一卷命題 52 證明過。所
以，令這些速度以垂線 *DE*、*de* 表示；令 *DF* 為擺體在有阻力介質中
由 *B* 下落到 *D* 的速度。如以 *C* 為圓心、間隔 *CF* 為半徑畫圓 *FfM* 與
直線 *de* 和 *AB* 相交於 *f* 和 *M*，則 *M* 為這樣的處所，如果擺體此後在
上升中不受阻力作用可到達於此，*df* 為其在 *d* 點獲得的速度。因此，
如果 *Fg* 表示擺體掠過極短距離 *Dd* 由於介質阻力而失去速度的瞬；
而取 *CN* 等於 *Cg*；則 *N* 也是這樣一個處所，如果擺體不再受到阻
力，它可以上升到該處。而 *MN* 表示由速度損失造成的上升減量。作
Fm 垂直於 *df*，則阻力 *DK* 造成的速度 *DF* 的減量 *Fg*，比力 *CD* 產
生的同一速度的增量 *fm*，等於作用力 *DK* 比作用力 *CD*。但因為
△*Fmf*、△*Fhg*、△*FDC* 相似，*fm* 比 *Fm* 或 *Dd* 等於 *CD* 比 *DF*；
將對應項相乘，得到 *Fg* 比 *Dd* 等於 *DK* 比 *DF*。而 *Fh* 比 *Fg* 也等於
DF 比 *CF*；也將對應項相乘，得到 *Fh* 或 *MN* 比 *Dd* 等於 *DK* 比
CF 或 *CM*；所以，所有 *MN·CM* 的和等於所有 *Dd·DK* 的和。在
動點 *M* 設直角縱座標總是等於不定直線 *CM*，它在連續運動中與整
個長度 *Aa* 相乘；該運動中產生的四邊形，或相等的矩形 *Aa·½aB*，
等於所有的 *MN·CM* 的和，因而等於所有 *Dd·DK* 的和，即等於面
積 *BKVTa*。　　　　　　　　　　　　　　　　　　　　　證畢。

　　推論.由阻力的規律，以及 $\overgroup{Ca}$、$\overgroup{CB}$ 的差 *Aa*，可以近似求出阻力

與重力的比。

因爲，如果阻力 DK 是均勻的，則圖形 $BKTa$ 是 Ba 和 DK 構成的矩形，因而½ Ba 與 Aa 構成的矩形等於 Ba 與 DK 構成的矩形，而 DK 等於½ Aa。所以，由於 DK 表示阻力，擺長表示重力，則阻力比重力等於½ Aa 比擺長；這與本卷命題 28 的證明完全相同。

如果阻力正比於速度，則圖形 $BKTa$ 近似於橢圓。因爲，如果擺體在無阻力介質中的一次全擺動掠過弧長 $\overparen{BA}$，則其在任意點 D 的速度應正比於直徑 AB 上的圓的縱座標。所以，由於 Ba 是在有阻力介質中、BA 是在無阻力介質中近似正比於時間掠過的，因此在 Ba 上各點的速度比在長度 BA 上對應點的速度近似等於 Ba 比 BA，而在有阻力介質中點 D 的速度正比於在直徑 Ba 上畫出的橢圓弧的縱座標；所以圖形 $BKVTa$ 近似於橢圓。由於假設阻力正比於速度，令 OV 在中點 O 的阻力；以中心 O、半軸 OB、OV 畫橢圓 $BRVSa$，近似等於圖形 $BKVTa$ 及其相等矩形 $Aa \cdot BO$。所以 $Aa \cdot BO$ 比 $OV \cdot BO$ 等於該橢圓面積比 $OV \cdot BO$，即 Aa 比 OV 等於半圓面積比半徑的平方，或近似等於 $11:7$；所以$\frac{1}{11}Aa$ 比擺長等於擺動體的阻力比其重力。

如果阻力 DK 正比於速度平方變化，則圖形 $BKVTa$ 極近似於拋物線，其頂點是 V。軸爲 OV，因而近似等於⅔ Ba 和 OV 構成的矩形。所以½ Ba 乘以 Aa 等於⅔ $Ba \cdot OV$，所以 OV 等於¾ Aa；所以點 O 對擺動體的阻力比其重力等於¾ Aa 比擺長。

我的這些結論其精度足敷實際應用。因爲將橢圓或拋物線 $BRVSa$ 在中點 V 與圖形 $BKVTa$ 合併，該圖形如果在指向 BRV 或 VSa 一側較大，則在另一側較小，因而近似與之相等。

命題31 定理25

如果在所有與掠過弧成正比的部分對擺體的阻力按給定比率增大或減小，則下落掠過的弧與隨後上升所掠過的弧長的差也將按同一比

率增大或減小。

因為該差是由於介質阻力
對擺體的減速造成的，因而應
正比於總減速和與之成正比的
減速阻力。在前一命題中直線
$\frac{1}{2}aB$ 與 $\overgroup{CB}$、$\overgroup{Ca}$ 的差 Aa 構
成的矩形等於面積 $BKTa$。而

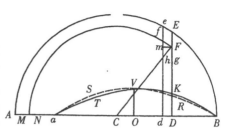

如果長度 aB 不變，則該面積正比於縱座標 DK 增大或減小，即正比
於阻力，因而正比於長度 aB 與阻力的乘積。所以 Aa 與 $\frac{1}{2}aB$ 組成的
矩形正比於 aB 與阻力的乘積，所以 Aa 正比於阻力。　　　證畢。

推論 I.如果阻力正比於速度，則在相同介質中弧差正比於掠過的
總弧長；反之亦然。

推論 II.如果阻力正比於速度平方變化，則該差正比於該弧長的平
方變化；反之亦然。

推論 III.一般地，如果阻力正比於速度的三次或其他任意冪次，則
該差正比於整個弧長的相同冪次變化；反之亦然。

推論 IV.如果阻力部分正比於速度的一冪次，部分正比於它的平方
變化，則該差部分正比於整個弧長的一次方，部分正比於其平方變化；
反之亦然。因而，阻力及速度間的規律和比率與該差及弧長間的規律
和比率總是相同的。

推論 V.所以，如果擺相繼掠過不相等的弧，並能找出該差相對於
該弧長的增量或減量比率，則也可以求出阻力相對於較大或較小速度
的增量或減量比率。

總注

由這些命題，我們可以通過在介質中擺體的擺動來求介質阻力。
我用下述實驗求空氣阻力。繫在牢固鉤子上的細線，下懸一木質球，
球重 $57\frac{1}{2}$ 盎司，直徑 $6\frac{7}{8}$ 英寸，鉤與球擺動中心的間距為 $10\frac{1}{2}$ 英尺。

在懸線上距懸掛點 10 英尺 1 英寸處作一標記點；並在與該點等長的地方置一把刻有寸度數的直尺，我就用這套裝置觀察擺所掠過的長度。然後記下球失去其運動的⅛部分的擺動次數。如果將擺由其垂直位置拉開 2 英寸，然後放開，則在其整個下落中掠過一個 2 英寸的弧，而在由該下落和隨後的上升組成的第一次全擺動中，掠過差不多 4 英寸弧，擺經過 164 次擺動失去其運動的⅛部分，這樣，在它最後一次上升中掠過 1¾英寸弧。如果它第一次下落掠過的弧長爲 4 英寸，則經過 121 次全擺動失去其運動的⅛部分，在其最後一次上升中掠過弧長3½英寸。如果第一次下落掠過弧長爲 8 英寸、16 英寸、32 英寸或 64英寸，則它分別經過 69 次、35½次、18½次、9⅔次擺動失去其運動的⅛部分。所以，在第一、二、三、四、五、六次情況中，第一次下落與最後一次上升所掠過的弧長的差分別是¼英寸、½英寸、1 英寸、2 英寸、4 英寸、8 英寸。在每次情況中以擺動次數除差，則在掠過弧長爲 3¾英寸、7½英寸、15 英寸、30 英寸、60 英寸、120 英寸的平均擺動中，下落與隨後上升掠過的弧長的差分別爲$\frac{1}{656}$英寸、$\frac{1}{242}$英寸、$\frac{1}{69}$英寸、$\frac{2}{27}$英寸、$\frac{8}{27}$英寸、$\frac{24}{9}$英寸。在幅度較大的擺動中這些差近似正比於掠過弧長的平方，而在較小幅度的擺動中略大於該比率；所以（由第二卷命題 31 推論 II）球的阻力在運動很快時近似正比於速度的平方，而在運動較慢時略大於該比率。

現在令 V 表示每次擺動中的最大速度，A、B、C 爲給定量，設弧長差等於 $AV + BV^{\frac{3}{2}} + CV^2$。由於在擺線中最大速度正比於擺動掠過弧長的½，而在圓周中則正比於該弧的½弦，所以弧長相等時擺線上速度大於圓周上的速度，比值爲弧的½比弦；但圓運動時間大於擺線運動，其比值反比於速度；因此該項弧差（正比於阻力與時間平方的乘積）在兩種曲線上近似相等並不難理解：擺線運動中，該差一方面近似正比於弧與弦的比值的平方而隨阻力增加，因爲速度按該簡單比值增大；另一方面又以同一平方比值隨時間的平方減小。所以要在擺線中作此項觀察，必須取與圓周運動得到的相同的弧差，並設最大速度近似正比於半擺弧或全弧，即正比於數½、1、2、4、8、16。

所以在第二、四、六次情況中，V 取 1、4 和 16；而在第二次情況中弧差 $\dfrac{\frac{1}{2}}{121}=A+B+C$；在第四次情況中，$\dfrac{2}{35\frac{1}{2}}=4A+8B+16C$；在第六次情況中，$\dfrac{8}{9\frac{2}{3}}=16A+64B+256C$。解這些方程得到 $A=0.0000916，B=0.0010847，C=0.0029558$。所以弧差正比於 $0.0000916V+0.0010847V^{\frac{3}{2}}+0.0029558V^2$；因而由於(把第二卷命題 30 應用到該情況中)在速度為 V 的擺弧的中間，球阻力比其重量等於 $\frac{7}{11}AV+\frac{7}{10}BV^{\frac{3}{2}}+\frac{3}{4}CV^2$比擺長，代入剛才求出的數值，球阻力比其重量等於 $0.0000583V+0.0007593V^{\frac{3}{2}}+0.0022169V^2$比懸掛中心與直尺之間的擺長，即比 121 英寸，所以由於 V 在第二次情況中為 1，第四次為 4，第六次為 16，則阻力比球重量在第二次情況中等於 0.0030345：121，第四次為 0.041748：121，第六次為 0.61705：121。

在第六次情況中，細線上標記的點所掠過的弧長為 $120-\dfrac{8}{9\frac{2}{3}}$，或 119⁵⁄₉英寸。由於半徑為 121 英寸，而懸掛點與球心之間的擺長為 126 英寸，因此球心掠過的弧長為 124³⁄₁₁英寸。由於空氣阻力的原因，擺體的最大速度並不落在掠過弧的最低點處，而是接近於全弧的中點處，該速度近似等於球在無阻力介質中下落掠過上述弧的半長，即 62³⁄₂₀英寸，所獲得的速度，以及沿上述化簡擺運動而得到的擺線運動的速度；所以該速度等於該球由相當於該弧的正矢的高度下落而獲得的速度。但擺線的正矢比 62³⁄₂₀英寸的弧等於同一段弧比 252 英寸擺長的 2 倍，所以等於 15.278 英寸。所以擺的速度等於同一物體下落掠過 15.278 英寸的空間所獲得的速度。所以球以該速度受到的阻力比其重量等於 0.61705：121，或(如果只取阻力正比於速度的平方)等於 0.56752：121。

我通過流體靜力學實驗發現，該木質球的重量比與它體積相同的水球的重量等於 55：97；由於 121：213.4 也有相同比值，當這樣的水

球以上述速度運動時遇到的阻力，比其重量等於 0.56752：213.4，即等於 1：376$\frac{1}{50}$。由於水球在以均勻速度連續掠過的 30.556 英寸的長度的時間內，其重量可以產生下落水球的全部速度，所以在同一時間裏均勻而連續作用的阻力將完全抵消一個速度，它與另一個的比爲1：376$\frac{1}{50}$，即總速度的$\frac{1}{376\frac{1}{50}}$部分。所以在該球以均勻速度連續運動掠過其半徑的長度，或 3$\frac{7}{16}$英寸所需的時間裏，它失去其運動的$\frac{1}{3342}$部分。

我還記錄了擺失去其運動的$\frac{1}{4}$部分的擺動次數。在下表中，上面一行數字表示第一次下落掠過的弧長，單位是英寸；中間一行表示最後一次上升掠過的弧長；下面一行是擺動次數。之所以說明這個實驗，在於它比上述失去運動$\frac{1}{8}$部分的實驗更精確。有關計算留給有興趣的讀者。

第一次下落	2	4	8	16	32	64
最後一次上升	1$\frac{1}{2}$	3	6	12	24	48
擺動次數	374	272	162$\frac{1}{2}$	83$\frac{1}{3}$	41$\frac{2}{3}$	22$\frac{2}{3}$

隨後，我將一個直徑 2 英寸、重 26$\frac{1}{4}$盎司的鉛球繫在同一根細線上，使球心與懸掛點間距 10$\frac{1}{2}$英尺，記錄運動失去其給定部分的擺動次數。以下第一個表表示失去總運動$\frac{1}{8}$部分的擺動次數，第二個表爲失去總運動的$\frac{1}{4}$的擺動次數。

第一次下落	1	2	4	8	16	32	64
最後一次上升	$\frac{7}{8}$	$\frac{7}{4}$	3$\frac{1}{2}$	7	14	28	56
擺動次數	226	228	193	140	90$\frac{1}{2}$	53	30
第一次下落	1	2	4	8	16	32	64
最後一次上升	$\frac{3}{4}$	1$\frac{1}{2}$	3	6	12	24	48
擺動次數	510	518	420	318	204	121	70

　　取第一個表中的第三、五、七次記錄，分別以 1、4、16 表示這些觀察中的最大速度，並像前面一樣取量 V，則在第三次觀察中有 $\dfrac{\dfrac{1}{2}}{193}$

$=A+B+C$，第五次有 $\dfrac{2}{90\frac{1}{2}}=4A+8B+16C$，第七次中有 $\frac{8}{30}=16A$

$+64B+256C$。解這些方程得到 $A=0.001414$，$B=0.000297$，$C=$ 0.000879。因此，以速度 V 擺動的球其阻力比其重量 $26\frac{1}{4}$ 盎司等於 $0.0009\,V+0.000208\,V^{\frac{3}{2}}+0.000659\,V^2$ 比擺長 121 英寸。如果只取阻力的正比於速度平方的部分，則它與重量的比等於 $0.000659\,V^2$：121 英寸。而在第一次實驗中阻力的這一部分比木球的重量 $57\frac{1}{2}$ 盎司等於 $0.002217\,V^2$：121；因此木球的阻力比鉛球的阻力（它們的速度相同）等於 $57\frac{1}{2}$ 乘以 0.002217：$26\frac{1}{4}$ 乘以 0.000659，即 $7\frac{1}{3}$：1。兩球的直徑分別為 $6\frac{7}{8}$ 英寸和 2 英寸，它們的平方相互間的比為 $47\frac{1}{4}$：4，或約等於 $11\frac{13}{16}$：1。所以這兩個速度相等的球的阻力的比小於直徑比的平方。但我們還沒有考慮細線的阻力，它當然相當大，應當從已求出的擺的阻力中減去。我無法精確求出它的值，但發現它大於較小的擺的總阻力的 $\frac{1}{8}$ 部分；因此在減去細線的阻力後，球的阻力的比近似等於直徑比的平方，因為 $(7\frac{1}{3}-\frac{1}{8})$：$(1-\frac{1}{8})$，或 $10\frac{1}{2}$：1 與直徑的比 $11\frac{13}{16}$：1 的平方差別極小。

　　由細線阻力的變化率較之大球的為小，我又以直徑 $18\frac{3}{4}$ 英寸的球做了實驗。懸掛點與擺心之間的擺長為 $122\frac{1}{2}$ 英寸，懸掛點與線上標記點間距 $109\frac{1}{2}$ 英寸，在擺第一次下落中標記點掠過弧長 32 英寸。在最後一次上升中同一標記點掠過弧長 28 英寸，中間擺動 5 次。弧長的和，或平均擺動總長 60 英寸；弧差 4 英寸。其 $\frac{1}{10}$ 部分，或在一次平均擺動中下落與上升的弧差為 $\frac{2}{5}$ 英寸。這樣，半徑 $109\frac{1}{2}$ 比半徑 $122\frac{1}{2}$，等於標記點在一次平均擺動中掠過的總弧長 60 英寸比球心在一次平均擺動中掠過的總弧長 67 $\frac{1}{8}$ 英寸；差 $\frac{2}{5}$ 與新的差 0.4475 的比值也與之相同。如果掠過的弧長不變，擺長按 126：$122\frac{1}{2}$ 的比值增加，則擺

動時間增加，擺動速度按同一比值的平方變慢；使得下落與隨後上升掠過的弧長的差 0.4475 保持不變。如果掠過的弧長按 124¾₁：67⅛ 增加，則差 0.4475 按該比值的平方增加，變爲 1.5295，如果設擺的阻力正比於速度的平方情況也與此相同。所以，如果擺掠過的總弧長爲 124¾₁ 英寸，懸掛點與擺心間距 126 英寸，則下落與隨後上升的弧長差爲 1.5295 英寸。該差乘以擺球的重量 208 盎司，得 318.136。又，在上述木質球擺中，當擺心到懸掛點長爲 126 英寸、總擺弧長 124¾₁ 英寸時，

下降與上升的弧差爲 ⅑₂₁ 乘以 $\dfrac{8}{9\frac{2}{3}}$。該值乘以擺球重量 57½ 盎司，得

49.396。我將差乘以重量目的在於求阻力。因爲該差由阻力引起，並正比於阻力反比於重量。所以阻力的比等於數 318.316 比 49.396。但小球阻力中正比於速度平方的部分，與總阻力的比等於 0.56752 比 0.61675，即等於 45.453 比 49.396。而在較大球中阻力的相同部分幾乎等於總阻力，所以這些部分間的比近似等於 318.136 比 45.453，即等於 7 比 1。但球的直徑爲 18¾ 和 6⅛ 英寸。它們的平方 351⁹⁄₁₆ 與 47¹⁵⁄₆₄ 間的比等於 7.438：1，即近似於球阻力 7 和 1 的比。這些比值的差不可能大於細線產生的阻力。所以對於相等的球，阻力中正比於速度平方的部分，在速度相同情況下，也正比於球直徑的平方。

　　不過，我在這些實驗中使用的最大球不是完全球形的，因而在上述計算中，出於簡捷，忽略了一些細小差別：在一個不十分精確的實驗中不必爲計算的精確性而擔心。所以我希望再用更大更多形狀更精確的球做實驗，因爲真空中的情形取決於此。如果按幾何比例選取球，設其直徑爲 4 英寸、8 英寸、16 英寸、32 英寸，可以由實驗數據按該級數推論出使用更大的球時所發生的情況。

　　爲比較不同流體的阻力，我做了以下嘗試。我製作了一個木箱，長 4 英尺，寬 1 英尺，高 1 英尺。該木箱不用蓋子，注滿泉水，其中浸入擺體，在水中使其擺動。我發現重 166⅙ 盎司、直徑 3⅝ 英寸的鉛球在其中的擺動情況如下表所示；由懸掛點到細線上某個標記點的擺

長爲 126 英寸，到擺心長 134$\frac{3}{8}$英寸。

第一次下落標記點弧長，單位英寸	64	32	16	8	4	2	1	$\frac{1}{2}$	$\frac{1}{4}$
最後一次上升弧長，單位英寸	48	24	12	6	3	1$\frac{1}{2}$	$\frac{3}{4}$	$\frac{3}{8}$	$\frac{3}{16}$
正比於失去運動的弧長差，單位英寸	16	8	4	2	1	$\frac{1}{2}$	$\frac{1}{4}$	$\frac{1}{8}$	$\frac{1}{16}$
水中的擺動次數		$\frac{29}{60}$	1$\frac{1}{3}$	3	7	11$\frac{1}{4}$	12$\frac{2}{3}$	13$\frac{1}{3}$	
空氣中的擺動次數		85$\frac{1}{2}$	287 535						

在第四列實驗中失去相同運動的擺動次數空氣中爲 535，水中爲 1$\frac{1}{5}$。在空氣中的擺動的確略快於在水中的擺動。但如果在水中的擺動按這樣的比率加快，使擺的運動在兩種介質中相等，所得到的擺在水中的擺動次數卻仍然是 1$\frac{1}{5}$，與此同時失去與以前相同的運動量；因爲阻力增大了，時間的平方卻按同一比值的平方減小。所以，速度相等的擺，在空氣中經過 535 次，在水中經過 1$\frac{1}{5}$次擺動，所損失的運動相等。所以擺在水中的阻力比其在空氣中的阻力等於 53：51$\frac{1}{5}$。這是第四列實驗情況反映的總阻力的比例。

令 $AV+CV^2$表示球在空氣中以最大速度 V 擺動時下落與隨後上升掠過的弧差；由於在第四列情況中最大速度比第一列情況中的最大速度等於 1：8；在第四列情況中的弧差比第一列情況中的弧差等於$\frac{2}{535}$：$\dfrac{16}{85\frac{1}{2}}$，或等於 85$\frac{1}{2}$：4 280；在這兩個情況中分別以 1 和 8 代表速度，85$\frac{1}{2}$和 4280 代表弧差，則 $A+C=85\frac{1}{2}$，$8A+64C=4280$ 或 $A+8C=535$；然後解這些方程，得$7C=449\frac{1}{2}$和 $C=64\frac{3}{14}$，$A=21$

$\frac{2}{7}$；所以正比於 $\frac{5}{11}AV+\frac{3}{4}CV^2$ 的阻力變爲正比於 $13\frac{5}{11}V+48\frac{9}{56}$ V^2。所以在第四列情形中，速度爲1，總阻力比其正比於速度平方的部分等於 $13\frac{5}{11}V+48\frac{9}{56}V^2$（或 $61\frac{13}{17}$：$48\frac{9}{56}$）；因而擺在水中的阻力比在空氣中的阻力正比於速度平方的部分（該部分在快速運動時是唯一值得考慮的），等於 $61\frac{13}{17}$：$48\frac{9}{56}$ 乘以 535：$1\frac{1}{8}$，即 571：1。如果在水中擺動時全部細線沒入水中，其阻力將更大；於是在水中的擺動阻力，即其正比於速度平方的部分（快速運動物體唯一需要考慮的），比完全相同的擺以相同速度在空氣中擺動的阻力，約等於 850：1，即近似等於水的密度比空氣密度。

在此計算中，我們也應該取擺在水中的阻力正比於速度平方的部分；不過我發現（這也許看起來很奇怪）水中阻力的增加大於速度比值的平方。我在考察其原因時想到，水箱相對於擺球的體積而言太窄了，這窄度限制了水屈服於擺球的運動。因爲當我將一個直徑僅 1 英寸的擺球浸入水中時，阻力幾乎正比於速度的平方增加。我又做了一個雙球擺實驗，其較輕靠下面的一個在水中擺動，而較大在上面的一個被固定在細線上剛好高於水面的地方，在空氣中擺動，它能維持擺的運動，使之持續長久。這套裝置的實驗結果如下表所示：

第一次下落弧長	16	8	4	2	1	$\frac{1}{2}$	$\frac{1}{4}$
最後一次上升弧長	12	6	3	$1\frac{1}{2}$	$\frac{3}{4}$	$\frac{3}{8}$	$\frac{3}{16}$
正比於損失運動量的弧差	4	2	1	$\frac{1}{2}$	$\frac{1}{4}$	$\frac{1}{8}$	$\frac{1}{16}$
擺動次數	$3\frac{3}{8}$	$6\frac{1}{2}$	$12\frac{1}{12}$	$21\frac{1}{5}$	34	53	$62\frac{1}{5}$

爲比較兩種介質的阻力，我還試驗過鐵擺在水銀中的擺動。鐵線長約 3 英尺，擺球直徑約 $\frac{1}{3}$ 英寸。在鐵線剛好高於水銀處，固定了一個大得使擺足以運動一段時間的鉛球。然後在一個約能盛 3 磅水銀的容器中交替注滿水銀和普通水，以使擺在這兩種不同的流體中相繼擺

動，找出它們的阻力比值。實驗表明，水銀的阻力比水的阻力約爲 13：1 或 14：1，即等於水銀密度比水密度。然後我又用了稍大的球，其中一個直徑約 1/2 英寸或 2/3 英寸，得出的水銀阻力比水阻力約爲 12：1 或 10：1。但前一個實驗更爲可靠，因爲在後一個實驗中容器相對於浸入其中的擺球太窄；容器應當與球一同增大。我擬以更大的容器用熔化的金屬以及其他冷的和熱的液體重複這些實驗；但我沒有時間全部重複；此外，由上述所說的，似乎足以表明快速運動的物體其阻力近似正比於它們運動於其中的流體的密度。我不是說精確地，因爲密度相同的流體，黏滯性大的其阻力無疑大於滑潤的，如冷油大於熱的，熱油大於雨水，而雨水大於酒精。但在很容易流動的液體中，如在空氣、食鹽水、酒精、松節油和鹽類溶液中，通過蒸餾濾去雜質並被加熱的油、礬油、水銀和熔化的金屬中，以及那些通過搖晃容器對它們施加壓力可以使運動保持一段時間，並在倒出來時容易分解成液滴的液體中，我不懷疑已建立的規則能足夠精確地成立，特別當實驗是用較大的擺體並運動較快時更是如此。

　　最後，由於某些人認爲存在著某種極爲稀薄而精細的以太介質，可以自由穿透所有物體的孔隙；而這種穿透物體孔隙的介質必定會引起某種阻力；爲了檢驗物體運動中所受到的阻力究竟是只來自它們的外表面，抑或是其內部各部分也受到作用於表面的阻力的作用，我設計了以下實驗。我把一隻圓松木箱用 11 英尺長的細繩懸起來，通過一鋼圈掛在一鋼製鉤子上，構成上述長度的擺。鉤子的上側爲鋒利的凹形刀刃，使得鋼圈的上側在該刀刃上能更自由地運動；細繩繫在鋼圈的下側。製成擺以後，我把它由垂直位置拉開約 6 英尺的距離，並處在垂直於鉤刃的平面上，這樣可使擺在擺動時鋼圈不會在鉤子上滑動和偏移；因爲懸掛點位於鋼圈與鉤刃的接觸點，是應當保持不動的。我精確記錄了擺拉開的位置，然後加以釋放，並記下了第一、第二、第三次擺動所回到的位置。這一過程我重複了多次，以盡可能精確地記錄擺動位置。然後我在箱子中裝滿鉛或其他近在手邊的重金屬。但開始時，我稱量了空箱子的重量，以及纏在箱子上的繩子，和由鉤子

到箱子之間繩子的一半的重量。因為在擺自垂直位置被拉開時,懸掛擺的繩子總是以其一半重量作用於擺。在此重量之上我又加上了箱內空氣的重量。空箱的總重量約為裝滿金屬後箱重的$\frac{1}{78}$。由於箱子裝滿金屬後會把繩子拉長,增加擺長,我又適當縮短繩子使它在擺動時的擺長與空箱擺動時相同。然後把擺拉到第一次記錄的位置處,釋放之,數得大約經過 77 次擺動,箱子回到第二個記錄位置,再經過相同擺動次數回到第三個位置,其後擺動同樣次數回到第四個位置。由此我得到結論,裝滿重物的箱子所受到的阻力,與空箱阻力的比值不大於78:77。因為如果阻力相等,則裝滿的箱子的慣性比空箱的慣性大 78倍,這將使它的擺動運動持續相同倍數的時間,因而應在 78 次擺動後回到標記點。但實際上是在 77 次擺動後回到標記點的。

所以,令 A 表示箱子外表面受到的阻力,B 為對空箱內表面的阻力,如果速度相同的物體內各部分的阻力正比於物質,或正比於受到阻力的粒子數,則$78B$ 為裝滿的箱子內部所受到的阻力;因而空箱的全部阻力 $A+B$ 比滿箱的總阻力 $A+78B$,等於 77:78,由減法,$A+B$ 比$77B$ 等於 77:1;因而 $A+B$ 比 B 等於 77:1,再由減法,$A:B$ 等於 5928:1。所以空箱內部的阻力要小於其外表面阻力的5000 倍以上。該結果來自這樣的假設,即裝滿的箱子其較大的阻力不是來自任何其他的未知原因,而只能是某種稀薄流體對箱內金屬的作用所致。

這個實驗是憑記憶描述的,原始記錄已遺失;我不得不略去一些已遺忘的細節;我又沒有時間再將實驗重做一次。我第一次實驗時,鉤子太軟,裝滿的箱很快就停止擺動。我發現原因是鉤子不足以承受箱子的重量,致使擺動過程中鉤子時左時右地彎曲。後來我又做了一隻足夠堅硬的鉤子,懸掛點不再移動,即得到上述所有情形。

第七章　流體的運動及其對拋體的阻力

命題32　定理26

設兩個相似的物體系統由數目相同的粒子組成，一一對應的粒子相似而且成正比，位置相似，而相互間密度有給定比值；令它們各自在正比的時間內開始運動（即在一個系統內的粒子相互間運動，另一個系統內的粒子相互間運動）。如果同一系統內的粒子只在反彈的瞬時相互接觸，相互間既不吸引也不排斥，只受到反比於對應粒子的直徑、正比於速度平方的加速力，則這兩個系統中的粒子將在成正比的時間裏維持各自之間的相似運動。

相似的物體在相似的位置，意味著將一個系統中的粒子與另一個系統中相對應的粒子作比較，當它們各自之間做相似運動時，在成正比的時間之末處於相似的位置上。因而時間是成正比的，其間相對應的粒子掠過相似軌跡的相似且成正比的部分。所以，如果設兩個這樣的系統，其對應粒子由於在開始時做相似的運動，則將維持這種相似的運動與另一個粒子相遇；因為如果它們不受到力的作用，由第一運動定律知，將沿直線做勻速運動。但如果它們相互間受到某種力的作用，而且這些力反比於對應粒子的直徑、正比於速度的平方，且因為這些粒子位置相似，受力成正比，則使對應粒子受到推動，且由所有作用力複合而成的總力（由運動定律推論Ⅱ）將有相似的方向，而且其作用效果與由各粒子相似的中心位置所發出的力相同；而且這些合力相互間的比等於複合成它們的各力的比，即反比於對應粒子的直徑，正比於速度的平方，所以將使對應粒子持續掠過該軌跡。如果這些中心是靜止的，上述結論成立（由第一卷命題4推論Ⅰ和推論Ⅷ）；但如果它們是運動的，由移動的相似性知，它們在系統粒子中的位置關係保持相似，使得粒子畫出圖形所引入的變化也保持相似。所以，對應於相似粒子的運動保持相似，直至它們第一次相遇；由此產生相

似的碰撞和反彈；而這又導致粒子之間的相似運動（由於剛才說明的原因），直到它們再次相互碰撞。這個過程不斷重複直至無限。

證畢。

推論Ⅰ.如果兩個物體，它們與系統的對應部分相似且位置也相似，以類似的方式在它們之間按成正比的時間運動，它們的大小以及速度的比等於對應部分大小以及密度的比，則這些物體將在正比的時間內以類似方式維持運動，因為兩個系統以及兩個部分的多數情形是完全相同的。

推論Ⅱ.如果兩個系統中所有相似的且位置相似的部分相互間靜止，其中兩個最大的分別在兩個系統中保持對應，開始沿位置相似的直線以任意相似的方式運動，則它們將激發系統中其餘部分的類似運動，並將在這些部分中以類似方式按正比時間維持運動，因而將掠過正比於其直徑的距離。

命題33　定理27

在同樣條件下，系統中較大的部分受到的阻力正比於其速度的平方、其直徑的平方，以及系統中該部分的密度。

因為阻力部分來自系統各部分間相互作用的向心力或離心力，部分來自各部分與較大部分間的碰撞與反彈。第一部分阻力相互間的比等於產生它們的總運動力的比，即等於總加速力與相應部分的物質的量的乘積的比，即（由假設）正比於速度的平方，反比於對應部分間的距離，正比於對應部分的物質的量。因而，由於一個系統中各部分間距比另一個系統各部分的間距，等於前一個系統的粒子或部分的直徑比另一個系統的對應粒子或部分的直徑，而且由於物質的量正比於各部分的密度與直徑的立方，所以阻力相互間的比正比於速度的平方與直徑的平方以及系統各部分的密度。

證畢。

後一種阻力正比於對應的反彈次數與反彈力的乘積，但反彈次數的比正比於對應部分的速度反比於反彈間距。而反彈力正比於速度與

對應部分的大小和密度的乘積,即正比於速度與這些部分的直徑立方以及密度的乘積。所以綜合所有這些比值,對應部分阻力間的比正比於速度的平方與直徑的平方以及各部密度的乘積。　　　　　　證畢。

推論 I.所以,如果這些系統是兩個彈性系統,與我們的空氣相似,它們各部分間保持靜止;而兩個相似物質的大小與密度正比於流體的部分,被沿著位置相似的直線方向拋出;流體粒子相互作用的加速力反比於被拋出物質的直徑,正比於其速度的平方;則二物體將在正比的時間內在流體中激起相似的運動,並將掠過相似的且正比於其直徑的距離。

推論 II.在同一種流體中快速運動的拋體遇到的阻力近似正比於其速度的平方。因為如果遠處的粒子相互作用的力隨速度平方增大,則拋體受到的阻力精確正比於同一個比的平方,所以在一種介質中,如果其各部分處於相互間無作用的距離上,則阻力精確正比於速度的平方。設有三種介質 A、B、C,由相似相等且均勻分佈於相等距離上的部分組成。令介質 A 和 B 的各部分相互分離,作用力正比於 T 和 V;令介質 C 的部分間完全沒有作用。如果四個相等的物體 D、E、F、G 運動進入介質中,前兩個物體 D 和 E 進入前兩種介質 A 和 B,另兩個物體 F 和 G 進入第三種介質 C;如果物體 D 的速度比物體 E 的速度,以及物體 F 的速度比物體 G 的速度,等於力 T 與 V 的比值的平方根,則物體 D 的阻力比物體 E 的阻力,以及物體 F 的阻力比物體 G 的阻力,等於速度的平方相比;所以物體 D 的阻力比物體 F 的阻力等於物體 E 的阻力比物體 G 的阻力。令物體 D 與 F 速度相等,物體 E 與 G 速度也相等;以任意比率增加物體 D 和 F 的速度,按相同比率的平方減小介質 B 的粒子的力,則介質 B 將任意趨近介質 C 的形狀和條件;所以大小相等的且速度相等的物體 E 和 G 在這些介質中的阻力將連續趨於相等,使得其間的差最終小於任意給定值。所以,由於物體 D 和 F 的阻力的比等於物體 E 和 G 的阻力的比,它們也將以相似的方式趨於相等的比值。所以,當物體 D 和 F 以極快速度運動時,受到的阻力極近於相等;因而由於物體 F 的阻力正

比於速度的平方，物體 D 的阻力也近似正比於同一值。

推論III.在彈性流體中運動極快的物體其阻力幾乎與流體各部分間沒有離心力因而不相互遠離無異，只是這要求流體的彈性來自粒子的向心力，而物體的速度如此之大，不允許粒子有足夠時間相互作用。

推論IV.在其相距較遠的各部分無相互遠離運動的介質中，由於相似且等速的物體的阻力正比於其直徑的平方，因而以極快的相等速度運動的物體，其在彈性介質中所受的阻力近似正比於其直徑的平方。

推論V.由於相似、相等、等速的物體在密度相同、其粒子不相互遠離的介質中，將在相等的時間內撞擊等量的物質，不論組成介質的粒子是大是小，是多是少，因而對這些物質施加相等的運動量，反過來（由定律III）又受到前者等量的反作用，即受到相等的阻力；所以，也可以說，在密度相同的彈性流體中，當物體以極快速度運動時，它們的阻力幾乎相等，不論流體是由較大的或細微的部分所組成，因為速度極大的拋體，其阻力並不因為介質的細微而明顯減小。

推論VI.對於彈性力來自粒子的離心力的流體，上述結論均成立。但如果這種力來自某種其他原因，如來自粒子像羊毛球或樹枝那樣的膨脹，或任何其他原因，使得粒子相互間的自由運動受到阻礙，則由於介質的流體性變小，阻力比上述推論為大。

命題34   定理28

在由相等且自由分佈於相等距離上的粒子所組成的稀薄介質中，直徑相等的球或柱體沿柱體的軸向以相等速度運動，則球的阻力僅為柱體阻力的一半。

由於不論是物體在靜止介質中運動，抑或介質粒子以相同速度撞擊靜止物體，介質對物體的作用都是相同的（由定律推論V），讓我們假設物體是靜止的，看看它受到運動介質的什麼樣的推力。令 $ABKI$ 表示球體，球心為 C，半徑為 CA，令介質粒子以給定速度沿平行於 AC 的直線方向作用於球體；令 FB 為這些直線中的一條，在 FB 上

取 LB 等於半徑 CB，作 BD 與球相切於 B。在 KC 和 BD 上作垂線 BE、LD，則一個介質粒子沿 FB 方向斜向地在 B 點撞擊球體的力，比同一個粒子與柱體 ONGQ （圍繞球體的軸 ACI 畫出）垂直相遇於 b 的力，等於 LD 比 LB，或 BE 比 BC。又，該力沿其入射

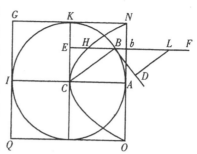

方向 FB 或 AC 推動球體的效率，比相同的力沿其確定方向，即沿直接撞衝球體的直線 BC 方向，推動球體的效率，等於 BE 比 BC。連接這些比式，一個粒子沿直線 FB 方向斜向落在球體上推動該球沿其入射方向運動的效果，比同一粒子沿同一直線垂直落在柱體上推動它沿同一方向運動的效果，等於 BE^2 比 BC^2。所以，如果在垂直於柱體 NAO 的圓底面且等於半徑 AC 的 bE 上取 bH 等於 BE^2 比 CB，則 bH 比 bE 等於粒子撞擊球體的效果比它撞擊柱體的效果。所以，由所有直線 bH 組成的立方體比由所有直線 bE 組成的立方體等於所有粒子作用於球體的效果比所有粒子作用於柱體的效果。但這些立方體中的前一個是拋物面的，其頂點在 C，主軸為 CA，通徑為 CA，而後一個立方體是一個與拋物面外切的柱體。所以，介質作用於球體的總力是它作用於柱體總力的一半。所以如果介質粒子是靜止的，柱體和球體以相等速度運動，則球體的阻力為柱體阻力的一半。　　　　證畢。

附注

用同樣方法可以比較其他形狀物體的阻力，並可以求出最適於在有阻力介質中維持其運動的物體形狀。如在以 O 為中心、OC 為半徑的圓形底面 CEBH 上，取高度 OD，可以作一平截頭圓錐體 CBGF，它沿軸向向 D 方運動所受到的阻力小於任何底面與高度均相同的平截頭圓錐體；在 Q 二等分高度 OD，延長 OQ 到 S，使 QS 等於 QC，

則 *S* 爲已求出的平截頭錐體的頂點。

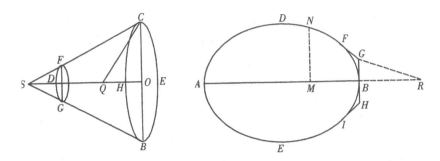

　　順便指出，由於 ∠*CSB* 總是銳角，由上述可知，如果立方體 *ADBE* 是由橢圓或卵形線 *ADBE* 圍繞其軸 *AB* 旋轉所成，而形成的圖形又在點 *F*、*B* 和 *I* 與三條直線 *FG*、*GH*、*HI* 相切，使得 *GH* 在切點 *B* 與軸垂直，而 *FG*、*HI* 與 *GH* 的夾角 ∠*FGB*、∠*BHI* 爲 135°，則由圖形 *ADFGHIE* 圍繞同一個軸 *AB* 旋轉所成的立方體，其阻力小於前述立方體，當二者都沿其軸 *AB* 方向運動，且以各自的極點 *B* 爲前沿時。我認爲本命題在造船中有用。

　　如果圖形 *DNFG* 是這樣的曲線，當由其上任意點 *N* 作垂線 *NM* 落於軸 *AB* 上，且由給定點 *G* 作直線 *GR* 平行於在 *N* 與該圖形相切的直線，與軸延長線相交於 *R* 時，*MN* 比 *GR* 等於 GR^3 比 4 *BR*·GB^2，此圖形圍繞其軸 *AB* 旋轉所成的立方體，當在上述稀薄介質中由 *A* 向 *B* 運動時，所受到的阻力小於任何其他長度與寬度均相同的圓形立方體。

命題35　問題 7

　　如果一種稀薄介質由極小、靜止的、大小相等且自由分佈於相等距離處的粒子組成，求一球體在這種介質中勻速運動所受到的阻力。

　　情形 1：設一有相同直徑與高度的圓柱體沿其軸向在同一種介質

中以相同速度運動；設介質的粒子落在球或柱體上以盡可能大的力反彈回來。由於球體的阻力（由前一命題）僅為柱體阻力的一半，而球體比柱體等於 2：3，且柱體把垂直落於其上的粒子以最大的力反彈回來，傳遞給它們的速度是其自身的 2 倍；可知柱體勻速運動掠過其軸長的一半時，傳遞給粒子的運動比柱體的總運動，等於介質密度比柱體密度；而球體在向前勻速運動掠過其直徑長度時，傳遞給粒子相同的運動量；在它勻速掠過其直徑的⅔的時間內，它傳遞給粒子的運動比球體的總運動等於介質的密度比球體密度。所以，球遇到的阻力，與在它勻速通過其直徑的⅔的時間內使其全部運動被抵消或產生出來的力的比，等於介質的密度比球體的密度。

情形 2：設介質粒子碰撞球體或柱體後並不反彈，則與粒子垂直碰撞的柱體把自己的速度直接傳遞給它們，因而遇到的阻力只有前一情形的一半，而球體遇到的阻力也只有其一半。

情形 3：設介質粒子以某種既不是最大、也不為零的平均速度自球體反彈回來，則球的阻力為第一種情形的阻力與第二種情形的阻力的比例中項。　　　　　　　　　　　　　　　　　　　　　　證畢。

推論 I.如球體與粒子都是無限堅硬的，而且完全沒有彈性力，因而也沒有反彈力，則球體的阻力比在該球在掠過其直徑的⅔的時間內使其全部運動被抵消或產生的力，等於介質的密度比球體密度。

推論 II.其他條件不變時，球體阻力正比於速度平方變化。

推論 III.其他條件不變時，球體阻力正比於直徑平方變化。

推論 IV.其他條件不變時，球體阻力正比於介質密度變化。

推論 V.球體阻力正比於速度平方、直徑平方以及介質密度三者的乘積。

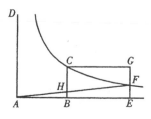

推論 VI.因此可以這樣表示球體的運動及其阻力：令 AB 為時間，在其中球體由於均勻維持的阻力而失去全部運動，作 AD、BC 垂直於 AB。令 BC 為全部運動，通過點 C 以 AD、AB 為漸近線作雙

曲線 CF。延長 AB 到任意點 E。作垂線 EF 與雙曲線相交於 F。作平行四邊形 $CBEG$，作 AF 交 BC 於 H。如果球體在任意時間 BE 內，在無阻力介質中以其初始運動 BC 均勻掠過由平行四邊形表示的距離 $CBEG$，則在有阻力介質中相同時間內掠過由雙曲線面積表示的距離 $CBEF$；在該時間末它的運動由雙曲線的縱座標 EF 表示，失去的運動部分為 FG。在同一時間之末其阻力由長度 BH 表示，失去的阻力部分為 CH。所有這些可以由第二卷命題 5 推論 I 和推論 III 導出。

推論 VII. 如果在時間 T 內球體受均勻阻力 R 的作用失去其全部運動 M，則相同的球體在時間 t 內，在阻力 R 正比於速度平方減小的有阻力介質中失去其運動 M 的 $\dfrac{tM}{T+t}$ 部分，而餘下 $\dfrac{TM}{t+T}$ 部分；所掠過的距離比它在相同時間 t 內以均勻運動 M 所掠過的距離，等於數 $\dfrac{T+t}{T}$ 的對數乘以數 2.302585092994，比數 $\dfrac{t}{T}$，因為雙曲線面積 $BCFE$ 比矩形 $BCGE$ 也是該數值。

附注

在本命題中，我已說明了在不連續介質中球形拋體的阻力及受阻滯情形，而且指出這種阻力與在球體以均勻速度掠過其直徑的 $\frac{2}{3}$ 長度的時間內能使球體總運動被抵消或產生的力的比等於介質密度比球體密度，條件是球體與介質粒子是完全彈性的，並受到最大反彈力的作用；當球體與介質粒子無限堅硬因而反彈力泯失時，這種力減弱為一半。但在連續介質中，如水、熱油、水銀，球體在其中通過時並不直接與所有產生阻力的所有流體粒子相碰撞，而只是壓迫鄰近它的粒子，這些粒子壓迫稍遠的，它們再壓迫其他粒子，如此等等；在這種介質中阻力又減小一半。在這些極富流動性的介質中，球體的阻力與在它以均勻速度掠過其直徑的 $\frac{8}{3}$ 倍所用的時間內使其全部運動被抵消

或產生的力的比，等於介質的密度比球體的密度。我將在下面證明這一點。

命題36　問題 8

求自柱形桶底部孔洞中流出的水的運動。

令 *ACDB* 爲柱形容器，*AB* 爲其上端開口，*CD* 爲平行於地平面的底，*EF* 爲桶底中間的圓孔，*G* 爲圓孔中心，*GH* 爲垂直於地平面的桶軸。再設柱形冰塊 *APQB* 體積與桶容積相等，並且是共軸的，以均勻運動連續下落，其各部分一旦與表面 *AB* 接觸，即融化爲水，受其重量驅使流入桶中，並且在下落中形成水柱 *ABNFEM*，通過孔洞 *EF* 並剛好將它塡滿。令冰塊均勻下落的速度和在圓 *AB* 內的連續水流速度等於水下落掠過距離 *IH* 所獲得的速度；令 *IH* 與 *HG* 位於同一條直線上；通過點 *I* 作直線 *KL* 平行於地平線，與冰塊的兩側邊相交於 *K* 和 *L*。則水自孔洞 *EF* 流出的速度與自 *I* 流過距離 *IG* 所獲得的速度相等。所以，由伽利略定理，*IG* 比 *IH* 等於水自孔洞流出速度比水在圓 *AB* 的流速的平方，即等於圓 *AB* 與圓 *EF* 比值的平方；這兩個圓都反比於在相同時間裏通過它們並完全把它們塡滿的水流速度。我們現在考慮的是水流向地平面的

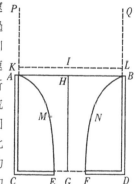

速度，不考慮與之平行使水流各部分相互趨近的運動，因爲它既不是由重力產生的，也不改變重力引起的使水流向地平面的運動。我們的確要假定水的各部分有些微凝聚力，它使水在下落過程中以與地平面相平行的運動相互趨近以保持單一的水柱，防止它們分裂爲幾個水柱；但由這種凝聚力產生的平行於地平面的運動不在我們討論之列。

情形 1：設包圍著水流 *ABNFEM* 的水桶總容積都充滿了冰，水像流過漏斗那樣自冰中穿過。如果水只是非常接近於冰，但不與之接

觸；或者等價地，如果冰面足夠光滑，水雖然與它接觸，卻可以在其上自由滑移，完全不受到阻力；則水仍將像以前一樣以相同速度自孔洞 *EF* 中穿過，而水柱 *ABNFEM* 的總重量仍是把水自孔洞擠出的動力，桶底則支撐著環繞該水柱的冰的重量。

現設桶中的冰融化為水；流出的水保持不變，因為其流速仍像從前一樣不變。它之所以不變小，是因為融化了的冰也傾向於下落；它之所以不變大，是因為已成為水的冰不可能克服其他水的下落而獨自上升。在流動的水中同樣的力永遠只應產生同樣的速度。

但在位於桶底的孔洞，由於流水粒子有斜向運動，必使水流速度略大於從前。因為現在水的粒子不再全部垂直地通過該孔洞，而是自桶側邊的所有方面流下，向孔洞集聚，以斜向運動通過它；並且在聚集向孔洞時彙集成一股水流，其在孔洞下側的直徑略小於在孔洞處的直徑；它的直徑與孔洞的直徑的比等於 5：6，或極近於 5½：6½，如果我的測量正確的話。我製作了一塊薄平板，在中間穿鑿一個孔洞，圓洞直徑約為⅝英寸。為了不對流出的水加速使水流更細，我沒有把這塊平板固定在桶底，而是固定在桶邊，使水沿平行於地平面的方向湧出。然後將桶注滿水，放開孔洞使水流出；在距孔洞約半英寸處極精確地測得水流的直徑為²¹⁄₄₀英寸。所以該圓洞的直徑與水流的直徑的比極近似地等於 25：21。所以，水流經孔洞時自所有方面收縮，在流出水桶後該集聚作用使水流變得更小，這種變小使水流加速直到距孔洞半英寸處，在該距離處水流比孔洞處為小，而速度更大，其比值為 25·25：21·21，或非常近似於 17：12，即約為 $\sqrt{2}$：1。現在，由此實驗可以肯定，在給定的時間內，自桶底孔洞流出的水量等於在相同時間內以上述速度自另一個圓洞中自由流出的水量，後者與前者直徑的比為 21：25。所以，通過孔洞本身的水流的下落速度近似等於一重物自桶內靜止水的一半高度落下所獲得的速度。但水在流出後更受到集聚作用的加速，在它到達約為孔洞直徑的距離處時，所獲得的速度與另一個速度的比約為 $\sqrt{2}$：1；一個重物差不多要從桶內靜止水的全部高度處下落才能獲得這一速度。

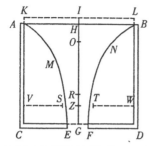

所以，在以下的討論中，水流的直徑我們以稱爲 EF 的較小孔洞表示。設另一個平面 VW 在孔洞 EF 的上方，與孔平面平行，到孔洞的距離爲同一孔洞的直徑，並被鑿出一個更大的洞 ST，其大小剛好使流過下面孔洞 EF 的水把它塡滿。所以該孔洞的直徑與下面孔洞直徑的比約爲 25：21。通過這一方法，水將垂直流過下面的孔洞；而流出的水量取決於這最後一個孔洞的大小，將極近似地與本問題的解相同。可以把兩個平面之間的空間與下落的水流看做是桶底。爲了使解更簡單和數學化，最好只取下平面爲桶底，並假設水像通過漏斗那樣自冰塊中流過，經過下平面上的孔洞 EF 流出水桶，並連續地保持其運動，而冰塊保持靜止。所以在以下討論中令 ST 爲以 Z 爲中心的圓洞直徑，桶中的水全部自該孔洞流出。而令 EF 爲另一個孔洞直徑，水流過它時把它全部充滿，不論流經它的水是自上面的孔洞 ST 來，還是像穿過漏斗那樣自桶冰塊中間而來。令上孔洞 ST 的直徑比下孔洞 EF 的直徑約爲 25：21，令兩個孔洞所在平面之間距離等於小孔洞的直徑 EF，則自孔洞 ST 向下流過的水的速度，與一物體自高度 IZ 的一半下落到該孔洞時所獲得的速度相同；而兩種流經孔洞 EF 的水流速度，都等於一物體自整個高度 IG 自由下落所獲得的速度。

情形 2：如果孔洞 EF 不在桶底中間，而是在其他某處，則如果孔洞大小不變，水流出的速度與從前相同。因爲雖然重物沿斜線下落到同樣的高度比沿垂直線下落需要的時間要長，但在這兩種情形中它所獲得的下落速度相同；正如伽利略所證明的那樣。

情形 3：水自桶側邊孔洞流出的速度也相同。因爲，如果孔洞很小，使得表面 AB 與 KL 之間的間隔可以忽略不計，而沿水平方向流出的水流形成一拋物線圖形；由該拋物線的通徑可以知道，水流的速度等於一物體自桶內靜止水高度 IG 或 HG 下落所獲得的速度。因

爲，我通過實驗發現，如果孔洞以上靜止水高度爲 20 英寸，而孔洞高出一與地平面平行的平面也是 20 英寸，則由此孔洞噴出的水流落在此平面上的點，到孔洞平面的垂直距離極近似於 37 英寸。而沒有阻力的水流應落在該平面上 40 英寸處，拋物線狀水流的通徑應爲 80 英寸。

情形 4：如果水流向上噴出，其速度也與上述相同。因爲向上噴出的小股水流，以垂直運動上升到 *GH* 或 *GI*，即桶中靜止水的高度；它所受到的微小空氣阻力在此忽略不計；所以它噴出的速度與它從該高度下落獲得的速度相等。靜止水的每個粒子在所有方面都受到相等的壓力 （由第二卷命題 19），並總是屈服於該壓力，傾向於以相等的力向某處湧出，不論是通過桶底的孔洞下落，或是自桶側邊的孔洞沿水平方向噴出，或是導入管道自管道上側的小孔湧出。這一結果不僅僅是從理論推導出來的，也是由上述著名實驗所證明了的，水流出的速度與本命題中所導出的結果完全相同。

情形 5：不論孔洞是圓形、方形、三角形或其他任何形狀，只要面積與圓形相等，水流的速度都相等，因爲水流速度不決定於孔洞形狀，只決定於孔洞在平面 *KL* 以下的深度。

情形 6：如果桶 *ABDC* 的下部爲靜止水所淹沒，且靜止水在桶

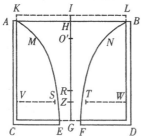

底以上的高度爲 *GR*，則在桶內的水自孔洞 *EF* 湧入靜止水的速度等於水自高度 *IR* 落下所獲得的速度，因爲桶內所有低於靜止水表面的水的重量都受到靜止水的重量的支撐而平衡，因而對桶內水的下落運動無加速作用。該情形通過實驗測定水流出的時間也可以得到證明。

推論 I.因此，如果水的深度 *CA* 延長到 *K*，使 *AK* 比 *CK* 等於桶底任意位置上的孔洞的面積與圓 *AB* 的面積的比的平方，則水流速度將等於水自高度 *KC* 自由下落所獲得的速度。

推論 II.使水流的全部運動得以產生的力等於一個圓形水柱的重量，其底爲孔洞 *EF*，高度爲 2 *GI* 或 2 *CK*，因爲在水流等於該水柱

時，它由其自身重量自高度 *GI* 落下所獲得的速度等於它流出的速度。

推論III.在桶 *ABDC* 中所有水的重量比其中驅使水流出的部分的重量，等於圓 *AB* 與 *EF* 的和比圓 *EF* 的 2 倍。因為令 *IO* 為 *IH* 與 *IG* 的比例中項，則自孔洞 *EF* 流出的水，在水滴自 *I* 下落掠過高度 *IG* 的時間內，等於以圓 *EF* 為底，2 *IG* 為其高的柱體，即等於以 *AB* 為底，2 *IO* 為高的柱體。因為圓 *EF* 比圓 *AB* 等於高度 *IH* 比高度 *IG* 的平方根，即等於比例中項 *IO* 比 *IG*。而且，在水滴自 *I* 下落掠過高度 *IH* 的時間內，流出的水等於以圓 *AB* 為底、2 *IH* 為高的柱體；在水滴自 *I* 下落經過 *H* 到 *G* 掠過高度差 *HG* 的時間內，流出的水，即立方體 *ABNFEM* 內所包含的水，等於柱體的差，即等於以 *AB* 為底、2 *HO* 為高的柱體。所以，桶 *ABDC* 中所有的水比裝在上述立方體 *ABNFEM* 中的下落的水，等於 *HG* 比 2 *HO*，即等於 *HO* + *OG* 比 2 *HO*，或者 *IH* + *IO* 比 2 *IH*。但裝在立方體 *ABNFEM* 中的所有水的重量都用於把水逐出水桶，因而桶中所有水的重量比該部分使水外流的重量等於 *IH* + *IO* 比 2 *IH*，所以等於圓 *EF* 與 *AB* 的和比圓 *EF* 的 2 倍。

推論IV.桶 *ABDC* 中所有水的重量比另一部分由桶底支撐著的水的重量，等於圓 *AB* 與 *EF* 的和比這二者的差。

推論V.該桶底支撐著的部分的重量比用於使水流出的重量等於圓 *AB* 與 *EF* 的差比小圓 *EF*，或等於桶底面積比孔洞的 2 倍。

推論VI.重量中壓迫桶底的部分比垂直壓迫的總重量等於圓 *AB* 比圓 *AB* 與 *EF* 的和，或等於圓 *AB* 比圓 *AB* 的 2 倍減去桶底面積的差。因重量中壓迫桶底的部分比桶中水的總重量等於圓 *AB* 與 *EF* 的差比這二者的和(由本命題推論IV)；而桶中水總重量比垂直壓迫桶底的水總重量等於圓 *AB* 比圓 *AB* 與 *EF* 的差。所以，將二比例式中對應項相乘，壓迫桶底的重量部分比垂直壓迫桶底的所有水的重量等於圓 *AB* 比圓 *AB* 與 *EF* 的和，或比圓 *AB* 的 2 倍減桶底的差。

推論VII.如果在孔洞 *EF* 的中間置一小圓片 *PQ*，它也以 *G* 為圓

心，平行於地平面，則該小圓片支撐的水
的重量大於以該小圓片爲底，高爲 *GH* 的
水柱重量的⅓。因爲仍令 *ABNFEM* 爲下
落的水柱，其軸爲 *GH*，令所有對該水柱
順利而迅速地下落無影響的水都凍結，包
括水柱周圍的與小圓片之上的。令 *PHQ*
爲小圓片之上凍結的水柱，其頂點爲 *H*，
高爲 *GH*。設這樣的水柱因其自身重量而
下落，且旣不依附也不壓迫 *PHQ*，而是完

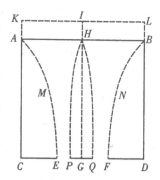

全沒有摩擦地與之自由滑動，除在開始下落時緊挨著冰柱頂點的水柱
或許會發生凹形。由於圍繞著下落水柱的凍結水 *AMEC*、*BNFD*，其
內表面 *AME*、*BNF* 向著該下落水柱彎曲，因而大於以小圓片 *PQ* 爲
底、高爲 *GH* 的圓錐體，即大於底與高與相同的柱體的⅓。所以，小
圓片所支撐的水柱的重量，大於該圓錐的重量，即大於柱體的⅓。

推論Ⅷ.當圓 *PQ* 很小時，它所支撐的水的重量似乎小於以該圓爲
底、高爲 *HG* 的水柱重量的⅔。因爲，在上述諸條件下，設以該小圓
片爲底的半橢球體，其半軸或高爲 *HG*。該圖形等於柱體的⅔，被包含
在凍結水柱 *PHQ* 之內，其重量爲小圓片所支撐。因爲水的運動雖然是
直接向下的，但該柱的外表面必定與底 *PQ* 以某種銳角相交，水在其
下落中被連續加速，這種加速使水流變細。所以，由於該角小於直角，
該水柱的下部將位於半橢球之內，其上部則爲一銳角或集於一點；因
爲水流是自上而下的，水在頂點的水平運動必定無限大於它流向地平
線的運動。而且該圓 *PQ* 越小，柱體的頂部越尖銳；由於圓片無限縮
小時，∠*PHQ* 也無限縮小，因而柱體位於半橢球之內。所以柱體小於
半橢球，或小於以該小圓片爲底、高爲 *GH* 的柱體的⅔部分。所以小
圓片支撐的水的力等於該柱體的重量，而周圍的水則被用以驅使水流
出孔洞。

推論Ⅸ.當圓 *PQ* 很小時，它所支撐的水的重量非常接近於以該圓
爲底、高爲½ *GH* 的水柱的重量；這個重量在數學上意味著上面提到

的圓錐體和半橢球體之間的重量。但是，如果 PQ 不是很小，相反，它增大到與孔 EF 相等，則它將支撐在它之上的全部的水的重量，即它將支撐以它爲底、高度爲 GH 的水柱的重量。

推論 X．（就我所知）小圓片所支撐的重量比以該小圓片爲底、高爲 $\frac{1}{2}GH$ 的水柱重量，等於 EF^2 比 $EF^2 - \frac{1}{2}PQ^2$，或非常接近等於圓 EF 比該圓減去小圓片 PQ 的一半的差。

引理 4

如果一個圓柱體沿其長度方向匀速運動，則它所受到的阻力完全不因爲其長度的增加或減少而改變，因而它的阻力等於一個直徑相同、沿垂直於圓面方向匀速運動的圓的阻力。

因爲柱體的邊根本不向著運動方向；當其長度無限縮小爲零時即變爲圓。

命題37　定理29

如果一圓柱體沿其長度方向在被壓縮的、無限的和非彈性的流體中匀速運動，則其橫截面所引起的阻力比在其運動過 4 倍長度的時間內使其全部運動被抵消或產生的力，近似等於介質的密度比柱體密度。

令桶 $ABDC$ 以其底 CD 與靜止水面接觸，水自桶內通過垂直於地平面的柱形管道 $EFTS$ 流入靜止水；令小圓片 PQ

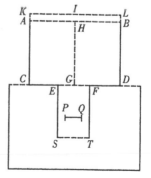

與地平面平行地置於管道中間任意處；延長 CA 到 K，使 AK 比 CK 等於管道 EF 的孔洞減去小圓片 PQ 的差比圓 AB 的平方，則（由第二卷命題 36 情形 5、情形 6 和推論 I） 水通過小圓片與桶之間

的環形空間的流動速度與水下落掠過高度 KC 或 IC 所獲得的速度完全相同。

（由第二卷命題 36 推論 X）如果桶的寬度是無限的，使得短線段 HI 消失，高度 IG、HG 相等，則流下的水壓迫小圓片的力比以該小圓片爲底、高爲 $\frac{1}{2} IG$ 的水柱的重量，非常接近於 EF^2 比 $EF^2 - \frac{1}{2} PQ^2$。因爲通過整個管道均勻流下的水對小圓片 PQ 的壓力無論它置於管道內何處都是一樣的。

現設管道口 EF、ST 關閉，令小圓片在被自所有方向壓縮的流體中上升，並在上升時推擠其上方的水通過小圓片與管道壁之間的空間向下流動，則小圓片上升的速度比流下的水的速度，等於圓 EF 與 PQ 的差比圓 PQ；而小圓片上升的速度比這兩個速度的和，即比向下流經上升小圓片的水的相對速度，等於圓 EF 與 PQ 的差比圓 EF，或等於 $EF^2 - PQ^2$ 比 EF^2。令該相對速度等於小圓片不動時使上述水通過環形空間的速度，即等於水下落掠過高度 IG 所獲得的速度，則水力對該上升小圓片的作用與以前相同（由定律推論 V），即上升小圓片的阻力比以該小圓片爲底、高爲 $\frac{1}{2} IG$ 的水柱的重量，近似等於 EF^2 比 $EF^2 - \frac{1}{2} PQ^2$。而該小圓片的速度比水下落掠過高度 IG 所獲得的速度，等於 $EF^2 - PQ^2$ 比 EF^2。

若令管道寬度無限增大，則 $EF^2 - PQ^2$ 與 EF^2，以及 EF^2 與 $EF - \frac{1}{2} PQ^2$ 之間的比最後變爲等量的比，所以這時小圓片的速度等於水下落掠過高度 IG 所獲得的速度；其阻力則等於以該小圓片爲底、高爲 IG 的一半的水柱重量，該水柱自此高度下落必能獲得小圓片上升的速度；且在此下落時間內，水柱可以此速度運動過其 4 倍的距離。而以此速度沿其長度方向運動的柱體的阻力與小圓片的阻力相同（由第二卷引理 4），因而近似等於在它掠過 4 倍長度時產生其運動的力。

如果柱體長度增加或減小，則其運動，以及掠過其 4 倍長度所用的時間，也按相同比例增加或減小，因而使如此增加或減小的運動得以抵消或產生的力保持不變，因爲時間也按相同比例增加或減少了；所以該力仍等於柱體的阻力，因爲（由第二卷引理 4）該阻力也保持不

變。

如果柱體的密度增加或減小，則其運動，以及使其運動得以在相同時間內產生或抵消的力，也按相同比例增加或減小，因而任意柱體的阻力比該柱體在運動過其 4 倍長度的時間內使其全部運動得以產生或抵消的力，近似等於介質密度比柱體密度。　　　　　　證畢。

流體必須是因壓縮而連續的；之所以需要它連續和非彈性的，是因為壓縮產生的壓力可以即時傳播；而作用於運動物體上的相等的力不會引起阻力的變化。由物體運動所產生的壓力在產生流體各部分的運動中被消耗掉，由此產生阻力，但由流體的壓縮而產生的壓力，不論它多麼大，只要它是即時傳播的，就不產生流體的局部運動，不會對在其中的運動產生任何改變；因而它既不增加也不減小阻力。這可以由本命題的討論得到證明，壓縮產生的流體作用不會使在其中運動的物體的後部壓力大於前部，因而不會使阻力減小。如果壓縮力的傳播無限快於受壓物體的運動，則前部的壓縮力不會大於後部的壓縮力。而如果流體是連續和非彈性的，則壓縮作用可以得到無限快的即時傳播。

推論 I.在連續的無限介質中沿其長度方向勻速運動的柱體，其阻力正比於速度平方、直徑平方以及介質密度的乘積。

推論 II.如果管道的寬度不無限增加，柱體沿其長度方向在管道內的靜止介質中運動，其軸總是與管道軸重合，則其阻力比在它運動過其 4 倍長度的時間內能使其全部運動產生或被抵消的力，等於 EF^2 比 $EF^2 - \frac{1}{2}PQ^2$，乘以 EF^2 比 $EF^2 - PQ^2$ 的平方，再乘以介質密度比柱體密度。

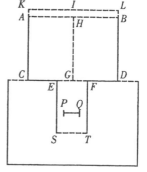

推論 III.相同條件下，長度 L 比柱體 4 倍長度等於 $EF^2 - \frac{1}{2}PQ^2$ 比 EF^2 乘以 $EF^2 - PQ^2$ 比 EF^2 的平方，則柱體阻力比柱體運動過長度 L 時間內使其全部運動得以產生或抵消的力，等於介質密度比柱體密度。

附注

　　在本命題中，我們只討論了由柱體橫截面引起的阻力，而忽略了由斜向運動所產生的阻力。因為，與第二卷命題 36 情形 1 一樣，斜向運動使桶中的水自所有方向向孔洞 *EF* 集聚，對水自該孔洞流出有阻礙作用。在本命題中，水的各部分受到水柱前端的壓力，斜向運動屈服於這種壓力，向所有方向擴散，阻礙水通過水柱前端附近流向後部，迫使流體從較遠處流過；它使阻力的增加，大致等於它使水流出水桶的減少，即近似等於 25：21 的平方。仍與第二卷命題 36 情形 1 一樣，我們令桶中所有圍繞著水柱的水都凍結，使水的各部分能垂直而從容地通過孔洞 *EF*，而其斜向運動與無用部分都沒有運動，在本命題中，則設水的各部分能盡可能直接而迅速地屈服於斜向運動並做出反應，使斜向運動得以消除，水的各部分可以自由穿過水柱，只有其橫截面能夠產生阻力。因為不能使柱體前端變尖，除非使其直徑變小，所以必須假設做斜向和無用運動並產生阻力的流體部分，在柱體兩端保持相互靜止和連接，並與柱體連接在一起。

　　令 *ABDC* 為一矩形，*AE* 和 *BE* 為兩段拋物線弧，其軸為 *AB*，其通徑與柱體下落以獲得運動速度所掠過的空間 *HG* 的比，等於 *HG* 比½*AB*。令 *DF* 與 *CF* 為另兩段圍繞軸 *CD* 的拋物線弧，其通徑為前者的 4 倍；將這樣的圖形圍繞軸 *EF* 旋轉得到一個立力體，其中部 *ABDC*

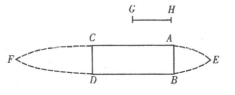

是我們剛討論過的圓柱體，其兩端部分 *ABE* 和 *CDF* 則包含著相互靜止的流體部分，並固化為兩個堅硬物體與圓柱體的兩端黏接在一起形成一頭一尾。如果這樣的立方體 *EACFDB* 沿其長軸 *FE* 向著 *E* 的方向運動，則其阻力近似等於我們在本命題中所討論的情形，即阻力與在它勻速運動過長度 4 *AC* 的時間內能使柱體的全部運動被抵消

或產生的力的比，近似等於流體密度比柱體密度，而且（由第二卷命題 36 推論 Ⅶ）該阻力與該力的比至少為 2：3。

引理 5

如果先後將寬度相等的圓柱體、球體和橢球體放入柱形管道中間，並使它們的軸與管道軸重合，則這些物體對流過管道的水的阻礙作用相等。

因為介於管道壁與圓柱體、球體和橢球體之間使水能通過的空間是相等的；而自相等空間流過的水相等。

如在第二卷命題 36 推論 Ⅶ 中已解釋過的那樣，本引理的條件是，所有位於圓柱體、球體或橢球體上方的水，其流動性對於水盡可能快地通過該空間不是必要的，都是被凍結起來的。

引理 6

在相同條件下，上述物體受到流經管道的水的作用是相等的。

這可以由第二卷引理 5 和第三定律證明，因為水與物體間的相互作用是相等的。

引理 7

如果管道中的水是靜止的，這些物體以相等速度沿相反方向在管道中運動，則它們相互間的阻力是相等的。

這可以由前一引理得到證明，因為它們之間的相對運動保持不變。

附注

　　所有凸起的圓形物體，其軸與管道軸相重合，都與此情形相同。或大或小的摩擦會產生某些差別，但我們在這些引理中假設物體是十分光滑的，而介質的黏性與摩擦為零；能夠以其斜向和多餘運動干擾、阻礙水流過管道的流體部分，像凍結的水那樣被固定起來，並以前一命題的附注中所解釋的方式與物體的力和後部相黏連，相互間保持靜止；因為在後面我們要討論橫截面極大的圓形物體所可能遇到的極小阻力問題。

　　浮在流體上的物體做直線運動時，會使流體將其前部擾起，而將其後部下沉，鈍形物體尤其如此，因而它們遇到的阻力略大於頭尾都是尖形的物體。在彈性流體中運動的物體，如果其前後均為鈍形，在其前部聚集起稍多的流體，而在其後部則使之稍稀薄，因而它所遇到的阻力也略大於頭尾都是尖形的物體。但在這些引理和命題中，我們不討論彈性流體，而只討論非彈性流體；不討論漂浮在流體表面的物體，而討論深浸於其中的物體。一旦知道了物體在非彈性流體中的阻力，就可以再略為增加一些阻力，作為物體在像空氣那樣的彈性流體中，以及在像湖泊和海洋那樣的靜止流體表面上受到的阻力。

命題38　定理30

　　如果一個球體在壓縮了的無限的非彈性流體中勻速運動，則其阻力比在它掠過其直徑的 $\frac{8}{3}$ 長度的時間內使其全部運動被抵消或產生的力，極近似地等於流體的密度比該球體的密度。

　　因為球體比其外接圓柱體等於 2：3，因而在柱體掠過其直徑 4 倍長度的時間內使同一柱體全部運動被抵消的力，可以在球體掠過柱體直徑 $\frac{2}{3}$，即球體直徑的 $\frac{8}{3}$ 長度的時間內，抵消球體的全部運動。現在，柱體的阻力比這個力極近似地等於流體的密度比柱體或球體的密度

（由第二卷命題 37），而球體阻力等於柱體的阻力（由第二卷引理 5、引理 6、引理 7）。　　　　　　　　　　　　　　　　　　　證畢。

推論 I.在壓縮了的無限介質中，球體阻力正比於速度平方、直徑平方與介質密度的乘積。

推論 II.球體以其相對重量在有阻力介質中下落所能獲得的最大速度，與相同重量的球體在無阻力介質中下落時所獲得的速度相等，掠過的距離比其直徑的 ⅓ 等於球密度比介質密度。因為球體以其下落所獲得的速度運動時，掠過的距離比其直徑的 ⅓ 等於球體密度比流體密度；而它的產生這一運動的重力比在球以相同速度掠過其直徑的 ⅓ 的時間內，產生同樣運動的力，等於流體密度比球體密度；因而（由本命題）重力等於阻力，不能使球加速。

推論 III.如果給定球的密度和它開始運動時的速度，以及球在其中運動的靜止壓縮流體的密度，則可以求出任意時間球體的阻力和速度，以及它所掠過的空間（由第二卷命題 35 推論 VII）。

推論 IV.球在壓縮、靜止且密度與它自身相同的流體中運動時，在掠過其 2 倍直徑的長度之前已失去其運動的一半（也由第二卷命題 35 推論 VII）。

命題39　定理31

如果一球體在密封於管道中的壓縮流體中運動，其阻力比在它掠過直徑的 ⅓ 長度的時間內使其全部運動被抵消或產生的力，近似等於管口面積比管口減去球大圓一半的差，與管口面積比管口減去球大圓的差，以及流體密度比球體密度的乘積。

這可以由第二卷命題 37 推論 II 以及與前一命題相同的方法得到證明。

附注

在以上兩個命題中，我們假設（與以前在第二卷引理 5 中一樣）所有在球之前的、其流動性能使阻力作同樣增加的水都已凍結。這樣，如果這些水變爲流體，它將多少會使阻力增加。但在這些命題中這種增加如此之小，可以忽略不計，因爲球體的凸面與水的凍結所產生的效果幾乎完全相同。

命題40　問題 9

由實驗求出一球體在具有理想的流動性和壓縮了的介質中運動的阻力。

令 A 爲球體在眞空中的重量，B 爲在有阻力介質中的重量，D 爲球體直徑，F 爲某一距離，它比 $\frac{1}{3}D$ 等於球體密度比介質密度，即等於 A 比 $A-B$。若 G 爲球以重量 B 在無阻力介質中下落掠過距離 F 所用的時間，而 H 爲該下落所獲得的速度，則由第二卷命題 38 推論 II，H 爲球體以重量 B 在有阻力介質中所能獲得的最大下落速度；而當球體以該速度下落時，它遇到的阻力等於其重量 B；由第二卷命題 38 推論 I 可知，以其他任意速度運動時的阻力比重量 B 等於該速度與最大速度 H 的比的平方。

這正是流體物質的惰性所產生的阻力。由其彈性、黏性和摩擦所產生的阻力，可以由以下方法求出。

令球體在流體中以其重量 B 下落；P 表示下落時間，以秒爲單位，若時間 G 是以秒給定的話。求出對應於 $0.434\,294\,481\,9\,\dfrac{2P}{G}$ 的對數的絕對數 N，令 L 爲數 $\dfrac{N+1}{N}$ 的對數，則下落所獲得的速度爲

$\frac{N-1}{N+1}H$，所掠過的高度為$\frac{2PF}{G}$－1.386 294 361 1F＋4.605 170 186

LF。如果流體有足夠深度，可以略去 4.605 170 186LF 項；而$\frac{2PE}{G}$

－1.386 294 361 1F 為掠過的近似高度。這些公式可以由第二卷命題
9 及其推論推出，其前提是球體所遇到的阻力僅來自物質的惰性。如果
它確實遇到了其他任何類型的阻力，則下落將變慢，並可由變慢時間
量求出這種新的阻力的量。

　　為便於求得在流體中物體下落的速度，我製成了如下表格，其第
一列表示下落時間；第二列表示下落所獲得的速度，最大速度為 100
000 000；第三列表示在這些時間內下落掠過的距離，2F 為物體在時
間 G 內以最大速度掠過的距離；第四列表示在相同時間裏以最大速
度掠過的距離。第四列中的數為$\frac{2P}{G}$，由此減去數 1.386 294 4－4.605

170 2L，即得到第三列數；要得到下落掠過的距離必須將這些數乘以
距離 F。此處加上第五列數值，表示物體以其相對重量的力 B 在真空
中相同時間內下落所掠過的距離。

時間 P	物體在流體中的下落速度	在流體中掠過的空間	以最大速度掠過的空間	在真空中下落掠過的空間
0.001G	99999$\frac{29}{30}$	0.000001F	0.002F	0.00001F
0.01G	999967	0.0001F	0.02F	0.0001F
0.1G	9966799	0.0099834F	0.2F	0.01F
0.2G	19737532	0.0397361F	0.4F	0.04F
0.3G	29131261	0.0886815F	0.6F	0.09F
0.4G	37994896	0.1559070F	0.8F	0.16F
0.5G	46211716	0.2402290F	1.0F	0.25F
0.6G	53704957	0.3402706F	1.2F	0.36F

$0.7G$	60436778	$0.4545405F$	$1.4F$	$0.49F$
$0.8G$	66403677	$0.5815071F$	$1.6F$	$0.64F$
$0.9G$	71629787	$0.7196609F$	$1.8F$	$0.81F$
$1G$	76159416	$0.8675617F$	$2F$	$1F$
$2G$	96402758	$2.6500055F$	$4F$	$4F$
$3G$	99505475	$4.6186570F$	$6F$	$9F$
$4G$	99932930	$6.6143765F$	$8F$	$16F$
$5G$	99990920	$8.6137964F$	$10F$	$25F$
$6G$	99998771	$10.6137179F$	$12F$	$36F$
$7G$	99999834	$12.6137073F$	$14F$	$49F$
$8G$	99999980	$14.6137059F$	$16F$	$64F$
$9G$	99999997	$16.6137057F$	$18F$	$81F$
$10G$	$99999999\frac{3}{5}$	$18.6137056F$	$20F$	$100F$

附注

　　爲由實驗求出阻力，我製作了一個方形木桶，其內側長和寬均爲
9 英寸，深 9½ 英尺，盛滿雨水；又製備了一些包含有鉛的蠟球，我記
錄了這些球下落的時間，下落高度爲 112 英寸。1 立方英尺雨水重 76
磅；1 立方英寸雨水重 ¹⁹⁄₃₆ 盎司，或 253⅓ 格令；直徑 1 英寸的水球在空
氣中重 132.645 格令，在眞空中重 132.8 格令；其他任意球體的重量正
比於它在眞空中的重量超出其在水中重量的部分。

　　實驗 1.一個在空氣中重 156¼ 格令的球，在水中重 77 格令，在 4
秒鐘內掠過全部 112 英寸高度。經多次重複這一實驗，該球總是需用
完全相同的 4 秒鐘。

　　該球在眞空中重 156¹³⁄₃₈ 格令，該重量超出其在水中的重量部分爲
79¹³⁄₃₈ 格令，因此球的直徑爲 0.84224 英寸。水的密度比該球的密度，等
於該超出部分比球在眞空中的重量；而球直徑的 ⅝ 倍（即 2.24597 英

寸）比距離2F 也等於該值，所以2F 應爲 4.4256 英寸。現在，該球在眞空中以其全部重量 156$\frac{1}{4}$格令向下落，1 秒鐘內掠過 193$\frac{1}{3}$英寸；而在無阻力的水中以其重量 77 格令在相同時間內掠過 95.219 英寸；它在掠過 2.2128 英寸的 G 時刻獲得它在水中下落所可能達到的最大速度 H，而時間 G 比 1 秒鐘等於距離 F 2.2128 英寸與 95.219 英寸之比的平方根，所以時間 G 爲 0.15244 秒。而且，在該時間 G 內，球以該最大速度 H 可掠過距離2F，即 4.4256 英寸；所以球在 4 秒鐘內將掠過 116.1245 英寸的距離。減去距離 1.3862944 F，或 3.0676 英寸，則餘下 113.0569 英寸的距離，這就是球在盛於極寬容器中的水裏下落 4 秒鐘所掠過的距離。但由於上述木桶較窄，該距離應按一比值減小，該比值爲桶口比它超出球大圓的一半的差值的平方根，乘以桶口比它超出球大圓的差值，即等於 1：0.9914。求出該值，即得到 112.08 英寸距離，它是球在盛於該木桶中的水裏下落 4 秒鐘所應掠過的距離，應與理論計算接近，但實驗給出的是 112 英寸。

實驗 2 .三個相等的球，在空氣和水中的重量分別爲 76$\frac{1}{3}$格令和 5$\frac{1}{16}$格令，令它們先後下落；在水中每個球都用 15 秒鐘下落掠過 112 英寸高度。

通過計算，每個球在眞空中重 76$\frac{5}{12}$格令，該重量超出其在水中重量部分爲 71$\frac{5}{16}$格令；球直徑爲 0.81296 英寸；該直徑的$\frac{8}{3}$倍爲 2.16789 英寸；距離2F 爲 2.3217 英寸；在無阻力水中，重 5$\frac{1}{16}$格令的球 1 秒鐘內掠過的距離爲 12.808 英寸，求出時間 G 爲 0.301056 秒。所以，一個球體以其 5$\frac{1}{16}$格令的重量在水中下落所能獲得的最大速度，在時間 0.301056 秒內掠過距離 2.3217 英寸；在 15 秒內掠過 115.678 英寸。減去距離 1.3862944 F，或 1.609 英寸，餘下距離 114.069 英寸；所以這就是當桶很寬時球在相同時間內所應掠過的距離。但由於桶較窄，該距離應減去 0.895 英寸，所以該距離餘下 113.174 英寸，這就是球在這個桶中 15 秒鐘內所應下落的近似距離。而實驗值是 112 英寸。差別不大。

實驗 3 .三個相等的球，在空氣和水中分別重 121 格令和 1 格令，

令其先後下落；它們分別在 46 秒、47 秒和 50 秒內通過 112 英寸的距離。

由理論計算，這些球應在約 40 秒內完成下落。但它們下落得較慢，其原因究竟是在較慢的運動中惰性力產生的阻力在其他原因產生的阻力中所占比例較小；或是由於小水泡妨礙球的運動；或是由於天氣或放之下沉的手較溫暖而使蠟稀疏；或者，還是因爲在水中稱量球體重量有未察覺的誤差，我尚不能肯定。所以，球在水中重量應有若干格令，這時實驗才有明確而可靠的結果。

實驗 4 .我是在得到前述幾個命題中的理論之前開始上述流體阻力的實驗研究的。其後，爲了對所發現的理論加以檢驗，我又製作了一個木桶，其內側寬 $8\frac{2}{3}$ 英寸，深 $15\frac{1}{3}$ 英尺。然後又製作了四個包含著鉛的蠟球，每一個在空氣中的重量都是 $139\frac{1}{4}$ 格令，在水中重 $7\frac{1}{8}$ 格令。把它們放入水中，並用一隻半秒擺測定下落時間。球是冷卻的，並在稱量和放入水中之前已冷卻多時；因爲溫暖會使蠟稀疏，進而減少球在水中的重量；而變得稀疏的蠟不會因爲冷卻而立即恢復其原先的密度。在放之下落之前，先把它們都沒入水中，以免其某一部分露出水面而在開始下落時產生加速。當它們投入水中並完全靜止後，極爲小心地放手令其下落，以免受到手的任何衝擊。它們先後以 $47\frac{1}{2}$ 次、$48\frac{1}{2}$ 次、50 次和 51 次擺動的時間下落掠過 15 英尺 2 英寸的高度。但實驗時的大氣比稱量時略寒冷，所以我後來又重做了一次；這一次的下落時間分別是 49 次、$49\frac{1}{2}$ 次、50 次和 53 次擺動；第三次實驗的時間是 $49\frac{1}{2}$ 次、50 次、51 次和 53 次擺動。經過幾次實驗，我認爲下落時間以 $49\frac{1}{2}$ 次和 50 次擺動最常出現。下落較慢的情況，可能是由於碰到桶壁而受阻造成的。

現在按我們的理論來計算。球在眞空中重 $139\frac{2}{5}$ 格令，該重量超出其在水的重量 $132\frac{11}{40}$ 格令；球直徑爲 0.99868 英寸；該直徑的 $\frac{8}{3}$ 倍爲 2.66315 英寸；距離 $2F$ 爲 2.8066 英寸；重 $7\frac{1}{8}$ 格令的球在無阻力的水中一秒鐘可以掠過 9.88164 英寸；時間 G 爲 0.376843 秒。所以，球在其重量 $7\frac{1}{8}$ 格令的力作用下，以其在水中下落所能獲得的最大速度

運動，在 0.376843 秒內可以掠過 2.8066 英寸長的距離，1 秒內可以掠過 7.44766 英寸。25 秒或 50 次擺動內，距離爲 186.1915 英寸。減去距離 1.386294 F，或 1.9454 英寸，餘下距離 184.2461 英寸，這便是該球體在該時間內在極大的桶中所下落的距離。因爲我們的桶較窄，令該空間按桶口比該桶口超出球大圓的一半的平方，乘以桶口比桶口超出球大圓的比值縮小，即得到距離 181.86 英寸，這就是根據我們的理論，球應在 50 次擺動時間內在桶中下落的近似距離。而實驗結果是，在 49 ½次或 50 次擺動內，掠過距離 182 英寸。

　　實驗 5 .四個球在空氣中重 154⅜格令，水中重 21½格令，下落時間爲 28½次、29 次、29½次和 30 次，有幾次是 31 次、32 次和 33 次擺動，掠過的高度爲 15 英尺 2 英寸。

　　按理論計算它們的下落時間應爲大約 29 次擺動。

　　實驗 6 .五個球，在空氣中重 212⅜格令，水中重 79½格令，幾次下落時間爲 15 次、15½次、16 次、17 次和 18 次擺動，掠過高度爲 15 英尺 2 英寸。

　　按理論計算它們的下落時間應爲大約 15 次擺動。

　　實驗 7 .四個球，在空氣中重 293⅜格令，水中重 35⅞格令，幾個下落時間爲 29½次、30 次、30⅓次、31 次、32 次和 33 次擺動，掠過高度爲 15 英尺 1½英寸。

　　按理論計算，它們的下落時間應爲約 28 次擺動。

　　這些球重量相同，下落距離相同，但速度卻有快有慢，我認爲原因如下：當球被釋放並開始下落時，會繞其中心擺動，較重的一側最先下落，並產生一個擺動運動。較之完全沒有擺動的下沉，球通過其擺動傳遞給水較多的運動；而這種傳遞使球自身失去部分下落運動；因而隨著這種擺動的或強或弱，下落中受到的阻礙也就或大或小。此外，球總是偏離其向下擺動的一側，這種偏離又使它靠近桶壁，甚至有時與之發生碰撞。球越重，這種擺動越劇烈；球越大，它對水的推力越大。所以，爲了減小球的這種擺動，我又製作了新的鉛和蠟球，把鉛封在極靠近球表面的一側；並且用這樣的方式加以釋放，在開始

下落時盡可能使其較重的一側處於最高點。這一措施使擺動比以前大為減小，球的下落時間不再如此參差不齊，如下列實驗所示。

實驗 8 .四個球在空氣中重 139 格令，水中重 6½ 格令，令其下落數次，大多數時間都是 51 次擺動，再也沒有超過 52 次或少於 50 次，掠過高度為 182 英寸。

按理論計算，它們的下落時間應為 52 次擺動。

實驗 9 .四隻球在空氣中重 273¼ 格令，水中重 140¾ 格令，幾次下落時間從未少於 12 次擺動，也從未超過 13 次。掠過高度 182 英寸。

按理論計算，這些球應在約 11⅓ 次擺動中完成下落。

實驗10.四隻球，在空氣中重 384 格令，水中重 119½ 格令，幾次下落時間為 17¾ 次、18 次、18½ 次和 19 次擺動，掠過高度 181½ 英寸。在落到桶底之前，第 19 次擺動時，我曾聽到幾次它們與桶壁相撞。

按理論計算，它們的下落時間應為約 15⅝ 次擺動。

實驗11.三隻球，在空氣中重 48 格令，水中重 3 29/32 格令，幾次下落時間為 43½ 次、44 次、44½ 次、45 次和 46 次擺動，多數為 44 次和 45 次擺動，掠過高度約 182½ 英寸。

按理論計算，它們的下落時間應為約 46 5/9 次擺動。

實驗12.三隻相等的球，在空氣中重 141 格令，在水中重 4⅜ 格令，幾次下落時間為 61 次、62 次、63 次、64 次和 65 次擺動，掠過高度為 182 英寸。

按理論計算，它們應在約 64½ 次擺動內完成下落。

由這些實驗可以看出，當球下落較慢時，如第二、第四、第五、第八、第十一和第十二次實驗，下落時間與理論計算吻合很好；但當下落速度較快時，如第六、第九和第十次實驗，阻力略大於速度平方。因為球在下落中略有擺動；而這種擺動，對於較輕而下落較慢的球，由於運動較弱而很快停止；但對於較大而下落較快的球，擺動持續時間較長，需要經過若干次擺動後才能為周圍的水所阻止。此外，球運動越快，其後部受流體壓力越小；如果速度不斷增加，最終它們將在後面留下一個真空空間，除非流體的壓力也能同時增加。因為流體的

壓力應正比於速度的平方增加（由第二卷命題 32 和命題 33），以維持阻力的相同的平方比關係。但由於這是不可能的，運動較快的球其後部的壓力不如其他方位的大；而這種壓力的缺乏導致其阻力略大於速度的平方。

由此可知我們的理論與水中落體實驗是一致的。餘下的是檢驗空氣中的落體。

實驗13.1710 年 6 月，有人在倫敦聖保羅大教堂頂上同時落下兩隻球，一隻充滿水銀，另一隻充滿空氣；下落掠過的高度是 220 英尺。當時用一隻木桌，其一邊懸掛在鐵鉸鏈上，另一邊由木棍支撐。兩隻球放在該桌面上，由一根延伸到地面的鐵絲拉開木棍實現兩球同時向地面落下；這樣，當木棍被拉掉時，僅靠鉸鏈支撐的桌子繞著鉸鏈向下跌落，而球開始下落。在鐵絲拉開木棍的同一瞬間，一隻秒擺開始擺動。球的直徑和重量，以及下落時間列於下表：

充滿水銀的球			充滿空氣的球		
重量	直徑	下落時間	重量	直徑	下落時間
格令	英寸	秒	格令	英寸	秒
908	0.8	4	510	5.1	8½
983	0.8	4−	642	5.2	8
866	0.8	4	599	5.1	8
747	0.75	4+	515	5.0	8¼
808	0.75	4	483	5.0	8½
784	0.75	4+	641	5.2	8

不過觀測到的時間必須加以修正；因為水銀球（按伽利略的理論）在 4 秒時間內可掠過 275 英尺，而 220 英尺只需要 3⁹⁄₆₀秒。因此，在木棍被拉開時木桌並不像它所應當的那樣立即翻轉；這一遲緩在開始時阻礙了球體的下落。因為球放在桌子中間，而且的確距軸而不是距木

棍較近。因此下落時間延長了約 $\frac{18}{60}$ 秒；應通過減去該時間進行修正，對大球尤其如此，由於球直徑較大，在轉動的桌子上停留時間較其他球更長。修正以後，六個較大球的下落時間變爲 $8\frac{12}{60}$ 秒、$7\frac{42}{60}$ 秒、$7\frac{42}{60}$ 秒、$8\frac{57}{60}$ 秒、$8\frac{12}{60}$ 秒和 $7\frac{42}{60}$ 秒。

所以充滿空氣的第五隻球，其直徑爲 5 英寸，重 483 格令，下落時間爲 $8\frac{12}{60}$ 秒，掠過距離 220 英尺。與此球體積相同的水重 16600 格令；體積相同的空氣重 166000／860格令或 $19\frac{3}{10}$ 格令；所以該球在眞空中重 $502\frac{3}{10}$ 格令；該重量與體積等於該空氣的重量的比，爲 $502\frac{3}{10}$：$19\frac{3}{10}$；而 $2F$ 比該球直徑的 $\frac{4}{5}$，即比 $13\frac{1}{3}$ 英寸，也等於該值。因此，$2F$ 等於 28 英尺 11 英寸。一隻以其 $502\frac{3}{10}$ 格令的全部重量在眞空中下落的球，在 1 秒鐘內可掠過 $193\frac{1}{3}$ 英寸；而以重量 483 格令下落則掠過 185.905 英寸；以該 483 格令重量在眞空中下落，在 $57\frac{5}{60}$ 秒的時間內可掠過距離 F 或 14 英寸 $5\frac{1}{2}$ 英寸，並獲得它在空氣中下落所能達到的最大速度。以這一速度，該球在 $8\frac{12}{60}$ 秒時間內掠過 245 英尺 $5\frac{1}{3}$ 英寸。減去 1.3863 F，或 20 英尺 $\frac{1}{2}$ 英寸，餘下 225 英尺 5 英寸。所以，按我們的理論，這一距離是球應在 $8\frac{12}{60}$ 秒內下落完成的。而實驗結果爲 220 英尺。差別是微不足道的。

將其他充滿空氣的球作類似計算，結果列於下表：

球的重量	直徑	自 220 英尺高處下落時間		按理論計算所應掠過距離		差值	
格令	英寸	秒	秒下單位	英尺	英寸	英尺	英寸
510	5.1	8	12	226	11	6	11
642	5.2	7	42	230	9	10	9
599	5.1	7	42	227	10	7	0
515	5	7	57	224	5	4	5
483	5	8	12	225	5	5	5
641	5.2	7	42	230	7	10	7

實驗14.1719 年 7 月，德薩古里耶博士④ 曾用球形豬膀胱重做過這種實驗。他把潮濕的膀胱放入中空的木球中，在膀胱中吹滿空氣，使之成爲球狀，待膀胱乾燥後取出。然後令之自同一敎堂拱頂的天窗上下落，即自 272 英尺高處下落；同時令一重約 2 磅的鉛球下落。與此同時，站在敎堂頂部球下落處的人觀察整個下落時間；另一些人則在地面觀察鉛球與膀胱球下落的時間差。時間是由半秒擺測量的。其中在地面上的一臺計時機器每秒擺動 4 次；另一臺製作精密的機器也是每秒擺動 4 次。站在敎堂頂部的人中有一個也掌握著一臺這樣的機器；這些儀器設計成可以隨心所欲地停止或開始運動。鉛球的下落時間約 4¼秒；加上上述時間差後即可得到膀胱球的下落時間。在鉛球落地後，五隻膀胱球晚落地的時間，第一次爲 14¾秒、12¾秒、14⅝秒、17¾秒和 16⅞秒；第二次爲 14½秒、14¼秒、14 秒、19 秒和 16¾秒。加上鉛球下落的時間 4¼秒，得到五隻球下落的總時間，第一次爲 19 秒、17 秒、18⅞秒、22 秒和 21 秒；第二次爲 18¾秒、18½秒、18¼秒、23¼秒和 21 秒。在敎堂觀測到的時間，第一次爲 19⅜秒、17¼秒、18¾秒、22⅛秒和 21⅝秒；第二次爲 19 秒、18⅝秒、18⅜秒、24 秒和 21¼秒。不過膀胱球並不總是直線下落，它有時在空氣中飄動，在下落中左右搖擺。這些運動使下落時間延長了，有時增加半秒，有時竟增加整整一秒。在第一次實驗中，第二隻和第四隻膀胱球下落最直，第二次實驗中的第一隻和第三隻也最直。第五只膀胱球有些皺紋，這使它受到一些阻礙。我用極細的線在膀胱球外圓纏繞兩圈測出它們的直徑。在下表中我比較了實驗結果與理論結果；空氣與雨水的密度比取 1：860，並代入理論求得球在下落中所應掠過的距離。

④ Desaguliers, John Theophilus, 1683-1744，英國科學家，曾做過大量自然哲學實驗，涉及熱學、力學、光學和電學等，並正確指出牛頓的「運動」(momentum＝mv) 與萊布尼茲的「運動」(vis viva＝mv²) 的區別。對於驗證牛頓理論做出很大貢獻。——中譯者

膀胱重量	直徑	下落掠過 272 英尺所用時間	該時間按理論 所應掠過的高度		理論與實驗 的差	
格令	英寸	秒	英尺	英寸	英尺	英寸
128	5.28	19	271	11	-0	1
156	5.19	17	272	$10\frac{1}{2}$	$+0$	$10\frac{1}{2}$
$137\frac{1}{2}$	5.3	18	272	7	$+0$	7
$97\frac{1}{2}$	5.26	22	277	4	$+5$	4
$99\frac{1}{8}$	5	$21\frac{1}{8}$	282	0	$+10$	0

　　所以，我們的理論可以在極小的誤差以內求出球體的空氣和水中所遇到的阻力；該阻力對於速度與大小相同的球而言，正比於流體的密度。

　　我們曾在本卷第六章的附注裏通過擺實驗證明過，在空氣、水和水銀中運動的相等的且速度相等的球，其阻力正比於流體密度。在此，我們通過空氣和水中的落體更精確地做了證明。因為擺的每次擺動都會激起流體的運動，阻礙它的返回運動；而由於這種運動，以及懸掛擺體的細線所產生的阻力，使擺體的總阻力大於在落體實驗中所得到的阻力。因為在該附注中所討論的擺實驗中，一個密度與水相同的球，在空氣中掠過其半徑長度時，會失去其運動的 $\frac{1}{3342}$ 部分，而由本卷第七章中所推導並由落體實驗所驗證的理論，同樣的球掠過同樣長度所失去的運動部分為 $\frac{1}{4586}$，條件是設水與空氣的密度比為 860：1。所以，擺實驗中求出的阻力（由剛才說明的原因）大於落體實驗中求出的阻力；其比值約為 4：3。不過，由於在空氣、水和水銀中擺動的阻力是出於相同的原因而增加的，因此這些介質之間的阻力比，由擺實驗與由落體實驗驗證是同樣精確的。由所有這些可以得出結論，在其他條件相同的情況下，即使在極富流動性的任意流體中運動的物體，其阻力仍正比於流體的密度。

　　在完成了這些證明和計算之後，我們就可以來求一個在任意流體

中被拋出的球體在給定時間內所失去的運動部分大約是多少。令 D 為球直徑，V 是它開始時的運動速度，T 是時間，在其內球以速度 V 在真空中所掠過的距離比距離 $\frac{8}{3}D$ 等於球密度比流體密度；則在該流體中被拋出的球，在另一個時間 t 失去其運動的 $\frac{tV}{T+t}$ 部分，餘下 $\frac{TV}{T+t}$ 部分；所掠過的距離比在相同時間內以相同的速度 V 在真空中掠過的距離，等於數 $\frac{T+t}{T}$ 的對數乘以數 2.302 585 093 比數 $\frac{t}{T}$，這是由命題 35 推論 Ⅶ 所給出的結果。運動較慢時阻力略小，因為球形物體比直徑相同的柱形物體更有利於運動。運動較快時阻力略大，因為流體的彈性力與壓縮力並不正比於速度平方增大。不過我不擬討論這微小的差別。

　　雖然通過將空氣、水、水銀以及類似的流體無限分割，可使之精細化，變為具有無限流體性的介質，但它們對拋出的球的阻力不會改變。因為前述諸命題所討論的阻力來自物質的惰性，而物質惰性是物體的基本屬性，總是正比於物質的量。分割流體的確可以減小由於黏滯性和摩擦產生的阻力部分，但這種分割完全不能減小物質的量；而如果物質的量不變，其惰性力也不變；因此相應的阻力也不變，並總是正比於惰性力。要減小這項阻力，物體掠過於其中的空間的物質必須減少；在天空中，行星與彗星在其間向各方向自由穿行，完全察覺不到它們的運動變慢，所以天空中必定完全沒有物質性的流體存在，除了其中也許存在著某種極其稀薄的氣體與光線。

　　拋體在穿過流體時會激起流體運動，這種運動是由拋體前部的流體壓力大於其後部流體的壓力造成的；就它與各種物質密度的比例而言，這種運動在極富流動性的介質中絕不小於在空氣、水和水銀中。由於這種壓力差正比於壓力的量，它不僅激起流體的運動，還作用於拋體，使其運動受阻；所以，在所有流體中，這種阻力正比於拋體在流體中所激起的運動；即使在最精細的以太中，該阻力與以太密度的

比值，也絕不會小於它在空氣、水和水銀中與這些流體密度的比值。

第八章　通過流體傳播的運動

命題41　定理32

只有在流體粒子沿直線排列的地方，通過流體傳播的壓力才會沿著直線方向。

如果粒子 a、b、c、d、e 沿一條直線排列，壓力的確可以由 a 沿直線傳播到 e；但此後粒子 e 將斜向推動斜向排列的粒子 f 和 g，而粒子 f 和 g 除非得到位於其後的粒子 h 和 k 的支撐，否則無法忍受該傳播過來的壓力；但這些支撐著它們的粒子又受到它們的壓力；這些粒子如果得不到位於更遠的粒子 l 和 m 的支撐並對之傳遞壓力的話，將也不能忍受這項壓力，依此類推至於無限。所以，一旦壓力傳遞給不沿直線排列的粒子，它將向兩側偏移，並斜向傳播到無限；在壓力開始斜向傳遞後，在到達更遠的不沿直線排列的粒子時，會再次向兩側偏移直線方向；每當壓力傳播時遇到不是精確沿直線排列的粒子時，都發生這種情形。　　　　　證畢。

推論.如果壓力的任何部分在流體中由一給定點傳播時，遇到任意障礙物，則其餘未受阻礙的部分將繞過該障礙物而進入其後的空間。

這也可以由以下方法加以證明。如果可能的話，令壓力由點 A 沿直線方向向任意一側傳播；障礙物 $NBCK$ 在 BC 處開孔，令所有壓力受到阻擋，唯有其圓錐形部分 APQ 通過圓孔 BC。令圓錐體 APQ 被橫截面 de、fg、hi 分割為平截頭體。當傳播壓力的錐體 ABC 在 de 而推動位於其後的平截頭錐體 $degf$ 時，該平截頭錐體又在 fg 面推動其後的平截頭錐體 $fgih$，而該平截頭錐體又推動第三個平截頭錐體，以至於無限；這樣，（由定律Ⅲ）當第一個平截頭錐體 $degf$ 推動並壓迫第二個平截頭錐體時，由於第二個平截頭錐體 $fgih$ 的反作用，它在

fg 面也受到同樣大小的推動和壓力，所以平截頭錐體 defg 受到來自兩方面，即受到錐體 Ade 與平截頭錐體 fhig 的壓迫；因而（由第二卷命題 19 情形 6）不能保守其形狀，除非它受到來自所有方面的相等壓力。所以，它向 df、eg 兩側擴展的力，等於它在 de、fg 面上所受到的壓力；而在這兩側（沒有任何黏滯性與硬度，具有完全流動性）如果沒有周圍的流體抵抗這種擴展力，則它將向外膨脹。所以，它在 df、eg 兩邊以與壓迫平截頭錐體 fgih 相等的力壓迫周圍流體；因此，壓力由邊 df、eg 向兩側傳播入空間 NO 和 KL，其大小與由 fg 面傳播向 PQ 的壓力相同。　　　　　　　　　　證畢。

命題42　定理33

所有在流體中傳播的運動自直線路徑擴散而進入靜止空間。

　　情形 1：令運動由點 A 通過孔 BC 傳播，如果可能的話，令它在圓錐空間中沿自點 A 擴散的直線傳播。先來設這種運動是在靜止水面上的波；令 de、fg、hi、kl 等為各水波的頂點，相互間由同樣多的波谷或凹

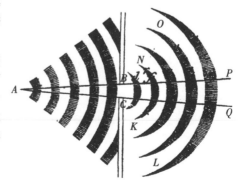

處隔開。因波峰處的水高於流體 *KL*、*NO* 的靜止部分,它將由這些波峰頂部 *e*、*g*、*i*、*l* 等及 *d*、*f*、*h*、*k* 等從兩側向著 *KL* 和 *NO* 流下;而因爲在波谷的水低於流體 *KL*、*NO* 的靜止部分,這些靜止水將流向波谷。在第一種流體中波峰向兩側擴大,向 *KL* 和 *NO* 傳播。因爲由 *A* 向 *PQ* 的波運動是由波峰連續流向緊挨著它們的波谷帶動的,因而不可能快於向下流動的速度;而兩側向 *KL* 和 *NO* 流下的水必定也以相同速度行進,因此,水波向 *KL* 和 *NO* 兩邊的傳播速度,等於它們由 *A* 直接傳播向 *PQ* 的速度。所以指向 *KL* 和 *NO* 兩側的整個空間中將充滿膨脹波 *rfgr*、*shis*、*tklt*、*vmnv*,等等。　　證畢。

任何人都可以在靜止水面上以實驗證明這一情形。

情形 2:設 *de*、*fg*、*hi*、*kl*、*mn* 表示在彈性介質中由點 *A* 相繼向外傳播的脈衝。設脈衝是通過介質的相繼壓縮與舒張實驗傳播的,每個脈衝密度最大的部分呈球面分佈,球心爲 *A*,相鄰脈衝的間隔相等。令直線 *de*、*fg*、*hi*、*kl* 等表示通過孔 *BC* 傳播的脈衝的最大密度的部分;因爲這裏的介質密度大於指向 *KL* 和 *NO* 兩側的空間,介質將與向脈衝之間的稀薄間隔擴充一樣也向指向 *KL* 和 *NO* 兩個方向的空間擴展;因此,介質總是在脈衝處密集,而在間隔處稀疏,進而參與脈衝運動。而因爲脈衝的傳播是由介質的密集部分向毗鄰的稀薄間隔連續舒張引起的;由於脈衝沿兩側向介質的靜止部分 *KL* 和 *NO* 以近似的速度舒張,所以脈衝自身向所有方向膨脹而進入靜止部分 *KL* 和 *NO*,其速度幾乎與由中心 *A* 直接向外傳播相同,所以將充滿整個空間 *KLON*。　　證畢。

這也可以由實驗證明,我們能隔著山峰聽到聲音,而且,如果這聲音通過窗戶進入室內,擴散到屋內的所有部分,則可以在每一個角落聽到;這不是由對面牆壁反射回來的,而是由窗戶直接傳入的,可以由我們的感官判明。

情形 3:最後,設任意一種運動自 *A* 通過孔 *BC* 傳播。由於這種運動傳播的原因是鄰近中心 *A* 的介質部分擾動並壓迫較遠的介質部分所造成的;而且由於被壓迫的部分是流體,因而運動沿所有方向向

受壓迫較小的空間擴散：它們將由於隨後的擴散而傳向靜止介質的所有部分，在指向 *KL* 和 *NO* 兩個方向上與先前指向直線方向 *PQ* 的相同；由此，所有的運動，一旦它通過孔 *BC*，將開始自行擴散，並將與在其源頭與中心一樣，由此直接向所有方向傳播。　　　　　　證畢。

命題43　定理34

每個在彈性介質中顫動的物體都沿直線向所有方向傳播其脈動；而在非彈性介質中，則激發出圓運動。

情形 1：顫動物體的各部分交替地前後運動，在向前運動時壓迫並驅使最靠近其前面的介質部分，並通過脈動使之緊縮密集；在向後運動時則又使這些緊縮的介質重又舒張，發生膨脹。因此靠著顫動物體的介質部分也往復運動，其方式與顫動物體的各部分相同；而由與該物體的各部分推動介質相同的原因，介質中受到類似顫動推動的部分也轉而推動靠近它們的其他介質部分，這些其他部分又以相似方式推動更遠的部分，直至無限。與第一部分介質在向前時被壓縮、在向後時又被舒張方式相同，介質的其他部分也在向前時被壓縮、向後時膨脹，所以它們並不總是在一瞬間裏同時向前或向後運動（因為如果是這樣的話它們將維持相互間的既定距離，不可能發生交替的壓縮和舒張）；而由於在被壓縮的地方相互趨近，舒張的地方相互遠離，所以當它們一部分向前運動時另一部分則向後運動，以至於無限。這種向前的運動產生壓縮作用，就是脈衝，因為它們在傳播運動中會衝擊阻擋在前面的障礙物；因而顫動物體隨後所產生的脈動將沿直線方向傳播；而且由於各次顫動間隔的時間是相等的，在傳播過程中又在近似相等的距離上形成不同脈動。雖然顫動物體各部分的往復運動是沿固定而確定的方向進行的，但由前述命題，顫動在介質中引起的脈動卻是向所有方向擴展的；並將自顫動物體像顫動的手指在水面激起的水波那樣，沿共心的近似球面向所有方向傳播，水波不僅隨著手指的運動而前後推移，還沿環繞著手指的共心圓向四面八方傳播，因為水的

重力起到了彈性力的作用。

　　情形 2：如果介質是非彈性的，則由於其各部分不能因顫動物體的振動部分所產生的壓力而壓縮，運動將即時地向著介質中最易於屈服的部分傳播，即向著顫動物體所留下空洞的部分傳播。這種情形與拋體在任意介質中的運動相同。屈服於拋體的介質不向無限遠處移動，而是以圓運動繞向拋體後部的空間。所以一旦顫動物體移向某一部分，屈服於它的介質即以圓運動趨向它留下的空洞部分；而且物體回到其原先位置時，介質又被它從該位置逐開，回到自己原先的位置。雖然顫動物體並不牢固堅硬，而是十分柔軟的，儘管它不能通過其顫動而推動不屈服於它的介質，卻仍能維持其給定的大小，則離開物體受壓部分的介質總是以圓運動繞向屈服於它的部分。　　　　證畢。

　　推論.因此，那種認為火焰通過周圍介質沿直線方向傳播其壓力的看法是錯誤的。這種壓力不可能只來自火焰部分的推力，而是來自整體的擴散。

命題44　定理35

　　在管道或水管中，如果水交替地沿垂直管子 _KL_、_MN_ 上升和下降；一隻擺，其在懸掛點與擺動中心之間的擺長等於水在管道中長度的一半，則水的上升與下落時間與擺的擺動時間相等。

　　我沿管道及其垂直管子的軸測出水的長度，並使之等於這些軸長的和；水摩擦管壁所引起的阻力忽略不計。所以，令 _AB_、_CD_ 表示垂

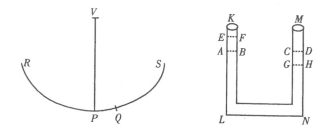

直管子中水的平均高度；當水在管子 *KL* 中上升到高度 *EF* 時，在管子 *MN* 中的水將下降到高度 *GH*。令 *P* 為擺體，*VP* 為懸線，*V* 為懸掛點，*RPQS* 為擺掠過的擺線，*P* 為其最低點，*PQ* 為等於高度 *AE* 的一段弧長。使水的運動交替加速和變慢的力，等於一隻管子中水的重量減去另一隻管子中水的重量；因此，當管子 *KL* 中的水上升到 *EF* 時，另一隻管子中的水下降到 *GH*，上述力是水 *EABF* 的重量的 2 倍，因而水的總重量等於 *AE* 或 *PQ* 比 *VP* 或 *PR*。而使物體 *P* 在擺線上任意位置 *Q* 加速或變慢的力，（由第一卷命題 51 推論）比其總重量等於它到最低點 *P* 的距離 *PQ* 比擺線長 *PR*。所以，掠過相等距離 *AE*、*PQ* 的水和擺的運動力，正比於被運動的重量；所以，如果開始時水和擺是靜止的，則這些力將使它們做等時運動，並且是共同往返的交替運動。　　　　　　　　　　　　　　　　　　證畢。

推論 I.水升降往復總是在相等時間內進行的，不論這種運動是強烈或微弱。

推論 II.如果管道中水的總長度為 6⅑ 法國尺（法國單位），則水下降時間為 1 秒，而上升時間也為 1 秒，循環往復以至於無限；因為在該計量單位下 3⅟₁₈ 法國尺長的擺的擺動時間為 1 秒。

推論 III.如果水的長度增大或減小，則往復時間正比於長度比的平方根增加或縮短。

命題45　定理36

波速的變化正比於波寬⑤ 的平方根。

這可以從下一個命題得到證明。

⑤ 即波長。——中譯者

命題46　問題10

求波速。

做一隻擺，其懸掛點與擺動中心間距等於波的寬度，在擺完成一次擺動的時間內，波前進的距離約等於其波寬。

我所謂的波寬，指橫截面上波谷的最深處的間距，或波峰頂部的間距。令 $ABCDEF$ 表示在靜止水面上相繼起伏的波；令 A、C、E

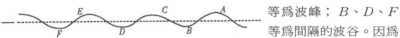

等為波峰；B、D、F 等為間隔的波谷。因為波運動是由水的相繼起伏實現的，所以其中的 A、C、E 等點在某一時刻是最高點，隨後即變為最低點；而使最高點下降或最低點上升的運動力，正是被擾起的水的重量，因此這種交替起伏類似於管道中水的往復運動，因而遵從相同的上升和下降的時間規律；所以（由第二卷命題 44），如果波的最高點 A、C、E 和最低點 B、D、F 的間距等於任意擺長的 2 倍，則最高點 A、C、E 將在一次擺動時間內變為最低點，而另一次擺動時間內又升到最高點。所以每通過一個波，擺將發生兩次擺動；即波在兩次擺動的時間裏掠過其寬度；但對於 4 倍於該長度的擺，其擺長等於波寬，則在該時間內擺動一次。　證畢。

推論 I.波寬等於 3⅙法國尺，則波在一秒時間內通過其波寬的距離；因此一分鐘內將推進 183 ⅓法國尺的距離；而一小時約為 11000 法國尺。

推論 II.大的或小的波，其速度正比於波寬的平方根而增大或減小。

上述結論以水各部分沿直線起伏為前提；但實際上，這種起伏更表現為圓；所以我在本命題中給出的時間只是近似值。

命題47　定理37

如果脈動在流體中傳播，則做交替最短往復運動的相鄰近的流體粒子，總是按擺動規律被加速或減速。

令 AB、BC、CD 等表示相繼脈動的相等距離；ABC 為相繼脈動由 A 傳播到 B 的直線運動方向；E、F、G 為直線 AC 上靜止介質的三個間距相等的物理點；Ee、Ff、Gg 為三個極小的相等距離，上述三點在每次振動中交替往返於其間；ε、ϕ、γ 為相同點的任意中間位置；EF、FG 為物理短線，或這些點與隨後移入的處所 $\varepsilon\phi$、$\phi\gamma$ 和 ef、fg 之間的介質的線性部分。作直線 PS 等於直線 Ee，在 O 點將它二等分，並以 O 為圓心、OP 為半徑作圓 $SIPi$。令一次振動的總時間及其成正比的部分由該圓的周長及其成正比的部分表示。使得當任意時間 PH 或 $PHsh$ 結束時，如果作 HL 或 hl 垂直於 PS，並取 $E\varepsilon$ 等於 PL 和 Pl，則物理點 E 位於 ε。這樣，按該規律做往復運動的點 E，在由 E 經過 ε 到 e，再通過 ε 回到 E 的過程中，將在一次擺動時間內完成一次振動，而且加速與減速程度相同。我們現在要證明介質的不同物理點會受到這種運動的推動。那麼，讓我們設一種介質中有這樣一種受激於任意原因的運動，看看會發生什麼情況。

在圓 $PHSh$ 上取相等的 $\overset{\frown}{HI}$、$\overset{\frown}{IK}$ 或 $\overset{\frown}{hi}$、$\overset{\frown}{ik}$，它們與圓周長的比，等於直線 EF、FG 比整個脈動間隔 BC，作垂線 IM、KN 或 im、kn；因為點 E、F、G 受到相繼的推動做相似運動，在脈動由 B 移動到 C 的同時，它們完成一次往復振動；如果 PH 或 $PHSh$ 為 E 點開始運動後的時間，則 PI 或 $PHSi$ 為點 F 開始運動以後的時間，而 PK 或 $PHSk$ 為點 G 開始運動以後的時間；所以，當點前移時 $E\varepsilon$、$F\phi$、$G\gamma$ 分別等於 PL、PM、PN，而當點返回時，又分別等於 Pl、Pm、Pn。所以，當點前移時，$\varepsilon\gamma$ 或 $EG+G\gamma-E\varepsilon$ 等於 $EG-LN$，而當它們返回時，則等於 $EG+ln$。但 $\varepsilon\gamma$ 是處所 $\varepsilon\gamma$ 的介質寬度或 EG 部分的膨脹；因而在前移時該部分的膨脹比其平均膨脹等於 EF

$-LN$ 比 EG；而在返回時，則等於 $EG+ln$ 或 $EG+LN$ 比 EG。所以，由於 LN 比 KH 等於 IM 比半徑 OP，而 KH 比 EG 等於周長 $PHShP$ 比 BC；即如果以 V 代表周長等於脈動間隔 BC 的圓的半

徑，則上述比等於 OP 比 V；將比例式對應項相乘，得到 LN 比 EG 等於 IM 比 V；EG 部分的膨脹，或位於處所 $\varepsilon\gamma$ 的物理點 F 的伸展範圍，比其在原先處所 EG 相同部分的平均膨脹，在前移時等於 $V-IM$，而在返回時等於 $V+im$ 比 V。因此，點 F 在處所 $\varepsilon\gamma$ 的彈性力比其在處所 EG 的平均彈性力，在前移時等於 $\dfrac{1}{V-IM}$ 比 $\dfrac{1}{V}$，而在返回時等於 $\dfrac{1}{V+im}$ 比 $\dfrac{1}{V}$。由相同理由，物理點 E 和 G 與平均彈性力的比，在前移時等於 $\dfrac{1}{V-HL}$ 和 $\dfrac{1}{V-KN}$ 比 $\dfrac{1}{V}$；力的差與介質平均彈性力的比等於 $\dfrac{HL-KN}{VV-V\cdot HL-V\cdot KN+HL\cdot KN}$ 比 $\dfrac{1}{V}$，即等於 $\dfrac{HL-KN}{VV}$ 比 $\dfrac{1}{V}$，或等於 $HL-KN$ 比 V；如果我們設（因為振動範圍極小）HL 和 KN 無限小於量 V 的話。所以，由於量 V 是給定的，力差正比於 $HL-KN$，即（因為 $HL-KN$ 正比於 HK，而 OM 正比於 OI 或 OP；HK 和 OP 是給定的）正比於 OM；即，如果在 Ω 二等分 Ff，則正比於 $\Omega\phi$。由相同的理由，物理點 ε 和 γ 上彈性的差，在物理短線 $\varepsilon\gamma$ 返回時，正比於 $\Omega\phi$。而該差

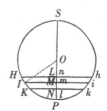

（即點ε的彈性超出點γ的彈性力部分）正是使其間的介質物理短線$\varepsilon\gamma$在前移時被加速，以及返回時被減速的力；所以物理短線$\varepsilon\gamma$的加速力正比於它到振動中間位置Ω的距離。所以（由第一卷命題 38）$\overparen{PI}$ 正確地表達了時間；而介質的線性部分$\varepsilon\gamma$則按照上述規律運動，即按照擺振動規律運動；這種情形，對於組成介質的所有線性部分都是相同的。　　　　　　　　　　　　　　　　　　　　　　　　　　證畢。

推論.由此可知，傳播的脈動數與顫動物體的振動次數相同，在傳播過程中沒有增加。因為物理線段$\varepsilon\gamma$一旦回到其原先位置即處於靜止；在顫動物體的脈動，或該物體傳播而來的脈動到達它之前，將不再運動。所以，一旦脈動不再由顫動物體傳播過來，它將回到靜止狀態，不再運動。

命題48　定理38

設流體的彈性力正比於其密度，則在彈性流體中傳播的脈動速度正比於彈性力的平方根，反比於密度的平方根。

情形 1：如果介質是均勻的，介質中脈動間距相等，但在一種介質中其運動強於在另一種介質中，則對應部分的收縮與舒張正比於該運動；不過這種正比關係不是十分精確。然而，如果收縮與舒張不是極大，則誤差難以察覺；所以，該比例可認為是物理精確的。這樣，彈性運動力正比於收縮與舒張；而相同時間內相等部分所產生的速度正比於該力。所以脈動的相對的對應部分同時往返，通過的距離正比於其收縮與舒張，速度則正比於該空間；所以，脈動在一次往返時間內前進的距離等於其寬度，並總是緊接著其前一個脈動進入它所遺留的位置，所以，因為距離相等，脈動在兩種介質中以相等速度行進。

情形 2：如果脈動的距離或長度在一種介質中大於另一種介質，設對應的部分在每次往復運動中所掠過的距離正比於脈動寬度，則它們的收縮和舒張是相等的；因而，如果介質是均勻的，則以往復運動推動它們的運動力也是相等的。現在這種介質受該力的推動正比於脈

動寬度;而它們每次往返所通過的距離比例也相同,而且一次往返所用時間正比於介質的平方根與距離的平方根的乘積,所以正比於距離。而脈動在一次往返的時間內所通過的距離等於其寬度,即它們掠過的距離正比於時間,因而速度相同。

情形 3:在密度與彈性力相等的介質中,所有脈動速度相同。如果介質的密度或彈性力增大,則由於運動力與彈性力同比例增大,物質的運動與密度同比例增大,產生像從前一樣的運動所需的時間正比於密度的平方根增大,卻又正比於彈性力的平方根減小。所以脈動的速度仍反比於介質密度的平方根,正比於彈性力的平方根。 證畢。

本命題可以在以下問題的求解中得到進一步澄清。

命題49 問題11

已知介質的密度和彈性力,求脈動速度。

設介質像空氣一樣受到其上部的重量的壓迫;令 A 為均勻介質的高度,其重量等於其上部的重量,密度與傳播脈動的壓縮介質相同。做一隻擺,自懸掛點到擺動中心的長度是 A:在擺完成一次往復全擺動的時間內,脈動行進的距離等於半徑為 A 的圓周長。

因為,在第二卷命題 47 的作圖和證明中,如果在每次振動中掠過距離 PS 的任意物理線段 EF,在每次往返的端點 P 和 S 都受到等於其重量的彈性力的作用,則它的振動時間與它在長度等於 PS 的擺線上擺動的時間相同;這是因為相等的力在相同或相等的時間內推動相等的物體通過相等的距離。所以,由於擺動時間正比於擺長的平方根,而擺長等於擺線的半弧長,一次振動的時間比長度為 A 的擺的擺動時間,等於長度½ PS 或 PO 與長度 A 的比的平方根。但推動物理線段 EG 的彈性力,當它位於端點 P、S 時,(在第二卷命題 47 的證明中)比其彈

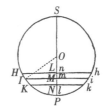

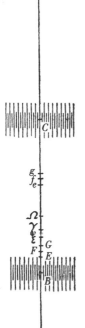

性力,等於 $HL - KN$ 比 V,即(由於這時 K 落在 P 上)等於 HK 比 V;所有的這種力,或等價地,壓迫短線 EG 的上部重量,比短線的重量,等於上部重量的高度比短線的長度 EG;所以,取對應項的乘積,則使短線 EG 在點 P 和 S 受到作用的力比該短線的重量等於 $HK \cdot A$ 比 $V \cdot EG$,或等於 $PO \cdot A$ 比 VV,因爲 HK 比 EG 等於 PO 比 V。所以,由於推動相等的物體通過相等的距離所需的時間反比於力的平方根,受彈性力作用而產生的振動時間,比受重量衝擊而產生的振動時間,等於 VV 與 $PO \cdot A$ 的比的平方根,而比長度爲 A 的擺的擺動時間,等於 VV 與 $PO \cdot A$ 的比的平方根,與 PO 與 A 的比的平方根的乘積,即等於 V 比 A。而在擺的一次往復擺動中,脈動行進的空間等於其寬度 BC,所以脈動通過距離 BC 的時間比擺的一次往復擺動時間等於 V 比 A,即等於 BC 比半徑爲 A 的圓周長。但脈動通過距離 BC 的時間比它通過等於該圓周長的長度也爲相同比值,所以在這樣的一次擺動時間內,脈動行進的長度等於該圓周長。　　　　　　　　　　　　　證畢。

　　推論 I.脈動的速度等於一個重物體在相同加速運動的下落中,落下高度 A 的一半時所獲得的速度。因爲如果脈動以該下落獲得的速度行進,則在該下落時間內,掠過的距離等於整個高度 A;所以,在一次往復擺動中,脈動行進的距離等於半徑爲 A 的圓的周長,因爲下落時間比擺動時間等於圓半徑比其周長。

　　推論 II.由於高度 A 正比於流體的彈性力,反比於其密度,所以脈動速度反比於密度的平方根,正比於彈性力的平方根。

命題50　問題12

求脈動距離。

在任意給定時間內，求出產生脈動的顫動物體的振動次數，以該數除在相同時間內脈動所通過的距離，得到的商即一個脈動的寬度。

證畢。

附注

上述幾個命題適用於光和聲音的運動；因為光是沿直線傳播的，它當然不能只包括一個孤立的作用（由第二卷命題 41 和命題 42）。至於聲音，由於它們是由顫動物體產生的，無非是在空氣中傳播的空氣脈動（由第二卷命題 43）；這可以通過響亮而低沉的聲音激勵附近的物體震顫得到證實，像我們聽鼓聲所體驗的那樣；因為快速而短促的顫動不易於激發。而眾所周知的事實是，聲音落在繃張在發聲物體上的同音弦上時，可以激發這些弦的顫動。這還可以由聲音的速度證實；因為雨水與水銀的比重相互間的比約為 1：13⅔，當氣壓計中的水銀高度為 30 英寸時，空氣與水的比重比值約為 1：870，所以空氣與水銀的比重比值為 1：11 890。所以，當水銀高度為 30 英寸時，均勻空氣的重量應足以把空氣壓縮到我們所看到的密度，其高度必定等於 356700 英寸或 29725 英尺；這正是我在前一命題作圖中稱之為 A 的那個高度。半徑為 29725 英尺的圓其周長為 186768 英尺。而由於長 39⅕英寸的擺完成一次往復擺動的時間為 2 秒，這一人所共知的事實意味著長 29725 英尺或 356700 英寸的擺，做一次同樣的擺動需 190¾ 秒。所以，在該時間內，聲音可行進 186768 英尺，因而 1 秒內傳播 979 英尺。

但在此計算中，我沒有考慮空氣粒子的大小，而它們是即時傳播聲音的。因為空氣的重量比水的重量等於 1：870，而鹽的密度約為水

的 2 倍；如果設空氣粒子的密度與水或鹽相同，而空氣的稀薄狀況係由粒子間隔所致，則一個空氣粒子的直徑比粒子中心間距約等於 1：9 或 1：10，而比粒子間距約為 1：8 或 1：9。所以，根據上述計算，聲音在一秒內傳播的距離，應在 979 英尺上再加⁹⁄₁₀，或約 109 英尺，以補償空氣粒子體積的作用，則聲音在 1 秒時間行進約 1088 英尺。

此外，空氣中飄浮的蒸汽是另一種情形不同的根源，如果要從根本上考慮聲音在真實空氣中的傳播運動，它還很少被計入在內。如果蒸汽保持靜止，則聲音的傳播運動在真實空氣中變快，該加快部分正比於物質缺乏的平方根。因而，如果大氣中含有 10 成真正的空氣，1 成蒸汽，則聲運動正比於 11：10 的平方根加快，或比它在 11 成真實空氣中的傳播極近似於 21：20。所以上面求出的聲音運動應加入該比值，這樣得出聲音在一秒時間裏行進 1142 英尺。

這些情形可以在春天和秋天看到，那時空氣由於氣候的溫暖而稀薄，這使得其彈性力較強。而在冬天，寒冷使空氣密集，其彈性力略為減弱，聲運動正比於密度的平方根變慢；另一方面，在夏天時則變快。

實驗測定的聲音在一秒時間內行進 1142 英尺或 1070 法國尺單位。

知道了聲音速度，也可以知道其脈動間隔。M. 索維爾[6] 通過他做的實驗發現，一根長約 5 巴黎尺的開口管子發出的聲音，其音調與每秒振動 100 次的提琴弦的聲調相同。所以在聲音一秒時間內通過的 1070 巴黎尺的空間中，有大約 100 個脈動；因而一個脈動佔據約 10⁷⁄₁₀ 巴黎尺的空間，即約為管長的 2 倍。由此來看，所有開口管子發出的聲音，其脈動寬度很可能都等於管長的 2 倍。

---

[6] Sauveur，Joseph，英譯本誤作 M. Sauveur，1653—1716，法國物理學家，曾任路易十四宮廷教師，主要從事聲學的各種實驗研究。本實驗當完成於 1713 年以前，牛頓在本書中對索維爾的結論做了糾正。——中譯者

此外，第二卷命題 47 的推論還解釋了聲音爲什麼隨著發聲物體的停止運動而立即消失，以及爲什麼在距發聲物體很遠處聽到的聲音並不比在近處持續更長久。還有，由前述原理，還使我們易於理解聲音是怎樣在話筒裏得到極大增強的；因爲所有的往復運動在返回時都被發聲機制所增強。而在管子內部，聲音的擴散受到阻礙，其運動衰減較慢，反射較強；因而在每次返回時都得到新的運動的推動而增強。這些都是聲音的主要現象。

第九章　流體的圓運動

假設

由於流體各部分缺乏潤滑而產生的阻力，在其他條件不變的情況下，正比於使該流體各部分相互分離的速度。

命題51　定理39

如果一根無限長的固體圓柱體在均勻而無限的介質中，沿一位置給定的軸均勻轉動，且流體只受到該柱體的激發而轉動，流體各部分在運動中保持均勻，則流體各部分的週期正比於它們到柱體的軸的距離。

令 AFL 爲圍繞軸 S 均勻轉動的圓柱體，令同心圓 BGM、CHN、DIO、EKP 等把流體分爲無限個厚度相同的同心柱形固體層。因爲流體是均勻的，鄰接的層相互間的壓力（由假設）正比於它們相互間的移動，也正比於產生該壓力的相鄰接的表面。如果任意一層對其內側的壓力大於或小於對其外側的壓力，則較強的壓力將佔優勢，並對該層的運動產生加速或減速，這取決於它與該層的運動方向是一致還是相反。所以，每一層的運動都能保持均勻，兩側的壓力相等而方向相反。所以，由於壓力正比於鄰接表面，並正比於相互間的移動，

該移動將反比於表面，即反比於該表面到軸的距離。但圍繞軸的角運動差正比於該移動除以距離，或正比於該移動而反比於該移動除以距離；亦即，將這兩個比式相乘，反比於距離的平方。所以，如果作無

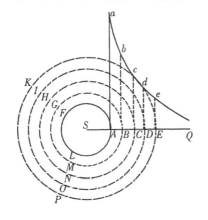

限直線 *SABCDEQ* 不同部分上的垂線 *Aa*、*Bb*、*Cc*、*Dd*、*Ee* 等，則反比於 *SA*、*SB*、*SC*、*SD*、*SE* 等的平方，設一條雙曲線通過這些垂線的端點，則這些差的和，即總角運動，將正比於對應線段 *Aa*、*Bb*、*Cc*、*Dd*、*Ee* 的和，即（如果無限增加層數而減小其寬度，以構成均勻介質的流體）正比於與該和相似的雙曲線面積 *AaQ*、*BbQ*、*CcQ*、*DdQ*、*EeQ* 等；而時間則反比於角運動，也反比於這些面積。所以，任意粒子 *D* 的週期，反比於面積 *DdQ*，即（由已知的求曲線面積法）正比於距離 *SD*。　　證畢。

　　推論 I.流體粒子的角運動反比於它們到柱體軸的距離，而絕對速度相等。

　　推論 II.如果流體盛在無限長柱體容器中，流體內又置一柱體，兩柱體繞公共軸轉動，且它們的轉動時間正比於直徑，流體各部分保持其運動，則不同部分的週期時間正比於到柱體軸的距離。

　　推論 III.如果在柱體和這樣運動的流體上增加或減去任意共同的角運動量，則因為這種新的運動不改變流體各部分間的相互摩擦，各部分間的運動也不變；因為各部分間的移動決定於摩擦。兩側的摩擦方向相反，各部分的加速並不多於減速，將維持其運動。

　　推論 IV.如果從整個柱體和流體的系統中消去外層圓柱的全部角運動，即得到靜止柱體內的流體運動。

　　推論 V.如果流體與外層圓柱體是靜止的，內側圓柱體均勻轉動，則會把圓運動傳遞給流體，並逐漸傳遍整個流體；運動將逐漸增加，

直至流體各部分都獲得推論IV中求出的運動。

推論 VI.因爲流體傾向於把它的運動傳播得更遠,其激發將會帶動外層圓柱與它一同運動,除非該柱體受反向力作用;它的運動一直要加速到兩個柱體的週期相等。但如果外柱體受力而固定不動,則它產生阻礙流體運動的作用;內柱體除非受某種作用於其上的外力推動而維持其運動,否則它將逐漸停留。

所有這些可以通過在靜止深水中的實驗加以證實。

命題52 定理40

如果在均勻無限流體中,固體球繞一給定的方向的軸均勻轉動,流體只受這種球體的激發而轉動;且流體各部分在運動中保持均勻;則流體各部分的週期正比於它們到球心的距離。

情形 1:令 *AFL* 爲繞軸 *S* 均勻轉動的球,共心圓 *BGM*、*CHN*、*DIO*、*EKP* 等把流體分爲無數個等厚的共心球層。設這些球

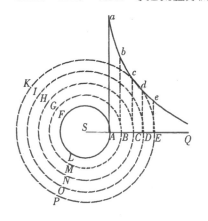

層是固體的。因爲流體是均勻的,鄰接球層間的壓力(由假設)正比於相互間的移動,以及受該壓力的鄰接表面,如果任一球層對其內側的壓力大於或小於對外側的壓力,則較大的壓力將佔優勢,使球層的速度被加速或減速,這取決於該力與球層運動方向一致或相反。所以每一球層都保持其均勻運動,其必要條件是球層兩側壓力相等,方向相反。所以,由於壓力正比於鄰接表面,還正比於相互間的移動,而移動又反比於表面,即反比於表面到球心距離的平方。但圍繞軸的角運動差正比於移動除以距離,或正比於移動反比於距離;即,將這些比式相乘,反比於距離的立方。所

以，如果在無限直線 $SABCDEQ$ 的不同部分作垂線 Aa、Bb、Cc、Dd、Ee 等，反比於差的和 SA、SB、SC、SD、SE 等即全部角運動的立方，則將正比於對應線段 Aa、Bb、Cc、Dd、Ee 等的和，即（如果使球層數無限增加，厚度無限減小，構成均勻流體介質）正比於相似於該和的雙曲線面積 AaQ、BbQ、CcQ、DdQ、EeQ 等；其週期則反比於角運動，還反比於這些面積。所以，任意球層 DIO 的週期時間反比於面積 DdQ，即（由已知求面積法）正比於距離 SD 的平方。這正是首先要證明的。

　　情形 2：由球心作大量非給定直線，它們與軸所成角爲給定的，相互間的差相等；設這些直線繞軸轉動，球層被分割爲無數圓環；則每一個圓環都有四個圓環與它鄰接，即其內側一個，外側一個，兩邊還各有一個。現在，這些圓環不能受到相等的力推動，內環與外環的摩擦方向相反，除非運動的傳遞按情形 1 所證明的規律進行。這可以由上述證明得出。所以，任意一組由球沿直線向外延伸的圓環，都將按情形 1 的規律運動，除非設它受到兩邊圓環的摩擦。但根據該規律，運動中不存在這種情況，所以不會阻礙圓環按該規律運動。如果到球的距離相等的圓環在極點的轉動比在黃道點快或慢，則如果慢，相互摩擦使其加速，而如果快，則使其減速，致使週期時間逐漸趨於相等，這可以由情形 1 推知。所以這種摩擦完全不阻礙運動按情形 1 的規律進行，因此該規律是成立的，即不同圓環的週期時間正比於它們到球心的距離的平方。這是要證明的第二點。

　　情形 3：現設每個圓環又被橫截面分割爲無數構成絕對均勻流體物質的粒子；因爲這些截面與圓運動規律無關，只起產生流體物質的作用，圓運動規律將像從前一樣維持不變。所有極小的圓環都不因這些截面而改變其大小和相互摩擦，或都作相同的變化。所以，原因的比例不變，效果的比例也保持不變，即運動與週期時間的比例不變。

　　　　　　　　　　　　　　　　　　　　　　　　　　　　　　證畢。

　　如果由此而產生的正比於圓運動的向心力，在黃道點大於極點，則必定有某種原因發生作用，把各粒子維繫在其軌道上，否則在黃道

上的物質總是飛離中心，並在渦旋外側繞極點轉動，再由此以連續環繞沿軸回到極點。

推論 I．因此流體各部分繞球軸的角運動反比於它們到球心的距離的平方，其絕對速度反比於同一平方除以它們到軸的距離。

推論 II．如果球體在相似而無限的且勻速運動的靜止流體中繞位置給定的軸均勻轉動，則它傳遞給流體的轉動運動類似於渦旋的運動，該運動將向無限遠逐漸傳播；並且，該運動將在流體各部分中逐漸增加，直到各部分的週期時間正比於它們到球的距離的平方。

推論 III．因爲渦旋內部由於其速度較大而持續壓迫並推動外部，並通過該作用把運動傳遞給它們，與此同時外部又把相同的運動量傳遞給更遠的部分，並保持其運動量持續不變，不難理解該運動逐漸由渦旋中心向週邊轉移，直到它相當平復並消失於其周邊無限延伸的邊際。任意兩個與該渦旋共心的球面之間的物質絕不會被加速，因爲這些物質總是把它由靠近球心處所得到的運動傳遞給靠近邊緣的物質。

推論 IV．所以，爲了維持渦旋的相同運動狀態，球體需要從某種動力來源獲得與它連續傳遞給渦旋物質的相等的運動量。沒有這一來源，不斷把其運動向外傳遞的球體和渦旋內部，無疑將逐漸地減慢運動，最後不再旋轉。

推論 V．如果另一隻球在距中心某距離處漂浮，並在同時受某力作用繞一給定的傾斜軸均速轉動，則該球將激起流體像渦旋一樣地轉動；起初這個新的小渦旋將與其轉動球一同繞另一中心轉動；同時它的運動傳播得越來越遠，逐漸向無限延伸，方式與第一個渦旋相同。出於同樣原因，新渦旋的球體被捲入另一個渦旋的運動，而這另一個渦旋的球又被捲入新渦旋的運動，使得兩隻球都繞某個中間點轉動，並由於這種圓運動而相互遠離，除非有某種力維繫著它們。此後，如果使二球維持其運動的不變作用力中止，則一切將按力學規律運動，球的運動將逐漸停止（由本命題推論 III 和推論 IV 談到的原因），渦旋最終將完全靜止。

推論 VI．如果在給定處所的幾隻球以給定速度繞位置已知的軸均

匀轉動，則它們激起同樣多的渦旋並伸展至無限。因為根據與任意一
個球把其運動傳向無限遠處的相同的道理，每個分離的球都把其運動
向無限遠傳播；這使得無限流體的每一部分都受到所有球的運動的作
用而運動。所以各渦旋之間沒有明確分界，而是逐漸相互介入；而由
於渦旋的相互作用，球將逐漸離開其原先位置，正如前一推論所述；
它們相互之間也不可能維持一確定的位置關係，除非有某種力維繫著
它們。但如果持續作用於球體使之維持運動的力中止，渦旋物質（由
本命題推論 III 和推論 IV 中的理由）將逐漸停止，不再做渦旋運動。

推論 VII.如果類似的流體盛貯於球形容器內，並由於位於容器中心
處的球的均勻轉動而形成渦旋；球與容器關於同一根軸同向轉動，週
期正比於半徑的平方；則流體各部分在其週期實現正比於到渦旋中心
距離的平方之前，不會做既不加速亦不減速的運動。除了這種渦旋，
由其他方式構成的渦旋都不能持久。

推論 VIII.如果這個盛有流體和球的容器保持其運動，此外還繞一給
定軸做共同角運動轉動，則因為流體各部分間的相互摩擦不由於這種
運動而改變，各部分之間的運動也不改變；因為各部分之間的移動決
定於這種摩擦。每一部分都將保持這種運動，來自一側阻礙它運動的
摩擦等於來自另一側加速它運動的摩擦。

推論 IX.所以，如果容器是靜止的，球的運動為已知，則可以求出
流體運動。因為設一平面通過球的軸，並做反方向運動；設該轉動與
球轉動時間的和比球轉動時間等於容器半徑的平方比球半徑的平方；
則流體各部分相對於該平面的週期時間將正比於它們到球心距離的平
方。

推論 X.所以，如果容器圍繞一個與球相同的軸運動，或以已知速
度繞不同的軸運動，則流體的運動也可以求知。因為，如果由整個系
統的運動中減去容器的角運動，由推論 VIII 知，則餘下的所有運動保持
相互不變，並可以由推論 XI 求出。

推論 XI.如果容器與流體是靜止的，球以均勻運動轉動，則該運動
將逐漸由全部流體傳遞給容器，容器則被它帶動而轉動，除非它被固

定住；流體和容器則被逐漸加速，直到其週期時間等於球的週期時間。如果容器受某力阻止或受不變力均勻運動，則介質將逐漸地趨近於推論VIII、推論IX、推論X所討論的運動狀態，而絕不會維持在其他狀態。但如果這種使球和容器以確定運動轉動的力中止，則整個系統將按力學規律運動，容器和球體在流體的中介作用下，將相互作用，不斷把其運動通過流體傳遞給對方，直到它們的週期時間相等，整個系統像一個固體一樣地運動。

附注

以上所有討論中，我都假定流體由密度和流體性均勻的物質組成；我所說的流體是這樣的，不論球體置於其中何處，都可以以其自身的相同運動，在相同的時間間隔內，向流體內相同距離連續傳遞相似且相等的運動。物質的圓運動使它傾向於離開渦旋軸，因而壓迫所有在它外面的物質。這種壓力使摩擦增大，各部分的分離更加困難；導致物質流動性的減小。又，如果流體位於任意一處的部分密度大於其他部分，則該處流動性減小，因為此處能相互分離的表面較少。在這些情形中，我假定所缺乏的流動性為這些部分的潤滑性或柔軟性，或其他條件所補足，否則流動性較小處的物質將連接更緊，惰性更大，因而獲得的運動更慢，並傳播得比上述比值更遠。如果容器不是球形，粒子將不沿圓周而是沿對應於容器外形的曲線運動，其週期時間將近似於正比於它們到中心的平均距離的平方。在中心與邊緣之間，空間較寬處運動較慢，而較窄處較快；否則，流體粒子將由於其速度較快而不再趨向邊緣；因為它們掠過的弧線曲率較小，離開中心的傾向隨該曲率的減小而減小，其程度與隨速度的增加而增加相同。當它們由窄處進入較寬空間時，稍稍遠離了中心，但同時也減慢了速度；而當它們離開較寬處而進入較窄空間時，又被再次加速。因此每個粒子都被反復減速和加速。這正是發生在堅硬容器中的情形；至於無限流體中的渦旋的狀態，已在本命題推論VI中熟知。

我之所以在本命題中研究渦旋的特性，目的在於想了解天體現象是否可以通過它們做出解釋；這些現象是這樣的，衛星繞木星運行的週期正比於它們到木星中心距離的 $\frac{3}{2}$ 次方；行星繞太陽運行也遵從相同的規律。就已獲得的天文觀測資料來看，這些規律是高度精確的。所以如果衛星和行星是由渦旋攜帶繞木星和太陽運轉的，則渦旋必定也遵從這一規律。但我們在此發現，渦旋各部分週期正比於它們到運動中心距離的平方；該比值無法減小並化簡爲 $\frac{3}{2}$ 次方，除非渦旋物質距中心越遠其流動性越大，或流體各部分缺乏潤滑性所產生的阻力(正比於使流體各部分相互分離的行進速度)，以大於速度增大比率的比率增大。但這兩種假設似乎是不合理的。粗糙而流動著的部分若不受中心的吸引，必傾向於邊緣。在本章開頭，我雖然爲了證明的方便，曾假設阻力正比於速度，但實際上，阻力與速度的比很可能小於這一比值；有鑒於此，渦旋各部分的週期將大於它們與其到中心距離平方的比值。如果像某些人所設想的那樣，渦旋在近中心處運動較快，在某一界限處較慢，而在近邊緣處又較快，則不僅得不到 $\frac{3}{2}$ 次方關係，也得不到其他任何確定的比值關係。還是讓哲學家去考慮怎樣由渦旋來說明 $\frac{3}{2}$ 次方的現象吧。

命題53　定理41

爲渦旋所帶動的物體，若能在不變軌道上環繞，則其密度與渦旋相同，且其速度與運動方向遵從與渦旋各部分相同的規律。

如果設渦旋的一小部分是固著的，其粒子或物理點相互間維持既定的位置關係，則這些粒子仍按原先的規律運動，因爲密度、慣性及形狀都沒有改變。又，如果渦旋的一個固著或固體部分的密度與其餘部分相同，並被融化爲流體，則該部分也仍遵從先前的規律，其變得有流動性的粒子間相互運動除外。所以，由於粒子間相互運動完全不影響整體運動，可以忽略不計，則整體的運動與原先相同。而這一運動，與渦旋中位於中心另一側距離相等處的部分的運動相同；因爲現

融化爲流體的固體部分與該渦旋的另一部分完全相似，所以，如果一塊固體的密度與渦旋物質相同，則與它所處的渦旋部分做相同運動，與包圍著它的物質保持相對靜止。如果它密度較大，則它比原先更傾向於離開中心，並將克服把它維繫在其軌道上並保持平衡的渦旋力，離開中心，沿螺旋線運行，不再回到相同的軌道上。由相同的理由，如果它密度較小，則將趨向中心。所以，如果它與流體密度不同，則絕不可能沿不變軌道運動。而我們在此情形中，也已經證明它的運行規律與流體到渦旋中心距離相同或相等的部分相同。

推論 I.在渦旋中轉動並總是沿相同軌道運行的固體，與攜帶它運動的流體保持相對靜止。

推論 II.如果渦旋是密度均勻的，則同一個物體可以在距渦旋中心任意遠處轉動。

附注

由此看來，行星的運動並非由物質渦旋所攜帶；因爲，根據哥白尼的假設，各行星沿橢圓繞太陽運行，太陽在其公共焦點上；由行星指向太陽的半徑所掠過的面積正比於時間。但渦旋的各部分絕不可能做這樣的運動。因爲，令 AD、BE、CF 表示三個繞太陽 S 的軌道，其中最外的圓 CF 與太陽共心；令裏面兩圓的遠日點爲 A、B，近日點爲 D、E。這樣，沿軌道 CF 運動的物體，其伸向太陽的半徑所掠過的面積正比於時間，做等速運動。根據天文學規律，沿軌道 BE 運動的物體，在遠日點 B 較慢，在近日點 E 較快；而根據力學規律，渦旋物質在 A 和 C 之間的較窄空間裏的運動應當快於它在 D 和 F 之間較寬的空間，即在遠日點較慢而在近日點較快。這兩個結論是相互矛盾的。以火星的遠日點室女座爲起點標記火星與金星軌道間的距離，比以雙魚座爲起點標記的相同軌道間的距離，大約爲 3：2；因而這兩個軌道之間的物質，在雙魚座起點處的速度應大於在室女座起點處，比值爲 3：2；因爲在一次環繞中，相同的物質的量在相同時間裏

所通過的空間越窄，則在該空間裏的速度越大。所以，如果地球與攜

帶它運轉的天體物質是相對靜止
的，並共同繞太陽轉動，則地球在
雙魚座起點處的速度比在室女座起
點處的速度，也應為 3：2。所以太
陽的周日運動，在室女座起點處應
長於 70 分鐘，在雙魚座的起點處則
應短於 48 分鐘；然而，經驗觀測結
果正相反，太陽在雙魚座起點的運
動卻快於在室女座起點；所以地球
在室女座起點的運動快於在雙魚座

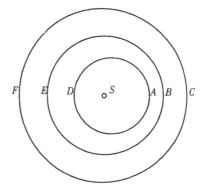

起點的運動；這使得渦旋假說與天文現象嚴重對立，非但無助於解釋
天體運動，反而把事情弄糟。這些運動究竟是怎樣在沒有渦旋的自由
空間中進行的，可以在第一卷中找到解答；我將在下一卷中對此作進
一步論述。

第三卷　宇宙體系
（使用數學的論述）

　　在前兩卷中，我已奠定了哲學的基本原理；這些原理不是哲學的，而是數學的：由此可以在哲學探索中進行推理。這些原理是某些運動和力的定律和條件，這些運動和力主要是與哲學有關的；為不使它們流於枯燥貧乏，我還曾不時引入哲學附注加以說明，指出某些事物具有普適特性，它們似乎是哲學的主要依靠；諸如物體的密度和阻力，完全沒有物體的空間，以及光和聲音的運動，等等。現在，我要由同樣的原理來證明宇宙體系的結構。為使這一課題能為更多人所瞭解，我的確曾使用通俗的方法來寫這第三卷；但後來，考慮到未能很好掌握這些原理的人可能不容易認識有關結論的意義，也無法排除沿襲多年的偏見，所以，為避免由這些說明引發爭論，我採取了把本卷內容納入命題形式（數學方式）的辦法，讀者必須首先掌握了前兩卷中提出的原理，才能閱讀本卷；我並不主張所有人都把前兩卷中的命題逐條研習，因為它們為數過多太費時間，甚至對於通曉數學的人而言也是如此。如果讀者仔細讀過定義、運動定律和第一卷的前三章，即已足夠。他可以直接閱讀本卷，至於在本卷中引述的前兩卷中的其他命題，讀者在遇到時可隨時查閱。

哲學中的推理規則

規則 I

尋求自然事物的原因,不得超出眞實和足以解釋其現象者。

爲達此目的,哲學家們說,自然不做徒勞的事,解釋多了白費口舌,意簡意賅才見眞諦,因爲自然喜歡簡單性,不會回應於多餘原因的侈談。

規則 II

因此對於相同的自然現象,必須盡可能地尋求相同的原因。

例如人與野獸的呼吸,歐洲與美洲的石頭下落,炊事用火的光亮與陽光,地球反光與行星反光。

規則 III

物體的特性,若其程度旣不能增加也不能減少,且在實驗所及範圍內爲所有物體所共有,則應視爲一切物體的普遍屬性。

因爲,物體的特性只能通過實驗爲我們所瞭解,我們認爲是普適的屬性只能是實驗上普適的,只能是旣不會減少又絕不會消失的。我們當然旣不會因爲夢幻和憑空臆想而放棄實驗證據,也不會背棄自然的相似性,這種相似性應是簡單的,首尾一致的。我們無法逾越感官而瞭解物體的廣延,也無法由此而深入物體內部;但是,因爲我們假設所有物體的廣延是可感知的,所以也把這一屬性普遍地賦予所有物體。我們由經驗知道許多物體是硬的;而全體的硬度是由部分的硬度所產生的,所以我們恰當地推斷,不僅我們感知的物體的粒子是硬的,而且所有其他粒子都是硬的。說所有物體都是不可穿透的,這不是推

理而來的結論，而是感知的。我們發現拿著的物體是不可穿透的，由此推斷出不可穿透性是一切物體的普遍性質。說所有物體都能運動，並賦予它們在運動時或靜止時具有某種保持其狀態的能力（我們稱之爲慣性），只不過是由我們曾見到過的物體中所發現的類似特性而推斷出來的。全體的廣延、硬度、不可穿透性、可運動性和慣性，都是由部分的廣延、硬度、不可穿透性、可運動性和慣性所造成的；因而我們推斷所有物體的最小粒子也都具有廣延、硬度、不可穿透性、可運動性，並賦予它們以慣性性質。這是一切哲學的基礎。此外，物體分離的但又相鄰接的粒子可以相互分開，是觀測事實；在未被分開的粒子內，我們的思維能區分出更小的部分，正如數學所證明的那樣。但如此區分開的，以及未被分開的部分，能否確實由自然力分割並加以分離，我們尚不得而知。然而，只要有哪怕是一例實驗證明，由堅硬的物體上取下的任何未分開的小粒子被分割開來了，我們就可以沿用本規則得出結論，已分開的和未分開的粒子實際上都可以分割爲無限小。

最後，如果實驗和天文觀測普遍發現，地球附近的物體都被吸引向地球，吸引力正比於物體各自所包含的物質；月球也根據其物質的量被吸引向地球；而另一方面，我們的海洋被吸引向月球；所有的行星相互吸引；彗星以類似方式被吸引向太陽；則我們必須沿用本規則賦予一切物體以普遍相互吸引的原理。因爲一切物體的普遍吸引是由現象得到的結論，所以它比物體的不可穿透性顯得有說服力；後者在天體活動範圍內無法由實驗或任何別的觀測手段加以驗證。我肯定重力不是物體的基本屬性；我說到固有的力時，只是指它們的慣性。這才是不會變更的。物體的重力會隨其遠離地球而減小。

規則 IV

在實驗哲學中，我們必須將由現象所歸納出的命題視爲完全正確的或基本正確的，而不管想像所可能得到的與之相反的種種假說，直

到出現了其他的或可排除這些命題、或可使之變得更加精確的現象之時。

我們必須遵守這一規則，使假說不至於脫離歸納出的結論。

現　象

現象 I

木星的衛星，由其伸向木星中心的半徑所掠過的面積，正比於運行時間；設恆星靜止不動，則它們的週期時間正比於到其中心距離的 $\frac{3}{2}$ 次方。

這是天文觀測事實。因為這些衛星的軌道雖不是與木星共心的圓，但卻相差無幾；它們在這些圓上的運動是均勻的。所有天文學家都公認木星衛星的週期時間正比於其軌道半徑；下表也證實了這一點。

木星衛星的週期

1 天 18 小時 27 分 34 秒，3 天 13 小時 13 分 42 秒，7 天 42 分 36 秒，16 天 16 小時 32 分 9 秒。

衛星到木星中心的距離

	1	2	3	4	
波萊里① 的觀測	$5\frac{2}{3}$	$8\frac{2}{3}$	14	$24\frac{2}{3}$	
唐利② 用千分儀的觀測	5.52	8.78	13.47	24.72	木星
卡西尼③ 用望遠鏡的觀測	5	8	13	23	半徑
卡西尼通過衛星交食的觀測	$5\frac{2}{3}$	9	$14\frac{23}{60}$	$25\frac{3}{10}$	
由週期時間推算	5.667	9.017	14.384	25.299	

龐德先生曾使用最精確的千分儀按下述方法測出木星直徑及其衛星的距角。他用 15 英尺長的望遠鏡中的千分儀,在木星到地球的平均距離上,測出木衛四到木星的最大距角為大約 8′16″。木衛三的距角用 123 英尺長望遠鏡中的千分儀測出,在木星到地球的同一個距離上,該距角為 4′42″。在木星到地球的同一個距離上,由其週期時間推算出另兩顆衛星的距角為 2′56″47‴和 1′51″6‴。

木星的直徑由 123 英尺望遠鏡的千分儀測量過多次,在木星到地球的平均距離上,它總是小於 40″,但從未小於 38″,一般為 39″。在較短的望遠鏡內為 40″或 41″;因為木星的光由於光線折射率的不同而略有擴散,該擴散與木星直徑的比,在較長、較完善的望遠鏡中較小,而在較短、性能差些的鏡中較大。還用長望遠鏡觀測過木衛一和木衛三兩星通過木星星體的時間,從初切開始到終切開始,以及從初切結束到終切結束。由木衛一通過木星來看,在其到地球的平均距離上,木星直徑為 $37\frac{1}{8}″$,而由木衛三則給出 $37\frac{3}{8}″$。還觀測過木衛一的陰影通過木星的時間,由此得出木星在其到地球的平均距離上直徑約為 37″。我們設木星直徑極為近似於 $37\frac{1}{4}″$,則木衛一、木衛二、木衛三和木衛四的距角分別為木星半徑的 5.965、9.494、15.141 和 26.63。

現象 II

土星衛星伸向土星中心的半徑,所掠過的面積正比於運行時間;設恆星靜止不動,則它們的週期時間正比於它們到土星中心距離的$\frac{3}{2}$次方。

① Borelli,1608-1679,義大利天文學家,生理學家,數學家,最先提出彗星沿拋物線運動 (1665)。——中譯者
② Townly,Richard,1625-1707,英國自然哲學家,曾對千分儀做出重大改進。——中譯者
③ Cassini,G.D.,1625-1712,法國天文學家,為巴黎天文臺首任臺長。——中譯者

　　因為，正如卡西尼由其本人的觀測所推算的，衛星到土星中心的距離與它們的週期時間如下：

土星衛星的週期時間

　　1 天 21 小時 18 分 27 秒，2 天 17 小時 41 分 22 秒，4 天 12 小時 25 分 12 秒，15 天 22 小時 41 分 14 秒，79 天 7 小時 48 分 00 秒。

衛星到土星中心的距離（按半徑計算）

觀測值	1¹⁹⁄₂₀	2½	3½	8	24
由週期推算值	1.93	2.47	3.45	8	23.35

　　一般由觀測推算出土衛四到土星中心的最大距角非常近似於其半徑的 8 倍。但用裝在惠更斯先生精度極高的 123 英尺望遠鏡中的千分儀發現，該衛星到土星中心的最大距角為其半徑的 8⁷⁄₁₀ 倍。由此觀測與週期推算衛星到土星中心的距離為土星環半徑的 2.1 倍、2.69 倍、3.75 倍、8.7 倍和 25.35 倍。同一望遠鏡觀測到土星直徑比環直徑等於 3：7；1719 年 5 月 28 至 29 日，測得土星環直徑為 43″；因此，當土星處於到地球的平均距離上時，環直徑為 42″，土星直徑為 18″。這些結果是在極長的高精度望遠鏡中測出的，因為在這樣的望遠鏡中，天體的像與像邊緣的光線擴散比值較大，而在較短的望遠鏡中該值較小。

　　所以，如果排除所有的虛光，土星的直徑將不大於 16″。

現象 III

　　五顆行星，水星、金星、火星、木星和土星，在其各自的軌道上環繞太陽運轉。

　　水星與金星繞太陽運行，可以由它們像月球一樣的盈虧證明。當它們呈滿月狀時，相對於我們而言高於或遠於太陽；當它們呈虧狀時，它們處於太陽的一側或另一側相同高度上；當它們呈新月狀時，它們則低於我們或在我們與太陽之間；有時它們直接處於太陽之下，看上去像通過太陽表面的斑點。火星在與太陽的會合點附近時呈滿月

狀，在方照點時呈凸月狀，這表明它繞太陽運轉。木星和土星也同樣繞太陽運動，它們在所有位置上都是滿月狀；因為衛星的陰影時常出現在它們的表面上，這表明它們的光亮不是自己發出的，而是借自太陽。

現象 IV

設恆星靜止不動，則五顆行星以及地球環繞太陽（或太陽環繞地球）的週期，正比於它們到太陽平均距離的$\frac{3}{2}$次方。

這個比率最先由克卜勒發現，現已為所有天文學家接受；因為無論是太陽繞地球轉，還是地球繞太陽轉，週期時間是不變的，軌道尺度也是不變的。至於週期時間的測量，所有天文學家都是一致的。但在軌道尺度方面，克卜勒和波里奧[④]的觀測推算比所有其他天文學家都精確；對應於週期值的平均距離與它們的預期值不同，但相差無幾，而且絕大部分介於它們之間；如下表所示。

行星和地球繞太陽運動週期時間（按天計算，太陽保持靜止）

♄	♃	♂
10759.275	4332.514	686.9785
⛢	♀	☿
365.2565	224.6176	87.9692

行星與地球到太陽的平均距離

	♄	♃	♂
克卜勒的結果	951000	519650	152350
波里奧的結果	954198	522520	152350
按週期計算結果	954006	520096	152369

④ Boulliau，Ismael，1605-1694，法國數學家、天文學家。——中譯者

	♂	♀	☿
克卜勒的結果	100000	72400	38806
波里奧的結果	100000	72398	38585
按週期計算結果	100000	72333	38710

水星與金星到太陽的距離是無可懷疑的，因為它們是由行星到太陽的距角推算出的；至於地球以外的行星的距離，有關的爭論都已被木星衛星的交食所平息，因為通過交食可以確定木星投影的位置，由此即可求出木星的日心經度長度，再通過比較其日心經度長度與地心經度長度，即可求出其距離。

現象 V

行星伸向地球的半徑，所掠過的面積不與時間成正比；但它們伸向太陽的半徑所掠過的面積正比於運行時間。

因為相對於地球而言，它們有時順行，有時駐留，有時逆行。但從太陽看上去，它們總是順行的，其運動接近於勻速，也就是說，在近日點稍快，遠日點稍慢，因而能保持掠過面積的相等性。這在天文學家中是人所共知的命題，尤其是它可以由木星衛星的交食加以證明；前面已經指出，通過這些交食，可以確定木星的日心經度長度以及它到太陽的距離。

現象 VI

月球伸向地球中心的半徑所掠過的面積正比於運行時間。

這可以由將月球的視在運動與其直徑相比較得出。月球的運動確實略受太陽作用的干擾，但誤差小而且不明顯，我在羅列諸現象時予以忽略。

命　題

命題 1　定理 1

　　使木星衛星連續偏離直線運動，停留在適當軌道上運動的力，指向木星的中心，反比於從這些衛星的處所到木星中心距離的平方。

　　本命題的前一部分由現象 I 和第一卷命題 2 或 3 證明；後一部分則由現象 I 和第一卷命題 4 推論 VI 證明。

　　環繞土星的衛星，可以由現象 I 推知相同結論。

命題 2　定理 2

　　使行星連續偏離直線運動，停留在其適當軌道上運動的力，指向太陽，反比於這些行星到太陽中心距離的平方。

　　本命題的前一部分可以由現象 V 和第一卷命題 2 證明；後一部分可以由現象 IV 和第一卷命題 4 推論 VI 證明。但該部分可以極高精度由遠日點的靜止加以證明；因為對距離的平方反比關係的極小偏差（由第一卷命題 45 推論 I），都足以使每次環繞中的遠日點產生明顯運動，而多次環繞則會產生巨大誤差。

命題 3　定理 3

　　使月球停留在環繞地球軌道的力指向地球，反比於它到地球中心距離的平方。

　　本命題前一部分可以由現象 VI 和第一卷命題 2 或 3 證明；後一部分則可由月球的遠地點運動極慢證明；月球在每次環繞中遠地點前移 3°3′，可以忽略不計。因為（由第一卷命題 45 推論 I），如果月球到地

心距離比地球半徑等於 D 比 1，則導致該運動的力反比於 $D^{2\frac{4}{243}}$，即反比於 D 的乘方，指數為 $2\frac{4}{243}$；也就是說，略大於平方反比關係，但它接近平方反比關係比接近立方反比關係強 $59\frac{3}{4}$ 倍。而由於這項增加是太陽作用引起的（以後將討論），在此略去不計。太陽的作用把月球自地球吸引開，約正比於月球到地球的距離；因而（由第一卷命題 45 推論 II）它比月球的向心力等於 $2：357.45$，或接近如此；即等於 $1：178\frac{29}{40}$。如果忽略如此之小的太陽力，則餘下使月球停留在其軌道上的力，它反比於 D^2，如果像下一個命題中那樣把該力與重力作對比，這一點即可得到更充分的說明。

推論.設月球向地球表面下落時，它受到的引力反比於其高度的平方增大，如果將使月球停留在其軌道上的平均向心力先按比例 $177\frac{29}{40}：178\frac{29}{40}$，繼之按地球半徑的平方比月球與地球中心的平均距離增大，則可以得到月球處於地球表面上時的向心力。

命題 4　定理 4

　　月球吸引地球，這一重力使它連續偏離直線運動，停留在其軌道上。

　　月球在朔望點到地球的平均距離，以地球半徑計，托勒密和大多數天文學家推算為 59，凡德林（Vendelin）和惠更斯為 60，哥白尼為 $60\frac{1}{3}$，重覆司特里特⑤ 為 $60\frac{2}{5}$，而第谷為 $56\frac{1}{2}$。但是第谷以及所有引用他的折射表的人，都認為陽光和月光的折射（與光的本性不合）大於恆星光的折射，在地平面附近約大 4 分或 5 分，這樣使月球地平視差增大了相同數值，即使整個視差增大了 $\frac{1}{2}$ 或 $\frac{1}{5}$。糾正該項誤差，即得到距離約為地球半徑的 $60\frac{1}{2}$ 倍，接近於其他人的數值。我們設在朔望點的平均距離為地球半徑的 60 倍；設月球的一次環繞，參照恆星時

⑤ Streete，Thomas，1622—1689，英國天文學家。——中譯者

間，爲 27 天 7 小時 43 分鐘，與天文學家的數值相同；地球周長爲 123249600 巴黎尺（法國度量制）。如果月球喪失其全部運動，受使其停留在軌道上的力（命題 3 推論）的作用而落向地球，則它 1 分鐘時間內掠過的距離爲 15½巴黎尺。這可以由第一卷命題 36，或（等價地）由第一卷命題 4 推論 IX 推算出來。因爲月球在地球半徑的 60 倍處 1 分鐘所掠過的軌道弧長的正矢，約爲 15½巴黎尺，或更準確地說爲 15 英尺 1 英寸 1⁴⁄₉分。因此，由於月球被引向地球的力正比於距離平方增加，當它在地球表面上時，該力爲其在軌道上的 60・60 倍，而在地表附近，物體以該力下落時，1 分鐘內掠過的距離爲 60・60・15½巴黎尺；1 秒鐘所掠過的距離爲 15½英尺；或精確地說，爲 15 英尺 1 英寸 1⁴⁄₉分。使地球表面上物體下落的正是這個力；因爲正如惠更斯先生所發現的，在巴黎的經度上，秒擺的擺長爲 3 巴黎尺 8½分。重物體在 1 秒鐘內下落的距離比這種擺長的一半等於圓的周長比其直徑的平方（惠更斯先生已經證明過），所以爲 15 巴黎尺 1 寸 1⁷⁄₉分。所以，使月球停留在其軌道上的力，在月球落到地球表面上時，變爲等於我們所看到的重力。所以（由第二卷規則 I 和規則 II），使月球停留在其軌道上的力，與我們通常所稱的重力完全相同；因爲，如果重力是另一種不同的力，則落向地球的物體會受到這兩種力的共同作用而使速度加倍，1 秒鐘內掠過的距離則應爲 30⅙巴黎尺，這與實驗相衝突。

本推算以假設地球靜止不動爲基礎；因爲如果地球和月球都繞太陽運動，同時又繞它們的公共重心轉動，則月球與地球中心間距離爲地球半徑的 60½倍；這可以由第一卷命題 60 推算出來。

附注

本命題的證明可用下述方法作更詳盡的解釋。設若干個月球繞地球運動，像木星或土星體系那樣；這些月球的週期時間（按歸納理由）應與克卜勒發現的行星運動規律相同；因而由本卷命題 1，它們的向心力應反比於它們到地球中心距離的平方。如果其中軌道最低的一個

很小，且與地球如此接近，幾乎碰到最高的山峰頂尖，則使它停留在
其軌道上的力，接近等於地面物體在該山頂上的重量，並可以由上述
計算求出。如果同一個小月球失去使之維繫在軌道上的離心力，並不
再繼續向前運動，則它將落向地球，下落速度與重物體自同一座山頂
部實際下落速度相同，因為使二者下落的作用力是相等的。如果使最
低軌道上的月球下落的力與重力不同，而該月球又像山頂上的地面物
體那樣被吸引向地球，則它應以 2 倍速度下落，因為它受到這兩種力
的共同作用。所以，由於這兩種力，即重物體的重力和月球的向心力，
都指向地球中心，相似而且相等，它們只能（由第三卷規則 I 和規則
II）有一個相同的原因。所以，使月球停留在其軌道上的力正是我們
通常所說的重力，否則該小月球處在山頂時或者沒有重力，或者以重
物體下落速度的 2 倍下落。

命題 5　定理 5

木星的衛星被吸引向木星；土星的衛星被吸引向土星；各行星被
吸引向太陽；這些重力使它們偏離直線運動，停留在曲線軌道上。

因為木星衛星繞木星的運動，土星衛星繞土星的運動，以及水星、
金星與其他行星繞太陽的運動，與月球繞地球的運動是同一種類的現
象，所以，由第二卷規則 II，必須歸於同一種類的原因；尤其是，業
已證明這些環繞運動所依賴的力都是指向木星、土星和太陽中心的，
以及這些力隨著遠離木星、土星和太陽按相同比率減小，而按同樣的
規律，遠離地球的物體，其重力也作同樣的減小。

推論 I.有一種重力作用指向所有行星和衛星；因為，毫無疑問，
金星、水星以及其他星球，與木星和土星都是同一類星體。而由於所
有的吸引（由定律 III）都是相互的，木星也為其所有衛星所吸引，土
星為其所有衛星所吸引，地球為月球所吸引，太陽也為其所有的行星
所吸引。

推論 II.指向任意一顆行星的重力反比於由該處所到該行星中心

距離的平方。

推論III.由本命題推論 I 和推論 II，所有的行星相互間也吸引。因此，當木星和土星接近其交會點時，它們之間的相互作用會明顯干擾對方的運動。所以太陽干擾月球的運動；太陽與月球都干擾海洋的運動，這將在以後解釋。

附注

迄此爲止，我們稱使天體停留在其軌道上的力爲向心力；但現已弄清，它不是別的，而是一種起吸引作用的力，此後我們即稱爲引力。因爲根據規則 1、2 和 4，使月球停留在其軌道上的向心力可以推廣到所有行星和衛星。

命題 6   定理 6

所有物體都被吸引向每一個行星；物體對於任意一個行星的重量，在到該行星中心距離相等處，正比於物體各自所包含的物質的量。

很久以來人們就已觀測到，所有種類的重物體（除去空氣的微小阻力造成的不等性和減速）從相同的高度落到地面的時間相等；而時間的相等性是由擺以很高精度測定的。我曾用金、銀、鉛、玻璃、沙子、食鹽、木塊、水和小麥做過實驗。我用兩只相等的圓形木盒做擺，一只擺填充以木塊，在另一只擺的擺動中心懸掛相同重量（盡可能地）的金。木盒所繫的細繩都等於 11 英尺，使兩只擺的重量與形狀完全相同，受到的空氣阻力也相等。把它們並排放在一起，長時間地觀察它們同時往復的相等振動。因而（由第二卷命題 24 推論 I 和推論 VI）金的物質的量比木的物質的量等於所有作用於金的運動力比所有作用於木的運動力，即等於一個的重量比另一個的重量：對於其他物體也是如此。由這些相等重量的物體實驗，我可以辨別出不到千分之一的物質差別，如果有這種差別的話。然而，毫無疑問，指向行星的引力的

特性與指向地球的相同,因為,如果設想把地球物體送入月球軌道,
同時使月球失去其所有運動,然後使兩者同時落向地球,則由以前所
證明的可以肯定,在相同時間內物體掠過的距離與月球相等,因而,
其與月球物質的量的比,等於它們的重量比。還有,木星衛星的環繞
時間正比於它們到木星中心距離的 $\frac{3}{2}$ 次方,它們指向木星的加速引力
反比於它們到木星中心距離的平方,即距離相等時力也相等。所以,
如果設這些衛星自相同高度落向木星,則它們將像我們的地球物體那
樣,在相同時間內掠過相等距離。由相同理由,如果太陽行星自相同
距離落向太陽,它們也應在相同時間內掠過相等距離。但不相等物體
的相等加速力正比於物體,即行星趨向太陽的重量正比於其物質的
量。而且,木星及其衛星趨向太陽的重量正比於它們各自的物質的量,
這可以由木星衛星極為規則的運動(由第一卷命題 65 推論 III)得到證
明。因為,如果這些物體中的某幾個按其物質的量的比例受太陽的吸
引比其他物體更強,則衛星運動會受到不相等吸引力的干擾(第二卷
命題 65 推論 II)。如果在到太陽相等距離處,任何衛星按其物質的量
的比例受太陽的吸引力的確大於木星所受的吸引力比其物質的量,設
為任意給定量 d 比 e,則太陽中心與木星衛星軌道中心間距將總是大
於太陽中心與木星中心間距,約正比於上述比值的平方根,如我過去
的計算那樣。而如果衛星受太陽的吸引力偏小,偏小值為 e 比 d,則
衛星軌道中心到太陽的距離小於木星中心到太陽的距離,偏小值為同
一比值的平方根。所以,如果在到太陽相等的距離處,任何衛星指向
太陽的加速引力大於或小於木星指向太陽的加速引力的 $\frac{1}{1000}$ 部分,則
衛星軌道中心到太陽的距離將比木星到太陽距離大或小總距離的 $\frac{1}{2000}$
部分,即為木星最遠衛星到木星中心距離的 $\frac{1}{5}$;這將使軌道的偏心變
得非常明顯。但衛星軌道與木星是共心的,因而木星的加速引力,以
及其所有衛星指向太陽的加速引力是相等的。由相同理由,土星與其
衛星指向太陽的重量,在到太陽距離相等處,正比於它們各自的物質
的量;月球與地球指向太陽的重量,也沒有什麼不同,精確地正比於
它們所包含的物質的量。而按本卷命題 5 推論 I 和 III,它們必定有重

量。

此外，每個行星所有部分指向任意其他行星的重量，其相互間的比等於各部分的物質的量的比；因為，如果某些部分的重量比其物質的量偏大或偏小，則整個行星將根據其所含主要成分的種類，重於或輕於它與總體的物質的量的比例。這些部分在行星內部或外部是無關緊要的；因為，舉例來說，設與我們在一起的地球物體被舉高到月球軌道，並與月球物體作比較；如果這種物體的重量比月球以外部分的重量分別等於一個或另一個物質的量，而比其內部部分的重量則偏大或偏小，那麼相類似地，這些物體的重量比整個月球的重量也將偏大或偏小；這與我們以上的證明相對立。

推論Ⅰ.物體的重量不取決它的形狀和結構，因為如果重量隨形狀而改變，則相等的物質將會隨形狀的變化而變重或變輕，這與經驗完全不合。

推論Ⅱ.一般地，地球附近的物體都受地球的吸引；在到地心相等距離處，所有物體的重量正比於各自包含的物質的量。這正是我們實驗所及範圍內所有物體的本性，因而（由第三卷規則3）也是所有物體的本性。如果以太，或任何其他物體，是完全沒有重量的，或所受吸引小於其物質的量，則，因為（根據亞里斯多德、笛卡兒等人的理論）這些物體與其他物體除物質形狀以外並沒有什麼區別，通過一系列由形狀到形狀的變化，它最終可以變成與受吸引比其物質的量最大的物體條件相同的物體；而反過來，獲得其最初形狀的最重的物體，也將可以逐漸失去其重量。因此，重量決定於物體的形狀，並且隨形狀的改變而改變，而這與業已證明的上一推論相矛盾。

推論Ⅲ.一切空間都不是被相等地佔據著，因為如果所有空間都被相等地佔據著，則在空氣中流淌的流體，由於物體密度極大，其比重將不會小於水銀、金或任何其他密度最大的物質的比重；因而，無論是金或其他任何物體，都不可能在空氣中下落；因為，除非物體的比重大於流體比重，否則它是不會在流體中下落的。而如果在任何給定空間中的物質的量可以因稀釋而減小，又何以阻止它減小到無限？

推論 IV.如果所有物體的所有固體粒子密度相同，且不能不通過微孔而稀釋，則虛空、空間或真空必須得到承認。我所說的相同密度的物體，指其慣性比其體積相等者。

推論 V.引力的性質與磁力不同，因為磁力並不正比於被吸引的物質。某些物體受磁石吸引較強，另一些較弱，而大多數物體則完全不被磁石吸引。同一個物體的磁力可以增強或減弱；而且遠離磁石時，它不正比於距離的平方，而幾乎正比於距離的立方減小，我這個判斷得自較粗略的觀察。

命題 7　定理 7

對於一切物體存在著一種引力，它正比於各物體所包含的物質的量。

我們以前已證明，所有行星相互間有吸引力；我們還證明過，當它們相互分離時，指向每個行星的引力反比於由各行星的處所到該行星距離的平方。因此（由第一卷命題 69 及其推論）指向所有行星的引力正比於它們所包含的物質的量。

此外，任意一顆行星 A 的所有部分都受到另一顆行星 B 的吸引，其每一部分的引力比整體的引力等於該部分的物質的量比總體的物質的量，而（由定律 III）每個作用都有一個相等的反作用，因而反過來看，行星 B 也受到行星 A 所有部分的吸引，其指向任一部分的引力比指向總體的引力等於該部分的物質的量比總體的物質的量。

證畢。

推論 I.所以，指向任意一顆行星全體的引力由指向其各部分的引力複合而成。磁和電的吸引為我們提供了這方面的例子；因為指向總體的所有吸引力是由指向各部分的吸引力合成的。如果我們設想一顆較大的行星由許多較小的行星組合成球體而形成，則引力方面的情況也不難理解；因為在此很明顯地整體的力必定是由各組成部分的力合成的。如果有人提出反駁，認為根據這一規律，地球上所有的物體必

定都是相互吸引的，但卻不曾在任何地方發現這種引力；我的回答是，因爲指向這些物體的引力比指向整個地球的引力等於這些物體比整個地球，因而指向物體的引力必定遠小於能爲我們的感官所察覺的程度。

推論 II.指向任意物體的各個相同粒子的引力，反比於到這些粒子距離的平方；這可以由第一卷命題 74 推論 III 證明。

命題 8　定理 8

在兩個相互吸引的球體內，如果環繞球心的所有層面以及到球心相等距離處的物質是相似的，則一個球相對於另一個球的重量反比於兩球的距離的平方。

我在發現指向整個行星的引力由指向其各部分的引力複合而成，而且指向其各部分的引力反比於到該部分距離的平方之後，仍不能肯定，在合力由如此之多的分力組成的情況下，究竟距離的平方反比關係是精確成立，還是近似如此，因爲有可能這一在較大距離上足以精確成立的比例關係，在行星表面附近時會失效，在該處粒子間距離是不相等的，而且位置也不相似。但借助於第一卷命題 75 和命題 76 及其推論，我最終滿意地證明了本命題的眞實性，如我們現在所看到的。

推論 I.由此我們可以求出並比較各物體相對於不同行星的重量，因爲沿圓軌道繞行星轉動的物體的重量（由第一卷命題 4 推論 II）正比於軌道直徑、反比於週期的平方，而它們在行星表面，或在距行星中心任意遠處的重量（由本命題）將正比於距離的平方而變大或變小。金星繞太陽運動週期爲 224 天 16¾ 小時；木衛四繞木星週期爲 16 天 16⁸⁄₁₅ 小時；惠更斯衛星繞土星週期爲 15 天 22⅔ 小時；而月球繞地球週期爲 27 天 7 小時 43 分；將金星到太陽的平均距離與木衛四到木星中心的最大距角 8′16″，惠更斯衛星到土星中心距角 3′4″，以及月球到地球距角 10′33″作一比較，通過計算，我發現相等物體在到太陽、木星、土星和地球的中心相等距離處，其重量之間的比分別等於 1、¹⁄₁₀₆₇、

$\frac{1}{3021}$和$\frac{1}{169282}$。因為隨著距離的增大或減小,重量按平方關係減小或增大,相等的物體相對於太陽、木星、土星和地球的重量,在到它們的中心距離為 10000、997、791 和 109 時,即物體剛好在它們的表面上時,分別正比於 10000、943、529 和 435。這一重量在月球表面上為多少,將在以後求出。

推論 II.用類似方法可以求出各行星物質的量,因為它們的物質的量在到其中心距離相等處正比於引力,即在太陽、木星、土星和地球上,分別正比於 1、$\frac{1}{1067}$、$\frac{1}{3021}$和$\frac{1}{169282}$。如果太陽視差大於或小於 10″30‴,則地球的物質的量必定正比於該比值的立方增大或減小。

推論 III.我們也可以求出行星的密度,因為(由第一卷命題 72)相等且相似的物體相對於相似球體的重量,在該球體表面上,正比於球體直徑,因而相似球體的密度正比於該重量除以球直徑。而太陽、木星、土星和地球直徑相互間的比為 10000、997、791 和 109,指向它們的重量比分別為 10000、943、529 和 435;所以,它們的密度比為 100、94$\frac{1}{2}$、67 和 400。在此計算中,地球密度並不取決於太陽視差,而是由月球視差求出的,因此是可靠的。所以,太陽密度略大於木星,木星密度大於土星,而地球密度是太陽的 4 倍,因為太陽很熱,處於一種稀薄狀態。以後將會看到,月球密度大於地球。

推論 IV.其他條件不變時,行星越小,其密度即按比率越大,因為這樣可以使它們各自的表面引力近於相等。類似地,在其他條件相同時,它們距太陽越近,密度越大,所以木星密度大於土星,而地球密度大於木星;因為各行星被分置於到太陽不同距離處,使得它們按其密度的程度,享受太陽熱量的較大或較小比例。地面上的水,如果送到土星軌道的地方,則會變為冰,而在水星軌道處,則會變為蒸汽而飛散;因為正比於太陽熱的陽光,在水星軌道處是我們的 7 倍,我曾用溫度計發現,7 倍於夏日陽光的熱會使水沸騰。毋庸置疑,水星物質必定適應其熱度,因此其密度大於地球物質;這是由於對於較密的物質,自然的作用需要更強的熱。

命題 9　定理 9

在行星表面以下，引力近似正比於到行星中心的距離減小。

如果行星由均勻密度物質構成，則本命題精確成立（由第一卷命題 73）。因此，其誤差不會大於密度均差所產生的誤差。

命題10　定理10

行星在天空中的運動將持續極長的時間。

在第二卷命題 40 的附注中，我曾證明凍結成冰的水球在空氣中自由運動時，掠過其半徑的長度時，空氣阻力使其失去總運動的1/4586部分；同樣的比率適用於所有球，不論它有多大，速度多快。但地球的密度比它僅由水組成要大得多，我的證明如下：如果地球只是由水組成的，則凡是密度小於水的物體，因其比重較小，將漂浮在水面上。根據這一理由，如果一個由地球物質組成的球體四周為水所包圍，則由於它的密度小於水，將會在某處漂浮起來，而水則下沉聚集到相反的一側。而我們地球的狀況是，其表面很大部分為海洋所包圍。如果地球密度不大於水，則應在海洋中漂浮起來，並根據它稀疏的程度，在洋面上或多或少地露出，而海洋中的水則流向相反的一側。由同樣的理由，太陽的黑斑，漂浮在發光物質的上面，輕於這種物質；而不論行星是如何構成的，只要它是流體物質，所有更重的物質都將沉入中心。所以，由於我們地球表面上的普通物質為水的重量的 2 倍，在較深處的礦井中，物質約重 3 倍，或 4 倍，甚至 5 倍，所以，地球的總物質的量約比它由水構成時重 5 倍或 6 倍；尤其是，我已證明過，地球密度約比木星大 4 倍。所以，如果木星密度比水略大，則在 30 天裏，在木星掠過 459 個半徑長度的空間內，它在與空氣密度相同的介質中約失去其運動的1/10部分。但由於介質阻力正比於其重量或密度減小，使得比水銀輕13⅗倍的水，其阻力也比水銀小相同倍數；而空氣

又比水輕 860 倍，其阻力也小同樣多倍；所以在天空中，由於行星於其中運動的介質的重量極小，其阻力幾乎爲零。

在第二卷命題 22 的附注中，曾證明在地面以上 200 英里高處，空氣密度比地面空氣密度小，其比值爲 30：0.0000000000003998，或近似等於 75000000000000：1，所以如果木星在密度等於該上層空氣密度的介質中運動，則 100 萬年中，介質阻力只使它失去百萬分之一部分的運動。在地球附近的空間中，阻力只由空氣、薄霧和蒸汽產生。如果用裝在容器底部的空氣泵仔細地抽去，則在容器內下落的重物體是完全自由的，沒有任何可察覺的阻力：金與最輕的物體同時下落，速度是相等的；雖然它們通過的空間長達 4 英尺、6 英尺或 8 英尺，卻在同時到達瓶底；實驗證明了這一點。所以，在天空中完全沒有空氣和霧氣，行星和彗星在這樣的空間中不受明顯的阻力作用，將在其中運動極長的時間。

假設 I

宇宙體系的中心是不動的。

所有人都承認這一點。只不過有些人認爲是地球，而另一些認爲是太陽處於這個中心。讓我們來看看由此會導致什麼結果。

命題11 定理11

地球、太陽以及所有行星的公共重心是不動的。

因爲（由定律推論 IV）該重心或是靜止的，或做勻速直線運動；而如果該重心是運動的，則宇宙的重心也運動，這與假設相矛盾。

命題12 定理12

太陽受到一個連續運動的推動，但從來不會遠離所有行星的公共

重心。

因為（由第三卷命題 8 推論 II）太陽的物質的量比木星的物質的量等於 1067：1；木星到太陽的距離比太陽半徑略大於該比率，所以木星與太陽的共同重心將落在位於太陽表面以內的一點上。由同樣理由，由於太陽物質的量比土星物質的量等於 3021：1，土星到太陽的距離比太陽半徑略小於該比率，所以土星與太陽的公共重心位於太陽內略靠近表面的一點上。應用相同的計算原理，我們會發現，即使地球與所有的行星都位於太陽的同側，全體的公共重心到太陽中心的距離也很難超出太陽直徑。而在其他情形中，這兩個中心間距總是更小；所以，由於該重心保持靜止，太陽會因為行星的不同位置而游移不定，但絕不會遠離該重心。

推論. 因此，地球、太陽以及所有行星的公共重心，可以看做是宇宙的中心；因為地球、太陽和所有的行星相互吸引，因而像運動定律所說的那樣，根據各自吸引力的大小而持續地相互推動，不難理解，它們的運動中心不能看做是宇宙的靜止中心。如果把某物體置於該中心，能使其他物體受它的吸引最大（根據常識），則優先權非太陽莫屬；但因為太陽本身也在運動，固定點只能選在太陽中心相距最近處，而且當太陽密度和體積變大時，該距離會變得更小，因而使太陽運動更小。

命題13　定理13

行星沿橢圓軌道運動，其公共焦點位於太陽中心，而且伸向該中心的半徑所掠過的面積正比於運行時間。

我們以前在現象一節中已討論過這些運動。我們既已知道這些運動所依據的原理，就由這些原理推算天空中的運動。因為行星相對於太陽的重量反比於它們到太陽中心距離的平方，如果太陽靜止，各行星間無相互作用，則行星軌道為橢圓，太陽在其一個焦點上；由第一卷命題 1 和命題 11 以及命題 13 推論 I 知，它們掠過的面積正比於運

行星之間的相互作用如此之小，可以加以忽略；而由第一卷命題66，這種相互作用對行星繞運動著的太陽運動的干擾，小於假設太陽處於靜止時所造成的影響。

實際上，木星對土星的作用不能忽略，因為木星指向土星的引力比其指向太陽的引力（在相等距離處，由第三卷命題8推論II）等於1：1067，因而在木星和土星的交會點，由於土星到木星的距離比土星到太陽的距離約等於4：9，所以土星指向木星的引力比土星指向太陽的引力等於81：16·1067或約等於1：211。由此而在土星與木星交會點產生的土星軌道攝動是如此明顯，令天文學家們迷惑不解。由於土星在交會點的位置的變化，它的軌道離心率有時增大，有時減小；它的遠日點有時順行，有時逆行，而且其平均運動交替地加速和放慢；然而它繞太陽運動的總誤差，雖然是由如此之大的力產生的，卻幾乎可以通過把它的軌道的低焦點置於木星與太陽的公共重心（由第一卷命題67）上而完全避免（平均運動除外），所以該誤差在最大時很少超過2分鐘；而平均運動中，最大誤差則很少超過每年2分鐘。但在木星與土星交會點處，太陽指向土星，木星指向土星，以及木星指向太陽的加速引力，相互間的比約16、81和 $\dfrac{16 \cdot 81 \cdot 3021}{25}$ 或156609；因而太陽指向土星與木星指向土星的引力差，比木星指向太陽的引力約為65：156609，或為1：2409。但土星干擾木星運動的最大能力正比於這個差，所以木星軌道的攝動遠小於土星。其餘行星的軌道，除了地球軌道受月球的明顯干擾外，其攝動都遠小得多。地球與月球的公共重心沿以太陽為焦點的橢圓運動，其伸向太陽的半徑所掠過的面積正比於運動時間。而地球又繞該重心作每月一周的運動。

命題14　定理14

行星軌道的遠日點和交會點是不動的。

遠日點不動可以由第一卷命題11證明；軌道平面不動可以由第

一卷命題 1 證明。如果軌道平面是固定的，其交會點必定也是固定的。實際上行星與彗星在環繞運動中的相互作用會造成移動，但它們極小，在此可以不予考慮。

推論 I.恆星是不動的，因爲觀測表明它們與行星的遠日點和軌道交會點保持不變位置。

推論 II.由於在地球年運動中看不到恆星的視差，它們必由於相距極遠而不對我們的宇宙產生任何明顯的作用。更不用說恆星無處不在地分佈於整個天空，由第一卷命題 70 知，它們的反向吸引作用抵消了相互作用。

附注

由於接近太陽的行星（即水星、金星、地球和火星）如此之小，致使相互間的作用力很小，因而它們的遠日點和交會點必定是固定的，除非受到木星和土星以及更遠物體作用的干擾。由此我們可以用引力理論求得，行星遠日點相對恆星的微小前移，正比於各行星到太陽距離的 $\frac{3}{2}$ 次方。這樣，如果火星的遠日點在 100 年時間裏相對於恆星前移 33′20″，則地球、金星和水星的遠日點在 100 年裏分別前移 17′40″、10′53″和 4′16″。由於這些運動很不明顯，所以在本命題中予以忽略了。

命題15　問題 1

求行星軌道的主徑。

由第一卷命題 15，它們正比於週期的 $\frac{3}{2}$ 次方，而根據該卷命題 60，它們各自按太陽與行星的物質的量的和的三次方根與太陽的物質的量的三次方根的比而增大。

命題16　問題 2

求行星軌道的離心率和遠日點。

本問題可以由第一卷命題 18 求解。

命題17　定理15

行星的周日運動是均勻的，月球的天平動是由這種周日運動產生的。

本命題可以由定律 I 和第一卷命題 66 推論 XXII 證明。在現象一節中已指出，木星相對於恆星的轉動爲 9 小時 56 分，火星爲 24 小時 39 分，金星約爲 23 小時，地球爲 23 小時 56 分，太陽爲 $25\frac{1}{2}$ 天，月球爲 27 天 7 小時 43 分。太陽表面黑斑回到日面相同位置的時間，相對於地球爲 $27\frac{1}{2}$ 天，所以，相對於恆星太陽自轉需 $25\frac{1}{2}$ 天。但因爲由月球均勻自轉而產生的太陽日長達一個月，即等於它在軌道上環繞一周的時間，所以月球朝向軌道上焦點的面幾乎總是相同的；但隨著該焦點位置的變化，該面也朝一側或另一側偏向處於低焦點的地球，這就是月球的經度天平動；而緯度天平動是由月球緯度以及自轉軸對黃道平面的傾斜所引起的。這一月球天平動理論，N. 默卡特[6] 先生在 1676 年初出版的《天文學》一書中，已根據我寫給他的信作了詳盡闡述。土星最外層的衛星似乎也與月球一樣地自轉，總是以相同的一面朝向土星，因爲它在環繞土星運動中，每當接近軌道東部時，即很難發現，並逐漸完全消失；正如 M. 卡西尼所注意到的那樣，這可能是由於此時朝向地球的一面上有些黑斑所致。木星最遠的衛星似乎也做類似的運動，因爲在它背向木星的一面上有一個黑斑，而每當該衛星在木星

---

[6] N. Mercator，1619-1687，古丹麥數學家、天文學家。——中譯者

與我們眼睛之間通過時，它看上去總是像在木星上似的。

命題18　定理16

行星的軸小於與該軸垂直的直徑。

行星各部分相等的引力，如果不使它產生自轉，則必使它成爲球形。自轉運動使遠離軸的部分在赤道附近隆起；如果行星物質處於流體狀態，則這種向赤道的隆起使那裏的直徑增大，並使指向兩極的軸縮短。所以木星直徑（根據天文學家們公認的觀測）在兩極方向小於東西方向。由同樣理由，如果地球在赤道附近不高於兩極，則海洋將在兩極附近下沉，而在赤道隆起，並將那裏的一切置於水下。

命題19　問題3

求行星的軸與垂直於該軸的直徑的比例。

1635 年，我們的同胞，諾伍德[7] 先生測出倫敦與約克（York）之間的距離爲 905751 英尺，緯度差爲 2°28′，求出一緯度的長爲 367196 英尺，即 57300 巴黎托瓦茲[8]。M. 皮卡德[9] 測出亞眠（Amiens）與馬爾瓦新（Malvoisine）之間的子午線弧爲 22′55″，推算出每度弧長爲 57060 巴黎托瓦茲。老 M. 卡西尼測出羅西隆（Roussillon）的科里烏爾（Collioure）鎮到巴黎天文臺之間的子午線距離；他的兒子把這一距離由天文臺延長到敦克爾克的西塔德爾（Citadel of Dunkirk），總距離爲 486156½托瓦茲，寇里烏爾與敦科爾克之間的緯度差爲 8°3′11⅚″，因此每度弧長爲 57061 巴黎托瓦茲。由這些測量可以得出地球

---

⑦ Norwood，Richard，1590-1665，英國數學家、航海家。——中譯者
⑧ Toise，法國舊時長度單位，等於 1.949 米。——中譯者
⑨ J. Picard，1620-1682，英譯本誤作 M. Picard，法國天文學家。——中譯者

周長為 123249600 巴黎尺，半徑為 19615800 巴黎尺，假設地球為球形。

在巴黎的緯度上，前面已說過，重物體一秒時間內下落距離為 15 巴黎尺 1 寸 $1\frac{7}{9}$ 分，即 $2173\frac{7}{9}$ 分。物體的重量會由於周圍空氣的重量而變輕。設由此損失的重量占總重量的 $\frac{1}{11000}$ 部分；則該重物體在真空中下落時一秒鐘內掠過 2174 分。

在長為 23 小時 56 分 4 秒的恆星日中，物體在距中心 19615800 巴黎尺處做勻速圓周運動，每秒鐘掠過弧長 1433.6 巴黎尺；其正矢為 0.05236516 巴黎尺，或 7.54064 分。所以，在巴黎緯度上，使物體下落的力比物體在赤道上由於地球周日運動而產生的離心力等於 2174：7.54064。

物體在赤道的離心力比在巴黎 48°50′10″的緯度上使物體沿直線離開的力，等於半徑與該緯度的餘弦的比的平方，即等於 7.54064：3.267。把這個力疊加到在巴黎緯度使物體由其重量而下落的力上，則在該緯度上，物體受未減少的引力作用而下落，一秒鐘將掠過 2177.267 分，或 15 巴黎尺 1 寸 5.267 分。在該緯度上的總引力比物體在地球赤道處的離心力等於 2177.269：7.54064，或等於 289：1。

所以，如果 $APBQ$ 表示地球形狀，它不再是球形的，而是由繞短軸 PQ 的轉動而形成的橢球；$ACQqca$ 表示注滿水的管道，由極點 Qq 經過中心 Cc 通向赤道 Aa；則在管道的 $ACca$ 段中水的重量比在另一段 $QCcq$ 中水的重量等於 289：288，因為自轉運動產生的離心力維持並抵

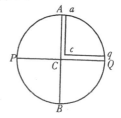

消了 $\frac{1}{289}$ 部分的重量（在一段之中），另外 288 份的水維持著其餘重量。通過計算（由第一卷命題 91 推論 II）我發現，如果地球物質都是均勻的，而且沒有運動，其軸 PQ 比直徑 AB 等於 100：101，處所 Q 指向地球的引力比同一處所 Q 指向以 PC 或 QC 為半徑、以 C 為球心的球體的重力，等於 126：125。由相同理由，處所 A 指向由橢圓 $APBQ$ 圍繞軸 AB 轉動所形成的橢球的引力，比同一處所 A 指向半徑為

AC、球心爲 C 的球體的引力，等於 125：126。而處所 A 指向地球的引力是指向該橢球體與指向該球體的引力的比例中項；因爲，當球直徑 PQ 按 101：100 的比例減小時，即變爲地球的形狀；而這樣的形狀，其垂直於兩個直徑 AB 和 PQ 的第三個直徑也按相同比例減小，即變爲所說的橢球形狀；在這種情形中，A 處的引力都按近似相同的比例減小。所以，A 處指向球心爲 C、半徑爲 AC 的球體的引力，比 A 處指向地球的引力，等於 126：125½。而處所 Q 指向以 C 爲球心、以 QC 爲半徑的球體的引力，比處所 A 指向以 C 爲球心、AC 爲半徑的球體的引力，等於直徑的比 （由第一卷命題 72），即等於 100：101。所以，如果把三個比例，126：125，126：125½，以及 100：101 連乘，即得到處所 Q 指向地球的引力比處所 A 指向地球的引力，等於 126・126・100 比 125・125½・101，或等於 501：500。

由於（第一卷命題 91 推論Ⅲ）在管道的任意一段 $ACca$ 或 $QCcq$ 中，引力正比於由其處所到地球中心的距離，如果這兩段由平行等距的橫截面加以分割，生成的部分正比於總體，則在 $ACca$ 段中任意一個部分的重量比另一段中相同數目的部分的重量，等於它們的大小乘以加速引力的比，即等於 101：100 乘以 500：501，或等於 505：501。所以，如果 $ACca$ 段中每一部分的由自轉產生的離心力比相同部分的重量，等於 4：505，使得在被分爲 505 等份的每一部分的重量中，離心力可以抵消其中 4 份，則餘下的重量在兩段管道中保持相等，因而流體可以維持平衡而靜止。但第一部分的離心力比同一部分的重量等於 1：289，即應占 ⅟₅₀₅ 的離心力，實際占 ⅟₂₈₉。所以，我認爲，由比例的規則，如果 ⅟₅₀₅ 的離心力使得管道 $ACca$ 段中水的高度比 $QCcq$ 段中水的高度能高出其總高度的 ⅟₁₀₀ 部分，則 ⅟₂₈₉ 的離心力將只能使 $ACca$ 段中水的高度比另一段 $QCcq$ 中水的高度高出 ⅟₁₇₈ 部分；所以地球在赤道的直徑比它在兩極的直徑爲 230：229。由於根據皮卡德的測算，地球的平均直徑爲 19615800 巴黎尺，或 3923.16 英里 （5000 巴黎尺爲一英里），所以地球在赤道處比在兩極處高出 85472 巴黎尺，或 17⅟₁₀ 英里。其赤道處高約 19658600 巴黎尺，而兩極處約 19573000 巴黎尺。

如果在自轉中密度與週期保持不變，則大於或小於地球的行星，其離心力比引力，進而兩極直徑比赤道直徑，也都類似地保持不變。但如果自轉運動以任何比例加快或減慢，則離心力近似地以同一比例的平方增大或減小；因而直徑的差也非常近似地以同一比率的平方增大或減小。如果行星的密度以任何比例增大或減小，則指向它的引力也以同樣比例增大或減小：相反地，直徑的差正比於引力的增大而減小，正比於引力的減小而增大。所以，由於地球相對於恆星的自轉時間爲 23 小時 56 分，而木星爲 9 小時 56 分，它們的週期平方比爲 29：5，密度比爲 400：$94\frac{1}{2}$，木星的直徑差比其短直徑爲$\frac{29}{5}\cdot(400\div94\frac{1}{2})\cdot\frac{1}{229}$：1，或近似爲 1：$9\frac{1}{3}$。所以木星的東西直徑比其兩極直徑約爲 $10\frac{1}{3}$：$9\frac{1}{3}$。所以，由於它的最大直徑爲 37″，其兩極間的最小直徑爲 33″ 25‴，加上大約 3″的光線不規則折射，該行星的視在直徑爲 40″和 36″ 25‴，相互間的比值極近似於 $11\frac{1}{6}$：$10\frac{1}{6}$。在此，假定木星星體的密度是均勻的。但如果該行星在赤道附近的密度大於在兩極附近的密度，其直徑比可能爲 12：11，或 13：12，也許爲 14：13。

1691 年，卡西尼發現，木星的東西向直徑約比另一直徑大$\frac{1}{15}$部分。龐德先生在 1719 年用他的 123 英尺望遠鏡配以優良的千分儀，測得木星兩種直徑如下：

時間			最大直徑	最小直徑	直徑的比
	口	時	部分	部分	
一月	28	6	13.40	12.28	12：11
二月	6	7	13.12	12.20	$13\frac{3}{4}$：$12\frac{3}{4}$
三月	9	7	13.12	12.08	$12\frac{2}{3}$：$11\frac{2}{3}$
四月	9	9	13.32	11.48	$14\frac{1}{2}$：$13\frac{1}{2}$

所以本理論與現象是一致的；因爲該行星在赤道附近受太陽光線的加熱較強，因而其密度比兩極處略大。

此外,地球的自轉會使引力減小,因而赤道處的隆起高於兩極（設地球物質密度均勻）,這可以由與下述命題相關的擺實驗證實。

命題20　問題 4

求地球上不同區域處物體的重量並加以比較。

因為在不等長管道段中的水 $ACQqca$ 的重量相等；各部分的重量正比於整段的重量,且位置相似者相互間重量比等於總重量比,因而它們的重量相等；在各段中位置相似的相等部分,其重量的比等於管道長的反比,即反比於 230：229。這種情形適用於所有與管道中的水位置相似的均勻相等的物體,它們的重量反比於管長,即

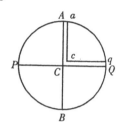

反比於物體到地心的距離。所以,如果物體置於管道最頂端,或置於地球表面上,則它們的重量的比等於它們到地心距離的反比。由同樣理由,置於地球表面任意其他處所的物體,其重量反比於到地球中心的距離。所以,只要假設地球是橢球體,該比值即已給定。

由此即得到定理,由赤道移向兩極的物體其重量增加近似正比於 2 倍緯度的正矢。或者,與之等價地,正比於緯度正弦的平方；而子午線上緯度弧長也大致按相同比例增大。所以,由於巴黎緯度為 48°50′,赤道緯度為 00°00′,兩極緯度為 90°；這些弧的 2 倍的正矢分別為 11334、00000 和 20000,半徑為 10000；極地引力比赤道引力為 230 比 229；極地引力的出超比赤道引力等於 1：229；巴黎緯度的引力出超比赤道引力為 1 · $^{11334}\!/_{20000}$：229,或等於 5667：2290000。所以,該處總引力比另一處總引力等於 2295667：2290000。所以,由於時間相等的擺長正比於引力,在巴黎緯度上秒擺擺長為 3 巴黎尺 8½ 分,或考慮到空氣的重量,為 3 巴黎尺 8⅝ 分,而在赤道,時間相同的擺長要短 1.087 分。用類似的計算可製成下表：

處所緯度	擺長		每度子午線長度	處所緯度	擺長		每度子午線長度
度	尺	分	托瓦茲	度	尺	分	托瓦茲
0	3	7.468	56637	6	3	8.461	57022
5	3	7.482	56642	7	3	8.494	57035
10	3	7.526	56659	8	3	8.528	57048
15	3	7.596	56687	9	3	8.561	57061
20	3	7.692	56724	50	3	8.594	57074
25	3	7.812	56769	55	3	8.756	57137
30	3	7.948	56823	60	3	8.907	57196
35	3	8.099	56882	65	3	9.044	57250
40	3	8.261	56945	70	3	9.162	57295
1	3	8.294	56958	75	3	9.258	57332
2	3	8.327	56971	80	3	9.329	57360
3	3	8.361	56984	85	3	9.372	57377
4	3	8.394	56997	90	3	9.387	57382
45	3	8.428	57010				

　　此表表明，每度子午線長的不均勻性極小，因而在地理學上可把地球形狀視為球形；如果地球密度在赤道平面附近略大於兩極處的話，則尤其如此。

　　今天，有些到遙遠的國家做天文觀測的天文學家發現，擺鐘在赤道附近的確比在我們這裏走得慢些。首先是在 1672 年，M. 里歇爾[⑩] 在凱恩島（island of Cayenne）注意到了這一點；當時是 8 月份，他正觀測恆星沿子午線的移動，他發現他的擺鐘相對於太陽的平均運動每天慢 2 分 28 秒。於是他製作了一隻時間為秒的單擺，用一隻優良的鐘

⑩ M. Richer，1630-1696，法國天文學家、物理學家。——中譯者

校準，並測量該單擺的長度；在整整 10 個月裏他堅持每星期測量。回到法國後，他把這只擺的長度與巴黎的擺長（長 3 巴黎尺 $8\frac{3}{5}$分）作了比較，發現它短了 $1\frac{1}{4}$分。

後來，我們的朋友哈雷博士，約在 1677 年到達聖赫勒拿島（island of St. Helena），他發現在倫敦製作相同的擺鐘到那裏後變慢了。他把擺桿縮短了$\frac{1}{8}$寸或 $1\frac{1}{2}$分；為此，由於在擺桿底部的螺紋失效，他在螺母和擺錘之間墊了一只木圈。

嗣後，在 1682 年，法林（M. Varin）和德斯海斯（M. des Hayes）發現，在巴黎皇家天文臺擺動為一秒的單擺長度為 3 巴黎尺 $8\frac{5}{9}$分。而用相同的手段在戈雷島（island of Goree）測量時，等時擺的長度為 3 巴黎尺 $6\frac{5}{9}$分，比前者短了 2 分。同一年裏，他們又在瓜達羅普和馬丁尼古島（islands of Guadaloupe and Martinico）發現，在這些島的等時擺長為 3 巴黎尺 $6\frac{1}{2}$分。

以後，小 M. 庫普萊（M. Couplet）在 1697 年 7 月，在巴黎皇家天文臺把他的擺鐘與太陽的平均運動校準，使之在相當長時間裏與太陽運動吻合。次年 11 月，他到里斯本，發現他的鐘在 24 小時裏比原先慢 2 分 13 秒；再次年 3 月，他到達帕雷巴（Paraiba），發現他的鐘比在巴黎 24 小時裏慢 4 分 12 秒；他斷定在里斯本的秒擺要比巴黎短 $2\frac{1}{2}$分，而在帕雷巴短 $3\frac{2}{3}$分。如果他計算的差值為 $1\frac{2}{3}$分和 $2\frac{5}{9}$分的話，他的工作將更出色，因為這些差值才對應於時間差 2 分 13 秒和 4 分 12 秒，但這位先生的觀測太粗糙了，使我們無法相信。

後來在 1699 年和 1700 年，M. 德斯海斯再次航行美洲，他發現在凱恩島和格林納達（Granada）島秒擺略短於 3 巴黎尺 $6\frac{1}{2}$分；而在聖克里斯多夫島（island of St. Christopher）為 3 巴黎尺 $6\frac{3}{4}$分；在聖多明戈島（island of St. Domingo）為 3 巴黎尺 7 分。

1704 年，費勒⑪ 在美洲的皮爾托・貝盧（Puerto Bello）發現，

⑪ Feuille，Louis，1660-1732，法國天文學家、植物學家。——中譯者

那裏的秒擺僅爲 3 巴黎尺 5$\frac{7}{12}$分，比在巴黎幾乎短 3 分；但這次觀測是失敗的，因爲他後來到達馬丁尼古島時，發現那裏的等時擺長爲 3 巴黎尺 5$\frac{10}{12}$分。

帕雷巴在南緯 6°38′，皮爾托‧貝盧爲北緯 9°33′，凱恩、戈雷、瓜達羅普、馬丁尼古、格林納達、聖克里斯多夫和聖多明戈諸島分別爲北緯 4°55′、14°40′、15°00′、14°44′、12°06′、17°19′和 19°48′，巴黎秒擺的長度比在這些緯度上的等時擺所超出的長度略大於在上表中所求出的值。所以，地球在赤道處應略高於上述推算，地心處的密度應略大於地表，除非熱帶地區的熱也許會使擺長增加。

因爲，M. 皮卡德曾發現，在冬季冰凍天氣下長 1 英尺的鐵棒，放到火中加熱後，長度變爲 1 英尺$\frac{1}{4}$分。後來，M. 德拉希爾發現在類似嚴冬季節長 6 英尺的鐵棒放到夏季陽光下曝曬後伸長爲 6 英尺$\frac{2}{3}$分。前一種情形中的熱比後一種強，而在後一情形中也熱於人體表面；因爲在夏日陽光下曝曬的金屬能獲得相當可觀的熱度。但擺鐘的桿從未受過夏日陽光的曝曬，也未獲得過與人體表面相等的熱；因而，雖然 3 英尺長的擺鐘桿在夏天的確會比冬天略長一些，但差別很難超過$\frac{1}{4}$分。所以，在不同環境下等時擺鐘擺長的差別不能解釋爲熱的差別；法國天文學家並沒有錯。雖然他們的觀測之間一致性並不理想，但其間的誤差是可以忽略的；他們的一致之處在於，等時擺擺長在赤道比在巴黎天文臺短，差別不小於 1$\frac{1}{4}$分，不大於 2$\frac{2}{3}$分。M. 里歇爾在凱恩島給出的觀測是，差爲 1$\frac{1}{4}$分。這一差值爲 M. 德斯海斯的觀測所糾正，變爲 1$\frac{1}{2}$分或 1$\frac{3}{4}$分。其他人精度較差的觀測結果約爲 2 分。這種不一致可能部分由於觀測誤差，部分則由於地球內部部分的不相似性，以及山峰的高度；還部分地來自空氣溫度的差異。

我用的一根 3 英尺長的鐵棒，在英格蘭，冬天比夏天短$\frac{1}{6}$分。因爲在赤道處酷熱，從 M. 里歇爾的觀測結果 1$\frac{1}{4}$分中減去這個量，尚餘 1$\frac{1}{12}$分，這與我們先前在本理論中得到的 1$\frac{87}{1000}$ 符合極好。M. 里歇爾在凱恩島的實驗在整整 10 個月裏每週都重複，並把他所發現的擺長與記在鐵棒上的在法國的長度相比較。這種勤勉與謹慎似乎正是其他觀測

者所缺乏的。我們如果採用這位先生的觀測，則地球在赤道比在極地處高，差值約爲 17 英里，這證實了上述理論。

命題21　定理17

二分點總是後移的，地軸通過公轉運動中的章動，每年兩次接近黃道，兩次回到原先的位置。

本命題通過第一卷命題 66 推論 XX 證明；而章動的運動必定極小，的確難以察覺。

命題22　定理18

月球的一切運動及其運動的一切不相等性，都是以上述諸原理爲原因的。

根據第一卷命題 65，較大行星在繞太陽運動的同時，可以使較小的衛星繞它們自己運動，這些較小的衛星必定沿橢圓運動，其焦點在較大行星的中心。但它們的運動受到太陽作用的若干種方式的干擾，並像月球那樣使運動的相等性遭到破壞。月球（由第一卷命題 66 推論 II、推論 III、推論 IV 和推論 V）運動越快，其伸向地球的半徑同時所掠過的面積越大，則其軌道的彎曲越小，因而它在朔望點較在方照點距地球更近，除非這些效應受到離心運動的阻礙；因爲（由第一卷命題 66 推論 IX）當遠地點位於朔望點時，離心率最大，而在方照點時最小；因此月球在近地點的運動，在朔望點較在方照點運動更快，距我們更近，而它在遠地點的運動，在朔望點較在方照點運動更慢且距我們更遠。此外，遠地點是前移的，而交會點則是後移的；而這並不是由規則造成的，而是由不相等運動造成的。因爲（由第一卷命題 66 推論 VII 和推論VIII）遠地點在朔望點時前移較快，在方照點時後移較慢；這種順行與逆行的差造成年度前移。而交會點情況相反（由第一卷命題 66 推論 XI），它在朔望點是靜止的，在方照點後移最快。還有，月

球的最大黃緯（由第一卷命題 66 推論 X）在月球的方照點大於在朔望點。月球的平均運動在地球的近日點較在其遠日點爲慢。這些都是天文學家已注意到的（月球運動的）基本不相等性。

　　但還有一些不相等性不爲上述天文學家所知，它們對月球運動造成的干擾迄今我們尙無法納入某種規律支配之下。因爲月球遠地點和交會點的速度或每小時的運動及其均差，以及在朔望點的最大離心率與在方照點的最小離心率的差，還有我們稱之爲變差的不相等性，是（由第一卷命題 66 推論 XIV）在一年時間內正比於太陽的視在直徑的立方而增減的。此外（由第一卷引理 10 推論 I 和推論 II，以及命題 66 推論 XVI）變差是近似地正比於在朔望之間的時間的平方而增減的。但在天文學計算中，這種不相等性一般都歸入月球中心運動的均差之中。

命題23　問題 5

由月球運動導出木星衛星和土星衛星的不相等運動。
　　下述方法，運用第一卷命題 66 推論 XVI，由月球運動推算出木星衛星的對應運動。木星最外層衛星交會點的平均運動比月球交會點的平均運動，等於地球繞日週期與木星繞日週期的比的平方，乘以木星衛星繞木星的週期比月球繞地球的週期；所以，這些交會點在 100 年時間裏後移或前移 8°24′。由同一個推論，內層衛星交會點平均運動比外層衛星交會點的平均運動等於後者的週期比前者的週期，因而也可以求出。而每個衛星上回歸點的前移運動比其交會點的後移運動等於月球遠地點的運動比其交會點的運動（由同一推論），因而也可以求出，但由此求出的回歸點運動必須按 5：9 或 1：2 減小，其原因我暫不能在此解釋。每個衛星的交會點最大均差和上回歸點的最大均差，分別比月球的交會點最大均差和遠地點最大均差，等於在前一均差的環繞時間內衛星的交會點和上回歸點的運動比在後一均差的環繞時間內月球的交會點和遠地點的運動。木星上看其衛星的變差比月球的變

差，由同一推論，等於這些衛星和月球分別在環繞太陽（由離開到轉回）期間的總運動的比；所以最外層衛星⑫的變差不會超過5″12‴。

命題24　定理19

海洋的漲潮和落潮是由於太陽和月球的作用引起的。

由第一卷命題66推論XIX或XX可知，海水在每天都漲落各兩次，月球日與太陽日一樣，而且在開闊而幽深的海洋裏的海水應在日、月到達當地子午線後6小時以內達到最大高度；地處法國與好望角之間的大西洋和埃塞俄比亞海東部海域就是如此；在南部海洋的智利和祕魯沿岸也是如此；在這些海岸上漲潮約發生在第二、第三或第四小時，除非來自深海的潮水運動受到海灣淺灘的導引而流向某些特殊去處，延遲到第五、第六或第七小時，甚至更晚。我所說的小時是由日、月抵達當地子午線，或正好低於或高於地平線時起算的；月球日是月球通過其視在周日運動經過一天後再次回到當地子午線所需的時間，小時是該時間的1/24。日、月到達當地子午線時海洋漲潮力最大；但此時作用於海水的力會持續一段時間，並由於新的雖然較小但仍作用於它的力的加入而不斷增強。這使洋面越來越高，直到該力衰弱到再也無法舉起它為止，此時洋面達到最大高度。這一過程也許要持續一小時或兩小時，而在淺海沿岸，常會持續約3小時，甚至更久。

太陽和月球激起兩種運動，它們沒有明顯區別，卻在兩者之間合成一個複合運動。在日、月的會合點或對衝點，它們的力合併在一起，形成最大的漲潮和退潮。在方照點，太陽舉起月球的落潮，或使月球的漲潮退落，它們的力的差造成最小的潮。因為（如經驗告訴我們的那樣）月球的力大於太陽的力，水的最大高度約發生在第三個月球小時。除朔望點和方照點外，單獨由月球力引起的最大潮應發生在第三

⑫指木衛四。——中譯者

個月球小時,而單獨由太陽引起的最大潮應發生在第三個太陽小時,這二者的複合力引起的潮應發生在一個中間時間,且距第三個月球小時較近。所以,當月球由朔望點移向方照點時,在此期間第三個太陽小時領先於第三個月球小時,水的最大高度也先於第三個月球小時到達,並以最大間隔稍落後於月球的八分點;而當月球由方照點移向朔望點時,最大潮又以相同間隔落後於第三個月球小時。這些情形發生於遼闊海面上;在河口處最大潮晚於海面的最大高度。

不過,太陽和月球的影響取決於它們到地球的距離;因為距離較近時影響較大,距離較遠時影響較小,這種作用正比於它們視在直徑的立方。所以在冬季時太陽位於近地點,其影響較大,且在朔望點時影響更大,而在方照點時則較夏季時影響小;每個月裏,當月球處於近地點時,它引起的海潮大於此前或此後 15 天位於遠地點時的情形。由此可知兩個最大的海潮並不接連發生於兩個緊接著的朔望點之後。

類似地,太陽和月球的影響還取決於它們相對於赤道的傾斜或距離;因為,如果它們位於極地,則對水的所有部分吸引力不變,其作用沒有漲落變化,也不會引起交替運動。所以當它們與赤道傾斜而趨向某一極點時,它們將逐漸失去其作用力,由此知它們在朔望點激起的海潮在夏至和冬至時小於春分和秋分時。但在二至方照點引起的潮大於在二分方照點,因為這時月球位於赤道,其作用力超出太陽最多。所以最大的海潮發生於這樣的朔望點,最小的海潮發生於這樣的方照點,它們與二分點差不多同時;經驗也告訴我們,朔望大潮之後總是緊跟著一個方照小潮。但因太陽在冬季距地球較夏季近,所以最大和最小的潮常常出現在春分之前而不是之後,秋分之後而不是之前。

此外,日月的影響還受制於緯度位置。令 $ApEP$ 表示覆蓋著深水的地球;C 為地心;P、p 為兩極;AE 為赤道;F 為赤道外任一點;Ff 為過該點平行於赤道的直線;Dd 為赤

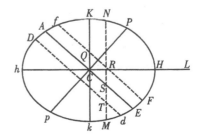

道另一側的對稱平行線；L 爲三小時前月球的位置；H 爲正對著 L
的地球上的點；h 爲反面對應點；K、k 爲 90 度處的距離；CH、Ch
爲海洋到地心的最大高度；CK、Ck 爲最小高度：如果以 Hh、Kk 爲
軸作橢圓，並使該橢圓繞其長軸 Hh 旋轉形成橢球 $HPKhpk$，則該橢
球近似表達了海洋形狀；而 CF、Cf、CD、Cd 則表示海洋在 Ff、
Dd 處的高度。再者，在橢圓旋轉時，任意點 N 畫出圓 NM 與平行線
Ff、Dd 相交於任意處所 R、T，與赤道 AE 相交於 S，則 CN 表示
位於該圓上所有點 R、S、T 上的海洋高度。所以，在任意點 F 的周
日運動中，最大潮水發生於 F，月球由地平線上升到子午線之後 3 小
時；此後最大落潮發生於 Q 處，月球落下 3 小時後；然後最大潮水又
出現在 f，月球落下地平線到達子午線後 3 小時；最後，又是在 Q 處
的最大落潮，發生於月球升起後的 3 小時；在 f 處的後一次大潮小於
在 F 的前一次大潮。因爲整個海洋可以分爲兩個半球形潮水，半球
KHk 在北半球，而 Khk 則在另一側，我們不妨稱之爲北部海潮和南
部海潮。這兩個海潮總是相反的，以 12 個月球小時爲間隔交替地到達
所有地方的子午線。北部國家受北部海潮影響較大，南部國家受南部
海潮影響較大，由此形成海洋潮汐，在日月升起和落下的赤道以外的
所有地方交替地由大變小，又由小變大。最大的潮發生於月球斜向著
當地的天頂，到達地平線以上子午線之後 3 小時之時；而當月球改變
位置，斜向著赤道另一側時，較大的潮也變爲較小的潮。最大的潮差
發生在 2 時至 6 時；當月球上升的交會點在白羊座 (Aries) 第一星附
近時尤其如此。所以經驗告訴我們多季的早潮大於晚潮，而在夏季時
晚潮大於早潮；科勒普賴斯 (Collepress) 和斯多爾米 (Sturmy) 曾
觀察到，在普利茅斯 (Plymouth) 這種高差爲 1 英尺，而在布里斯托
(Bristol) 爲 15 英寸。

　　但以上所討論的海潮運動會因交互作用力而發生某種改變，水一
旦發生運動，其慣性會使這種運動持續一小段時間。因而，雖然天體
的作用已經消失，但海潮還能持續一段時間。這種保持壓縮運動的能
力減小了交替的潮差，使緊隨著朔望大潮的海潮變大，也使方照小潮

之後的小潮變小。因此，普利茅斯和布里斯托的交替海潮差不至於超過 1 英尺或 15 英寸，而且這兩個港口的最大潮不是發生在朔望後的第一天，而是在第三天。此外，由於潮水運動在淺水海峽中受到阻礙，使得某些海峽和河口處的最大潮發生於朔望後的第四天或第五天。

還有這種情況，來自海洋的潮通過不同海峽到達同一港口，而且通過某些海峽的速度快於通過其他海峽；在這種情形中，同一個海潮分爲兩個或更多相繼而至的潮水，並複合爲一種不同類型的新的運動。設兩股相等的潮水自不同處所湧向同一港口，一個比另一個晚 6 小時；設第一股水發生於月球到達該港口子午線後第三小時。如果月球到達該子午線時正好在赤道上，則該處每 6 小時交替出現相等的潮，它們與同樣多的相等落潮相遇，結果相互間保持平衡，這一天的水面平靜安寧。如果隨後月球斜向著赤道，則海洋中的潮如上所述交替地時大時小；這時，兩股較大、兩股較小的潮水將先後交替地湧向港口，兩股較大的潮水將使水在介於它們中間的時刻達到最大高度；而在大潮與小潮的中間時刻，水面達到一平均高度，在兩股小潮中間時刻水面只升到最低高度。這樣，在 24 小時裏，水面只像通常所見到的那樣，不是兩次，而只是一次達到最大高度，一次達到最低高度；而且，如果月球斜向著上極點，則最大潮位發生於月球到達子午線後第六小時或第三十小時；當月球改變其傾角時，即轉爲落潮。哈雷博士曾根據位於北緯 20°50′的敦昆王國（Kingdom of Tunquin）巴特紹港 (port of Batsham) 水手的觀察，爲我們提供了一個這樣的例子：在這個港口，在月球通過赤道之後的一天內，水面是平靜的；當月球斜向北方時，潮水開始漲落，而且不像在其他港口那樣一天兩次，而是每天只有一次；漲潮發生於月落時刻，而退潮則在月亮升起時。這種海潮隨著月球的傾斜而增強，直到第七天或第八天；隨後的 7 天或 8 天則按增強的比率逐漸減弱，在月球改變斜度，越過赤道向南時消失。此後潮水立即轉爲退潮；落潮發生在月落時刻，而漲潮則在月升時刻；直到月球再次通過赤道改變其傾斜。有兩條海灣通向該港口和鄰近水路，一條來自中國海（seas of China），介於大陸與呂卡尼亞島（island of Leuconia）之間；另一條則來自印度洋（Indian Sea），介於大陸與波爾諾島（island of Borneo）之間。但是否真的兩股潮水通過這兩條海灣而來，一條在 12 小時內由印度洋而來，另一條在 6 小時內由中國海而來，使得在第三個月球小時和第九個月球小時時會合在一起，產生這種運動；或者，還是由於這些海洋的其他條件造成的，我留待那些鄰近海岸的人們去觀測判斷。

這樣，我已解釋了月球運動與海洋運動的原因。現在可以考慮與這些運動的量有關的問題了。

命題25　問題 6

求太陽干擾月球運動的力。

設 S 表示太陽，T 表示地球，P 表示月球，$CADB$ 為月球軌道。在 SP 上取 SK 等於 ST；令 SL 比 SK 等於 SK 與 SP 的比的平方；作 LM 平行於 PT；如果設 ST 或 SK 表示地球向著太陽的加速引力，則 SL 表示月球向著太陽的加速引力，但這個力是由 SM 和 LM 兩部分合成的，其中 SM 部分由 TM 表示，它干擾月球運動，正如我們曾在第一卷命題 66 及其推

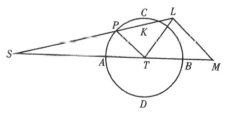

論所證明過的那樣。由於地球和月球是繞它們的公共重心轉動的，地球繞該重心的運動也受到類似力的干擾；但我們可以把這兩個力的和與這兩種運動的和當做發生於月球上來考慮，以線段 TM 和 ML 表示力的和，它與這二者都相似。力 ML （其平均大小）比使月球在 PT 處沿其軌道繞靜止地球運動的向心力，等於月球繞地球運動週期與地球繞太陽運動週期的比的平方（由第一卷命題 66 推論 XVII），即等於 27 天 7 小時 43 分 比 365 天 6 小時 9 分 的 平 方，或 等 於 1000：178725，或等於 1：178²⁹⁄₄₀。但在該卷命題 4 中我們曾知道，如果地球

和月球繞其公共重心運動，則其中一個到另一個的平均距離約爲 $60\frac{1}{2}$ 個地球平均半徑；而使月球在距地球 $60\frac{1}{2}$ 個地球半徑的距離 PT 上沿其軌道繞靜止地球轉動的力，比使它在相同時間裏在 60 個半徑距離處轉動的力，等於 $60\frac{1}{2}$：60，而這個力比地球上的重力非常近似於 1：$60\cdot60$。所以，平均力 ML 比地球表面上的引力等於 $1\cdot60\frac{1}{2}$：$60\cdot60\cdot$ $60\cdot178\frac{29}{40}$，或等於 1：638092.6；因此，由線 TM、ML 的比例也可以求出力 TM；而它們正是太陽干擾月球運動的力。　　　　證畢。

命題26　問題 7

　　求月球沿圓形軌道運動時其伸向地球的半徑所掠過面積的每小時增量。

　　我們曾在前面證明過，月球通過其伸向地球的半徑掠過的面積正比於運行的時間，除非月球運動受到太陽作用的干擾；在此，我們擬求出其變化率的不相等性，或者受到這種干擾的面積或運動的每小時增量。爲使計算簡便，設月球軌道爲圓形，除現在要考慮的情況外，其餘不相等性一概予以忽略；又因爲距離太陽極遠，可進一步設直線 SP 和 ST 是平行的。這樣，力 LM 總是可以用其平均量 TP 代替，力 TM 也可以由其平均量 $3PK$ 代替。這些力（由定律推論 II）合成力 TL；而通過在半徑 TP 上作垂線 LE，這個

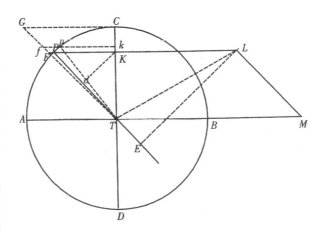

力又可以分解爲力 TE、EL，其中力 TE 的作用沿半徑 TP 的方向保持不變，對於半徑 TP 掠過的面積 TPC 既不加速也不減速；但 EL 沿垂直方向作用在半徑 TP 上，它使掠過面積的加速或減速正比於它使月球的加速或減速。月球的這一加速，在其由方照點 C 移向會合點 A 過程中，在每一時刻都正比於生成加速力 EL，即正比於 $\frac{3PK \cdot TK}{TP}$，令時間由月球的平均運動，或（等價地）由 $\angle CTP$，或甚至由 $\overset{\frown}{CP}$ 來表示。垂直於 CT 作 CG 等於 CT；設直角弧 $\overset{\frown}{AC}$ 被分割爲無限多個相等的部分 Pp 等，這些部分表示同樣無限多個相等的時間部分。作 pk 垂直於 CT、TG，與 KP、kp 的延長線相交於 F、f；則 FK 等於 TK，而 Kk 比 PK 等於 Pp 比 Tp，即比值是給定的；所以 $FK \cdot Kk$，或面積 $FKkf$，將正比於 $\frac{3PK \cdot TK}{TP}$，即正比於 EL；合成以後，總面積 $GCKF$ 將正比於在整個時間 CP 中作用於月球的所有力 EL 的和而變化；所以也正比於該總和所產生的速度，即正比於掠過面積 CTP 的加速度，或正比於其變化率的增量。使月球在距離 TP 上繞靜止地球以 27 天 7 小時 43 分的週期 $CADB$ 運行的力，應使落體在時間 CT 內掠過長度 $\frac{1}{3}CT$，同時獲得一個與月球在其軌道上相等的速度。這已由第一卷命題 4 推論 IX 證明過。但由於 TP 上的垂線 Kd 僅爲 EL 的 1/3，在八分點處等於 TP 或 ML 的一半，所以在該八分點處力 EL 最大，超出力 ML 的比率爲 3:2；所以它比使月球繞靜止地球在其週期時間運行的力，等於 100：$\frac{2}{3} \cdot 17872\frac{1}{2}$ 或 100：11915；而在時間 CT 內所產生的速度等於月球速度的 $\frac{100}{11915}$ 部分；而在時間 CPA 內則按比率 CA 比 CT 或 TP 產生一個更大的速度。令在八分點處最大的 EL 力以面積 $FK \cdot Kk$，或以與之相等的矩形 $\frac{1}{2}TP \cdot Pp$ 表示，則該最大力在任意時間 CP 內所產生的速度比另一個較小的力 EL 在相同時間所產生的速度，等於矩形 $\frac{1}{2}TP \cdot CP$ 比面積 $KCGF$；而在整個時間 CPA 內所產生的速度相互間的比等於矩形 $\frac{1}{2}TP \cdot CA$ 比 $\triangle TCG$，或等於直角弧 $\overset{\frown}{CA}$ 比半徑 TP；所以，

在全部時間內所產生的後一速度正比於月球速度的 $^{100}/_{1915}$ 部分。在這個正比於面積的平均變化率的月球速度上（設該平均變化率以數 11915 表示），加上或減去另一個速度的一半，則和 11915＋50 或 11965 表示在朔望點 A 面積的最大變化率；而差 11915－50 或 11865 表示在方照點的最小變化率。所以，在相等的時間裏，在朔望點與在方照點所掠過的面積的比等於 11965：11865。如在最小變化率 11865 上再加上一個變化率，它比前兩個變化率的差 100，等於四邊形 $FKCG$ 比 $\triangle TCG$，或等價地，等於正弦 PK 的平方比半徑 TP 的平方（即等於 Pd 比 TP），則所得到的和表示月球位於任意中間位置 P 時的面積變化率。

但上述結果僅在假設太陽和地球靜止時才成立，這時的月球會合週期爲 27 天 7 小時 43 分。但由於月球的實際會合週期爲 29 天 12 小時 44 分，變化率增量必須按與時間相同的比率擴大，即按 1080853：1000000 增大。這樣，原爲平均變化率 $^{100}/_{1915}$ 部分的總增量，現在變爲 $^{100}/_{1023}$ 部分，所以月球在方照點的面積變化率比在朔望點的變化率等於 $(11023－50)：(11023＋50)$，或等於 10973：11073；至於比月球在任意中間位置 P 的變化率，則等於 $(10973：10973＋Pd)$；即假設 $TP＝100$。

所以，月球伸向地球的半徑在每個相等的時間小間隔內掠過的面積，在半徑爲 1 的圓中，近似地正比於數 219.46 與月球到最近的一個方照點的 2 倍距離的正矢的和。在此設在八分點的變差爲其平均量。但如果在該處的變差較大或較小，則該正矢也必須按相同比例增大或減小。

命題27　問題 8

由月球的小時運動求它到地球的距離。

因爲月球通過其伸向地球的半徑所掠過的面積，在每一時刻都正比於月球的小時運動與月球到地球距離平方的乘積，所以月球到地球

的距離正比於該面積的平方根，反比於其小時運動的平方根而變化。

證畢。

推論 I .因此可以求出月球的視測直徑，因爲它反比於月球到地球的距離。請天文學家們驗證這一規律與現象的一致程度。

推論 II.因此也可以由該現象求出月球軌道，比迄今爲止所做的更加精確。

命題28　問題 9

求月球運動的無離心率軌道的直徑。

如果物體沿垂直於軌道的方向受到吸引，則它掠過的軌道，其曲率正比於該吸引力，反比於速度的平方，我取曲線曲率相互間的比，等於相切角的正弦或正切與相等的半徑的最後的比，在此設這些半徑是無限縮小的。月球在朔望點對地球的吸引力，是它對地球的引力減去太陽引力$2PK$後的剩餘（見第三卷命題 25 插圖），後者則爲月球與地球指向太陽的加速引力的差。而月球在方照點時，該吸引力是月球指向地球的引力與太陽引力 KT 的和，後者使月球趨向於地球。設 N 等於 $\dfrac{AT+CT}{2}$，則這些吸引力近似正比於 $\dfrac{178725}{AT^2} - \dfrac{2000}{CT \cdot N}$ 和 $\dfrac{178725}{CT^2} + \dfrac{1000}{AT \cdot N}$，或正比於 $178725\,N \cdot CT^2 - 2000\,AT^2 \cdot CT$ 和 $178725\,N \cdot AT^2 + 1000\,CT^2 \cdot AT$。因爲，如果月球指向地球的加速引力可以用數 178725 表示，則把月球拉向地球的，在方照點爲 PT 或 TK 的平均力 ML，即爲 1000，而在朔望點的平均力 TM 即爲 3000；如果由這個力中減去平均力 ML，則餘下 2000，這正是我們在前面稱之爲$2PK$ 的在朔望點把月球自地球拉開的力。但月球在朔望點 A 和 B 的速度比其在方照點 C 和 D 的速度，等於 CT 比 AT 與月球由伸向地球的半徑在朔望點掠過面積的變化率比在方照點掠過面積的變化率的乘積；即等於 $11073CT : 10973AT$。將該比式倒數的平方乘

以前一個比式，則月球軌道在朔望點的曲率比其在方照點的曲率，等於 $120406729 \cdot 178725AT^2 \cdot CT^2 \cdot N - 120406729 \cdot 2000AT^4 \cdot CT$ 比 $122611329 \cdot 178725AT^2 \cdot CT^2 \cdot N + 122611329 \cdot 1000CT^4 \cdot AT$，即等於 $2151969AT \cdot CT \cdot N - 24081AT^3$ 比 $2191371AT \cdot CN \cdot N + 12261CT^3$。

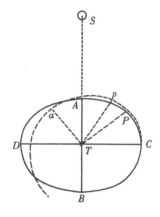

因為月球軌道形狀是未知的，我們可以先設它為橢圓 $DBCA$，地球位於它的中心，且長軸 DC 在方照點之間，短軸 AB 在朔望點之間。由於該橢圓平面以一個角運動繞地球轉動，就要求其曲率的軌道應在一個不含這種運動的平面上畫出，就應考慮月球在這一平面上運動時畫出的軌道的形狀，也就是說，應考慮圖形 Cpa，其上的每一個點 p 應這樣求得：設 P 為橢圓上表示月球位置的點，作 Tp 等於 TP，並使得 $\angle PTp$ 等於太陽自最後一個方照點 C 以來的視在運動；或者（等價地）使得 $\angle CTp$ 比 $\angle CTP$ 等於月球的會合環繞時間比它的環繞週期，或等於 29 天 12 小時 44 分比 27 天 7 小時 43 分。所以，如我們取 $\angle CTa$ 比直角 $\angle CTA$ 等於該比值，並取 Ta 長度與 TA 相等，即可使 a 位於軌道 Cpa 的上回歸點，C 位於上回歸點。但我通過計算發現，該軌道 Cpa 在頂點 a 的曲率與以 TA 為間隔、以 T 為中心的圓的曲率的差，比該橢圓在頂點 A 的曲率與同一個的曲率的差，等於 $\angle CTP$ 與 $\angle CTp$ 的比的平方；而橢圓在 A 的曲率比圓的曲率等於 TA 與 TC 的比的平方；該圓的曲率比以 T 為圓心、以 TC 為半徑的圓的曲率等於 TC 比 TA；但後一圓的曲率比橢圓在 C 的曲率等於 TA 與 TC 的比的平方；而橢圓在頂點 C 的曲率與後一圓的曲率的差，比圖形 Tpa 在頂點 C 的曲率與同一個圓的曲率的差，等於 $\angle CTp$ 與 $\angle CTP$ 的比的平方。所有這些關係都易於從切角及其差的正弦導出。但對這些比式作比較，我們即

發現，圖形 Cpa 在 a 處的曲率比其 C 處的曲率等於 $AT^3 - \frac{16824}{100000}$ $CT^2 \cdot AT$ 比 $CT^3 + \frac{16824}{100000} AT^2 \cdot CT$；在此，數 $\frac{16824}{100000}$ 表示 $\angle CTP$ 與 $\angle CTp$ 的平方差再除以較小的 $\angle CTP$ 的平方；或表示（等價地）時間 27 天 7 小時 43 分與 29 天 12 小時 44 分的平方差除以時間 27 天 7 小時 43 分的平方。

　　所以，由於 a 表示月球的朔望點，C 表示方照點，上述比值必定等於上面求出的月球軌道在朔望點的曲率與其方照點的曲率的比值。所以，爲求出比值 CT 比 AT，可將所得到的比式的外項與中項相乘，再除以 $AT \cdot CT$，得到如下方程：$2062.79\ CT^4 - 2151969\ N \cdot CT^3 + 368676\ N \cdot AT \cdot CT^2 + 36342 AT^2 \cdot CT^2 - 362047\ N \cdot AT^2 \cdot CT + 2191371\ N \cdot AT^3 + 4051.4\ AT^4 = 0$。如果令項 AT 與 CT 的和 N 的一半爲 1，x 是它們的差的一半，則 $CT = 1 + x$，$AT = 1 - x$。把這些值代入方程，求解以後得 $x = 0.00719$；因此，半徑 $CT = 1.00719$，半徑 $AT = 0.99281$，這兩個數的比大約等於 $70\frac{1}{24} : 69\frac{1}{24}$。所以月球在朔望點到地球上的距離比其在方照點的距離（不考慮離心率）等於 $69\frac{1}{24} : 70\frac{1}{24}$；或者取整數比，等於 69：70。

命題29　問題10

求月球的變差。

　　這種不相等性部分地歸因於月球軌道的橢圓形狀，部分地歸因於由月球連向地球的半徑所掠過面積變化率的不相等性。如果月球 P 沿橢圓 $DBCA$ 繞處於該橢圓中心的靜止地球轉動，其連向地球的半徑 TP 掠過的面積 CTP 正比於運行時間；橢圓的最大半徑 CT 比最小半徑 TA 等於 70：69，則 $\angle CTP$ 的正切比由方照點 C 起算的平均運動角的正切，等於橢圓半徑 TA 比其半徑 TC，或等於 69：70。但月球由方照點行進到朔望點所掠過的面積 CTP，應以這種方式被加速，使得月球在朔望點的面積變化率比在方照點的面積變化率等於 11073：10973；而在任意中間點 P 的變化率與在方照點變化率的差

則應正比於 $\angle CTP$ 的正弦的平方；如果將 $\angle CTP$ 的正切按數 10973 與數 11073 的比的平方根減小，即按 68.6877：69 減小，則可以足夠精確地求出它。因此，$\angle CTP$ 的正切比平均運動的正弦等於 68.6877：70；在八分點處，平均運動等於 45°，$\angle CTP$ 將為 44°27′28″，當從 45°的平均運動中減去它後，將剩下最大變差 32′32″。所以，如果月球是由方照點到朔望點的，它應當僅掠過 90°的 $\angle CTA$。但由於地球的運動造成太陽視在前移，月球在趕上太陽之前須掠過一個大於直角的 $\angle CTa$，它與直角的比等於月球的會合週期比自轉週期，即等於 29 天 12 小時 44 分比 27 天 7 小時 43 分。因此所有繞中心 T 的圓心角都要按相同比例增大；而原為 32′32″ 的最大變差，按該比例增大後，變為 35′10″。

這就是在太陽到地球的平均距離上月球的變差，在此未考慮大軌道曲率的差別，以及在新月和月面呈凹形時太陽對月球的作用大於滿月和月面呈凸形時。在太陽到地球的其他距離上，最大變差是一個比值複合，它正比於月球會合週期的平方（在一年中的月份是已知的），反比於太陽到地球距離的立方。所以，在太陽的遠地點，如果太陽的離心率比大軌道的橫向半徑為 16$\frac{15}{16}$：1000，則最大變差為 33′14″，而在近地點，則為 37′11″。

迄此我們研究了無離心率的軌道變差，在其中月球在八分點到地球的距離正好是它到地球的平均距離。如果月球由於其軌道離心率的存在而使它到地球的距離時遠時近，則其變差也會時大時小。我將變差的這種增減留給天文學家們通過觀測做出推算。

命題30　問題11

求在圓軌道上月球交會點的每小時運動。

令 S 表示太陽，T 為地球，P 為月球，NPn 為月球軌道，Npn 為該軌道在黃道平面上的投影；N、n 為交會點，$nTNm$ 為交會點連線的不定延長線；PI、PK 是直線 ST、Qq 上的垂線；Pp 是黃道面上

的垂線；A、B 是月球在黃道面上的朔望點；AZ 是交會點連線 Nn 上的垂線；Q、q 是月球在黃道面上的方照點，pK 是方照點連線 Qq 上的垂線。太陽干擾月球運動的力（由第三卷命題 25）由兩部分組成，

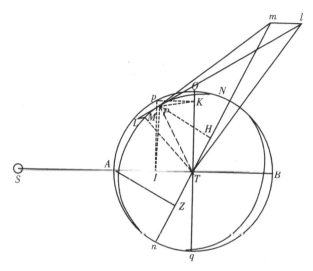

一部分正比於直線 LM，另一部分正比於直線 MT；前一個力使月球被拉向地球，而後一力則把它拉向太陽，方向是平行於連接地球與太陽的連線 ST。前一個力 LM 的作用沿著月球軌道平面的方向，因而對月球軌道上的位置變化無作用，在此不予考慮；後一個力 MT 使月球軌道平面受到干擾，其作用與力 $3PK$ 或 $3IT$ 相同。而且這個力（由第三卷命題 25）比使月球沿圓軌道繞靜止地球在其週期時間內以勻速轉動的力，等於 $3IT$ 比該圓半徑乘以數 178.725，或等於 IT 比半徑乘以 59.575。但在此處，以及以後的所有計算中，我都假設月球到太陽的連線與地球到太陽的連線相平行；因為這兩條連線的傾斜在某種情況下足以抵消一切影響，如同在另一些情況下使之產生一樣；我們現在是在研究交會點的平均運動，不考慮這些不重要的卻只會使計算變得繁雜的細節。

　　設 PM 表示月球在最小時間間隔內掠過的弧段，ML 爲一短線，月球在相同時間內在上述的力 $3IT$ 的衝擊下可掠過它的一半；連接 PL、MP，把它們延長到 m 和 l，並與黃道平面相交，在 Tm 上作垂線 PH。由於直線 ML 平行於黃道面，所以絕不會與該平面內的直線 ml 相交，因此它們也平行，因而△LMP、△lmp 相似。又因 MPm 在軌道平面內，當月球在處所 P 處運動時，點 m 落在通過軌道交會點 N、n 的直線 Nn 上。而因爲使小線段 LM 的一半得以產生的力，若全部同時作用於點 P，則可以產生整個線段，使月球沿以 LP 爲弦的弧運動；也就是說，可以使月球由平面 $MPmT$ 進入平面 $LPlT$；所以該力使交會點產生的角運動等於∠mTl。但 ml 比 mP 等於 ML 比 MP；而由於時間給定，MP 也給定，ml 正比於乘積 $ML \cdot mP$，即正比於乘積 $IT \cdot mP$。如果∠Tml 是直角，∠mTl 正比於 $\dfrac{ml}{Tm}$，則它正比於 $\dfrac{IT \cdot Pm}{Tm}$，即（因爲 Tm 與 mP，TP 與 PH 是正比的）正比於 $\dfrac{IT \cdot PH}{TP}$；所以，因爲 TP 給定，∠mTl 正比於 $IT \cdot PH$。但如果∠Tml 或∠STN 不是直角，則∠mTl 將更小，正比於∠STN 的正弦比半徑，或 AZ 比 AT。所以，交會點的速度正比於 $IT \cdot PH \cdot AZ$，或正比於三個角∠TPI、∠PTN 和∠STN 正弦的乘積。

　　如果這些角是直角，像交會點在方照點、月球在朔望點那樣，小線段 ml 將移到無限遠處，∠mTl 與∠mPl 相等。但在這種情形中，∠mPl 比月球在相同時間內繞地球的視在運動所成的∠PTM，等於 $1：59.575$。因爲∠mPl 等於∠LPM，即等於月球偏離直線路徑的角度；如果月球引力消失，則該角可以由太陽引力 $3IT$ 在該給定時間內單獨產生；而∠PTM 等於月球偏直線路徑的角；如果太陽引力 $3IT$ 消失，則這個角也可以由停留在其軌道上的月球在相同時間內單獨生成。這兩個力（如上所述）相互間的比等於 $1：59.575$。所以由於月球

的平均小時運動 (相對於恆星) 爲 $32^m56^s27^{th}12\frac{1}{2}^{iv}$⑬,在此情形中的
交會點運動將爲 $33^s10^{th}33^{iv}12^v$。但在其他情形中,小時運動比 33^s10^{th}
$33^{iv}12^v$等於三個角 $\angle TPI$、$\angle PTN$ 和 $\angle STN$ 正弦 (或月球到方照點
的距離,月球到交會點的距離,以及交會點到太陽的距離) 的乘積比
半徑的立方。而且每當某一個角的正弦由正變負或由負變正時,逆行
運動必變爲順行運動,而順行運動必變爲逆行運動。因此,只要月球
位於任意一個方照點與距該方照點最近的交會點之間,交會點總是順
行的。在其他情形中它都是逆行的,而由於逆行大於順行,交會點逐
月後移。

推論 I.因此,如果由短弧 $\overset{\frown}{PM}$ 的端點 P 和 M 向方照點連線 Qq
作垂線 PK、Mk,並延長與交會點連線 Nn 相交於 D 和 d,則交會點
的小時運動將正比於面積 $MPDd$ 乘以直線 AZ 的平方。因爲令 PK、
PII 和 AZ 爲上述的三個正弦,即 PK 爲月球到方照點距離的正弦,
PH 爲月球到交會點距離的正弦,AZ 爲交會點到太陽距離的正弦;
交會點的速度正比於乘積 $PK \cdot PH \cdot AZ$。但 PT 比 PK 等於 PM 比
Kk;所以,因爲 PT 和 PM 是給定的,Kk 正比於 PK。類似地,AT
比 PD 等於 AZ 比 PH,所以 PH 正比於乘積 $PD \cdot AZ$;將這些比式
相乘,$PK \cdot PII$ 正比於立方容積 $Kk \cdot PD \cdot AZ$,而 $PK \cdot PH \cdot AZ$
正比於 $Kk \cdot PD \cdot AZ^2$,即正比於面積 $PDdM$ 與 AZ^2的乘積。

證畢

推論II.在交會點的任意給定位置上,它們的平均小時運動爲在朔
望點月球小時運動的一半,所以比 $16^s35^{th}16^{iv}36^v$等於交會點到朔望點
距離正弦的平方比半徑的平方,或等於 AZ^2比 AT^2。因爲,如果月球
以均勻運動掠過半圓 QAq,則在月球由 Q 到 M 的時間內,所有面積
$PDdM$ 的和,將構成面積 $QMdE$,它以圓的切線 QE 爲界;當月球到

---

⑬ m、s、th、iv、v 均爲角度單位,$1m=\frac{1}{60}$度,$1s=\frac{1}{60}m$,$1th=\frac{1}{60}s$,$1iv=\frac{1}{60}th$,$1v=$
$\frac{1}{60}iv$。——中譯者

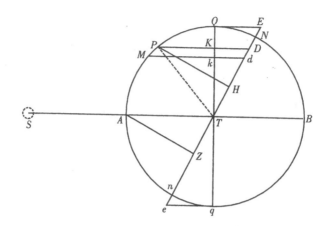

達點 n 時，這些面積的和又構成直線 PD 所掠過的面積 $EQAn$：但由於當月球由 n 前移到 q 時，直線 PD 將落在圓外，掠過以圓切線 qe 爲界的面積 nqe，因爲交會點原先是逆行的，現在變爲順行，該面積必須從前一個面積中減去，而由於它等於面積 QEN，所以剩下的是半圓 $NQAn$。所以，當月球掠過半圓時，所有的面積 $PDdM$ 的和也等於該半圓；當月球掠過一個整圓時，這些面積的和也等於該整圓面積。但當月球位於朔望點時，面積 $PDdM$ 等於 $\overset{\frown}{PM}$ 乘以半徑 PT；而所有的與之相等的面積的總和，在月球掠過一個整圓的時間內，等於整個圓周乘以圓半徑；這個乘積在圓面積增大一倍時，變爲前一個面積的和的 2 倍。

所以，如果交會點以其在月球朔望點所獲得的速度勻速運動，則它們掠過的距離爲實際上的 2 倍；所以，如果它們是勻速運動的，則其平均運動所掠過的距離與它們實際上以不均勻運動所掠過的距離相等，但僅僅爲它們以在月球朔望點獲得的速度所掠過的距離的一半。因此，如果交會點在方照點，由於其最大小時運動爲 $33^{s}10^{th}33^{iv}12^{v}$，對應的平均小時運動爲 $16^{s}35^{th}16^{iv}36^{v}$。而由於交會點的小時運動處處正比於 AZ^{2} 與面積 $PDdM$ 的乘積，所以，在月球的朔望點，交會點的

小時運動也正比於 AZ^2 與面積 $PDdM$ 的乘積，即（因爲在朔望點掠過的面積 $PDdM$ 是給定的）正比於 AZ^2，所以，平均運動也正比於 AZ^2；所以，當交會點不在方照點時，該運動比 $16^s35^{th}16^{iv}36^v$ 等於 AZ^2 比 AT^2。　　　　　　　　　　　　　　　　　　　　　　證畢

命題31　問題12

求月球在橢圓軌道上的交會點小時運動。

令 $Qpmaq$ 表示一個橢圓，其長軸爲 Qq，短軸爲 ab；$QAqB$ 是其外切圓；T 是位於這兩個圓的公共中心的地球；S 是太陽，p 是沿橢圓運動的月球；pm 是月球在最小時間間隔內掠過的弧長；N 和 n 是交會點，其連線爲 Nn；pK 和 mk 爲軸 Qq 上的垂線，向兩邊的延長線與圓相交於 P 和 M，與交會點連線相交於 D 和 d。如果月球伸向地球的半徑掠過的面積正比於運行時間，則橢圓交會點的小時運動將正比於面積 $pDdm$ 與 AZ^2 的乘積。

因爲，令 PF 與圓相切於 P，延長後與 TN 相交於 F；pf 與橢圓相交於 p，延長後與同一個 TN 相交於 f，兩條切線在軸 TQ 上相交於 Y；令 ML 表示在月球沿圓轉動掠過 $\overset{\frown}{PM}$ 的時間內月球在上述力 $3IT$ 或$3PK$ 作用下橫向運動所掠過的距離；而 ml 表示在相同時間內月球受相同的力$3IT$ 或$3PK$ 作用沿橢圓轉動的距離；令 LP 和 lp 延長與黃道面相交於 G 和 g，作 FG 和 fg，其中 FG 的延長線分別在 c、e 和 R 分割 pf、pg 和 TQ；fg 的延長線在 r 分割 TQ。因爲圓上的力$3IT$ 或$3PK$ 比橢圓上的力$3IT$ 或$3pK$ 等於 PK 比 pK，或等於 AT 比 aT，前一個力產生的距離 ML 比後一個力產生的距離 ml 等於 PK 比 pK；即，因爲圖形 $PYKp$ 與 $FYRc$ 相似，等於 FR 比 cR。但（因爲△PLM、△PGF 相似） ML 比 FG 等於 PL 比 PG，即（由於 Lk、PK、GR 相平行）等於 pl 比 pe，即（因爲△plm、△cpe 相似）等於 lm 比 ce；其反比等於 LM 比 lm，或等於 FR 比 cR，FG 比 ce 也是如此。所以，如果 fg 比 ce 等於 fY 比 cY，即等

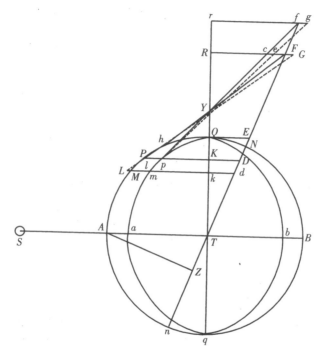

於 fr 比 cR（即等於 fr 比 FR 乘以 FR 比 cR，即等於 fT 比 FT 乘以 FG 比 ce），把兩邊的 FG 比 ce 消去，餘下 fg 比 FG 和 fT 比 FT，所以 fg 比 FG 等於 fT 比 FT；所以，由 FG 和 fg 在地球 T 上所劃分的角相等。但這些角（由我們在前述命題中所證明的）就是與月球在圓上掠過 $\overgroup{PM}$、在橢圓上掠過 $\overgroup{pm}$ 的同時交會點的運動；因而交會點在圓上的運動與其在橢圓上的運動相等。因此，可以說，如果 fg 比 ce 等於 fY 比 cY，即，如果 fg 等於 $\dfrac{ce \cdot fY}{cY}$，即有如此結果。但因為 $\triangle fgp$、$\triangle cep$ 相似，fg 比 ce 等於 fg 比 cp，所以 fg 等於 $\dfrac{ce \cdot fp}{cp}$；所以，實際上由 fg 劃分的角比由 FG 所劃分的前一個角，

即交會點在橢圓上的運動比其在圓上的運動，等於 fg 或 $\dfrac{ce \cdot fp}{cp}$ 比

前一個 fg 或 $\dfrac{ce \cdot fY}{cY}$，即等於 $fP \cdot cY$ 比 $fY \cdot cp$，或等於 fP 比 fY

乘以 cY 比 cp；即，如果 ph 平行於 TN，與 FP 相交於 h，則等於 Fh 比 FY 乘以 FY 比 FP，即等於 Fh 比 FP 或 Dp 比 DP，所以等於面積 $Dpmd$ 比面積 $DPMd$。所以，由於（由第三卷命題 30 推論 I）後一個面積與 AZ^2 的乘積正比於交會點在圓上的小時運動，則前一個面積與 AZ^2 的乘積將正比於交會點在橢圓上的小時運動。　　證畢。

推論. 所以，由於在交會點的任意給定位置上，在與月球由方照點運動到任意處所 m 的時間內，所有的面積 $pDdm$ 的和，就是以橢圓的切線 QE 為邊界的面積 $mpQEd$；且在一次環繞中，所有這些面積的和，就是整個橢圓的面積；交會點在橢圓上的不均運動比交會點在圓上的平均運動等於橢圓比圓，即等於 Ta 比 TA，或 69：70。所以，由於（由第三卷命題 30 推論 II）交會點在圓上的平均小時運動比 $16^s35^{th}16^{iv}36^v$ 等於 AZ^2 比 AT^2，如果取角 $16^s21^{th}3^{iv}30^v$ 比角 $16^s35^{th}16^{iv}36^v$ 等於 69：70，則交會點在橢圓上的平均小時運動比 $16^s21^{th}3^{iv}30^v$ 等於 AZ^2 比 AT^2，即等於交會點到太陽距離的正弦的平方比半徑的平方。

但月球連向地球的半徑在朔望點掠過面積的速度大於其在方照點掠過面積的速度，因此在朔望點時間被壓縮了，而在方照點則被延展了；把整個時間合起來交會點的運動作了類似的增加或減少，但在月球的方照點面積變化率比在月球的朔望點面積變化率等於 10973：11073；因而在八分點的平均變化率比在朔望點的出超部分，以及比在方照點的不足部分，等於這兩個數的和的一半 11023 比它們的差的一半 50。因此，由於月球在其軌道上各相等的小間隔上的時間反比於它的速度，在八分點的平均時間比方照點的出超時間，以及比在朔望點的不足時間，近似等於 11023：50。但是我發現在月球由方照點到朔望點時，面積變化率大於在方照點的最小變化率的出超部分，近似正

比於月球到該方照點距離的正弦的平方；所以在任意處所的變化率與在八分點的平均變化率的差，正比於月球到該方照點距離正弦的平方，與 45°正弦平方，或半徑平方的一半的差；而在八分點與方照點之間各處所上時間的增量，與在該八分點到朔望點之間各處所上時間的減量，有相同比值。但在月球掠過其軌道上各相等小間隔的同時，交會點的運動正比於該時間加速或減速；這一運動，當月球掠過 PM 時，（等價地）正比於 ML，而 ML 正比於時間的平方變化。因此，交會點在朔望點的運動，在月球掠過其軌道上給定的小間隔的同時，正比於數 11073 與數 11023 的比值的平方而減小，而其減量比剩餘運動等於 100：10973；它比總運動近似等於 100：11073。但在八分點與朔望點之間的處所上的減量，與在該八分點與方照點之間的處所上的增量，比該減量近似等於在這些處所上的總運動比在朔望點的總運動，乘以月球到該方照點距離正弦的平方與半徑平方的一半的差，比半徑平方的一半。所以，如果交會點在方照點，我們可取兩個處所，一個在其一側，另一個在另一側，它們到八分點的距離，與另兩個距離相等，一個是到朔望點，另一個是到方照點，並由在朔望點和八分點之間的兩個處所的運動減量上，減去在該八分點與方照點之間的另兩個處所的運動增量，則餘下的減量將等於在朔望點的減量，這可以由計算而簡單地證明；所以，平均減量，應該從交會點平均運動中減去，它等於在朔望點減量的¼。交會點在朔望點的總小時運動（設此時月球連向地球的半徑所掠過的面積正比於時間）為 $32^s42^{th}7^{iv}$。又，我們已經證明交會點運動的減量，在與月球以較大速度掠過相同的空間的時間內，比該運動等於 100：11073；所以這一減量為 $17^{th}43^{iv}11^v$。由上面求出的平均小時運動 $16^s21^{th}3^{iv}30^v$ 中減去其¼（$4^{th}25^{iv}48^v$），餘下 $16^s16^{th}37^{iv}42^v$，這就是它們的平均小時運動的正確值。

如果交會點不在方照點，設兩個點分別在其一側和另一側，且到朔望點距離相等，則當月球位於這些處所時，交會點運動的和，比當月球在相同處所而交會點在方照點時它們的運動的和，等於 AZ^2 比 AT^2。而由於剛才論述的原因而產生的運動減小量，其相互間的比，

以及餘下的運動相互間的比，等於 AZ^2 比 AT^2；而平均運動正比於餘下的運動。所以，在交會點的任意給定處所，它們的實際平均小時運動比 $16^s16^{th}37^{iv}42^v$ 等於 AZ^2 比 AT^2，即等於交會點到朔望點距離正弦的平方比半徑的平方。

命題32　問題13

求月球交會點的平均運動。

年平均運動是一年中所有平均小時運動的和。設交會點位於 N，並每經過一個小時後都回到其原先的位置，使得它儘管有這樣的運動，卻相對於恆星保持位置不變；而與此同時，太陽 S 由於地球的運動看上去像是離開交會點，以均勻運動行進直到完成其視在年運動。令 $\overset{\frown}{Aa}$ 表示給定短弧，它由總是伸向太陽的直線 TS 與圓 NAn 的交點在給定時間間隔內掠過；則平均小時運動（由上述證明）正比於 AZ^2，即（因為 AZ 與 ZY 成正比）正比於 AZ

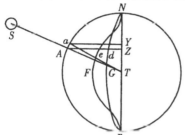

與 ZY 的乘積，即正比於面積 $AZYa$；而從一開始算起的所有平均小時運動的和正比於所有面積 $aYZA$ 的和，即正比於面積 NAZ。但最大的 $AZYa$ 等於 $\overset{\frown}{Aa}$ 與圓半徑的乘積，所以，在整個圓上所有這樣的乘積的和與所有最大乘積的和的比，等於整個圓的面積比整個圓周長與半徑的乘積，即等於 $1:2$。但對應於最大乘積的小時運動是 $16^s16^{th}37^{iv}42^v$，而在一個恆星年的 365 天 6 小時 9 分中，總和為 $39°38'7''50'''$，所以，其一半為 $19°49'3''55'''$，就是對應於整個圓的交會點平均運動。在太陽由 N 運動到 A 的時間內，交會點的運動比 $19°49'3''55'''$ 等於面積 NAZ 比整個圓。

這一結果是以交會點每經過一個小時都回到其原先位置為前提的，這樣，經過一次完全環繞後，太陽在年終時又出現在它曾在年初

時離開的同一個交會點上。但是，因爲交會點的運動是同時進行的，所以太陽必定要提前與交會點相遇；現在我們來計算所縮短的時間。由於太陽在一年中要移動 360°，同一時間裏交會點以其最大運動而移動 39°38′7″55‴，或 39.6355°；在任意處所 N 的交會點平均運動比其在方照點的平均運動，等於 AZ^2 比 AT^2；太陽運動比交會點在 N 處的平均運動等於 360 AT^2 比 39.6355 AZ^2，即等於 9.0827646 AT^2 比 AZ^2。所以，如果我們設整個圓的周長 NAn 分割成相等的短弧 $\overset{\frown}{Aa}$，則當圓靜止時，太陽掠過短弧 $\overset{\frown}{Aa}$ 的時間，比當圓和交會點一起繞中心 T 轉動時太陽掠過同一短弧的時間，等於 9.0827646 AT^2 與 9.0827646 $AT^2 + AZ^2$ 的反比；因爲時間反比於掠過短弧的速度，而該速度又是太陽與交會點速度的和。所以，如果以扇形 NTA 表示太陽在交會點不動時掠過 $\overset{\frown}{NA}$ 的時間，而該扇形的無限小部分 ATa 表示它掠過短弧 $\overset{\frown}{Aa}$ 的小時間間隔；且(作 aY 垂直於 Nn)如果在 AZ 上取 dZ 爲這樣的長度，使得 dZ 與 ZY 的乘積比扇形的極小部分 ATa 等於 AZ^2 比 9.0827646 $AT^2 + AZ^2$；也就是說，dZ 比½ AZ 等於 AT^2 比 9.0827646 $AT^2 + AZ^2$；則 dZ 與 ZY 的乘積將表示在 $\overset{\frown}{Aa}$ 被掠過的同時，由於交會點的運動而造成的時間減量；如果曲線 $NdGn$ 是點 d 的軌跡，則曲線面積 NdZ 在整個面積 NA 被掠過的同時將正比於總的時間流量；所以，扇形 NAT 超出面積 NdZ 的部分正比於總時間。但因爲在短時間內的交會點運動與時間的比值亦較小，面積 $AaYZ$ 也必須按相同比例減小；這可以在 AZ 上取線段 eZ 爲這樣的長度，使它比 AZ 等於 AZ^2 比 9.0827646 $AT^2 + AZ^2$；因爲這樣的話，eZ 與 ZY 的乘積比面積 $AZYa$ 等於掠過 $\overset{\frown}{Aa}$ 的時間減量比交會點靜止時掠過它的總時間；所以，該乘積正比於交會點運動的減量。如果曲線 $NeFn$ 是點 e 的軌跡，則這種運動的減量的總和，總面積 NeZ，將正比於在掠過 $\overset{\frown}{AN}$ 的時間內的總減量；而餘下的面積 NAe 正比於餘下的運動，這一運動正是在太陽與交會點以其複合運動掠過整個 $\overset{\frown}{NA}$ 的時間內交會點的實際運動。現在，半圓面積比圖形 $NeFn$ 的面積由無限級數方法求出約爲 793：60。而對應於或正比於

整個圓的運動爲 19°49′3″55‴；因而對應於 2 倍圖形 $NeFn$ 的運動爲 1°29′58″2‴，把它從前一運動中減去餘下 18°19′5″53‴，這就是交會點在它與太陽的兩個會合點之間相對於恆星的總運動；從太陽的年運動 360°中減去這項運動，餘下 341°40′54″7‴，這是太陽在相同會合點之間的運動。但這一運動比 360°的年運動，等於剛才求出的交會點運動 18°19′5″53‴比其年運動，因此它爲 19°18′1″23‴；這就是一個回歸年中交會點的平均運動。在天文表中，它爲 19°21′21″50‴。差別不足總運動的 1/300 部分，它似乎是由於月球軌道的離心率，以及它與黃道面的傾斜引起的。這個軌道的離心率使交會點運動的加速過大；而另一方面，軌道的傾斜使交會點的運動受到某種阻礙，因而獲得適當的速度。

命題33　問題14

求月球交會點的眞實運動。

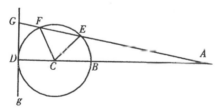

在正比於面積 $NTA - NdZ$（在前一個圖中）的時間內，該運動正比於面積 NAe，因而是給定的；但因爲計算太困難，最好是使用下述作圖求解。以 C 爲中心，取任意半徑 CD 作圓 $BEFD$；延長 DC 到 A 使 AB 比 AC 等於平均運動比交會點位於方照點的平均眞實運動（即等於 19°18′1″23‴：19°49′3″55‴）；因而 BC 比 AC 等於這些運動的差 0°31′2″32‴比後一運動 19°49′3″55‴，即等於 1：38 3/10。然後通過點 D 作不定直線 Gg，與圓相切於 D；如果取 $\angle BCE$ 或 $\angle BCF$ 等於太陽到交會點距離的 2 倍，它可以通過平均運動求出，並作 AE 或 AF 與垂線 DG 相交於 G，取另一個角，使它比在朔望點之間的交會點總運動（即比 9°11′3″）等於切線 DG 比圓 BED 的總周長，並在它們由方照點移向朔望點時，在交會點的平均運

動中加上這後一個角（可用 $\angle DAG$），而在它們由朔望點移向方照點時，由平均運動中減去這個角，即得到它們的真實運動；因為由此求出的真實運動與設時間正比於面積 $NTA-NdZ$ 且交會點運動正比於面積 NAe 所求出的真實運動近似吻合；任何人通過驗算都會發現，這正是交會點運動的半月均差。但還有一個月均差，只是它在求月球黃緯時是不必要的；因為既然月球軌道相對於黃道面傾斜的變差受兩方面不等性的支配，一個是半月的，另一個是每月的，而這一變差的月不等性與交會點的月均差，能夠相互抵消校正，所以在計算月球的黃緯時，二者都可以略去不計。

推論.由本命題和前一命題可知，交會點在朔望點是靜止的，而在方照點是逆行的，其小時運動為 $16^s19^{th}26^{iv}$；在八分點交會點運動的均差為 $1°30'$；所有這些都與天文現象精確吻合。

附注

馬金（Machin）先生、格列山姆（Gresham）教授和亨利·彭伯頓博士[14] 分別用不同方法發現了月球交會點運動。本方法的論述曾見諸其他場合。他們的論文，就我所看到的，都包括兩個命題，而且相互間完全一致，馬金先生的論文最先到達我的手中，所以收錄如下。

月球交會點的運動

「命題 1」

太陽離開交會點的平均運動由太陽的平均運動與太陽在方照點以

---

[14] Henry Pemberton，1694-1771，英國物理學家，數學家，他是《原理》第三版的主持人，曾將《原理》譯為英文，對宣傳牛頓學說有過巨大貢獻。——中譯者

最快速度離開交會點的平均運動的幾何中項決定。

令 T 爲地球的處所，Nn 爲任意給定時刻的月球交會點連線，KTM 爲其上的垂線，TA 爲繞中心旋轉的直線，其角速度等於太陽與交會點相互分離的角速度，使得界於靜止直線 Nn 與旋轉直線 TA 之間的角總是等於太陽與交會點間的距離。如果把任意直線 TK 分爲 TS 和 SK 兩部分，使它們的比等於太陽的平均小時運動比交會點在方照點的平均小時運動，再取直線 TH 等於 TS 部分與整個線段 TK 的比例中項，則該直線正比於太陽離開交會點的平均運動。

因爲以 T 爲中心，以 TK 爲半徑作圓 $NKnM$，並以同一個中心，以 TH 和 TN 爲半軸作橢圓 $NHnL$；在太陽離開交會點通過 $\overset{\frown}{Na}$ 的時間內，如果作直線 Tba，則扇形面積 NTa 表示在相同時間內太陽與交會點的運動的和。所以，令極短弧 $\overset{\frown}{aA}$ 爲直線 Tba 按上述規

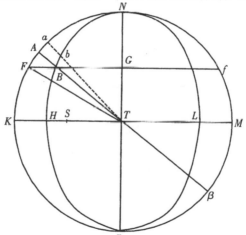

律在給定時間間隔內勻速轉動所掠過，則極小扇形 TAa 正比於在該時間內太陽與交會點向兩個不同方向運動的速度的和。太陽的速度幾乎是均勻的，其不等性如此之小，不會在交會點的平均運動中造成最小的不等性。這個和的另一部分，即交會點速度的平均量，在離開朔望點時按它到太陽距離正弦的平方增大（由第三卷命題31推論），並

在到達方照點同時太陽位於 K 時有最大值，它與太陽速度的比等於 SK 比 TS，即等於（TK 比 TH 的平方差，或）乘積 $KH \cdot HM$ 比 TH^2。但橢圓 NBH 將表示這兩個速度的和的扇形 ATa 分為 $ABba$ 和 BTb 兩部分，且正比於速度。因為，延長 BT 到圓交於 β，由點 B 向長軸作垂線 BG，它向兩邊延長與圓相交於點 F 和 f；因為空間 $ABba$ 比扇形 TBb 等於乘積 $AB \cdot B\beta$ 比 BT^2（該乘積等於 TA 和 TB 的平方差，因為直線 AB 在 T 被等分，而在 B 未被等分），所以當空間 $ABba$ 在 K 處為最大時，該比值與乘積 $KH \cdot HM$ 比 HT^2 相等。但上述交會點的最大平均速度與太陽速度的比也等於這一比值；因而在方照點扇形 ATa 被分割成正比於速度的部分。又因為乘積 $KH \cdot BM$ 比 HT^2 等於 $FB \cdot Bf$ 比 BG^2，且乘積 $AB \cdot B\beta$ 等於乘積 $FB \cdot B\beta$，所以在 K 處也是最大的小面積 $ABba$ 比餘下的扇形 TBb 等於乘積 $AB \cdot B\beta$ 比 BG^2。但這些面積的比總是等於乘積 $AB \cdot B\beta$ 比 BT^2；所以位於處 A 的小面積 $ABba$ 按 BG 與 BT 的平方比值小於它在方照點的對應小面積，即按太陽到交會點距離的正弦的平方比值減小。所以，所有小面積 $ABba$ 的和，即空間 ABN，正比於在太陽離開交會點後掠過 $\overset{\frown}{NA}$ 的時間內交會點的運動；而餘下的空間，即橢圓扇形 NTB，則正比於同一時間裏的太陽平均運動。而因為交會點的平均年運動是在太陽完成其一個週期的時間內完成的，交會點離開太陽的平均運動比太陽本身的平均運動等於圓面積比橢圓面積，即等於直線 TK 比直線 TH，後者是 TK 與 TS 的比例中項；或者，等價地，等於比例中項 TH 比直線 TS。」

「命題 2」

已知月球交會點的平均運動，求其真實運動。

令 $\angle A$ 為太陽到交會點平均位置的距離，或太陽離開交會點的平均運動。如果取 $\angle B$，其正切比 $\angle A$ 的正切等於 TH 比 TK，即等於太陽的平均小時運動與太陽離開交會點的平均小時運動的比的平方

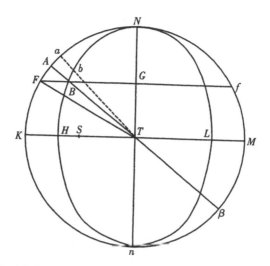

根，則當交會點位於方照點時，∠B 爲太陽到交會點的眞實距離。因爲連接 FT，由前一命題的證明，∠FTN 爲太陽到交會點平均位置的距離，而 ∠ATN 爲太陽到交會點眞實位置的距離，這兩個角的正切的比等於 TK 比 TH。

推論.因此，∠FTA 爲月球交會點的均差；該角的正弦，即其在八分點的最大值比半徑等於 KH 比 TK + TH。但在其他任意處所 A 該均差的正弦比最大正弦等於 ∠FTN + ∠ATN 的和的正弦比半徑，即近似等於太陽到交會點平均位置的 2 倍距離 （即2FTN） 的正弦比半徑。」

「附注」

「如果交會點在方照點的平均小時運動爲 16″16‴37^{iv}42^v，即在一個回歸年中爲 39°38′7″50‴，則 TH 比 TK 等於數 9.0827646 與數 10.0827646 的比的平方根，即等於 18.6524761：19.6524761。所以，TH 比 HK 等於 18.6524761：1，即等於太陽在一個回歸年中的運動

比交會點的平均運動 $19°18'1''23\frac{2}{3}'''$。

但如果月球交會點在 20 個儒略年中的平均運動爲 $386°50'15''$，如由觀測運用月球理論所推算的那樣，則交會點在一個回歸年中的平均運動爲 $19°20'31''58'''$，TH 比 HK 等於 $360°$：$19°20'31''58'''$，即等於 18.61214：1，由此交會點在方照點的平均小時運動爲 $16''18'''48^{iv}$。交會點在八分點的最大均差爲 $1°29'57''$。」

命題34　問題15

求月球軌道相對於黃道平面的傾斜的每小時變差。

令 A 和 a 表示朔望點；Q 和 q 爲方照點；N 和 n 爲交會點；P 爲月球在其軌道上的位置；p 爲該位置在黃道面上的投影；mTL 與上述相同，爲交會點的即時運動，如果在 Tm 上作垂線 PG，連接 pG 並延長與 Tl 相交於 g，再連接 Pg，則 $\angle PGg$ 爲月球在 P 時月球軌道相對於黃道面的傾角；$\angle Pgp$ 爲經過一個短時間間隔後的同一個傾角；所以 $\angle GDg$ 就是傾角的即時變差。但這個 $\angle GPg$ 比 $\angle GTg$ 等於 TG 比 PG 乘以 Pp 比 PG。所以，如果設時間間隔爲一小時，則由於 $\angle GTg$（由第三卷命題 30）比角 $33''10'''33^{iv}$ 等於 $IT \cdot PG \cdot AZ$ 比 AT^3，$\angle GPg$（或傾角的小時變差）比角 $33''10'''33^{iv}$ 等於 $IT \cdot AZ \cdot TG \cdot \dfrac{Pp}{PG}$ 比 AT^3。　　　　　證畢。

在此假定月球沿圓形軌道匀速運動。但如果軌道是橢圓的，交會點的平均運動將按短軸與長軸的比而減小，如前面所證明的那樣；而傾角的變差也將按相同比例減小。

推論 I.在 Nn 上作垂線 TF，令 pM 爲月球在黃道面上的小時運動；在 QT 上作垂線 pK、Mk，並延長與 TF 相交於 H 和 h；則 IT 比 AT 等於 Kk 比 Mp；而 TG 比 Hp 等於 TZ 比 AT；所以，$IT \cdot TG$ 等於 $\dfrac{Kk \cdot Hp \cdot TZ}{Mp}$，即等於面積 $HpMh$ 乘以比值 $\dfrac{TZ}{Mp}$；所

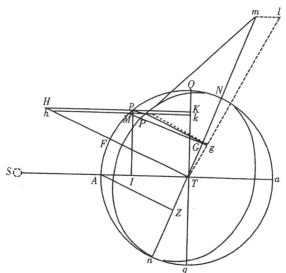

以傾角的小時變差比 $33''10'''33^{iv}$ 等於面積 $HpMh$ 乘以 $AZ \cdot \dfrac{TZ}{Mp} \cdot$
$\dfrac{Pp}{PG}$ 比 AT^3。

推論II.如果地球和交會點每經過一小時都被從新處所拉回並立即回到其原先的處所，使得其位置在一整個週期月內都是已知的，則在這個週期月裏傾角的總變差比 $33'10''33^{iv}$ 等於在點 p 運轉一周的時間內（考慮到要計入它們的符號＋或－）產生的所有面積 $HpMh$ 的和，乘以 $AZ \cdot TZ \cdot \dfrac{Pp}{PG}$ 比 $Mp \cdot AT^3$，即等於整個圓 $QAqa$ 乘以
$AZ \cdot TZ \cdot \dfrac{Pp}{PG}$ 比 $2Mp \cdot AT^2$。

推論III.在交會點的給定位置上，平均小時變差（如果它均勻保持一整個月，即可以產生月變差）比 $33''10'''33^{iv}$ 等於 $AZ \cdot TZ \cdot \dfrac{Pp}{PG}$ 比

$2AT^2$，或等於 $Pp \cdot \dfrac{AZ \cdot TZ}{\frac{1}{2}AT}$ 比 $PG \cdot 4AT$，即（因為 Pp 比 PG

等於上述傾角的正弦比半徑，而 $\dfrac{AZ \cdot TZ}{\frac{1}{2}AT}$ 比 $4AT$ 等於二倍 $\angle ATn$

的正弦比四倍半徑）等於同一個傾角的正弦乘以交會點到太陽的二倍

距離的正弦比四倍的半徑平方。

推論 IV.當交會點在方照點時，由於傾角的小時變差（由本命題）

比 角 $33''10'''33^{IV}$ 等 於 $IT \cdot AZ \cdot TG \cdot \dfrac{Pp}{PG}$ 比 AT^3，即 等 於

$\dfrac{IT \cdot TG}{\frac{1}{2}AT} \cdot \dfrac{Pp}{PG}$ 比 $2AT$，即等於月球到方照點二倍距離的正弦乘以

$\dfrac{Pp}{PG}$ 比二倍半徑，而在交會點的這一位置上，在月球由方照點移動到

朔望點的時間內（即在走完此段距離所需的 $177\frac{1}{6}$ 小時內），所有小時

變差的和比同樣多的 $33''10'''33^{IV}$ 角的和，或比 $5878''$，等於月球到方照

點所有二倍距離的正弦的和乘以 $\dfrac{Pp}{PG}$，比同樣多的直徑的和，即等於

直徑乘以 $\dfrac{Pp}{PG}$ 比周長；即如果傾角為 $5°1'$，則等於 $7 \cdot {}^{874}/_{10000} : 22$，或

等於 $278 : 10000$。所以，在上述時間內，由所有小時變差組成的總變

差為 $163''$ 或 $2'43''$。

命題35　問題16

求在給定時刻月球軌道相對於黃道平面的傾角。

　　令 AD 為最大傾角的正弦，AB 為最小傾角的正弦。在 C 處二等

分 BD；以 C 為中心、BC 為半徑作圓 BGD。在 AC 上取 CE 比 EB

等於 EB 比 2 倍 BA。如果在給定時刻取 $\angle AEG$ 等於交會點到方照

點的 2 倍距離，並在 AD 上作垂線 GH，則 AH 即為所求的傾角的正

弦。

　　因為　　　　　　　　$GE^2 = GH^2 + HE^2 = BH \cdot HD + HE^2$

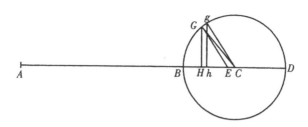

$$= HB \cdot BD + HE^2 - BH^2$$
$$= HB \cdot BD + BE^2 - 2BH \cdot BE = BE^2 + 2EC \cdot BH$$
$$= 2EC \cdot AB + 2EC \cdot BH = 2EC \cdot AH \; ;$$

　　所以，由於$2EC$是已知的，GE^2正比於 AH。現在令 AEg 表示在任意時間間隔之後交會點到方照點的二倍距離，則由於 $\angle GEg$ 是已知的，$\overset{\frown}{Gg}$ 正比於距離 GE。但 Hh 比 Gg 等於 GH 比 GC，所以 Hh 正比於乘積 $GH \cdot Gg$，或正比於 $GH \cdot GE$，即正比於 $\dfrac{GH}{GE} \cdot GE^2$，或正比於 $\dfrac{GH}{GE} \cdot AH$；即正比於 AH 與 $\angle AEG$ 的正弦的乘積。所以，如果在任意一種情況下，AH 為傾角的正弦，則它與傾角的正弦以相同的增量增大（由前一命題推論III），因而總是與該正弦相等。而當點 G 落在點 B 或 D 上時，AH 等於這一正弦，所以它總是與之相等。　　　　　　　　　　　　　　　　　　　　　　　　　　證畢。

　　在本證明中，我沒表示交會點到方照點二倍距離的 $\angle BEG$ 均勻增大；因為我無法詳細地考查每一分鐘的不等性。現在設 $\angle BEG$ 是直角，在此情形中，Gg 為交會點到太陽二倍距離的小時增量；則（由前一命題推論III）在同一情形中傾角的小時變差比 $33''10'''33^{iv}$ 等於傾角的正弦 AH 乘以交會點到太陽的二倍距離（直角 $\angle BEG$ 的正弦）比半徑的平方，即等於平均傾角的正弦 AH 比四倍半徑；即，由於平均傾角約為 $5°8\frac{1}{2}'$，等於其正弦 896 比四倍半徑 40000，或等於 224：10000。但對應於 BD 的總變差，即兩個正弦的差比該小時變差等於直

徑 BD 比 $\overgroup{Gg}$，即等於直徑 BD 比半圓周長 BGD，乘以交會點由方照點移動到朔望點的時間 $2079\frac{7}{10}$ 小時比 1 小時，即等於 $7：11$ 乘以 2079 $\frac{7}{10}：1$。所以把所有這些比式複合，得到總變差 BD 比 $33''10'''33^{\text{iv}}$ 等於 $224\cdot7\cdot2079\frac{7}{10}：110000$，即等於 $29645：1000$；由此得出變差 BD 為 $16'23\frac{1}{2}''$。

這就是不考慮月球在其軌道上的位置時的傾角的最大變差；因為，如果交會點在朔望點，傾角不因月球位置的變化而受影響。但如果交會點位於方照點，則月球在朔望點時的傾角比它在方照點時小 $2'$ $43''$，如我們以前所證明的那樣（前一命題推論 IV）；而當月球在方照點時，由總平均變差中減去上述差值的一半 $1'21\frac{1}{2}''$，即餘下 $15'2''$；而月球在朔望點時加上相同值，即變為 $17'45''$。所以，如果月球位於朔望點，交會點由方照點移動到朔望點的總變差為 $17'45''$；而且，如果軌道傾角為 $5°17'20''$ 時交會點位於朔望點，則當交會點位於方照點而月球位於朔望點時，傾角為 $4°59'35''$。所有這些都得到了觀測的證實。

當月球位於朔望點，而交會點位於它們與方照點之間時，如果要求軌道的傾角，可令 AB 比 AD 等於 $4°59'35''$ 的正弦比 $5°17'20''$ 的正弦，取 $\angle AEG$ 等於交會點到方照點的二倍距離，則 AH 就是所要求的傾角的正弦。當月球到交會點的距離為 $90°$ 時，這一軌道傾角與其正弦是相等的。在月球的其他位置上，由於傾角的變差而引起的這種月份不等性，在計算月球黃緯時得到平衡，並可以通過交會點運動的月份不等性（像以前所說的那樣）予以消除，因而在計算黃緯時可以忽略不計。

附注

通過對月球運動的上述計算，我希望能證明運用引力理論可以由其物理原因推算出月球的運動。運用同一個理論我進一步發現，根據第一卷命題 66 推論 IV，月球平均運動的年均差是由於月球軌道受到變

化著的太陽作用的影響所致。這種作用力在太陽的近地點較大，它使月球軌道發生擴張；而在太陽的遠地點較小，這時軌道又得以收縮。月球在擴張的軌道上運動較慢，而在收縮的軌道上運動較快；調節這種不等性的年均差，在太陽的遠地點和近地點都為零。在太陽到地球的平均距離上，它達到約 11′50″；在其他正比於太陽中心均差的距離上，在地球由遠日點移向近日點時，它疊加在月球的平均運動上，而當地球在另外半圓上運行時，它應從其中減去。取大軌道半徑為 1000，地球離心率為 $16\frac{7}{8}$，則該均差，當它取最大值時，按引力理論計算，為 11′49″。但地球的離心率似乎應再大些，均差也應以與離心率相同的比例增大。如果設離心率為 $16\frac{1}{2}$，則最大均差為 11′51″。

　　我還發現，在地球的近日點，由於太陽的作用力較大，月球的遠地點和交會點的運動比地球在遠日點時要快，它反比於地球到太陽距離的立方；由此產生出這些正比於太陽中心均差的運動年均差。現在，太陽運動反比於地球到太陽距離的平方而變化；這種不等性所產生的最大中心均差為 1°56′20″，它對應於上述太陽的離心率 $16\frac{1}{2}$。但如果太陽運動反比於距離的平方，則這種不等性所產生的最大均差為 2°54′30″；所以，由月球遠地點和交會點的運動不等性所產生的最大均差比 2°54′30″，等於月球遠地點的平均日運動和它的交會點的平均日運動分別與太陽的平均日運動的比。因此，其遠地點平均運動的最大均差為 19′43″，交會點平均運動的最大均差為 9′24″。當地球由其近日點移向遠日點時，前一項均差是增大的，後一項是減小的；而當地球位於另外半個圓上時，則情況相反。

　　通過同一個引力理論我還發現，當月球軌道的橫向直徑穿過太陽時，太陽對月球的作用略大於該直徑垂直於地球與太陽的連線之時；因而月球的軌道在前一種情形中大於後一種情形。由此產生出月球平均運動的另一種均差，它決定於月球遠地點相對於太陽的位置，當月球遠地點位於太陽的八分點時最大，而當遠地點到達方照點或朔望點時為零；當月球遠地點由太陽的方照點移向朔望點時，該均差疊加在平均運動上，而當遠地點由朔望點移向方照點時，則應從中減去。我

稱這種均差為半年均差，當遠地點位於八分點時為最大，就我根據現象的推算，約達 3′45″；這正是它在太陽到地球的平均距離上的量值。但它反比於太陽距離的立方而增大或減小，所以當距離為最大時約 3′34″，距離最小時約 3′56″。而當月球遠地點不在八分點時，它即變小，與其最大值的比等於月球遠地點到最近的朔望點或方照點的二倍距離的正弦比半徑。

　　按同樣的引力理論，當月球交會點連線通過太陽時，太陽對月球的作用略大於該連線垂直於太陽與地球的連線時的作用；由此又產生出一種月球平均運動的均差，我稱之為第二半年均差；它在交會點位於太陽的八分點時為最大，在交會點位於朔望點或方照點時為零；在交會點的其他位置上，它正比於兩個交會點之一到最近的朔望點或方照點的二倍距離的正弦。如果太陽位於距它最近的交會點之後，它疊加在月球的平均運動上，而位於其前時則應從中減去；我由引力理論推算出，在有最大值的八分點，在太陽到地球的平均距離上，它達到47″。在太陽的其他距離上，交會點位於八分點的最大均差反比於太陽到地球的距離的立方；所以在太陽的近地點它達到約 49″，而在遠地點約為 45″。

　　由同樣的引力理論，月球的遠地點位於與太陽的會合處或相對處時，以最大速度順行；而在與太陽成方照位置時為逆行；在前一種情形中，離心率獲得最大值，而在後一種情形中有最小值，這可以由第一卷命題 66 推論 Ⅶ、推論 Ⅷ和推論 Ⅸ 證明。這些不等性，由這幾個推論可知，是非常大的，並產生出我稱之為遠地點半年均差的原理；就我根據現象所做的近似推算，這種半年均差的最大值可達約 12°18′。我

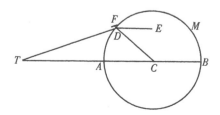

們的同胞霍羅克斯[15]最先提出月球沿橢圓運動，地球位於其下焦點的理論。哈雷博士作了改進，把橢圓中心置於一個中心繞地球均勻轉動的本輪之上；該本輪的運動產生了上述遠地點的順行和逆行，以及離心率的不等性。設月球到地球的平均距離分爲 100000 等份，令 T 表示地球，TC 爲占 5505 等份的月球平均離心率。延長 TC 到 B，使得最大半年均差 12°18′的正弦比半徑 TC 正比於 CB；以 C 爲中心、CB 爲半徑作圓 BDA，它即是所說的本輪，月球軌道的中心位於其上，並按字母 BDA 的順序轉動。取 $\angle BCD$ 等於二倍年角差 (argument)，或等於太陽真實位置到月球遠地點一次校正的真實位置的二倍距離，則 CTD 爲月球遠地點的半年均差，TD 爲其軌道離心率，它所指向的遠地點位置現已得到二次校正。但由於月球的平均運動，其遠地點的位置和離心率，以及軌道長軸爲 200000 均爲已知，由這些數據，通過人所共知的方法，即可求出月球在其軌道上的實際位置以及它到地球的距離。

在地球位於近日點時，太陽力最大，月球軌道中心運動比在遠日點時快，它反比於太陽到地球距離的立方。但是，因爲太陽中心的均差是包含在年角差中的，月球軌道中心在本輪 BDA 上運動較快，反比於太陽到地球距離的平方。所以，如果設它反比於到軌道中 D 的距離，則運動更快。作直線 DE 指向經一次校正的月球遠地點，即平行於 TC；取 $\angle EDF$ 等於上述年角差減去月球遠地點到太陽的順行近地點距離的差；或者，等價地，取 $\angle CDF$ 等於太陽實際近點角 (anomaly) 在 360°中的餘角；令 DF 比 DC 等於大軌道離心率的二倍高度比太陽到地球的平均距離，與太陽到月球遠地點的平均日運動比太陽到它自己的離地點的平均日運動的乘積，即等於 $33\frac{7}{8}$：1000 乘以 52′27″16‴：59′8″10‴，或等於 3：100；設月球軌道的中心位於 F，繞以 D 爲中心、以 DF 爲半徑的本輪轉動，同時點 D 沿圓 $DABD$

[15] Horrox，Jeremiah，1618-1641，又作 Horrocks。英國天文學家。——中譯者

運動：因爲用這樣的方法，月球軌道的中心即繞中心（掠過某種曲線），其速度近似於正比於太陽到地球距離的立方，一如它所應當的那樣。

計算這種運動很困難，但用以下近似方法可變得容易些。像前面一樣，設月球到地球的平均距離爲 100000 個等分，離心率 TC 爲 5505 個等份，則 CB 或 CD 爲 1172¾等份，而 DF 爲 35⅕等份，該線段在距離 TC 處對著地球上的張角，是由軌道中心自 D 向 F 運動時所產生的；將該線段 DF 沿平行方向延長一倍，在由月球軌道上焦點到地球的距離上相對於地球的張角與 DF 的張角相同，該張角是由上焦點的運動產生的；但在月球到地球的距離，這一二倍線段$2DF$ 在上焦點處，在與第一個線段 DF 相平行的位置，相對於月球的張角，它是由月球的運動所產生的，因而可稱之爲月球中心的第二均差；在月球到地球的平均距離上，該均差近似正比於由直線 DF 與點 F 到月球連線所成夾角的正弦，其最大值爲 2′55″。但由直線 DF 與點 F 到月球連線所成的夾角，既可以由月球的平均近點角減去 $\angle EDF$ 求得，也可以在月球遠地點到太陽遠地點的距離上疊加月球到太陽的距離求得；而且半徑比這個角的正弦等於 2′25″比第二中心均差：如果上述和小於半圓，則應加上；而如果大於半圓，則應減去。由這一經過校正的月球在其軌道上的位置，可以求出月球在其朔望點的黃緯。

地球大氣高達 35 英里或 40 英里，它折射了太陽光線。這種折射使光線散射並進入地球的陰影；這種在陰影邊緣附近的彌散光展寬了陰影。因此，我在月食時，在這一由視差求出的陰影上增加了 1 分或1½分。

不過，月球理論應得到現象的檢驗和證實，首先是在朔望點，其次是在方照點，最後是在八分點；願意在格林威治（Greenwich）英國皇家天文臺做這項工作的人，無論是誰，都會發現，在舊曆 1700 年 12 月的最後一天下午假設太陽和月球的下述平均運動是絕無錯誤的：太陽的平均運動爲 ♉ 20°43′40″，其遠地點爲 ♋ 7°44′30″；月球的平均運動爲 ♒ 15°21′00″，其遠地點爲 ♓ 8°20′00″；其上升交會點爲 ♌ 27°24′

20″；而格林威治天文臺與巴黎法國皇家天文臺之間的子午線差爲零時 9 分 20 秒；但月球及其遠地點的平均運動尙無法足夠精確地獲得。

命題36　問題17

求太陽使海洋運動的力。

太陽干擾月球運動的力 ML 和 PT（由第三卷命題25），在月球方照點，比地表重力，等於 1：638092.6；而在月球朔望點，力 $TM-LM$ 或 $2PK$ 是該量值的二倍。但在地表以下，這些力正比於到地心距離而減小，即正比於 60½：1；因而前一個力在地表上比重力等於 1：38604600；這個力使與太陽相距 90°處的海洋受到壓迫。但另一個力比它大一倍，使不僅正對著太陽，而且正背著太陽處的海洋都被托起；這兩個力的和比重力等於 1：12868200。因爲相同的力激起相同的運動，無論它是在距太陽 90°處壓迫海水，或是在正對著或正背著太陽處托起海水，上述力的和就是太陽干擾海洋的總力，它所起的作用與全部用以在正對著或正背著太陽處托起海洋，而在距太陽 90°處對海洋完全不發生作用，是一樣的。

這正是太陽干擾任意給定處所的海洋的力。與此同時太陽位於該處的頂點，並處於到地球的平均距離上。在太陽的其他位置上，該托起海洋的力正比於太陽在當地地平線上二倍高度的正矢，反比於到地球距離的立方。

推論. 由於地球各處的離心力是由地球周日自轉引起的，它比重力等於 1：289，它在赤道處托起的水面比在極地處高 85472 巴黎尺，這已經在命題 19 中證明過，因而太陽的力，它比重力等於 1：12868200，比該離心力等於 289：12868200，或等於 1：44527，它在正對著和正背著太陽處所能托起的海水高度，比距太陽 90°處的海面僅高出 1 巴黎尺 113¼₀寸；因爲該尺度比 85472 巴黎尺等於 1：44527。

命題37　問題18

求月球使海洋運動的力。

月球使海洋運動的力可以由它與太陽力的比求出，該比值可以由受動於這些力的海洋運動求出。在布里斯托（Bristol）下游 3 英里的埃文（Avon）河口處，春、秋季日、月朔望時水面上漲的高度（根據薩繆爾·斯多爾米的觀測）達 45 英尺，但在方照時僅爲 25 英尺。前一個高度是由這些力的和造成的，後一高度則由其差造成。所以，如果以 S 和 L 分別表示太陽和月球位於赤道且處於到地球平均距離處的力，則有 $L+S$ 比 $L-S$ 等於 45：25，或等於 9：5。

在普利茅斯（Plymouth）（根據薩繆爾·科勒普賴斯的觀測）潮水的平均高度約爲 16 英尺，春、秋季朔望時比方照時高 7 英尺或 8 英尺。設最大高差爲 9 英尺，則 $L+S$ 比 $L-S$ 等於 $20\frac{1}{2}$：$11\frac{1}{2}$，或等於 41：23；這一比例與前一比例吻合極好。但因爲布里斯托的潮水很大，我們寧可以斯多爾米的觀測爲依據；所以，在獲得更可靠的觀測之前，還是使用 9：5 的比值。

因爲水的往復運動，最大潮並不發生於日、月朔望之時，而是像我們以前所說過的那樣，發生於朔望後的第三小時，或（自朔望起算）緊接著月球在朔望後越過當地子午線第三小時，或寧可說是（如斯多爾米的觀測）新月或滿月那天後的第三小時，或更準確地說，是新月或滿月後的第十二小時，因而落潮發生在新月或滿月後的第四十三小時。不過在這些港口它們約發生在月球到達當地子午線後的第七小時；因而緊接著月球到達子午線，在月球距太陽或其方照點超前 18°或 19°時。所以，夏季和冬季中高潮並不發生在二至時刻，而發生於移出至點、其整個行程的約 $\frac{1}{10}$ 時，即約 36°或 37°時。由類似方法，最大潮發生於月球到達當地子午線之後，月球超過太陽或其方照點約自一個最大潮到緊接其後的另一個最大潮之間總行程的 $\frac{1}{10}$ 之時。設該距離爲約 $18\frac{1}{2}$°；在該月球到朔望點或方照點的距離上，太陽力使受月球

運動影響而產生的海洋運動的增加或減少，比在朔望點或方照點時要小，其比例等於半徑比該距離二倍的餘弦，或比 37 度角的餘弦；即比例爲 10000000：7986355；所以，在前面的比式中，S 的處所必須由 0.7986355 S 來代替。

還有，月球在方照點時，由於它傾斜於赤道，它的力必定減小；因爲月球在這些方照點上，或不如說在方照點後 18½°上，相對於赤道的傾角爲 23°13′；太陽與月球驅動海洋的力都隨其相對於赤道的傾斜而約正比於傾角餘弦的平方減小；因而在這些方照點上月球的力僅爲 0.8570327 L；因 此 我 們 得 到 L+0.7986355 S 比 0.8570327 L −0.7986355 S 等於 9：5。

此外，月球運動所沿的軌道直徑，不考慮其離心率，相互比爲 69：70；因而月球在朔望點到地球的距離，比其在方照點到地球的距離，在其他條件不變的情況下，等於 69：70；而它越過朔望點 18½°，激起最大海潮時到地球的距離，以及它越過方照點 18½°，激起最小海潮時到 地 球 的 距 離 比 平 均 距 離，等 於 69.098747：69½和 69.897345：69½。但月球驅動海洋的力反比於其距離的立方變化；因而在這些最大和最小距離上，它的力比它在平均距離上的力，等於 0.9830427：1和 1.017522：1。由 此 我 們 又 得 到 1.017522 L • 0.7986355 S 比 0.9830427 • 0.8570327 L−0.7986355 S 等 於 9：5；S 比 L 等 於 1：4.4815。所以，由於太陽力比重力等於 1：12868200，月球力比重力等於 1：2871400。

推論 I.由於海水受太陽力的吸引能升高 1 英尺 11½₀英寸，月球力可使它升高 8 英尺 7½英寸；這兩個力合起來可以使海水升高 10½英尺；當月球位於近地點時可高達 12½英尺，尤其是當風向與海潮方向相同更是如此。這樣大的力足以產生所有的海洋運動，並與這些運動的比例相吻合；因爲在那些由東向西自由而開闊的海洋中，如太平洋，以及位於回歸線以外的大西洋和埃塞俄比亞海上，海水一般都可以升高 6 英尺、9 英尺、12 英尺或 15 英尺；但據說在極爲幽深而遼闊的太平洋上，海潮比大西洋和埃塞俄比亞海的要大；因爲要使海潮完

全隆起，海洋自東向西的寬度至少需要 90°。在埃塞俄比亞海上，回歸線以內的水面隆起高度小於溫帶，因爲在非洲和南美洲之間的洋面寬度較窄。在開闊海面的中心，當其東、西兩岸的水面未同時下落時不會隆起。儘管如此，在我們較窄的海域裏，它們還是應交替起伏於沿岸；因此在距大陸很遠的海島上一般只有很小的潮水漲落。相反，在某些港口，海水輪流地灌入和流出海灣，波濤洶湧地奔突往返於淺灘之上，漲潮與落潮必定比一般情形大；如在英格蘭的普利茅斯和切普斯托要塞（Chepstow Bridge），法國諾曼第的聖米歇爾山和阿夫朗什鎮（mountains of St. Michael, and the town of Avranches, in Normandy），以及東印度的坎貝⑯和勃固⑰（Cambay and Pegu in the East Indies）。在這些地方潮水如此洶湧，有時淹沒海岸，有時又退離海岸數英里遠。海潮的漲落受潮流和回流的作用總要使水面升高或下落 30 英尺、40 英尺或 50 英尺以上才停止。同樣的道理可說明狹長的淺灘或海峽的情況，如麥哲倫海峽（Magellanic straits）和英格蘭附近的淺灘。在這些港口和海峽中，由於潮流和回流極爲洶湧使海潮得到極大增強。但面向幽深而遼闊海洋的陡峭沿岸，海潮不受潮流和回流的衝突影響而可以自由漲落，潮位比關係與太陽和月球力相吻合。

　　推論 II. 由於月球驅動海洋的力比重力等於 1：2871400，很顯然這種力在靜力學或流體靜力學實驗，甚至在擺實驗中都是微不足道的。僅僅在海潮中這種力才表現出明顯的效應。

　　推論 III. 因爲月球使海洋運動的力比太陽的類似的力爲 4.4815：1，而這些力（由第一卷命題 66 推論 XIV）又正比於太陽和月球的密度與它們的視測直徑立方的乘積，所以月球密度比太陽密度等於 4.4815：1，而反比於月球直徑的立方比太陽直徑的立方；即（由於月

⑯ 在今印度。——中譯者
⑰ 在今緬甸。——中譯者

球與太陽平均視在直徑為 $36'16\frac{1}{2}''$ 和 $32'12''$）等於 4891：1000。但太陽密度比地球密度等於 1000：4000；因而月球密度比地球密度等於 4891：4000，或等於 11：9。所以，月球比重大於地球比重，而且上面陸地較多。

推論Ⅳ．由於月球的實際直徑（根據天文學家的觀測）比地球的實際直徑等於 100：365，月球的物質的量比地球的物質的量等於 1：39.788。

推論Ⅴ．月球表面的加速引力約比地球表面的加速引力小 3 倍。

推論Ⅵ．月球中心到地球中心的距離比月球中心到地球與月球的公共重心的距離為 40.788：39.788。

推論Ⅶ．月球中心到地球中心的平均距離約為（在月球的八分點）$60\frac{2}{5}$ 個地球最大半徑；因為地球的最大半徑為 19658600 巴黎尺，而地球與月球中心的平均距離，為 $60\frac{2}{5}$ 個這種半徑，等於 1187379440 巴黎尺。這一距離（由本命題前一推論）比月球中心到地球與月球公共重心的距離為 40.788：39.788；因而後一距離為 1158268534 英尺。又由於月球相對於恆星的環繞週期為 27 天 7 小時 $43\frac{1}{9}$ 分，月球在一分鐘時間內掠過的角度的正矢為 12752341 比半徑 1000000000000000；而該半徑比該正矢等於 1158268534 英尺比 14.7706353 英尺。所以，月球在使之停留在其軌道上的力作用下落向地球時，一分鐘時間內可掠過 14.7706353 英尺；如果把這個力按 $178\frac{29}{40}$：$177\frac{29}{40}$ 的比例增大，則可由命題 3 的推論求得在月球軌道上的總引力；月球在這個力的作用下，一分鐘時間內可下落 14.8538067 英尺。在月球到地球距離的 $\frac{1}{60}$ 處，即在距離地球中心 197896573 英尺處，物體因其重量而在一秒鐘時間內可下落 14.8538067 英尺。所以，19615800 英尺的距離處，即在一個平均地球半徑處，重物體在相同時間內可下落 15.11175 英尺，或 15 英尺 1 寸 $4\frac{1}{11}$ 分。這是在 45°緯度處物體下落的情形。由以前在命題 20 中列出的表，在巴黎緯度上下落距離約略長 $\frac{2}{3}$ 分。所以，通過這些計算，重物體在巴黎緯度上的真空中一秒鐘內可下落距離極接近於 15 巴黎尺 1 寸 $4\frac{5}{33}$ 分。如果從引力中減去由於地球自轉而在該緯度上產生的

離心力從而使之減小，則重物體一秒內可下落 15 英尺 1 寸 1$\frac{1}{2}$分。這正是我們以前在命題 14 和 19 中得到的重物體在巴黎緯度上實際下落的速度。

推論VIII.在月球的朔望點，地球與月球中心的平均距離等於 60 個地球最大半徑，再減去約 $\frac{1}{30}$個半徑；而在月球的方照點，相同的中心距離為 60$\frac{5}{6}$個地球半徑；因為由第三卷命題 28，這兩個距離比月球在八分點的平均距離等於 69：69$\frac{1}{2}$和 70：69$\frac{1}{2}$。

推論 IX.在月球的朔望點，地球與月球中心的平均距離是 60$\frac{1}{10}$個平均地球半徑；而在月球的方照點，相同的平均中心距離為 61 個平均地球半徑減去 $\frac{1}{30}$個半徑。

推論 X.在月球的朔望點，其平均地平視差在 0°、30°、38°、45°、52°、60°、90°的緯度上分別為 57′20″、57′16″、57′14″、57′12″、57′10″、57′8″、57′4″。

在上述計算中，我未考慮地球的磁力吸引，因為其量值極小而且未知；如果一旦能把它們求出來，則對於子午線的度數，不同緯度上等時擺的長度，海洋的運動規律，以及太陽和月球的視在直線求月球視差，都可以通過現象更準確地測定，我們也就有可能使這些計算更加精確。

命題38　問題19

求月球形狀。

如果月球是與我們的海水一樣的流體，則地球托起其最近點與最遠點的力比月球使地球上正對著與正背著月球的海面被托起的力，等於月球指向地球的加速引力比地球指向月球的加速引力，再乘以月球直徑比地球直徑，即等於 39.788：1 乘以 100：365，或等於 1081：100。所以，由於我們的海洋被托起 8$\frac{3}{5}$英尺，月球流體即應被地球力托起 93 英尺；因此月球形狀應是橢球，其最大直徑的延長線應通過地球中心，並比與它垂直的直徑長 186 英尺。所以，月球的這一形狀必

定是從一開始就具備了的。

　　推論.因此，這正是月球指向地球的一面總是呈現相同形狀的原因；月球球體上其他任何位置上的部分都不能是靜止的，而是永遠處於恢復到這一形狀的運動之中；但是，這種恢復運動，必定進行得極慢，因為激起這種運動的力極弱；這使得永遠指向地球的一面，根據第三卷命題 17 中的理由，在被轉向月球軌道的另一個焦點時，不能被立即拉回來而轉向地球。

引理 1

　　如果 $APEp$ 表示密度均勻的地球，其中心為 C，兩極為 P、p，赤道為 AE；如果以 C 為中心、CP 為半徑作球體 $Pape$，並以 QR 表示一個平面，它與由太陽中心到地球中心的連線成直角；再設位於該球外側的地球邊緣部分 $PapAPepE$ 的各粒子，都傾向於離開平面 QR 的一側或另一側，離開的力正比於粒子到該平面的距離；則首先，位於赤道 AE 上，以及均勻分佈於地球之外並以圓環形式環繞著地球的所有粒子的合力和作用，促使地球繞其中心轉動，比赤道上距平面 QR 最遠的點 A 處同樣多的粒子的合力和作用，促使地球繞其中心作類似的轉動，等於 1：2。該圓運動是以赤道與平面 QR 的公共交線為軸而進行的。

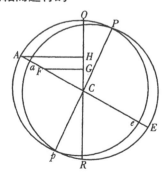

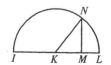

因爲，以 K 爲中心、IL 爲直徑作半圓 INL。設半圓周 INL 被分割爲無數相等部分，由各部分 N 向直徑 IL 作正弦 NM。則所有正弦 NM 的平方的和等於正弦 KM 的平方的和，而這兩個和加在一起等於同樣多個半徑 KN 的平方的和；所以所有正弦 NM 的平方和僅爲同樣多個半徑 KN 的平方和的一半。

現在設圓周 AE 被分割爲同樣多個小的相等部分，從每一個這樣部分 F 向平面 QR 作垂線 FG，也從點 A 作垂線 AH，則使粒子 F 離開平面 QR 的力（由題設）正比於垂線 FG；而這個力乘以距離 CG 則表示粒子 F 推動地球繞其中心轉動的能力。所以，一個粒子位於 F 的這種能力比位於 A 的能力等於 $FG \cdot GC$ 比 $AH \cdot HC$，即等於 FC^2 比 AC^2，因而所有粒子 F 在其適當處所 F 的總能力，比位於 A 的同樣多的能力，等於所有 FC^2 的和比所有 AC^2 的和，即（由以上所證明過的）等於 $1:2$。　　　　　　　　　　　　　　　　　　證畢。

因爲這些粒子是沿著離開平面 QR 的垂線方向發生作用的，並且在平面的兩側是相等的，它們將推動赤道圓周與堅固的地球球體一同繞既在平面 QR 上又在赤道平面上的軸轉動。

引理 2

仍設相同的條件，則，其次，分佈於球體各處的所有粒子推動地球繞上述軸轉動的合力或能力，比以圓環形狀均勻分佈於赤道圓周 AE 上的同樣多的粒子推動整個地球作類似轉動的合力，等於 $2:5$。

因爲，令 IK 爲任意平行於赤道 AE 的小圓，令 Ll 爲該圓上兩個相等粒子，位於球體 $Pape$ 之外；在垂直於指向太陽的半徑的平面 QR 上，作垂線 LM、lm，則這兩個粒子離開平面 QR 的合力正比於垂線 LM、lm。作直線 Ll 平行於平面 $Pape$，並在 X 處二等分之；再通過點 X 作 Nn 平行於平面 QR，與垂線 LM、lm 相交於 N 和 n；再在平面 QR 上作垂線 XY。則推動地球沿相反方向轉動的粒子

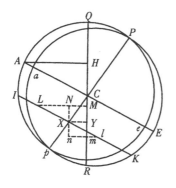

L 和 l 的相反的力正比於 $LM \cdot MC$ 和 $lm \cdot mC$，即正比於 $LN \cdot MC + NM \cdot MC$ 和 $LN \cdot mC - nm \cdot mC$，或 $LN \cdot MC + NM \cdot MC$ 和 $LN \cdot mC - NM \cdot mC$，而這二者的差 $LN \cdot Mm - NM \cdot (MC + mC)$ 正是二粒子推動地球轉動的合力。這個差的正數部分 $LN \cdot Mm$，或 $2LN \cdot NX$，比位於 A 的兩個同樣大小的粒子的力 $2AH \cdot HC$，等於 LX^2 比 AC^2；其負數部分 $NM \cdot (MC + mC)$，或 $2XY \cdot CY$，比位於 A 的兩個相同粒子的力 $2AH \cdot HC$，等於 CX^2 比 AC^2。因而，這兩部分的差，即兩個粒子 L 和 l 推動地球轉動的合力，比上述位於處所 A 的兩個粒子推動地球作類似轉動的力，等於 $LX^2 - CX^2$ 比 AC^2。但如果設圓 IK 的周邊 IK 被分割爲無數個相等的小部分 L，則所有的 LX^2 比同樣多的 IX^2 等於 $1 : 2$ (由第三卷引理1)；而比同樣多的 AC^2 等於 IX^2 比 $2AC^2$；而同樣多的 CX^2 比同樣多的 AC^2 等於 $2CX^2$ 比 $2AC^2$。所以，在圓 IK 周邊上所有粒子的合力比在 A 處同樣多粒子的合力等於 $IX^2 - 2CX^2$ 比 $2AC^2$；所以(由第三卷引理1) 比圓 AE 周邊上同樣多粒子的合力等於 $IX^2 - 2CX$ 比 AC^2。

現在，如果設球直徑 Pp 被分割爲無數個相等部分，在其上對應有同樣多個圓 IK，則每個圓周 IK 上的物質正比於 IX^2；因而這些物質推動地球的力正比於 IX^2 乘以 $IX^2 - 2CX^2$；因而同樣多物質的力，如果它位於圓周 AE 上，則正比於 IX^2 乘以 AC^2。所以，分佈於球外所有圓環上所有物質粒子的總力，比位於最大圓周 AE 上同樣多粒子的總力，等於所有的 IX^2 乘以 $IX^2 - 2CX^2$ 比同樣多的 IX^2 乘以 AC^2，即等於所有的 $AC^2 - CX^2$ 乘以 $AC^2 - 3CX^2$ 比同樣多的 $AC^2 - CX^2$ 乘以 AC^2；即等於所有的 $AC^4 - 4AC^2 \cdot CX^2 + 3CX^4$ 比同樣多的 AC^4

$-AC^2 \cdot CX^2$；即等於流數⑱爲 $AC^4-4AC^2 \cdot CX^2+3CX^4$的總流積量，比流數爲 $AC^4-AC^2 \cdot CX^2$的總流積量；所以，運用流數方法知，等於 $AC^4 \cdot CX-\frac{1}{3}AC^2 \cdot CX^3+\frac{3}{5}CX^5$ 比 $AC^4 \cdot CX-\frac{1}{3}AC^2 \cdot CX^3$；即，如果以總的 Cp 或 AC 代替 CX，則等於$\frac{1}{15}AC^5$ 比$\frac{2}{3}$ AC^5；即等於 $2:5$。 證畢。

引理 3

仍設相同條件，則，第三，由所有粒子的運動而產生的整個地球繞上述軸的轉動，比上述圓環繞相同軸轉動的運動，等於地球的物質比環的物質，再乘以¼圓周弧的平方的 3 倍比該圓直徑平方的 2 倍，即等於物質與物質的比，乘以數 925275 比數 1000000。

因爲，柱體繞其靜止軸的轉動比與它一同旋轉的內切球體的運動，等於四個相等的平方比這些平方中三個的內切圓，而該柱體的運動比環繞著球與柱體的公共切線的極薄的圓環的運動，等於 2 倍柱體物質比 3 倍環物質；而均勻連續圍繞著柱體的環的運動，比同一個環繞其自身直徑作週期相等的均勻轉動運動，等於圓的周長比其二倍直徑。

假設 II

如果地球的其他部分都被除去，僅留下上述圓環單獨在地球軌道上繞太陽作年度環繞，同時它環繞其自身的軸作日自轉運動，該軸與黃道平面傾角爲 23½°，則不論該環是流體的，或是由堅硬而牢固物質所組成的，其二分點的運動都保持不變。

---

⑱ fluxion，流數，爲牛頓所採用的量。——中譯者

命題39　問題20

求二分點的歲差。

當交會點位於方照點時，月球交會點在圓軌道上的中間（middle）小時運動爲 16″35‴16^{iv}36^{v}，其一半 8″17‴38^{iv}18^{v}（出於前面解釋過的理由）爲交會點在這種軌道上的平均小時運動，這種運動在一個回歸年中爲 20°11′46″。所以，由於月球交會點在這種軌道上每年後移 20°11′46″，則如果有多個月球，每個月球的交會點的運動（由第一卷命題66 推論 XVI）將正比於其週期時間，如果一個月球在一個恆星日內沿地球表面環繞一周，則該月球交會點的年運動比 20°11′46″，等於一個恆星日 23 小時 56 分比月球週期 27 天 7 小時 43 分，即等於 1436：39343。圍繞著地球的月球環交會點也是如此，不論這些月球環是否相互接觸，是否爲流體而形成連續環，是否爲堅硬不可流動的固體環。

那麼，讓我們令這些環的物質的量等於地球的整個外緣 $PapAPepE$，它們都在球體 $Papa$ 以外（見第三卷引理 2 插圖）；因爲該球體比地球外緣部分等於 aC^2 比 AC^2-aC^2，即（由於地球的最小半徑 PC 或 aC 比地球的最大半徑 AC 等於 229：230）等於 52441：459；如果該環沿赤道環繞地球，並一同環繞直徑轉動，則環運動（由第三卷引理 3）比其內的球運動等於 459：52441 再乘以 1000000：925275，即等於 4590：485223；因而環運動比環與球體運動的和等於4590：489813。所以，如果環是固著在球體上的，並把它的運動傳遞給球體，使其交會點或二分點後移，則環所餘下的運動比前一運動等於 4590：489813；由此，二分點的運動將按相同比例減慢。所以，由環與球體所組成的物體的二分點的年運動比運動 20°11′46″，等於1436：39343 再乘以 4590：489813，即等於 100：292369。但使許多月球的交會點（由於上述理由），因而使環的二分點後移的力（即在第三卷命題 30 插圖中的力$3IT$），在各粒子中都正比於這些粒子到平面 QR 的距離；這些力使粒子遠離該平面：因而（由引理 2），如果環物

質擴散到整個球的表面,形成 $PapAPepE$ 的形狀,構成地球外緣部分,則所有粒子推動地球繞赤道的任意直徑,進而推動二分點運動的合力或能力,將按 2:5 比以前減小。所以,現在二分點的年度逆行比 $20°11'46''$ 等於 10:73092;即應為 $9''56'''50^{iv}$。

但因為赤道平面與黃道平面是斜交的,這一運動還應按正弦 91706(即 $23\frac{1}{2}°$ 的餘弦)比半徑 100000 的比值減小;餘下的運動為 $9''7'''20^{iv}$,這就是由太陽力產生的二分點年度歲差。

但月球驅動海洋的力比太陽驅動海洋的力約為 4.4815:1;月球驅動二分點的力比太陽力也為相同比例。因此,月球力使二分點產生的年度歲差為 $40''52'''52^{iv}$,二者的合力造成的總歲差為 $50''00'''12^{iv}$,這一運動與現象是吻合的;因為天文學觀測給出的二分點歲差約為 $50''$。

如果地球在其赤道處高於兩極處 $17\frac{1}{6}$ 英里,則其表面附近的物質較中心處稀疏;而二分點的歲差則隨高差增大而增大,又隨密度增大而減小。

迄此我們已討論了太陽、地球、月球和諸行星系統的情形,以下需要研究的是彗星。

引理 4

彗星遠於月球,位於行星區域。

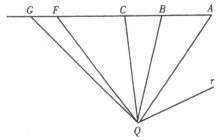

天文學家們認為彗星位於月球以外,因為看不到它們的日視差,而其年視差表明它們落入行星區域;因為如果地球位於它們與太陽之間,則按各星座順序沿直線路徑運動的所有彗星,在其顯現的後期比正常情況運行得慢或逆行;而如果地球相對於它們處在

太陽的對面，則又比正常情況快；另一方面，沿各星座逆秩運動的彗星，如果地球介於它們與太陽之間，則在其顯現的後期快於正常情況；而如果地球在其軌道的另一側，則又太慢或逆行。這些現象主要是由地球相對於其運動路徑的不同位置決定的，與行星的情形相同，行星運動看起來有時逆行，有時很慢，有時很快，順行，這要由地球運動與行星運動的方向相同或相反來決定。如果地球與行星運動方向相同，但由於地球繞太陽的角運動較快，使得由地球連向彗星的直線會聚於彗星以外部分，在地球上看來，由於彗星運動較慢，它顯現出逆行；甚至即使地球慢於彗星，在減去地球的運動之後，彗星的運動至少也顯得慢了；但如果地球與彗星運動方向相反，則彗星運動將因此而明顯加快；由這些視在的加速、變慢或逆行運動，可以用下述方法求出彗星的距離。令 $\angle rQA$、$\angle rQB$、$\angle rQC$ 爲觀測到彗星初次顯現時的黃緯，$\angle rQF$ 爲其消失前所最後測出的黃緯。作直線 ABC，其上由直線 QA 和 QB、

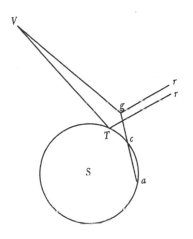

QB 和 QC 所截開的部分 AB、BC 相互間的比等於前三次觀測之間的兩段時間的比。延長 AC 到 G，使 AG 比 AB 等於第一次與最後一次觀測之間的時間比第一次與第二次觀測之間的時間；連接 QG。如果彗星的確沿直線匀速運動，而地球或是靜止不動，或是也類似地沿直線做匀速運動，則 $\angle rQG$ 爲最後觀測到彗星的黃緯，因而，彗星與地球運動的不等性即產生表示黃緯差的 $\angle FQG$，如果地球與彗星反向運動，則該角疊加在 $\angle rQG$ 上，彗星的視在運動加速；但如果彗星與地球同向運動，則它應從中減去，彗星運動或是變慢，或可能變爲逆行，像我們剛才解釋過的那樣。所以，這個角主要由地球運動而產生，可恰當地視爲彗星的視差，在此忽略不計彗星在其軌道上不相等運動

所引起的增量或減量。由該視差可以這樣推算出彗星距離。令 S 表示太陽，$\overset{\frown}{acT}$ 表示大軌道，a 為第一次觀測時地球的位置，C 為第三次觀測時地球的位置，T 為最後一次觀測彗星時地球的位置，Tr 為作向白羊座首星的直線。取 $\angle rTV$ 等於 $\angle rQF$，即等於地球位於 T 時彗星的黃緯；連接 ac 並延長到 g，使 ag 比 ac 等於 AG 比 AC；則 g 為最後一次觀測時，如果地球沿直線 ac 勻速運動所達到的位置。所以，如果作 gr 平行於 Tr，並使角等於 $\angle rQG$，則該 $\angle rgV$ 等於由位置 g 所看到的彗星的黃緯，而 $\angle TVg$ 則為地球由位置 g 移到位置 T 所產生的視差；所以位置 V 為彗星在黃道平面上的位置。一般而言這個位置 V 低於木星軌道。

由彗星路徑的彎曲度也可求出相同的結果；因為這些星體幾乎沿大圓運動，而且速度極大；但在它們路徑的末端，當其由視差產生的視在運動部分在其總視在運動中占很大比例時，它們一般地都偏離這些大圓，這時地球在一側，而它們偏向另一側；因為相對於地球的運動，這些偏折必定主要是由視差所產生的；偏折量如此之大，按我的計算，彗星隱沒位置尚遠低於木星。由此可推知，當它們位於近地點和近日點而接近我們時，通常低於火星和內層行星的軌道。

彗頭的光亮也可進一步證實彗星的接近。因為天體的光亮是受之於太陽的，在遠離時正比於距離的四次方而減弱，即由於其到太陽距離的增加而正比於距離平方，又由於其視測直徑的減小而正比於平方。所以，如果彗星的光的量與其視在直徑是給定的，則其距離就可以取彗星到一顆行星的距離正比於它們的直徑、反比於亮度的平方根而求出。在 1682 年出現的彗星，弗萊姆斯蒂德[19] 先生使用 16 英尺望遠鏡配置千分儀，測出它的最小直徑為 2′00″；但位於其頭部中央的彗核或星體不超過這一尺度的 $\frac{1}{10}$，因而其直徑只有 11″ 或 12″；但它的頭部光亮和輝光卻超過 1680 年的彗星，與第一星等或第二星等的恆星差

⑲ Flamsteed，John，1646-1719，英國天文學家，以精密觀測著稱。——中譯者

不多。設土星及其環的亮度爲其 4 倍；因爲環的亮度幾乎等於其內部的星體，星體的視在直徑約爲 21″，因而星體與環的複合亮度與一個直徑 30″ 的星體相等，由此推知該彗星的距離比土星的距離，反比於 1：$\sqrt{4}$，正比於 12″：30″，即等於 24：30，或 4：5。另外，海威爾克（Hewelcke）告訴我們，1665 年 4 月的彗星，亮度幾乎超過所有恆星，甚至比土星的光彩更加生動；因爲該彗星比前一年年終時出現的另一顆彗星更亮，與第一星等的恆星差不多。其頭部直徑約 6′，但通過望遠鏡觀測發現，其彗核僅與行星差不多，比木星還小；較之土星環內的星體，它有時略小，有時與之相等。所以，由於彗星頭部直徑很少超過 8′ 或 12′，而其彗核部分的直徑僅爲頭部的 1/10 或 1/15，這似乎表明彗星的視在尺度一般與行星相當。但由於它們的亮度常常與土星相近，而且有時還超過它，很明顯所有的彗星在其近日點時或低於土星，或在其上不遠處；有人認爲它們差不多與恆星一樣遠，實在荒謬之至；因爲如果眞是如此，則彗星得自太陽的光亮絕不可能超過行星得自恆星的光亮。

迄此爲止我們尙未考慮彗星由於其頭部爲大量濃密的煙塵所包圍而顯得昏暗，彗頭在其中就像在雲霧中一樣總是暗淡無光。然而，物體越是爲這種煙塵所籠罩，它必定越能接近太陽，這使得它所反射的光的量與行星不相上下。因此彗星很可能落到遠低於土星軌道的地方，像我們通過其視差所證明的那樣。但最重要的是，這一結論可以由彗尾加以證明，彗尾必定或是由彗星產生的煙塵在以太中擴散而反射陽光形成的，或是由其頭部的光所形成的。如果是第一種情形，我們必須縮短彗星的距離，否則只能承認彗頭產生的煙塵能以不可思議的速度在巨大的空間中傳播和擴散；如果是後一情形，彗頭和彗尾的光只能來自彗核。但是，如果設想所有這些光都聚集在其核部之內，則核部本身的亮度必遠大於木星，尤其是當它噴射出巨大而明亮的尾部時。所以，如果它能以比木星小的視測直徑反射出比木星多的光，則它必定受到多得多的陽光照射，因而距太陽極近；這一理由將使彗頭在某些時候進入金星的軌道之內，即在這時，彗星湮沒在太陽的光

輝之中，像它們有時所表現的那樣，噴射出像火焰一樣的巨大而明亮的彗尾；因爲，如果所有這些光都聚集到一顆星體上，它的亮度有時不僅會超過金星，還會超過由許多金星所合成的星體。

最後，由彗頭的亮度也能推出相同結論。當彗星遠離地球趨近太陽時其亮度增加，而在由太陽返向地球時亮度減少。因此，1665 年的彗星（根據海威爾克的觀測），從它首次被發現時起，一直在失去其視測運動，因而已通過其近地點；但它頭部的亮度卻逐日增強，直至湮沒在太陽光之中，彗星消失。1683 年的彗星（根據海威爾克的觀測），約在 7 月底首次出現，其速度很慢，每天在其軌道上只前進約 40 分或 45 分；但從那時起，其日運動逐漸增快，直到 9 月 4 日，約達到 5°；因而，在這整個時間間隔裏，該彗星是趨近地球的。這也可以由以千分儀對其頭部直徑的測量來證明；在 8 月 6 日，海威爾克發現它只有 6'5"，這還包括彗髮（coma），而到 9 月 2 日，他發現已變爲 9'7"；因而在其運動開始時頭部遠小於結束時，雖然在開始時，由於接近太陽，其亮度遠大於結束時，正像海威爾克所指出的那樣。所以在這整個時間間隔裏，由於它是離開太陽的，儘管在靠近地球，但亮度卻在減小。1618 年的彗星，約在 12 月中旬，1680 年的彗星，約在同一個月底，達到其最大速度，因而是位於近地點的，但它們的頭部最大亮度，卻出現在兩周以前，當時它們剛從太陽光中顯現，彗尾的最大亮度出現得更早些，那時距太陽更近。前一顆彗星的頭部（根據賽薩特[20] 的觀測），12 月 1 日超過第一星等的恆星；12 月 16 日（位於近地點），其大小基本不變，但其亮度和光芒卻大爲減小；1 月 7 日，克卜勒由於無法確定其彗頭而放棄觀測。12 月 12 日，弗萊姆斯蒂德先生發現，後一顆彗星的彗頭距太陽只有 9°，亮度不足第三星等；12 月 15 日和 17 日，它達到第三星等，但亮度由於落日的餘暉和雲霧而減弱；12 月 26 日，它達到最大速度，幾乎位於其近地點，出現在近於飛馬座口（mouth

[20] J. B. Cysat，1586-1657，瑞士天文學家。——中譯者

of Pegasus）的地方，亮度爲第三星等；1月3日，它變爲第四星等；1月9日，第五星等；1月13日，它被月光湮沒，當時月光正在增強；1月25日，它已不足第七星等。如果我們取在近地點兩側相等的時間間隔作比較，就會發現，在這兩個時刻位置相距甚遠但到地球距離相等，彗頭所表現的亮度應該是相等的，在近地點趨向太陽的一側時達到最大亮度，在另一側消失。所以，由一種情況與另一種情況的巨大的亮度差，可以推斷出，在太陽附近的大範圍裏出現的明亮彗星屬於前一種情況，因爲其亮度呈規則變化，並在彗頭運動最快時最亮，因而位於近地點，除非它因繼續靠近太陽而增大亮度。

推論 I .彗星的光芒來自它對太陽光的反射。

推論 II.由上述理由可類似地解釋爲什麼彗星總是頻繁出現在太陽附近而在其他區域很少出現。如果它們在土星以外是可見的，則應更頻繁地出現於背向太陽一側，因爲在距地球更近的一些地方，太陽會使出現在其附近的彗星受到遮蓋或湮沒。然而，我通過考查彗星歷史，發現在面向太陽的一側出現的彗星四倍或五倍於在背向太陽的一側；此外，被太陽光輝所湮沒的彗星無疑也絕不是少數：因爲落入我們的天區的彗星，既不射出彗尾，又不爲陽光所映照，無法爲我們的肉眼所發現，直到它們距我們比距木星更近時爲止。但是，在以極小半徑繞太陽畫出的球形天區中，遠爲更大的部分位於地球面向太陽的一側；在這部分空間裏彗星一般受到強烈照射，因爲它們在大多數情況下都更接近太陽。

推論III.因此很明顯地，天空中沒有阻力存在；因爲雖然彗星是沿斜向路徑運行的，並有時與行星運動方向相反，但它們的運動方向有極大自由，並可以將運動保持極長時間，甚至在與行星逆向運動時也是如此。如果它們不是行星中的一種，沿著環形軌道做連續運動的話，則我的判斷必錯無疑；按某些作者的觀點，彗星只不過是流星而已，其根據是彗星在不斷變化，但是證據不足；因爲彗頭爲巨大的氣團所包圍，該氣團底層的密度必定最大，因而我們所看到的只是氣團，而不是彗星星體本身。這和地球一樣，如果從行星上看，毫無疑問，只

能看到地球上雲霧的輝光，很難透過雲霧看到地球本身。這也和木星帶一樣，它們由木星上雲霧組成，因為它們相互間的位置不斷變化，我們很難透過它們看到木星實體；而彗星實體必定更是深藏在其濃厚的氣團之內。

命題40　定理20

彗星沿圓錐曲線運動，其焦點位於太陽中心，由彗星伸向太陽的半徑掠過的面積正比於時間。

本命題可以由第一卷命題 13 推論 I 與第三卷命題 8、命題 12、命題 13 相比較而得證。

推論 I.如果彗星沿環形軌道運動，則軌道是橢圓；而其週期時間比行星的週期時間等於它們主軸的 $\frac{3}{2}$ 次方相比。因而彗星在其軌道上絕大部分路程中都較行星遠，因而其長軸更長，完成環繞時間更長。因此，如果彗星軌道的主軸比土星軌道主軸長 4 倍，則彗星環繞時間比土星環繞時間，即比 30 年，等於 $4\sqrt{4}$（或 8）：1，因而為 240 年。

推論 II.彗星軌道與拋物線如此接近，以至於以拋物線代替之沒有明顯誤差。

推論 III.因而，由第一卷命題 16 推論 VII，每顆彗星的速度，比在相同距離處沿圓軌道繞太陽旋轉的行星的速度，近似等於行星到太陽中心的二倍距離與彗星到太陽中心距離的比的平方根。設大軌道的半徑或地球橢圓軌道的最大半徑包含 100000000 個部分，則地球的平均日運動掠過 1720212 個部分，小時運動為 $71675\frac{1}{2}$ 個部分。因而彗星在地球到太陽的平均距離處，以比地球速度等於 $\sqrt{2}$：1 的速度運動時，日運動掠過 2432747 個部分，小時運動為 $101364\frac{1}{2}$ 個部分。而在較大或較小距離上，其日運動或小時運動比這一日運動或小時運動等於其距離的平方根的反比，因而也是給定的。

推論 IV.所以，如果該拋物線的通徑 4 倍於大軌道半徑，而該半徑的平方設為包括 100000000 個部分，則彗星伸向太陽的半徑每天掠過

的面積爲 1216373½個部分，小時運動的面積爲 50682¼個部分。但是，如果其通徑以任何比例增大或縮小，則日運動或小時運動的面積將反比於該比值的平方根減小或增大。

引理 5

求一條通過任意個已知點的拋物線類曲線。

設這些點爲 A、B、C、D、E、F 等，它們到任意給定直線 HN 的位置是給定的，作同樣多條垂線 AH、BI、CK、DL、EM、FN 等。

情形 1：如果點 H、I、K、L、M、N 等的間隔 HI、IK、KL 等是相等的，取 b、$2b$、$3b$、$4b$、$5b$ 等爲垂線 AH、BI、CK 等的一次差；其二次差爲 c、$2c$、$3c$、$4c$ 等；三次差爲 d、$2d$、$3d$、$4d$ 等；即，與 $AH - BI = b$ 一樣，$BI - CK = 2b$，$CK - DL = 3b$，$DL + EM = 4b$，$-EM + FN = 5b$ 等；於是，$b - 2b = c$，依次類推，直至最後的差，在此爲 f。然後，作任意垂線 RS，它可看做是所求曲線的縱座標，爲求該縱座標長度，設間隔 HI、IK、KL、LM 等爲單位長度，令 $AH = a$，$-HS = p$，½p 乘以 $-IS = q$，⅓q 乘以 $+SK = r$，¼r 乘以 $SL = s$，⅕s 乘以 $+SM = t$；將這一方法不斷使用直至最後一根垂線 ME，並在由 S 到 A 的諸項 HS、IS 等的前面加上負號；而在點 S 另一側諸項 SK、SL 等的前面加上正號；正負號確定以後，$RS = a + bp + cq + dr + es + ft + \cdots\cdots$

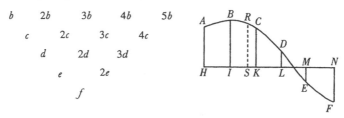

情形 2：如果點 H、I、K、L 等的間隔 HI、IK 等不相等，取

垂線 AH、BI、CK 等的一次差 b、$2b$、$3b$、$4b$、$5b$ 等，除以這些垂線間的間隔；再取它們的二次差 c、$2c$、$3c$、$4c$ 等，除以每兩條垂線間的間隔；再取三次差 d、$2d$、$3d$ 等，除以每三條垂線間的間隔，再取四次差 e、$2e$ 等除以每四條垂線間的間隔，依次類推下去；即，按這種方法進行，$b = \dfrac{AH-BI}{HI}$，$2b = \dfrac{BI-CK}{IK}$，$3b = \dfrac{CK-DL}{KL}$ 等，則 $c = \dfrac{b-2b}{HK}$、$2c = \dfrac{2b-3b}{IL}$、$3c = \dfrac{3b-4b}{KM}$ 等，而 $d = \dfrac{c-2c}{HL}$，$2d = \dfrac{2c-3c}{IM}$ 等。求出這些差之後，令 $AH = a$，$-HS = p$，p 乘以 $-IS = q$，q 乘以 $+SK = r$，r 乘以 $+SL = s$，s 乘以 $+SM = t$；將這一辦法一直使用到最後一根垂線 ME；則縱座標 $RS = a + bp + cq + dr + es + ft + \cdots\cdots$

推論.由此可以近似地求出所有曲線的面積；因為，只要求得了欲求其面積的曲線上的若干點，即可以設一拋物線通過這些點，該拋物線的面積即近似等於所求曲線的面積；而拋物線的面積總是可以用眾所周知的幾何方法求得的。

引理 6

彗星的某些觀測點已知，求彗星在點間任意給定時刻的位置。

令 HI、IK、KL、LM（在前一插圖中）表示各次觀測的時間間隔，HA、IB、KC、LD、ME 為彗星的五次觀測經度，HS 為由第一次觀測到所求經度之間的給定時間，則如果設規則曲線 $ABCDE$ 通過點 A、B、C、D、E，由上述引理可以求出縱座標 RS，而 RS 即為所求的經度。

用同樣的方法，由五個觀測可以求出彗星在任意給定時刻的經度。

如果觀測經度的差很小，比如只有 4°或 5°，則三次或四次觀測即

足以求出新的經度和緯度；但如果差別很大，如有 10°或 20°，則應取五次觀測。

引理 7

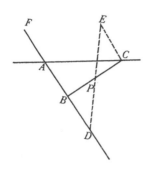

通過給定點 **P** 作直線 **BC**，其兩部分爲 **PB**、**PC**，兩條位置已定的直線 **AB**、**AC** 與它相交，則 **PB** 與 **PC** 的比可求出。

設任意直線 **PD** 通過給定點 **P** 與兩條已知直線中的一條 **AB** 相交；把它向另一條已知直線 **AC** 一側延長到 **E**，使 **PE** 比 **PD** 爲給定比值。令 **EC** 平行於 **AD**。作 **CPB**，則 **PC** 比 **PB** 等於 **PE** 比 **PD**。

證畢。

引理 8

令 **ABC** 爲一拋物線，其焦點爲 **S**。在 **I** 點被二等分的弦 **AC** 截取扇形 **ABCA**[21]，其直徑爲 **Iμ**，頂點爲 **μ**，在 **Iμ**的延長線上取 **μO** 等

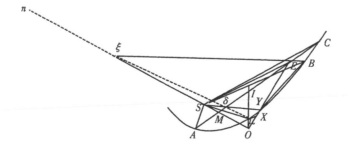

㉑ 英譯本爲 **ABCI**，當誤。──中譯者

於 $I\mu$ 的一半，連接 OS，並延長到 ξ，使 $S\xi$ 等於 $2SO$。設一彗星沿 CBA 運動，作 ξB 交 AC 於 E，則點 E 在弦 AC 上截下的一段近似正比於時間。

因為，如果連接 EO，與拋物線 $\overparen{ABC}$ 相交於 Y，再作 μX 與同一段弧相切於頂點 μ，與 EO 相交於 X，則曲線面積 $AEX\mu A$ 比曲線面積 $ACY\mu A$ 等於 AE 比 AC；因而，由於 $\triangle ASE$ 比 $\triangle ASC$ 也為同一比值，整個面積 $ASEX\mu A$ 比整個面積 $ASCY\mu A$ 等於 AE 比 AC。但因為 ξO 比 SO 等於 $3:1$，而 EO 比 XO 為同一比值，SX 平行於 EB；因而，連接 BX，則 $\triangle SEB$ 等於 $\triangle XEB$。所以，如果在面積 $ASEX\mu A$ 上疊加上 $\triangle EXB$，再在得到的和中減去 $\triangle SEB$，餘下的面積 $ASBX\mu A$ 仍等於面積 $ASEX\mu A$，因而比面積 $ASCY\mu A$ 等於 AE 比 AC。但面積 $ASBY\mu A$ 近似等於面積 $ASBX\mu A$；而該面積 $ASBY\mu A$ 比面積 $ASCY\mu A$ 等於掠過 $\overparen{AB}$ 的時間比掠過整個 $\overparen{AC}$ 的時間；所以，AE 比 AC 近似地為時間的比。　　　　證畢。

推論. 當點 B 落在拋物線頂點 μ 上時，AE 比 AC 精確地等於時間的比。

附注

如果連接 $\mu\xi$ 與 AC 相交於 δ，在其上取 ξn 比 μB 等於 $27\,MI$ 比 $16\,M\mu$，作 Bn，則該 Bn 分割弦 AC 比以前更精確地正比於時間；但點 n 取在點 ξ 的外側或內側，應根據點 B 距拋物線頂點較點 μ 遠或近來決定。

引理 9

直線 $I\mu$ 和 μM，以及長度 $\dfrac{AI^2}{4S\mu}$，相互間相等。

因為 $4S\mu$ 是屬於頂點 μ 的拋物線的通徑。

引理10

延長 $S\mu$ 到 N 和 P，使 μN 等於 μI 的 ⅓，SP 比 SN 等於 SN 比 $S\mu$；在彗星掠過 $\overset{\frown}{A\mu C}$ 的時間內，如果設它的運動速度等於 SP 的高度，則它掠過的長度等於弦 AC。

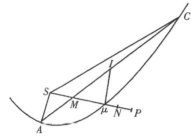

如果彗星在上述時間內在點 μ 的速度爲假設它沿與拋物線相切於點 μ 的直線勻速運動的速度，則它以伸向點 S 的半徑所掠過的面積等於拋物線面積 $ASC\mu A$；因而由所掠過切線的長度與長度 $S\mu$ 所圍成的面積比長度 AC 和 SM 圍成的面積，等於面積 $ASC\mu A$ 比 $\triangle ASC$，即等於 SN 比 SM。所以 AC 比在切線上掠過的長度等於 $S\mu$ 比 SN。但由於彗星的速度 SP（由第一卷命題 16 推論 VI）比速度 $S\mu$，等於 SP 與 $S\mu$ 的反比的平方根，即等於 $S\mu$ 比 SN，因而以該速度掠過的長度比在相同時間內在切線上掠過的長度，等於 $S\mu$ 比 SN。所以，由於 AC，以及以這個新速度所掠過的長度與在切線上掠過的長度有相同比值，它們之間也必定相等。　　　　　　　　　　　　　　　　　　　　　　　證畢。

推論.所以，彗星以高度爲 $S\mu + ⅔ I\mu$的速度運動時，在同一時間內可近似掠過弦 AC。

引理11

如果彗星失去其所有運動，並由高度 SN 或 $S\mu + ⅓ I\mu$ 處向太陽落下，而且在下落中始終受到太陽均勻而持續的拉力，則在等於它沿其軌道掠過 $\overset{\frown}{AC}$ 所用的時間內，它下落的空間等於長度 $I\mu$。

因爲在與彗星掠過拋物線 $\overset{\frown}{AC}$ 相等的時間內，它應（由前一引理）

以高度 SP 處的速度掠過弦 AC；因而（由第一卷命題 16 推論 Ⅶ），如果設它在相同時間內在其自身引力作用下沿一半徑爲 SP 的圓運動，則它在該圓上掠過的長度比拋物線 $\overset{\frown}{AC}$ 的弦應等於 1：$\sqrt{2}$。所以，如果它以在高度 SP 處被吸引向太陽的重量自該高度落向太陽，則它（由第一卷命題 16 推論 Ⅸ）應在上述的一半時間內掠過上述弦的一半的平方，再除以四倍的高度 SP，即它應掠過空間 $\dfrac{AI^2}{4SP}$。但由於彗星在高度 SN 處指向太陽的重量比它在 SP 處指向太陽的重量等於 SP 比 $S\mu$，彗星以其在高度 SN 處的重量由該高度落向太陽時，應在相同時間內掠過距離 $\dfrac{AI^2}{4S\mu}$，即掠過等於長度 $I\mu$ 或 μM 的距離。　證畢。

命題41　問題21

由三個給定觀測點求沿拋物線運動的彗星軌道。

這一問題極爲困難，我曾嘗試過許多解決方法；在第一卷的問題中，有幾個就是我專門爲此而設置的，但後來我發現了下述解法，它比較簡單。

選擇三個時間間隔近似相等的觀測點，但應使彗星在一個時間間隔裏的運動快於在另一間隔裏，即使得時間的差比時間的和等於時間

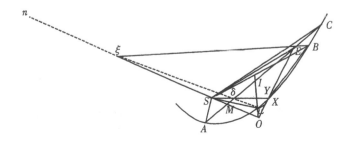

的和比 600 天，或使點 E 落在點 M 附近指向 I 而不是指向 A 的一側。如果手頭上沒有這樣的直接觀測點，必須由第三卷引理 6 求出一個新的。

　　令 S 表示太陽；T、t、τ 表示地球在地球軌道上的三個位置；TA、tB、τC 爲彗星的三個觀測經度；V 爲第一次觀測與第二次觀測的時間間隔；W 爲第二次與第三次的時間間隔；X 爲在整個時間 $V+W$ 內彗星以其在地球到太陽的平均距離上運動的速度所掠過的長度，該長度可以由第三卷命題 40 推論Ⅲ求出，而 tV 爲落在弦 $T\tau$ 上的垂線。在平均觀測經度 tB 上任取一點 B 作爲彗星在黃道平面上的位置；由此處向太陽 S 作直線 BE，它比垂線 tV 等於 SB 與 St^2 的乘積比一直角三角形斜邊的立方，該三角形一直角邊爲 SB，另一直角邊爲彗星在第二次觀測時緯度相對於半徑 tB 的正切。通過點 E (由引理 7) 作直線 AEC，其由直線 TA 和 τC 所截的兩段 AE 與 EC 相互間的比，等於時間 V 比 W，則 A 和 C 爲彗星爲第一次觀測和第三次觀測時在黃道平面上的近似位置，如果 B 設定在第二次觀測位置的話。

　　在以 I 爲二等分點的 AC 上，作垂線 Ii。通過 B 作 AC 的平行線。再設想作直線 Si 與 AC 相交於 λ，完成平行四邊形 $iI\lambda\mu$。取 $I\sigma$ 等於 $3I\lambda$；通過太陽 S 作直線 $\sigma\xi$ 等於$3S\delta+3i\lambda$。則刪去字母 A、E、C、I，由點 B 向點 ξ 作新的直線 BE，使它比原先的直線 BE 等於距離 BS 與量 $S\mu+\frac{1}{3}i\lambda$ 的比的平方。通過點 E 再按與先前一樣的規則作直線 AEC；即，使得其部分 AE 和 EC 相互間的比等於觀測間隔 V 比 W。這樣，A 和 C 即爲彗星更準確的位置。

　　在以 I 爲二等分點的 AC 上作垂線 AM、CN、IO，其中 AM 和 CN 爲第一次觀測和第三次觀測緯度比半徑 TA 和 τC 的正切。連接 MN，交 IO 於 O。像先前一樣作矩形 $iI\lambda\mu$ 在 IA 延長線上取 ID 等於 $S\mu+\frac{2}{3}i\lambda$。再在 MN 上向著 N 一側取 MP，使它比以上求得的長度 X 等於地球到太陽的平均距離 (或地球軌道的半徑) 與距離 OD 的比的平方根。如果點 P 落在 N 上，則 A、B 和 C 爲彗星的三個位置，

通過它們可以在黃道平面上作出彗星軌道。但如果 P 不落在 N 上，則在直線 AC 上取 CG 等於 NP，使點 G 和 P 位於直線 NC 的同側。

用由設定點 B 求得點 E、A、C、G 相同的方法，可以由任意設定的其他點 b 和 β 求出新的點 e、a、c、g 和 ϵ、α、κ、γ。再通過 G、g 和 γ 作圓 $Gg\gamma$，與直線 τC 相交於 Z，則 Z 爲彗星在黃道平面上的一個點。在 AC、ac、$\alpha\kappa$ 上取 AF、af、$\alpha\phi$ 分別等於 CG、cg、$\kappa\gamma$；通過點 F、f 和 ϕ 作圓 $Ff\phi$，交直線 AT 於 X，則點 X 爲彗星在黃道平面上的另一點，再在點 X 和 Z 上向半徑 TX 和 τZ 作彗星的緯度切線，則彗星在其軌道上的兩個點確定。最後，如果（由第一卷命題 19）作一條以 S 爲焦點的拋物線通過這兩個點，則該拋物線就是彗星軌道。　　　　　　　　　　　　　　　　　　　　　證畢。

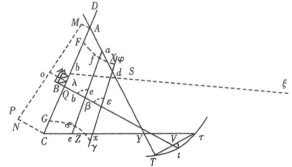

本問題作圖的證明是以前述諸引理爲前提的，因爲根據引理 7，直線 AC 在 E 比例於時間分割，像它在引理 8 中那樣；而 BE，由引理 11，是黃道平面上直線 BS 或 $B\xi$ 的一部分，介於 $\overset{\frown}{ABC}$ 與弦 AEC 之間；MP（由第三卷引理 10 推論）則是該弧的弦長，彗星在其軌道上在第一次觀測和第三次觀測之間掠過它，因而等於 MN，在此設定 B 是彗星在黃道平面上的一個真實位置。

然而，如果點 B、b、β 不是任意選取的，而是接近真實的，則較爲方便。如果可以粗略知道黃道平面上的軌道與直線 tB 的交角

$\angle AQt$，以該角關於 Bt 作直線 AC，使它比 $\frac{4}{3}T\tau$ 等於 SQ 與 St 的比的平方根；再作直線 SEB 使其部分 EB 等於長度 Vt，則點 B 可以確定，我們把它用於第一次觀測。然後，消去直線 AC，再根據前述作圖法重新畫出 AC，進而求出長度 MP，並在 tB 上按下述規則取點 b：如果 TA 與 τC 相交於 Y，則距離 Yb 比距離 YB 等於 MP 比 MN 再乘以 SB 與 Sb 的比的平方根。如果願意把相同的操作再重複一次的話，即可以求出第三個點 β；但如果按這一方法行事，一般地兩個點即已足夠；因爲如果距離 Bb 極小，則可在點 F、f 和 G、g 求出後作直線 Ff 和 Gg，它們將在所求的點 X 和 Z 與 TA 和 C 相交。

例.我們來研究 1680 年的彗星。下表顯示它的運動情況，是由弗萊姆斯蒂德觀測記錄，並由他本人做出推算的，哈雷博士根據該觀測記錄又做了校正。

這些觀測數據是用 7 英尺望遠鏡配以千分儀得到的，準線調在望遠鏡的焦點上；我們用這些儀器測定了恆星的相互位置，以及彗星相對於恆星的位置。令 A 表示英仙座（Perseus）左足的第四 o 亮星（貝耶爾[22]的 o 星），B 表示左腿第三 o 亮星（貝耶爾的 ζ 星），C 表示同側第六 o 星（貝耶爾的 n 星），D、E、F、G、H、I、K、L、M、N、O、Z、α、β、γ、δ 表示同側的其他較小的星；令 p、P、Q、R、S、T、V、X 表示對應於上述觀測的彗星位置；設 AB 的距離爲 $80\frac{7}{12}$部分，AC 爲 $52\frac{1}{4}$部分；BC 爲 $58\frac{5}{6}$；AD，$57\frac{5}{12}$；BD，$82\frac{6}{11}$；CD，$23\frac{2}{3}$；AE，$29\frac{4}{7}$；CE，$57\frac{1}{2}$；DE，$49\frac{11}{12}$；AI，$27\frac{7}{12}$；BI，$52\frac{1}{6}$；CI，$36\frac{7}{12}$；DI，$53\frac{5}{11}$；AK，$38\frac{2}{3}$；BK，43；CK，$31\frac{5}{9}$；FK，29；FB，23；FC，$36\frac{1}{4}$；AH，$18\frac{6}{7}$；DH，$50\frac{7}{8}$；BN，$46\frac{5}{12}$；CN，$31\frac{1}{3}$；BL，$45\frac{5}{12}$；NL，$31\frac{5}{7}$，而 HO 比 HI 等於 7：6，把它延長，自恆星 D 和 E 之間穿過，使得恆星 D 到該直線距離爲$\frac{1}{6}CD$。LM 比 LN 等於 2：9，延長之並通過恆星 H。這樣恆星間的相

㉒ Bayer，Johaan，1572-1625，德國天文學家。——中譯者

	時間		太陽經度	彗星	
	視在的	眞實的		經度	北緯
	h m	*hms*	° ′ ″	° ′ ″	° ′ ″
1680年12月12日	4.46	4.46.0	♉ 1.51.23	♉ 6.32.30	8.28.0
21日	6.32½	6.36.59	11.06.44	♒ 5.08.12	21.42.13
24日	6.12	6.17.52	14.09.26	18.49.23	25.23.5
26日	5.14	5.20.44	16.09.22	28.24.13	27.00.52
29日	7.55	8.03.02	19.19.42	♓ 13.10.41	28.09.58
30日	8.02	8.10.26	20.21.09	17.38.20	28.11.53
1681年1月5日	5.51	6.01.38	26.22.18	♈ 8.48.53	26.15.7
9日	6.49	7.00.53	♒ 0.29.02	18.44.04	24.11.56
10日	5.54	6.06.10	1.27.43	20.40.50	24.43.52
13日	6.56	7.08.55	4.33.20	25.59.48	22.17.28
25日	7.44	7.58.42	16.45.36	♉ 9.35.0	17.51.11
30日	8.07	8.21.53	21.49.58	13.19.51	16.42.18
2月2日	6.20	6.34.51	24.46.59	15.13.53	16.04.1
5日	6.50	7.04.41	27.49.51	16.59.06	15.27.3

可以把我的觀測資料補充進來。

	視在時間	彗星	
		經度	北緯
	hm	° ′ ″	° ′ ″
1681年2月25日	8.30	♉ 26.18.35	12.46.46
27日	8.15	27.04.30	12.36.12
3月1日	11.0	27.52.42	12.23.40
2日	8.0	28.12.48	12.19.38
5日	11.30	29.18.0	12.03.16
7日	9.30	♊ 0.4.0	11.57.0
9日	8.30	0.43.4	11.45.52

互位置得到確定。

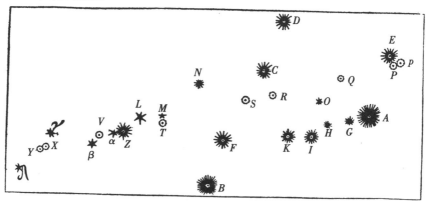

　　嗣後，龐德先生又再次觀測了這些恆星的相互位層，得到的經度和緯度與下表相吻合。

恆星	經度		北緯	恆星	經度		北緯
		° ′ ″	° ′ ″			° ′ ″	° ′ ″
A	♉	26.41.50	12. 8 .36	L	♉	29.33.34	12 .7.48
B		28.40.23	11.17.54	M		29.18.54	12.7.20
C		27.58.30	12.40.25	N		28.48.29	12.31.9
E		26.27.17	12.52.7	Z		29.44.48	11.57.13
F		28.28.37	11.52.22	α		29.52.3	11.55.48
G		26.56.8	12. 4 .58	β	♊	0. 8 .23	11.48.56
H		27.11.45	12. 2 .1	γ		0.40.10	11.55.18
I		27.25.2	11.53.11	δ		1. 3 .20	11.30.42
K		27.42.7	11.53.26				

　　彗星相對於上述恆星的位置確定如下：

　　舊曆 2 月 25 日，星期五，晚 8 點半，彗星位於 p 處，到 E 星的距

離小於 ³⁄₁₃ AE，大於 ⅕ AE，因而近似等於 ³⁄₁₄ AE；角 ApE 稍鈍，但幾乎爲直角。因爲由 A 向 pE 作垂線，彗星到該垂線的距離爲 ⅕ pE。

同晚 9 點半，彗星位於 P 處，到 E 星距離大於 $\dfrac{1}{4\frac{1}{2}}AE$，小於 $\dfrac{1}{5\frac{1}{4}}$ AE，因而近似爲 $\dfrac{1}{4\frac{7}{8}}AE$，或 ⁸⁄₃₉ AE。但彗星到由 A 作向 PE 的垂線距離爲 ⅘ PE。

2 月 27 日，星期日，晚 8 點一刻，彗星位於 Q 處，到 O 星的距離等於 O 星與 H 星的距離；QO 的延長線自 K 星和 B 星之間穿過。由於雲霧的干擾，我無法很準確地測定恆星位置。

3 月 1 日，星期二，晚 11 點，彗星位於 R 處，恰好位於 K 星和 C 星連線上，這使得直線 CRK 的 CR 部分略大於 ⅓ CK，略小於 ⅓ CK ＋ ⅛ CR，因而等於 ⅓ CK ＋ ¹⁄₁₆ CR，或 ¹⁶⁄₄₅ CK。

3 月 2 日，星期三，晚 8 點，彗星位於 S 處，距 C 星約 ⁴⁄₉ FC；F 星到直線 CS 的延長線距離爲 ¹⁄₂₄ FC；B 星到同一條直線的距離爲 F 星距離的 5 倍；直線 NS 的延長線自 H 和 I 之間穿過，距 H 星較 I 星近約 6 倍。

3 月 5 日，星期六，晚 11 點半，彗星位於 T，直線 MT 等於 ½ ML，直線 LT 的延長線自 B 和 F 間穿過，距 F 比距 B 近 4 倍或 5 倍，在 BF 線上 F 一側截下 ½ 或 ⅙；MT 的延長線自空間 BF 以外 B 一側通過，距 B 星較距 F 星近四倍。M 是顆很小的星，很難爲望遠鏡發現；但 L 星很暗，大約爲第八星等。

3 月 7 日，星期一，晚 9 點半，彗星位於 V 處，直線 $V\alpha$ 的延長線自 B 和 F 之間穿過，在 BF 上 F 一側截下 BF 的 ¹⁄₁₀ 比直線 $V\beta$ 等於 5：4。彗星到直線 $\alpha\beta$ 的距離爲 ½ $V\beta$。

3 月 9 日，星期三，晚 8 點半，彗星位於 X 處，直線 γX 等於 ¼ $\gamma\delta$；由 δ 星作向直線 γX 的垂線爲 $\gamma\delta$ 的 ⅖。

同晚 12 點，彗星位於 Y 處，直線 γY 等於 $\gamma\delta$ 的 ⅓，或略小一點，

也許爲 $\gamma\delta$ 的 $\frac{5}{16}$；由 δ 星作向直線 γY 的垂線約等於 $\gamma\delta$ 的 $\frac{1}{6}$ 或 $\frac{1}{7}$。但由於彗星極接近於地平線，很難辨認，因而其位置的確定精度不如以前的高。

我根據這些觀測，通過作圖和計算推算出彗星的經度和緯度；龐德先生通過校正恆星的位置也更準確地測定了彗星的位置，這些準確位置都已在前面的表中列出。我的千分儀雖然不是最好的，但其在經度和緯度方面的誤差（由我的觀測推算）很少超過一分。彗星（根據我的觀測）的運動，在末期開始由它在 2 月底時掠過的平行線向北方明顯地傾斜。

現在，爲了由上述觀測數據中推算出彗星的軌道，我選擇了弗萊姆斯蒂德的三次觀測（12 月 21 日、1 月 5 日和 1 月 25 日）；設地球軌道半徑包括 10000 部分，求出 St 爲 9842.1 部分，Vt 爲 455 部分。然後，對於第一次觀測，設 tB 爲 5657 部分，求得 SB 爲 9747，第一次觀測時 BE 爲 412，$S\mu$ 爲 9503，$i\lambda$ 爲 413；第二次觀測時 BE 爲 421，OD 爲 10186，X 爲 8528.4，PM 爲 8450，MN 爲 8475，NP 爲 25；由此，在第二次計算中得到，距離 tb 爲 5640；這樣，我最後算出距離 TX 爲 4775，τZ 爲 11322。根據這些數值求出的軌道，我發現，彗星的下降交會點位於 ♋，上升交會點位於 ♑ 1°53′；其軌道平面相對於黃道平面的傾角爲 61°21¼′，頂點（或彗星的近日點）距交會點 8°39′，位於 ♐ 27°34′，南緯 7°34′。通徑爲 236.8；由彗星伸向太陽的半徑每天掠過的面積，在設地球軌道半徑的平方爲 100000000 時，爲 93585；彗星在該軌道上沿著星座順序方向運動，在 12 月 8 日下午 00 時 04 分到達其軌道頂點或近日點。所有這些，我是使用直尺和羅盤，在一張很大的圖上獲得的，爲適合地球軌道的半徑（包含 10000 個部分），該圖取該半徑等於 16⅓英寸；而各角的弦是在自然正弦表上求得的。

最後，爲檢驗彗星是否確定在這一求出的軌道上運動，我用算術計算配合以直尺和羅盤，求出了它在該軌道上對應於觀測時間的位置，結果列於下表：

彗星							
	到太陽距離	計算經度	計算緯度	觀測經度	觀測緯度	經度差	緯度差
		° ′	° ′	° ′	° ′		
12月12日	2792	♑ 6.32	$8.18\frac{1}{2}$	♑ $6.31\frac{1}{2}$	8.26	+1	$-7\frac{1}{2}$
29日	8403	♓ $13.13\frac{2}{5}$	28.00	♓ $13.11\frac{3}{4}$	$28.10\frac{1}{12}$	+2	$-10\frac{1}{12}$
2月5日	16669	♉ 17.00	$15.29\frac{2}{3}$	♉ $16.59\frac{7}{8}$	$15.27\frac{2}{5}$	+0	$+2\frac{1}{4}$
3月5日	21737	$29.19\frac{3}{4}$	12.4	$29.20\frac{6}{7}$	$12.3\frac{1}{2}$	−1	$+\frac{1}{2}$

但後來哈雷博士以算術計算法求出了比作圖法精確得多的彗星軌道；其交會點在♋和♑1°53′之間擺動，軌道平面對黃道平面的傾角爲 $61°20\frac{1}{3}′$，彗星也是在 12 月 8 日 00 時 04 分到達其近日點。他發現近日點到彗星軌道的下降交會點距離爲 9°20′，拋物線的通徑爲 2430 部分；由這些數據通過精確的算術計算，他求出對應於觀測時間的彗星位置，列於下表：

這顆彗星早在 11 月時已出現，在薩克森的科堡（Coburg, in Saxony），哥特弗里德・基爾希㉓先生於舊曆這個月的 4 日、6 日和 11 日都做過觀測；由觀測到的該彗星相對於最接近的恆星的位置，有時是以 2 英尺鏡獲得的，有時是以 10 英尺鏡獲得的；由科堡與倫敦的經度差 11°；再由龐德先生觀測的恆星位置，哈雷博士推算出彗星的位置如下：

出現在倫敦的時間，11 月 3 日 17 時 2 分，彗星在♌29°51′，北緯 1°17′45″。

㉓ Gottfried Kirch，1639-1710，德國天文學家。他與他的妻子、兒子、女兒都是著名天文學家。——中譯者

眞實時間	彗星			誤差	
	到太陽距離	計算經度	計算緯度	經度	緯度
d h m s		° ′ ″	° ′ ″	′ ″	′ ″
12月 12.4.46.	28028	♉ 6.29.25	8.26.0 *bor*.	−3.5	−2.0
21.6.37.	61076	♒ 5.6.30	21.43.20	−1.42	+1.7
24.6.18.	70008	18.48.20	25.22.40	−1.3	−0.25
26.5.20.	75576	28.22.45	27.1.36	−1.28	+0.44
29.8.3.	84021	♓ 13.12.40	28.10.10	+1.59	+0.12
30.8.10.	86661	17.40.5	28.11.20	+1.45	−0.33
1月 5.6.1½.	101440	♈ 8.49.49	26.15.15	+0.56	+0.8
9.7.0.	110959	18.44.36	24.12.54	+0.32	+0.58
10.6.6.	113162	20.41.0	23.44.10	+0.10	+0.18
13.7.9.	120000	26.0.21	22.17.30	+0.33	+0.2
25.7.59.	145370	♉ 9.33.40	17.57.55	−1.10	+1.25
30.8.22.	155303	13.17.41	16.42.7	−2.10	−0.11
12月 2.6.35.	160951	15.11.11	16.4.15	−2.42	+0.14
5.7.4½.	166686	16.58.55	15.29.13	−0.41	+2.0
25.8.4.	202570	26.15.46	12.48.0	−2.49	+1.10
3月 5.11.3.	216205	29.18.35	12.5.40	+0.35	+2.14

　　11月5日15時58分，彗星位於 ♍ 3°23′，北緯1°6′。

　　11月10日16時31分，彗星距位於 ♌ 的兩顆星距離相等，按貝耶爾的表示爲 σ 和 τ；但它還沒有完全到達二者的連線上，而與該線十分接近。在弗萊姆斯蒂德的星表中，當時 σ 星位於 ♍ 14°15′，約北緯1°41′，而 τ 星是位於 ♍ 17°3½′，南緯0°33½′；這兩顆星的中點爲 ♍ 15°39¼′，北緯0°33½′。令彗星到該直線的距離約爲10′或12′；則彗星與該中點的經度差爲7′；緯度差爲7½′；因此，該彗星位於 ♍ 15°32′，約北緯26′。

第一次觀測到的彗星相對於某些小恆星的位置具有所期望的所有精度；第二次觀測也足夠精確。第三次觀測精度最低，誤差可能達 6′ 或 7′，但不會更大。該彗星的經度，在第一次也是最精確的觀測中，按上述拋物線軌道計算，位於 ♌ 29°30′32″，其北緯爲 1°25′7″，到太陽的距離爲 115546。

哈雷博士進一步指出，考慮到有一顆奇特的彗星以每 575 年的相等時間間隔出現過四次〔即，在尤里烏斯·凱撒被殺後的 9 月[24]；（在紀元）531 年，蘭帕迪烏斯和奧里斯特斯 (Lampadius and Orestes) 執政；（在) 1106 年的 2 月；以及 1680 年底；它每次出現都有很長很明亮的尾巴，只是在凱撒死後那一次，由於地球位置不方便，它的尾部沒有這樣惹人注目〕，他推算出它的橢圓軌道，其長軸爲 1382957 部分，在此，地球到太陽的平均距離爲 10000 部分；在該軌道上，彗星運行週期應爲 575 年；其上升交會點在 ♋ 2°2′，軌道平面與黃道平面交角爲 61°6′48″，彗星在該平面上的近日點爲 ♐ 22°44′25″，到達該點時間爲 12 月 7 日 23 時 9 分，在黃道平面上近日點到上升交會點的距離爲 9°17′35″，其共軛軸爲 18481.2，據此，他推算出彗星在這個橢圓軌道上的運動。由觀測得到的，以及由該軌道計算出的彗星位置，都在下表中列出。

對這顆彗星的觀測，自始至終都與在剛才所說的軌道上計算出的彗星運動完全吻合，一如行星運動與由引力理論推算出的運動相吻合，這種一致性明白無誤地顯示出每次出現的都是同一顆彗星，而且它的軌道也已正確地得出。

在上表中我們略去了 11 月 16 日、18 日、20 日和 23 日的幾次觀測，因爲它們不夠精確。在這幾天裏，許多人都在觀測這顆彗星。舊曆 11 月 17 日，龐修 (Ponthio) 和他的同事在羅馬於早晨 6 時（即倫敦 5 時 10 分）將準線對準恆星，測出彗星位於 ♎ 8°30′，南緯 0°41′。他們的觀測記錄可以在龐修發表的一篇關於這顆彗星的論文中找到。

[24] 凱撒於西元前 44 年 3 月被刺殺。——中譯者

眞實時間	觀測經度	觀測北緯度	計算經度	計算緯度	經度誤差	緯度誤差
d h ′	° ′ ″	° ′ ″	° ′ ″	° ′ ″	′ ″	′ ″
11月　3.16.47	♌ 29.51.00	1.17.45	♌ 29.51.22	1.17.32 N	+0.22	−0.13
5.15.37	♍ 03.23.00	1.06.00	♍ 03.24.32	1.06.09	+1.32	+0.9
10.16.18	15.32.00	0.27.00	15.33.02	0.25.070	+1.2	−1.53
16.17.0			♎ 08.16.45	0.53.07 S		
18.21.34			18.52.15	1.26.54		
20.17.00			28.10.36	1.53.35		
23.17.05			♏ 13.22.42	2.29.00		
12月　12.04.46	♉ 06.32.30	8.28.00	♉ 06.31.20	8.29.06 N	−1.10	+1.6
21.06.37	♒ 05.08.12	21.42.13	♒ 05.06.14	91.44.42	−1.58	+2.29
24.06.18	18.49.23	25.23.05	18.47.30	25.23.35	−1.53	+0.30
26.05.21	28.24.13	27.00.52	28.21.42	27.02.01	−2.31	+1.9
29.08.3	♓ 13.10.41	28.09.58	♓ 13.11.14	28.10.38	+0.33	+0.40
30.08.10	17.38.00	28.11.53	17.38.27	28.11.37	+0.7	−0.16
1月　05.06.1½	♈ 08.48.53	26.15.07	♈ 08.48.51	26.14.57	−0.2	−0.10
09.07.01	18.44.04	24.11.56	18.43.51	24.12.17	−0.13	+0.21
10.06.06	20.40.50	23.43.32	20.40.23	23.43.25	−0.27	−0.7
13.07.09	25.59.48	22.17.28	26.00.08	22.16.32	+0.20	−0.56
25.07.59	♉ 09.35.00	17.56.30	♉ 09.34.11	17.56.06	−0.49	−0.24
30.08.22	13.19.51	16.42.18	13.18.28	16.40.05	−1.23	−2.13
2月　02.06.35	15.13.53	16.04.01	15.11.59	16.02.17	1.54	−1.54
05.07.4½	16.59.06	15.27.03	16.59.17	15.27.00	+0.11	−0.3
25.08.41	26.18.35	12.46.46	26.16.59	12.45.22	−1.36	−1.24
3月　01.11.10	27.52.42	12.23.40	27.51.47	12.22.28	−0.55	−1.12
05.11.39	29.18.00	12.03.16	29.20.11	12.02.50	+2.11	−0.26
09.08.38	♊ 00.43.04	11.45.52	♊ 00.42.43	11.45.35	−0.21	−0.17

切里奧（Cellio）當時在場，他在致卡西尼的一封信中報告說，該彗星在同一時刻位於 ♎ 8°30′，南緯 0°30′。伽列特（Gallet）在阿維尼翁（Avignon）於同一小時（即在倫敦早晨 5 時 42 分）發現它位於 ♎ 8°30′8″，緯度爲零。但根據理論計算，當時該彗星應位於 ♎ 8°16′45″，南緯 0°53′7″。

11 月 18 日，在羅馬早晨 6 時 30 分（即倫敦 5 時 40 分），龐修觀

測到彗星位於 ≃13°30′，南緯 1°20′；而切里奧發現在 ≃13°60′，南緯 1°00′。但在阿維尼翁的早晨 5 時 30 分，伽列特看到它在 ≃13°00′，南緯 1°00′。在法國的拉弗累舍大學（University of La Fleche），早晨 5 時（即倫敦的 5 時 9 分），安果（Ango）發現它位於兩顆小恆星中間，其中一顆是處女座南肢右側三顆星中位於中間的一顆，貝耶爾以 ψ 標記；另一顆是該肢上最靠外的一顆，貝耶爾記以 θ。因此，彗星當時位於 ≃12°46′，南緯 50°。哈雷博士告訴我，在新英格蘭（New England）緯度爲 42½°[25] 的波士頓（Boston），當天早晨 5 時（即倫敦早晨 9 時 44 分），該彗星位於約 ≃14°，南緯 1°30′。

11 月 19 日 4½時，在劍橋（Cambridge）發現，該彗星（根據一位年輕人的觀測）距角宿一（Spica）♍ 約西北 2°。當時角宿一位於≃19°23′47″，南緯 2°1′59″。同一天早晨 5 時，在新英格蘭的波士頓，彗星距角宿一 ♍ 1°，緯度差爲 40′。同一天，在牙買加島（island of Jamaica），它距角宿一 ♍ 1°。同一天，亞瑟·斯多爾（Arthur Storer）先生，在維吉尼亞地區的馬里蘭（Maryland in the confines of Virginia），在位於亨丁·克里克（Hunting Creek）附近的緯度爲 38½°的帕圖森河（river Patuxent）邊，早晨 5 時（即倫敦 10 時），看到彗星剛好在角宿一♍之上，幾乎與它重合，相互間距離約爲¾°。比較這些觀測後，我認爲，在倫敦 9 時 44 分時，彗星位於 ≃18°50′，南緯約 1°25′。而理論則給出 ≃18°52′15″，南緯 1°26′54″。

11 月 20 日，帕多瓦（Padua）的天文學教授蒙特納里[26]，在威尼斯（Venice）早晨 6 時（即倫敦 5 時 10 分）看到彗星位於 ≃23°，南緯 1°30′。同一天在波士頓，它距角宿一♍偏東 4°，因而大約位於 ≃23°24′。

㉕ 英譯本誤作 42½′。——中譯者

㉖ Montenari，Geminiano，1633-1687，義大利天文學家。——中譯者。

11 月 21 日，龐修及其同事在早晨 7¼時觀測到彗星位於 ≏ 27°
50′，南緯 1°16′；切里奧發現在 ≏ 28°；安果在早晨 5 時發現在 ≏ 27°
45′；蒙特納里發現在 ≏ 27°51′。同一天，在牙買加島，它位於 ♍ 起點
處，緯度大約與角宿一♍ 相同，即 2°2′。同一天，在東印度（現在的印
度奧里薩邦）巴拉索爾（Ballasore）的早晨 5 時（即倫敦的前一天夜
裏 11 時 20 分），彗星位於角宿一♍ 以東 7°35′，在角宿一與天秤座的
連線上，因而位於 ≏ 26°58′，南緯 1°11′；5 時 40 分以後（即倫敦早晨
5 時），它位於 ≏ 28°12′，南緯 1°16′。根據理論計算，它應位於 28°10′
36″，南緯 1°53′35″。

11 月 22 日，蒙特納里發現彗星在 ♍ 2°33′；但在新英格蘭的波士
頓發現它約在 ♍ 3°，緯度幾乎與以前相同，即 1°30′。同一天，在巴拉
索爾早晨 5 時，觀測到彗星位於 ♍ 1°50′，所以在倫敦的早晨 5 時，彗
星約在 ♍ 3°5′。同一天早晨 6½時，胡克博士發現它約在 ♍ 3°30′，位於
角宿一♍ 和獅子座的連線上，但沒有完全重合，而是略偏北一點。這
一天，以及隨後的幾天，蒙特納里也發現，由彗星向角宿一所作的直
線自獅子座南側很近處通過。獅子座與角宿一♍ 的連線在 ♍ 3°46′處以
2°25′角與黃道平面相交；如果彗星位於該直線上的 ♍ 3°處，則它的緯
度應爲 2°26′；但由於胡克和蒙特納里都認爲彗星位於該直線以北極
小距離處，其緯度必定還要小些。在 20 日，根據蒙特納里的觀測，它
的緯度幾乎與角宿一♍ 相同，即約 1°30′。但胡克、蒙特納里和安果又
都認爲，這一緯度是連續增加的，因而在 22 日，它應明顯大於 1°30′；
取 2°26′和 1°30′兩個極限值的中間值，則緯度應爲 1°58′。胡克和蒙特納
里同意彗尾指向南宿一♍。但胡克認爲略偏向該星南側，而蒙特納里
認爲略偏北側；因而，其傾斜很難發現；彗尾應平行於赤道，相對於
對日點略偏北。

舊曆 11 月 23 日，紐倫堡（Nuremberg）早晨 5 時（即倫敦早晨
4½時），齊默爾曼（Zimmerman）先生看到彗星位於 ♍ 8°8′，南緯 2°
31′，這一位置是由它相對於恆星位置推算的。

11 月 24 日日出之前，蒙特納里發現彗星位於獅子座與角宿一♍

連線北側的 ♏ 12°52′，因而其緯度略小於 2°38′；前面已說過，由於蒙特納里、安果和胡克都認爲這一緯度是連續增加的，所以在 24 日應略大於 1°58′，取其平均值，當爲 2°18′，沒有明顯誤差。龐修和伽列特則認爲緯度是減小的；而切里奧，以及在新英格蘭的觀測者認爲其緯度保持不變，即約爲 1°或 1½°。龐修和切里奧的觀測較粗糙，在測地平經度與緯度時尤其如此，伽列特的觀測也一樣。蒙特納里、胡克、安果和新英格蘭的觀測者們採用的測量彗星相對於恆星位置的方法比較好，龐修和切里奧有時也用這種方法。同一天，在巴拉索爾早晨 5 時，彗星位於 ♏ 11°45′；因而在倫敦早晨 5 時，它約在 ♏ 13°，而根據理論計算，彗星這時應在 ♏ 13°22′42″。

11 月 25 日，日出以前，蒙特納里看到彗星約在 ♏ 17¾°；而切里奧同時發現彗星位於室女座右側亮星與天秤座南端的連線上；這條直線與彗星路徑相交於 ♏ 18°36′，而理論值約在 ♏ 18⅓°。

由所有這些易於看出，這些觀測在其相互吻合的水準上而言，與理論也是一致的；這種一致性表明自 11 月 4 日至 3 月 9 日所出現的是同一顆彗星。該彗星的軌跡兩次越過黃道平面，因而不是一條直線。它不是在天空中相對的位置上，而是在室女座末端與摩羯座（Capricorn）起點上與黃道平面相交，間隔弧度約 98°；因而該彗星路徑極大地偏離大圓軌道；因爲在 11 月裏，它向南偏離黃道平面至少爲 3°；而在隨後的 12 月時則向北傾斜達 29°；根據蒙特納里的觀測，彗星在其軌道上落向太陽與自太陽處揚起的相互間視在傾角在 30°以上。這個彗星掠過九個星座，即自 ♌ 末端到 ♊ 首端，它在掠過 ♌ 座之後開始被發現；任何其他理論都無法解釋彗星在如此大的天空範圍內進行的規則運動。這一彗星的運動還是極不相等的；因爲約在 11 月 20 日時，它每天掠過約 5°，然後在 11 月 26 日到 12 月 12 日之間速度放慢，在 15½天的時間裏，它只掠過 40°，但隨後它的速度又加快了，每天約掠過 5°，直至其運動再次減速。一個能在如此之大的空間範圍內恰如其分地描述如此不相等的運動，又與行星理論具有相同定律，而且得到精確的天文學觀測印證的理論，絕不可能是別的什麼，只能

是眞理。

我繪製了一張插圖，在彗星軌道的平面上表示出這一彗星的實際軌道，以及它在若干位置上噴射出的尾巴，這樣做應該沒有什麼不妥之處。在這張圖中，ABC 表示彗星軌道，D 爲太陽，DE 爲軌道軸，DF 爲交會點連線，GH 爲地球軌道球面與彗星軌道平面的交線，I 爲彗星在 1680 年 11 月 4 日的位置；K 爲其同年 11 月 11 日的位置；L 爲其同年 11 月 19 日的位置；M 爲 12 月 12 日的位置；N 爲 12 月 21 日的位置；O 爲 12 月 29 日的位置；P 爲次年 1 月 5 日的位置；Q 爲 1 月 25 日的位置；R 爲 2 月 5 日的位置；S 爲 2 月 25 日的位置；T 爲 3 月 5 日的位置；V 爲 3 月 9 日的位置。爲了確定其彗尾長度，我進行了如下觀測：

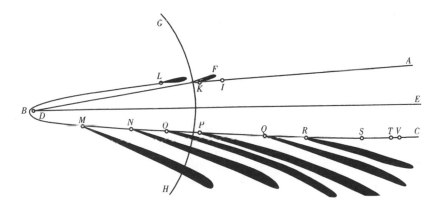

11 月 4 日和 6 日，彗尾未出現；11 月 11 日，彗尾剛剛出現，但在 10 英尺望遠鏡中長度不超過½°；11 月 17 日，龐修發現彗尾長超過 15°；11 月 18 日，在新英格蘭看到彗尾長達 30°，並直指太陽，延伸到位於 ♍ 9°54′的火星；11 月 19 日，在馬里蘭看到彗尾長爲 15°或 20°；12 月 10 日（根據弗萊姆斯蒂德的觀測），彗尾自蛇夫座（Ophiuchus）蛇尾與天鷹座（Aquila）南翼的δ星，即自貝耶爾星表上的 A、ω、b 星之間的距離中間穿過。因而彗尾末梢在 ♉ 19½°，北緯約 34¼°。

12 月 11 日，它上升到射手座（Sagitta）頭部（貝耶爾的α、β星），即♉ 26°43′，北緯 38°34′。12 月 12 日，彗尾通過射手座中部，沒有延伸很遠；尾端約在 ♒ 4°，北緯 42½°。不過讀者必須清楚，這些都是彗尾中最亮的部分的長度，因為在晴朗的夜空裏，也可能觀測到較暗的光。12 月 12 日 5 時 40 分，根據龐修在羅馬的觀測，彗尾一直延伸到天鵝座（Swan）尾星以上 10°，彗尾邊緣距這顆星 45′，指向西北。但在這前後彗尾上端的寬度約 3°；因而其中部約在該星南方 2°15′，其上端位於 ✕ 22°，北緯 61°；因此彗尾長約 70°。12 月 21 日，它幾乎延伸到仙后座（Cassiopeia）的座椅上，等於到β星和 Schedir 星的距離，並使得它到這兩個星中的一個的距離，等於這兩個星之間的距離，因而彗尾末端在 ♈ 24°，緯度為 47½°。12 月 29 日，彗尾與 Scheat 座左側接觸，充滿仙女座（Andromeda）北部兩足間的空間，長達 54°；尾端位於 ♉ 19°，緯度為 35°。1 月 5 日，它觸及仙女座右胸處的 π 星和左腰間的 μ 星；根據我們的觀測，長約 40°；但已開始彎曲，凸部指向南方；並在彗頭附近與通過太陽和彗頭的圓成 4°夾角；而在末端則與該圓成 10°或 11°夾角；彗尾的弦與該圓夾角為 8°。1 月 13 日，彗尾位於 Alamech 與 Algol 之間，亮度仍足以看到；但位於英仙座（Perseus）旁 κ 星的末端已暗淡。彗尾末端到通過太陽與彗星的圓的距離為 3°50′，彗尾的弦與該圓夾角為 8½°。1 月 25 日和 26 日，彗尾亮度微弱，長約 6°或 7°；經過一個或兩個夜晚後，在極為晴朗的天空，它延伸長度為 12°或更多，亮度很暗，難以看到；但它的軸仍精確地指向御夫座（Auriga）東肩上的亮星，因而偏離對日點北側 10°角。最後，2 月 10 日，我在望遠鏡中只看到 2°長的彗尾；因為更弱的光無法通過玻璃。但龐修寫道，他在 2 月 7 日看到彗尾長達 12°。2 月 25 日，彗星失去彗尾直到消失。

　　現在，如果回顧一下前面討論的彗星軌道，並充分顧及該彗星的其他現象，則人們應對彗星是像行星一樣的堅硬、緊密、牢固和持久的星體的說法感到滿意；因為，如果它們僅是地球、太陽和其他行星的蒸汽或霧氣，則當它在太陽附近通過時便立即消散；因為太陽的熱正

比於其光線的密度，即反比於受照射處所到太陽距離的平方。所以，在 12 月 8 日，彗星位於其近日點，它到太陽的距離與地球到太陽的距離的比，約爲 6：1000，這時太陽給彗星的熱比太陽給我們的熱等於 1000000：36 或 28000：1。我試驗過，沸騰的水的熱大於夏天陽光曬乾土壤水分的熱約 3 倍；紅熱的鐵的熱（如果我的猜測正確的話）又大於沸騰的水的熱約 3 或 4 倍。所以，當彗星位於近日點時，曬乾其土壤的太陽熱約 2000 倍於紅熱的鐵的熱。而在如此強烈的熱中，蒸汽和薄霧，以及所有的揮發性物質，都會立即發散而消失。

　　所以，這顆彗星必定從太陽得到極大的熱量，並能保持極長的時間；因爲直徑 1 英寸的鐵球燒至紅熱後暴露在空氣中，一小時時間裏很難失去所有的熱；而更大的球將比例於其直徑而保持更長的時間，因爲其表面（與之接觸的周圍空氣冷卻速度即比例於它）與所含熱物質的量的比值較小；所以，與我們的地球同樣大的紅熱鐵球，即直徑約 40000000 英尺，將很難在數目相同的天數裏，或在多於 50000 年的時間裏冷卻。不過我推測由於某些尚不明瞭的原因，熱量保持時間的增加要小於直徑增大的比例；我企盼著用實驗給出實際比值。

　　人們還進一步觀察到，在 12 月裏，彗星剛受到太陽加熱之後，的確比其在 11 月裏尚未到達近日點時射出長得多也亮得多的彗尾；一般而言，最長而最輝煌的彗尾總是發生在剛剛通過鄰近太陽之處。所以，彗星接受的熱導致了巨大的彗尾；由此，我想我可以推論，彗尾不是別的，正是極細微的蒸汽，它由於彗頭或彗核接收的熱而噴射出來。

　　不過，關於彗尾有三種不同的看法：有些人認爲它只不過是太陽光通過被認爲是透明的彗頭後射出的光束；另一些人提出，彗尾是由彗頭射向地球的光發生折射形成的；最後，還有一些人則設想，彗尾是由彗頭所不斷產生的雲霧或蒸汽，它們總是向背對著太陽的方向放出。第一種看法不能爲光學所接受；因爲在暗室中看到的太陽光束，只不過是光束在彌漫於空氣中的塵埃和煙霧粒子上反射的結果；因此，在濃煙密佈的空氣中，這種光束以很強的亮度顯現，並對眼睛產生強烈作用；在比較純淨的空氣中，光束亮度較弱，不易於被察覺；

而在天空中，根本沒有可以反射陽光的物質，因而絕不可能看到光束。光不是因爲它成爲光束，而是因爲它被反射到我們的眼睛，才被看到的；因爲視覺唯有光線落到眼睛上才得以產生；所以，在我們看見彗尾的地方，必定有某種反射光的物質存在，不然的話，由於整個天空是受太陽的光同等地照亮的，它的任何一部分都不可能顯得比其他部分更亮些。第二種看法面臨許多困難。我們看到的彗尾從來都不像常見的折射光那樣帶有斑斕的色彩；由恆星和行星射向我們的純淨的光表明，以太或天空介質完全不具備任何折射能力：因爲，正像人們所指出的那樣，埃及人（the Egyptians）有時看到恆星帶有彗髮，由於這種情況很罕見，我們寧可把它歸因於雲霧的折射；而恆星的跳躍與閃爍則應歸因於眼睛與空氣二者的折射；因爲，當把望遠鏡放在眼睛前時，這種跳躍與閃爍便立即消失。由於空氣與蒸騰的水汽的顫動，光線交替地在眼睛瞳孔狹小的空間裏擺動；但望遠鏡物鏡口徑很大，不會發生這種事情；因此，閃爍是由於前一種情形造成的，在後一情形中則不存在；在後一情形中閃爍的消失證明通過天空正常照射過來的光沒有經過任何可察覺的折射。可能會有人提出異議，說有的彗星看不到彗尾，因爲它受到的光照很弱，而次級光則更弱，不能爲眼睛所知覺，正因爲如此，恆星的尾部不會出現。我們的回答是，利用望遠鏡可以使恆星的光增加 100 倍，但還是看不到尾巴；而行星的光更亮，也還是沒有尾巴；但彗星有時有著巨大的彗尾，同時彗頭卻暗淡無光。這正是 1680 年彗星所發生的情形，當時，在 12 月裏，它的亮度尚不足第二星等，但卻射出明亮的尾巴，延伸長度達 40°、50°、60°或 70°甚至更長；其後，在 1 月 27 日和 28 日，當彗頭變爲第七星等的亮度時，彗尾（仍像上述的那樣）卻清晰可辨，雖然已經暗淡了，仍長達 6°或 7°，如果計入更難以看到的弱光，它甚至長達 12°以上。但在 2 月 9 日和 10 日，肉眼已看不到彗頭，我在望遠鏡中還看到 2°長的彗尾。再者，如果彗尾是由於天體物質的顫動引起的，並根據其在天空中的位置偏向背離太陽的一側，則在天空中的相同位置上彗尾的指向應當相同。但 1680 年的彗星，在 12 月 28 日 8½ 小時時，在倫敦看到

位於 ♓ 8°41′，北緯 28°6′；當時太陽在 ♑ 18°26′。而 1577 年的彗星，在
12 月 29 日位於 ♓ 8°41′，北緯 28°40′，太陽也大約在 ♑ 18°26′。在這兩
種情形裏，地球在天空的位置相同；但在前一情形彗尾（根據我的以
及其他人的觀測）向北偏離對日點的角度爲 4½°；而在後一情形裏
（根據第谷的觀測）卻向南偏離 21°。所以，天體物質顫動的說法得不
到證明，彗尾現象必定只能通過其他反光物質來解釋。

　　彗尾所遵循的規律，也進一步證明彗尾由彗頭產生，並指向背著
太陽的部分：彗尾處在通過太陽的彗星軌道平面上，它們總是偏離對
日點而指向彗頭沿軌道運動時所留下的部分。對於位於該平面內的旁
觀者而言，彗尾出現在正對著太陽的部分；但當旁觀者遠離該平面
時，這種偏離即明顯起來，而且日益增大。在其他條件不變的情況下，
彗尾對彗星軌道的傾斜較大，以及當彗頭接近於太陽時，這種偏離較
小，尤其當在彗頭附近取這種偏離角時更是如此。沒有偏離的彗尾看
上去是直的，而有偏離的彗尾則以某種曲率彎折。偏離越大，曲率越
大；而且在其他條件相同情況下，彗尾越大，曲率越大；因較短的彗
尾其曲率很難察覺。在彗頭附近偏離角較小，但在彗尾的另一端則較
大。這是因爲彗尾的凸側對應著產生偏離的部分，位於自太陽引向彗
頭的無限直線上，而且位於凸側的彗尾，比凹側更長更寬，亮度更強，
更鮮豔奪目，邊緣也更清晰。由這些理由即易於明白彗尾的現象取決
於彗頭的運動，而不取決於彗頭在天空被發現的位置；所以，彗尾並
不是由天空的折射所產生的，而是彗頭提供了形成彗尾的物質。因爲，
和在我們的空氣中一樣，熱物體的煙霧，或是在該物體靜止時垂直上
升，或是當該物體斜向運動時沿斜向上升，在天空中也是如此，所有
的物體被吸引向太陽，煙霧和水汽必定（像我們已說過的那樣）自太
陽方向升起，或是當帶煙物體靜止時垂直上升，或是當物體在其整個
運動過程中不斷離開煙霧的上部或較高部分原先升起的位置時而斜向
上升；煙霧上升速度最快時斜度最小，即在放出煙霧的物體鄰近太陽
時，在其附近的煙霧斜度最小。但因爲這種斜度是變化的，所以煙柱
也隨之彎曲；又因爲在前面的煙霧放出較晚，即自物體上放出的時間

較晚，因而其密度較大，必定反射的光較多，邊界也更清晰。許多人描述過彗尾的突發性不確定擺動以及其不規則形狀，關於此我不擬討論，因為可能是由於我們的空氣的對流，以及雲霧的運動部分遮掩了彗尾所致；或者，也許是由於當彗星通過銀河時，把銀河的某部分誤認為是彗尾的一部分所致。

至於彗星的大氣何以能提供足夠多的蒸汽充滿如此巨大的空間，我們不難由地球大氣的稀薄性得到理解；因為在地表附近的空氣佔據的空間 850 倍於相同重量的水，所以 850 英尺高的空氣柱的重量與寬度相同但僅 1 英尺高的水柱相等。而重量等於 33 英尺高水柱的空氣柱，其高度將伸達大氣頂層；所以，如果在這整個空氣柱中截去其下部 850 英尺高的一段，餘下的上半部分重量與 32 英尺水柱相等；由此（以及由得到多次實驗驗證的假設，即空氣壓力正比於周圍大氣的重量，而重力反比於到地球中心距離的平方），運用第二卷命題 22 的推論加以計算，我發現，在地表以上一個地球半徑的高度處，空氣比地表處稀薄的程度，遠大於土星軌道以內空間與一個直徑 1 英寸的球形空間的比；因而，如果我們的大氣層僅厚 1 英寸，稀薄程度與地表以上一個地球半徑處相同，則它將可以充滿整個行星區域，直至土星軌道，甚至更遠得多。所以，由於極遠處的空氣極為稀薄，彗髮或彗星的大氣到其中心一般高於彗核表面 10 倍，而彗尾上升得更高，因而必極為稀薄；雖然由於彗星的大氣密度很大，星體受到太陽的強烈吸引，空氣和水汽粒子也同樣相互吸引，在天空與彗尾中的彗星空氣並沒有極度稀薄到這種程度，但由這一計算來看，極小量的空氣和水汽足以產生出彗尾的所有現象，是不足為奇的；因為由透過彗尾的星光即足以說明它們的稀薄程度。地球的大氣在太陽光的照耀下，雖然只有幾英里厚，卻不僅足以遮擋和淹沒所有星辰的光，甚至包括月球本身，而最小的星星也可以透過同樣被太陽照耀的厚度極大的彗星並為我們所看到，而且星光沒有絲毫減弱。大多數彗尾的亮度，一般都不大於我們的 1 至 2 英寸厚的空氣在暗室中對由百葉窗孔進入的太陽光束的反射亮度。

　　我們可以很近似地求出水汽由彗頭上升到彗尾末端所用的時間，方法是由彗尾末端向太陽作直線，標出該直線與彗星軌道的交點；因爲位於尾端的水汽如果是沿直線從太陽方向升起的，必定是在彗頭位於該交點處時開始其上升的。的確，水汽並沒有沿直線升離太陽，但保持了在它上升之前從彗星所得到的運動，並將這一運動與它的上升運動相複合，沿斜向上升；因而，如果我們作一平行於彗尾長度的直線相交於其軌道；或乾脆（因爲彗星作曲線運動）作一稍稍偏離彗尾直線或長度方向的直線，則可以得到這一問題的更精確的解。運用這一原理，我算出 1 月 25 日位於彗尾末端的水汽，是在 12 月 11 日以前由彗頭開始上升的，因而整個上升過程用了 45 天；而 12 月 10 日所出現的整個彗尾，在彗星到達其近日點後的兩天時間內已停止其上升。所以，蒸汽在鄰近太陽處以最大速度開始上升。其後受其重力影響以不變的減速度繼續上升；它上升得越高，就使彗尾加長得越多；持續可見的彗尾差不多全是由彗星到達其近日點以後升騰起的蒸汽形成的；原先升起的蒸汽形成彗尾末端，直到距我們的眼睛，以及距使它獲得光的太陽太遠以前，都是可見的，而那以後即不可見。同樣道理，其他彗星的彗尾較短，很快消失，這些彗尾不是自彗頭快速持續地上升而形成的，而是穩定持久的蒸汽和煙塵杜體，以持續許多天的緩慢運動自彗頭升起，而且從一開始就加入了彗頭的運動，隨之一同通過天空。在此我們又有了一個理由，說明天空是自由的，沒有阻力的，因爲在天空中不僅行星和彗星的堅固星體，而且像彗尾那樣極其稀薄的蒸汽，都可以以極大自由維持其高速運動，並且持續極長時間。

　　克卜勒把彗尾上升歸因於彗頭大氣，而把彗尾指向對日點歸因於與彗尾物質一同被拖曳的光線的作用；在如此自由的空間中，像以太那樣微細的物質屈服於太陽光線的作用，這想像起來並不十分困難，雖然這些光線由於阻力太大而不能使地球上的大塊物質明顯地運動。另一位作者猜想有一類物質的粒子具有輕力原理（principle of levity），如同其他物質具有重力一樣；彗尾物質可能就屬於前一種，它從太陽升起就是輕力在起作用；但是，考慮到地球物體的重力正比

於物體的物質的量，因而對於相同的物質的量既不會太大也不會太小，我傾向於相信是由於彗尾物質很稀薄造成的。煙囱裏的煙的上升是由混雜於其間的空氣造成的。熱氣上升致使空氣稀薄，因爲它的比重減小了。進而在上升中裏攜飄浮於其中的煙塵一同上升。爲什麼彗尾就不能以同樣方式升離太陽呢？因爲太陽光線在介質中除了發生反射和折射外，對介質不產生別的作用；反射光線的粒子被這種作用加熱，進而使包含於其中的以太物質也加熱。它獲得的熱使物質變得稀薄，而且，因爲這種稀薄作用使原先落向太陽的比重減小，進而上升，並裏攜組成彗尾的反光粒子一同上升。但蒸汽的上升又進一步受到環繞太陽運動的影響；其結果是，彗尾升離太陽，同時太陽的大氣與其天空物質或者都保持靜止，或者只是隨著太陽的轉動而以慢速度繞太陽運動。這些正是彗星在太陽附近時，其軌道彎度較大，彗星進入太陽大氣中密度較大因而較重的部分，致使彗星上升的原因。根據這一解釋，彗星必定放出有巨大長度的彗尾；因爲這時升起的彗尾還保持著自身的適當運動，同時還受到太陽的吸引，必定與彗頭一樣沿橢圓繞太陽運動，而這種運動既使它總是追隨著彗頭，又自由地與彗頭相連接。因爲太陽吸引蒸汽脫離彗頭而落向太陽的力，並不比彗頭吸引它們自彗尾下落的力更大。它們必定只能在共同的重力作用下，或是共同落向太陽，或是在共同的上升運動中減速；所以，（無論是出於上述原因或是其他原因）彗尾與彗頭輕易地獲得並自由地保持了相互間的位置關係，完全不受這種共同重力的干擾或阻礙。

所以，在彗星位於近日點時升起的彗尾將追隨彗頭延伸至極遠處，並與彗頭一同經過許多年的運動之後再次回到我們這裏，或者乾脆在此過程中逐漸稀薄而完全消失；因爲在此之後，當彗頭又落向太陽時，新而短的彗尾又會以緩慢運動而自彗頭放出；而這彗尾又會逐漸地劇烈增長，當彗星位於近日點而落入太陽大氣低層時尤其如此；因爲在自由空間中的所有蒸汽總是處在稀薄和擴散的狀態中，所以所有彗星的彗尾在其末端都比頭部附近寬。而且，也不是不可能，逐漸稀薄擴散的蒸汽最終在整個天空中彌漫開來，又一點一點地在引力作

用下向行星聚集，匯入行星大氣。這與我們地球的構成絕對需要海洋一樣，太陽熱使海洋蒸發出足夠量的蒸汽，集結成雲霧，再以雨滴形式落回，濕潤大地，使作物得以滋生繁茂；或者與寒冷一同集結在山頂上（正如某些哲學家所合理猜測的那樣），再以泉水或河流形式流回；看來對於海洋和行星上流體的保持來說，彗星似乎是需要的，通過它的蒸發與凝結，行星上流體因作物的繁衍和腐敗被轉變爲泥土而損失的部分，可以得到持續的補充和產生；因爲所有的作物的全部生長都來自於流體，以後又在很大程度上腐變爲乾土；在腐敗流體的底部總是能找到一種泥漿，正是它使固體的地球的體積不斷增大；而如果流體得不到補充，必定持續減少，最終乾涸殆盡。我還進一步猜想，正是主要來自於彗星的這種精氣（spirit），它確乎是我們空氣中最小最精細也是最有用的部分，才是維持與我們同在的一切生命所最需要的。

彗星的大氣，在脫離彗星進入彗尾進而落向太陽時，是無力而且收縮的，因而變得狹窄，至少在面對太陽的一面是如此；而在背離太陽的一面，當少量大氣進入彗尾後，如果海威爾克所證述的現象準確的話，則又再次擴張。但它們在剛受太陽最強烈的加熱後看上去最小，而這種情況下射出的彗尾最長也最亮；也許，在同一時刻，彗核爲其大氣底層又濃又黑的煙塵所包圍，因爲強烈的熱所生成的煙都是既濃且黑。因此，上述彗星的頭部在其到太陽與地球距離相等處，在通過其近日點後顯得比以前暗；12月裏，彗星亮度一般爲第三星等，但在11月裏它爲第一或第二星等；這使得看見這兩種現象的人把前者當做比後者大的另一顆彗星。因爲在11月19日，劍橋的一位年輕人看見了這顆彗星，雖然暗淡無光，但也與室女座角宿一相同；它這時的亮度還是比後來亮。而在舊曆11月20日，蒙特納里發現它超過第一星等，尾長超過2°。斯多爾先生（在寫給我的一封信中）說12月裏彗尾體積最大也最亮，但彗頭卻小了，而且比11月日出前所見小得多；他推測這一現象的原因是，彗頭原先有較大的物質的量，而以後則逐漸失去了。

　　我又由相同的理由發現，其他彗星的頭部，在使其彗尾最大且最亮的同時，自己顯得既暗又小。因為在巴西（Brazil），新曆 1668 年 3 月 5 日，晚 7 時，瓦倫丁・艾斯坦瑟爾（Valetin Estancel）在地平線附近看到彗星，在指向西南方處彗頭小得難以發現，但其上揚的彗尾如此之光亮，足以使站在岸上的人看到其倒影；它像一簇火焰自西向南延伸達 23°，幾乎與地平線平行。但這一非常的亮度只持續了 3 天，以後即日見減弱；而且隨著彗尾亮度的減弱，其體積卻在增大：有人在葡萄牙（Portugal）也發現它跨越天空的 ¼，即 45°，橫貫東西方向，極為明亮，雖然在這些地方還看不到整個彗尾，因為彗頭尚潛藏在地平線以下：由其彗尾體積的增加和亮度的減弱來看，它當時正在離開太陽，而且距其近日點很近，與 1680 年彗星相同。我們還在《撒克遜編年史》（*Saxon Chronicle*）中讀到，類似的彗星曾出現於 1106 年，「彗星又小又暗（與 1680 年彗星相同），但其尾部卻極為明亮，像一簇巨大的火焰自東向北劃過天空」，海威爾克也從達勒姆（Durham）的修道士西米昂（Simeon）那裏看到相同的記錄。這顆彗星出現在 2 月初傍晚的西南方天空；由此，由其彗尾的位置，我們推斷其彗頭在太陽附近。馬修・帕里斯（Matthew Paris）說，「它距太陽約一腕尺（cubit）遠，自 3 點鐘（不是 6 點鐘）直到 9 點鐘，伸出很長的尾巴。」亞里斯多德在《氣象學》（*Meteorology*）第六章第一節中描述過絢麗的彗星，「看不到它的頭部，因為它位於太陽之前，或者至少隱藏在陽光之中；但次日也有可能看到它了；因為，它只離開太陽很小一段距離，剛好落在它後面一點。頭部散出的光因（尾部的）輝光太強而遮擋，還是無法看到。但以後（即如亞里斯多德所說）（尾部的）輝光減弱，彗星（的頭部）恢復了其本來的亮度；現在（尾部的）輝光延伸到天空的 ⅓（即延伸到 60°）。這一現象發生於冬季（第 101 屆奧林匹克運動會的第四年），並上升到奧利安（Orion）神[27] 的腰部，在那裏

㉗ 即獵戶座。——中譯者

消失。」1618 年的彗星正是這樣，它從太陽光下直接顯現出來，帶著極大的彗尾，亮度似乎等於，如果不是超過的話，第一星等；但後來，許多的其他彗星比它還亮，但彗尾卻短；據說其中有些大如木星，還有的大如金星，甚至大如月亮。

我們已指出彗星是一種行星，沿極爲偏心的軌道繞太陽運動；而且與沒有尾部的行星一樣，一般地，較小的星體沿較小的軌道運動，距太陽也較近，彗星中其近日點距太陽近的很可能一般較小，它們的吸引力對太陽作用不大。至於它們的軌道橫向直徑以及環繞週期，我留待它們經過長時間間隔後沿同一軌道回轉過來時再比較求出。與此同時，下述命題會對這一研究有所助益。

命題42　問題22

修正以上求得的彗星軌道。

方法 1 .設軌道平面的位置是根據前一命題求出的；由極爲精確的觀測選出彗星的三個位置，它們相互間距離很大。設 A 表示第一次觀測與第二次觀測之間的時間間隔，B 爲第二次與第三次之間的時間間隔；以這兩段時間中之一彗星位於其近日點爲方便，或至少距它不太遠。由所發現的這些視在位置，運用三角學計算，求出彗星在所設軌道平面上的實際位置；再由這些求得的位置，以太陽的中心爲焦點，根據第一卷命題 21，運用算術計算畫出圓錐曲線。令由太陽伸向所求出的位置的半徑所掠過的曲線面積爲 D 和 E；即，D 爲第一次觀測與第二次觀測之間的面積，E 爲第二次與第三次之間的面積；再令 T 表示由第一卷命題 16 求出的以彗星速度掠過整個面積 $D+E$ 所需的總時間。

方法 2 .保持軌道平面對黃道平面的傾斜不變，令軌道平面交會點的經度增大 20′ 或 30′，把它稱做 P。再由彗星的上述三個觀測位置求出在這一新的平面上的實際位置(方法與以前一樣)；並且也求出通過這些位置的軌道，在兩次觀測間由同一半徑掠過的面積，稱爲 d 和

e；令 t 表示掠過整個面積和 $d+e$ 所需的總時間。

方法 3 .保持方法 1 中的交會點經度不變，令軌道平面對於黃道平面的傾角增加 20′ 或 30′，新的角稱爲 Q。再由彗星的上述三個視在位置求出它在這一新平面上的位置，並且也求出通過它們的軌道在幾次觀測之間掠過的兩個面積，稱爲 δ 和 ε；令 τ 表示掠過總面積 $\delta+\varepsilon$ 所用的總時間。

然後，取 C 比 1 等於 A 比 B；G 比 1 等於 D 比 E；g 比 1 等於 d 比 e；γ 比 1 等於 δ 比 ε；令 S 爲第一次觀測與第三次觀測之間的眞實時間；適當選擇符號 + 和 −，求出這樣的數 m 和 n，使得 $2G-2C=mG-mg+nG-n\tau$；以 及 $2T-2S=mT-mt+nT-n\tau$ 成立。在方法 1 中，如果 I 表示軌道平面對黃道平面的傾角，K 表示交會點之一的經度，則 $I+nQ$ 爲軌道平面對黃道平面的實際傾角，而 $K+mP$ 表示交會點的實際經度。最後，如果在方法 1、2 和 3 中分別以量 R、r 和 ρ 表示軌道的通徑，以 $\frac{1}{L}$、$\frac{1}{l}$、$\frac{1}{\lambda}$ 表示軌道的橫向直徑，

則 $R+mr-mR+n\rho-nR$ 爲實際通徑，而 $\dfrac{1}{L+ml-mL+n\lambda-nL}$ 爲彗星所掠過的實際軌道的橫向直徑；求出了軌道的橫向直徑也就可以求出彗星的週期。 證畢。

但彗星的環繞週期以及其軌道的橫向直徑，只能通過對不同時間出現的彗星加以比較，才能足夠精確地求出。如果在經過相同的時間間隔後，發現幾個彗星掠過相同的軌道，我即可以由此推斷它們都是同一顆彗星，沿同一條軌道運行；然後由它們的環繞時間即可以求出軌道的橫向直徑，而由此直徑即可以求出橢圓軌道本身。

爲達到這一目的，需要計算許多彗星的軌道，並假設這些軌道是拋物線，因爲這種軌道總是與現象近似吻合：不僅 1680 年彗星的拋物線軌道，我比較後發現與觀測相吻合，而且類似地 1664 年和 1665 年出現的那顆著名彗星，經海威爾克的觀測，並由他本人的觀測計算出的經度和緯度，也都吻合，只是精度較低。但由哈雷博士根據相同觀

測再次算出的彗星位置，以及由這些新位置確定的軌道來看，該彗星的上升交會點在 ♊ 21°13′55″，其軌道與黃道平面的交角爲 21°18′40″；在該彗星軌道上，近日點估計距交會點 49°27′30″，其近日點位於 ♌ 8°40′30″，日心南緯 16°01′45″；彗星在倫敦時間舊曆 11 月 24 日 11 時 52 分（下午），或但澤（Danzig）13 時 8 分位於其近日點；如果設太陽到地球的距離包含 100000 個部分，則抛物線的通徑爲 410286。彗星在這一計算軌道上的近似位置與觀測的吻合程度，體現在哈雷博士列出的表中。

但澤的視在時間	彗星到恆星的觀測距離		觀測位置		在軌道上的計算位置
d h m		° ′ ″		° ′ ″	° ′ ″
1664 年 12 月 03.18.29½	獅子座中心 室女座角宿一	46.24.20 22.52.10	經度 ♎ 南緯	07.01.00 21.39.00	♎ 07.01.29 21.38.50
04.18.1½	獅子座中心 室女座角宿一	46.02.45 23.52.40	經度 ♎ 南緯	06.15.00 22.24.00	♎ 06.16.05 22.24.00
07.17.48	獅子座中心 室女座角宿一	44.48.00 27.56.40	經度 ♎ 南緯	03.06.00 25.22.00	♍ 03.07.33 25.21.40
17.14.43	天獅座中心 獵戶座右肩	63.15.15 45.43.30	經度 ♌ 南緯	02.56.00 49.25.00	♌ 02.56.00 49.25.00
19.09.25	南河三 鯨魚座嘴部亮星	35.13.50 52.56.00	經度 ♊ 南緯	28.40.30 45.48.00	♊ 28.43.00 45.46.00
20.09.53½	南河三 鯨魚座嘴部亮星	40.49.00 40.04.00	經度 ♊ 南緯	13.03.00 39.54.00	♊ 13.05.00 39.53.40
21.09.9½	獵戶座右肩 鯨魚座嘴部亮星	26.21.25 29.28.00	經度 ♊ 南緯	02.16.00 33.41.00	♊ 02.18.30 33.39.40
22.09.00	獵戶座右肩 鯨魚座嘴部亮星	29.47.00 20.29.30	經度 ♉ 南緯	24.24.00 27.45.00	♉ 24.27.00 27.46.00
26.07.58	白羊座亮星 畢宿五	23.20.00 26.44.00	經度 ♉ 南緯	09.00.00 12.36.00	♉ 09.02.28 12.34.13

但澤的 視在時間	彗星到恆星的 觀測距離		觀測位置		在軌道上的 計算位置	
27.06.45	白羊座亮星 畢宿五	20.45.00 28.10.00	經度 ♉ 南緯	07.05.40 10.23.00	♉	07.08.45 10.23.13
28.07.39	白羊座亮星 畢宿五	18.29.00 29.37.00	經度 ♉ 南緯	05.24.45 08.22.50	♉	05.27.52 08.23.37
31.06.45	仙女座腰部 畢宿五	30.48.10 32.53.30	經度 ♉ 南緯	02.07.40 04.13.00	♉	02.08.20 04.16.25
1665 年 1 月 07.07.37½	仙女座腰部 畢宿五	25.11.00 37.12.25	經度 ♈ 北緯	28.24.47 00.54.00	♈	28.24.00 00.53.00
1665 年 1 月 13.07.0	仙女座頭部 畢宿五	28.07.10 38.55.20	經度 ♈ 北緯	27.06.54 03.06.50	♈	27.06.39 03.07.40
24.07.29	仙女座腰部 畢宿五	20.32.15 40.05.00	經度 ♈ 北緯	26.29.15 05.25.50	♈	26.28.50 05.26.00
2 月 07.08.37			經度 ♈ 北緯	27.04.46 07.03.29	♈	27.24.55 07.03.15
22.08.46			經度 ♈ 北緯	28.29.46 08.12.36	♈	28.29.58 08.10.25
3 月 01.08.16			經度 ♈ 北緯	29.18.15 08.36.26	♈	29.18.20 08.36.12
07.08.37			經度 ♉ 北緯	00.02.48 08.56.30	♉	00.02.42 08.56.56

　　1665 年初的 2 月，白羊座的第一星，以下稱之爲 γ，位於 ♈ 28°30′
15″，北緯 7°8′58″；白羊座第二星位於 ♈ 29°17′18″，北緯 8°28′16″；另
一顆第七星等的星，我稱之爲 A，位於 ♈ 28°24′45″，北緯 8°28′33″。
舊曆 2 月 7 日 7 時 30 分在巴黎（即 2 月 7 日 8 時 37 分在但澤）該彗
星與 γ 星和 A 星構成三角形，直角頂點在 γ；彗星到 γ 星的距離等於 γ
星與 A 星的距離，即等於大圓的 1°19′46″；因而在平行 γ 星的緯度上
它位於 1°20′26″。所以，如果從 γ 星的經度中減去 1°20′26″，則餘下彗

星的經度 ♈ 27°9′49″。A. 奧佐[28] 由他的這一觀測把彗星定位在 ♈ 27°0′ 附近；而根據胡克博士繪製的彗星運動圖，它當時位於 ♈ 26°59′24″。我取這兩端的中間值 ♈ 27°4′46″。

奧佐根據同一觀測認為彗星位於北緯 7°4′ 或 7°5′；但他如取彗星與 γ 星的緯度差等於 γ 星與 A 星的緯度差，即 7°3′29″，將更好些。

2 月 22 日 7 時 30 分在倫敦，即但澤的 2 月 22 日 8 時 46 分，根據胡克博士的觀測和繪製的星圖，以及 P. 派蒂特[29] 依據 A. 奧佐的觀測而以相同方式繪製的星圖，彗星到 A 星的距離為 A 星到白羊座第一星間距離的 $\frac{1}{5}$，或 15′57″；彗星到 A 星與白羊座第一星連線的距離為同一個 $\frac{1}{5}$ 距離的 $\frac{1}{4}$，即 4′，因而，彗星位於 ♈ 28°29′46″，北緯 8°12′36″。

3 月 1 日倫敦 7 時 0 分，即但澤 3 月 1 日 8 時 16 分，觀測到彗星接近白羊座第二星，它們之間的距離，比白羊座第一星與第二星之間的距離，根據胡克博士的觀測，等於 4：45，而根據哥第希尼（Gottignies）的觀測，則為 2：23。因而，胡克博士認為彗星到白羊座第二星的距離為 8′16″，而哥第希尼認為是 8′5″；或者，取二者的平均值，為 8′10″。但根據哥第希尼的觀測，當時彗星已越出白羊座第二星一天行程的四分之一或五分之一，即約 1′35″（他與 A. 奧佐相當一致），或者，根據胡克博士，沒有這麼大，也許只有 1′。因而，如果在白羊座第一星的經度上增加 1′，而其緯度上增加 8′10″，則得到彗星經度 ♈ 29°18′，緯度為北緯 8°36′26″。

3 月 7 日巴黎 7 時 30 分，即但澤 3 月 7 日 7 時 37 分，A. 奧佐觀測到彗星到白羊座第二星的距離等於該星到 A 星的距離，即 52′29″；彗星與白羊座第二星的經度差為 45′ 或 46′，或者，取平均值，45′30″；故而，彗星位於 ♈ 0°2′48″，在 P. 派蒂特依據 A. 奧佐的觀測繪製的星圖上，海威爾克測出彗星緯度為 8°54′。但這位製圖師沒能準確把握彗

[28] Auzout，Adrien，1622-1691，法國天文學家。——中譯者
[29] Petit，Pierre，1594-1677，法國天文學家、數學家。——中譯者

星運動末端的軌道曲率；海維留在 A. 奧佐自己根據觀測繪製的星圖上校正了這一不規則曲率，這樣，彗星緯度爲 8°55′30″。在進一步校正這種不規則性後，緯度變爲 8°56′或 8°57′。

　　3 月 9 日也曾發現過這顆彗星，當時它大約位於 ♉ 0°18′，北緯 9° 3½′。

　　這顆彗星持續 3 個月可見。這期間它幾乎掠過 6 個星座，有一天幾乎掠過 20°。它的軌跡偏離大圓極大，向北彎折，並在運動末期改爲直線逆行；儘管它的軌跡如此不同尋常，上表所載表明，理論自始至終與觀測相吻合，其精度不小於行星理論與觀測值的吻合程度；但我們還應在彗星運動最快時減去約 2′，在上升交會點與近日點的夾角中減去 12′，或使該角等於 49°27′18″。這兩顆彗星（這一顆與前一顆）的年視差非常顯著，這一視差值證明了地球在地球軌道上的年運動。

　　這一理論同樣還由 1683 年的彗星運動得到證明，它出現了逆行，軌道平面與黃道平面幾乎成直角，其上升交會點（根據哈雷博士的計算）位於 ♍ 23°23′；其軌道平面與黃道交角爲 83°11′；近日點位於 ♊ 25°29′30″；如果地球包含 100000 個部分，其近日點到太陽距離爲 56020；它到達近日點時間爲 7 月 2 日 3 時 50 分。哈雷博士計算的彗星到軌道上位置與弗萊姆斯蒂德的觀測值在下表中對比列出：

	1683 年 赤道時間	太陽位置	彗星計算 經度	計算緯度	彗星觀測 經度	觀測緯度	經度差	緯度差
	d h m	° ′ ″	° ′ ″	° ′ ″	° ′ ″	° ′ ″	′ ″	′ ″
7月	13.12.55	♌ 01.02.30	♋ 13.05.42	29.29.13	♋ 13.06.42	29.29.20	+1 00	+0.07
	15.11.15	02.53.12	11.37.48	29.34.00	11.39.43	29.34.50	+1.55	+0.50
	17.10.20	04.45.45	10.07.06	29.33.30	10.08.40	29.34.00	+1.34	+0.30
	23.13.40	10.38.21	05.10.27	28.51.42	05.11.30	28.50.28	+1.03	−1.14
	25.14.05	12.35.28	03.27.53	24.24.47	03.27.00	28.23.40	−0.53	−1.7
	31.09.42	18.09.22	♊ 27.55.03	26.22.52	♊ 27.54.24	26.22.25	−0.39	−0.27
	31.14.55	18.21.53	27.41.07	26.16.57	27.41.08	26.14.50	+0.1	−2.7
8月	02.14.56	20.17.16	25.29.32	25.16.19	25.28.46	25.17.28	−0.46	+1.9
	04.10.49	22.02.50	23.18.20	24.10.49	23.16.55	24.12.19	−1.25	+1.30
	06.10.09	21.16.45	20.42.21	22.47.05	20.40.32	22.49.05	−1.51	+2.0

1683 年 赤道時間	太陽位置	彗星計算 經度	計算緯度	彗星觀測 經度	觀測緯度	經度差	緯度差
09.10.26	26.50.52	16.07.57	20.06.37	16.05.55	20.06.10	−2.2	−0.27
15.14.01	♍ 02.47.13	03.30.48	11.37.33	03.26.18	11.32.01	−4.30	−5.32
16.15.10	03.48.02	00.43.07	09.34.16	00.41.55	09.34.13	−1.12	−0.3
18.15.44	06.45.33	♌ 24.52.53	05.11.15 南	♌ 24.49.05	05.09.11 南	−3.48	−2.4
22.14.44	09.35.49	11.07.14	05.16.58	11.07.12	05.16.58	−0.2	−0.3
23.15.52	10.36.48	07.02.18	08.17.09	07.01.17	08.16.41	−1.1	−0.28
26.16.02	13.31.20	♈ 24.45.31	16.38.00	♈ 24.44.00	16.38.20	−1.31	+0.20

　　這一理論還得到了 1682 年彗星的逆行運動的進一步印證。其上升交會點（根據哈雷博士的計算）位於 ♌ 21°16′30″；軌道平面相對於黃道平面交角為 17°56′00″；近日點為 ♒ 2°52′50″；如果地球軌道半徑為 100000 個部分，其近日點到太陽距離為 58328。彗星到達近日點時間為 9 月 4 日 7 時 39 分。弗萊姆斯蒂德先生的觀測位置與我們的理論計算值對比列於下表：

	1682 年 出現時間	太陽位置	彗星計算 經度	計算緯度	彗星觀測 經度	觀測緯度	經度差	緯度差
	d h m	° ′ ″	° ′ ″	° ′ ″	° ′ ″	° ′ ″	′ ″	′ ″
8月	19.16.38	♍ 07.00.07	♋ 18.14.28	25.50.07	♋ 18.14.40	25.49.55	−0.12	+0.12
	20.15.38	07.55.52	24.46.23	26.14.42	24.46.22	26.12.52	+0.1	+1.50
	21.08.21	08.36.14	29.37.15	26.20.03	29.38.02	26.17.37	−0.47	+2.26
	22.08.08	09.33.55	♍ 06.29.53	26.08.42	♍ 06.30.03	26.07.12	−0.10	+1.30
	29.08.20	16.22.40	♎ 12.37.54	18.37.47	♎ 12.37.49	18.34.05	+0.5	+3.42
	30.07.46	17.19.41	15.36.01	17.26.43	15.35.18	17.27.17	+0.43	−0.34
9月	01.07.33	19.16.09	20.30.53	15.13.00	20.27.04	15.09.49	+3.49	+3.11
	04.07.22	22.11.28	25.42.00	12.23.48	25.40.58	12.22.00	+1.2	+1.48
	05.07.32	23.10.29	27.00.46	11.33.08	26.59.24	11.33.51	+1.22	−0.43
	08.07.16	26.05.58	29.58.44	09.26.46	29.58.45	09.26.43	−0.1	+0.3
	09.07.26	27.05.09	♍ 00.44.10	08.49.10	♍ 00.44.04	08.48.25	+0.6	+0.45

　　1723 年出現的彗星逆行運動也證明了這一理論。該彗星的上升交

會點〔根據牛津天文學薩維里（Savilian）講座教授布拉德雷⑩先生的
計算〕為 ♈ 14°16′，軌道與黃道平面交角 49°59′，其近日點位於 ♉ 12°
15′20″，如果取地球軌道半徑包含 1000000 個部分，則其近日點距太陽
998651，到達近日點時間為 9 月 16 日 16 時 10 分。布拉德雷先生計算
的彗星在軌道上的位置，與他本人、他的叔父龐德先生以及哈雷博士
的觀測位置並列於下表中。

1723年 赤道時間	彗星觀測 經度	觀測北緯	彗星計算 經度	計算緯度	經度 差	緯度 差
d h m	° ′ ″	° ′ ″	° ′ ″	° ′ ″	″	″
10月 09.08.05	♒ 7.22.15	05.02.00	♒ 7.21.26	05.02.47	+49	−47
10.06.21	6.41.12	7.44.13	6.41.42	7.43.18	−50	+55
12.07.22	5.39.58	11.55.00	5.40.19	11.54.55	−21	+5
14.08.57	4.59.49	14.43.50	5.00.37	14.44.01	−48	−11
15.06.35	4.47.41	15.40.51	4.47.45	15.40.55	−4	−4
21.06.22	4.02.32	19.41.49	4.02.21	19.42.03	+11	−14
22.06.24	3.59.02	20.08.12	3.59.10	20.08.17	−8	−5
24.08.02	3.55.29	20.55.18	3.55.11	20.55.09	+18	+9
29.08.56	3.56.17	22.20.27	3.56.42	22.20.10	−26	+17
30.06.20	3.58.09	22.32.28	3.58.17	22.32.12	−8	+16
11月 05.05.53	4.16.30	23.38.33	4.16.23	23.38.07	+7	+26
8.07.06	4.29.36	24.04.30	4.29.54	24.04.40	−18	−10
14.06.20	5.02.16	24.48.46	5.02.51	24.48.16	−35	+30
20.07.45	5.42.20	25.24.45	5.43.13	25.25.17	−53	−32
12月 07.06.45	8.04.13	26.54.18	8.03.55	26.53.42	+18	+36

　　這些例子充分證明，由我們的理論推算出的彗星運動，其精度絕
不低於由行星理論推算出的行星運動；因而，運用這一理論，我們可

⑩ Bradley，James，1693-1762，英國天文學家。——中譯者

以算出彗星的軌道，並求出彗星在任何軌道上的環繞週期；至少可以求出它們的橢圓軌道橫向直徑和遠日點距離。

　　1607 年的逆行彗星，其軌道的上升交會點（根據哈雷博士的計算）位於 ♉ 20°21′；軌道平面與黃道平面交角為 17°2′；其近日點位於 ♒ 2°16′；如果地球軌道半徑包含 100000 個部分，則其近日點到太陽距離為 58680；彗星到達近日點時間為 10 月 16 日 3 時 50 分；這一軌道與 1682 年看到的彗星軌道極為一致。如果它們不是兩顆不同的彗星，而是同一顆彗星，則它在 75 年時間內完成一次環繞；其軌道長軸比地球軌道長軸等於 $\sqrt[3]{75^2}$：1，或近似等於 1778：100。該彗星遠日點到太陽的距離比地球到太陽的平均距離約為 35：1；由這些數據即不難求出該彗星的橢圓軌道。但所有這些的先決條件都是假定經過 75 年的間隔後，該彗星將沿同一軌道回到原處，其他彗星似乎上升到更遠的深處，所需要的環繞時間也更長。

　　但是，因為彗星數目很多，遠日點到太陽的距離又很大，它們在遠日點的運動又很慢，這使得它們相互間的引力對運動造成干擾；軌道的離心率和環繞週期有時會略為增大，有時會略為減小。因而，我們不能期待同一顆彗星會精確地沿同一軌道以完全相同的週期重現；如果我們發現這些變化不大於由上述原因所引起者，即足以使人心滿意足了。

　　由此又可以對為什麼彗星不像行星那樣局限在黃道帶以內，而是漫無節制地以各種運動散佈於天空各處做出解釋；即，這樣的話，彗星在遠日點處運動極慢，相互間距離也很大，它們受相互間引力作用的干擾較小；因此，落入最低處的彗星，在其遠日點運動最慢，而且也應上升得最高。

　　1680 年出現的彗星在其近日點到太陽的距離尚不到太陽直徑的 ⅙；因為它的最大速度發生於這一距太陽最近點，以及太陽大氣密度的影響，它必定在此遇到某種阻力而減速；因而，由於在每次環繞中都被吸引得更接近於太陽，最終將落入太陽球體之上。而且，在其遠日點，它運動最慢，有時更會進一步受到其他彗星的阻礙，其結果是

落向太陽的速度減慢。這樣，有些恆星，經過長時間地放出光和蒸汽的消耗後，會因落入它們上面的彗星而得到補充；這些老舊的恆星得到新鮮燃料的補充後，即變為新的恆星，並煥發出新的亮度。這樣的恆星是突然出現的，開始時光彩奪目，隨後即慢慢消失。仙后座出現的正是這樣一顆恆星：1572 年 11 月 8 日的時候，考爾耐里斯・傑馬（Cornelius Gemma）還不曾看到它，雖然那天晚上他正在觀測這片天空，而天空完全晴朗，但次日夜（11 月 9 日）他看到它比任何其他彗星都明亮得多，不亞於金星的亮度。同月 11 日第谷・布拉赫也看到它，當時它正處於最大亮度；那以後他發現它慢慢變暗，在 16 個月的時間裏即完全消失。在 11 月裏它首次出現時，其光度等於金星，12 月時亮度減弱了一些，與木星相同。1573 年 1 月，它已小於木星，但仍大於天狼星（Sirius），2 月底 3 月初時與天狼星相等。在 4 月和 5 月時它等於第二星等；6、7、8 月裏為第三星等；9、10 和 11 月為第四星等；12 月和 1574 年 1 月為第五星等；2 月為第六星等；3 月完全消失。開始時其色澤鮮豔明亮，偏向於白光；後來有點發黃，1573 年 3 月變為紅色，與火星或畢宿五（Aldebaran）相同；5 月時變為灰白色，像我們看到的土星；以後一直保持這一顏色，只是越來越暗。巨蛇座（Serpentarius）右足上的星也是這樣，克卜勒的學生在舊曆 1604 年 9 月 30 日觀測到它，當時亮度超過木星，雖然前一天夜裏還沒見過它；自那時起它的亮度慢慢減弱，經過 15 或 16 個月後完全消失。據說正是一顆這樣的異常亮星促使希派克觀測恆星，並繪製了恆星星表。至於另一些恆星，它們交替地出現、隱沒，亮度逐漸而緩慢地增加，又很少超過第三星等，似乎屬於另一種類，它們繞自己的軸轉動，具有亮面與暗面，交替地顯現這兩個面。太陽、恆星和彗尾所放出的蒸汽，最終將在引力作用下落入行星大氣，並在那裏凝結成水和潮濕精氣；由此再通過緩慢加熱，逐漸形成鹽、硫磺、顏料、泥漿、土壤、沙子、石頭、珊瑚以及其他地球物質。

總釋

渦旋假說面臨許多困難。每顆行星通過伸向太陽的半徑掠過正比於環繞時間的面積，而渦旋各部分的週期剛正比於它們到太陽距離的平方；但要使行星週期獲得到太陽距離的3/2次方的關係，渦旋各部分的週期應正比於距離的3/2次方。而要使較小的渦旋圍繞土星、木星以及其他行星的較小環繞得以維持，並在繞太陽的大渦旋中平穩且不受干擾地進行，太陽渦旋各部分的週期則應當相等；但太陽和行星繞其自身的軸的轉動，又應當對應於屬於它們的渦旋運動，因而與上述這些關係相去甚遠。彗星的運動極為規則，是受制於與行星運動相同的規律支配的，但渦旋假說卻完全無法解釋，因為彗星以極為偏心的運動自由地通過同一天空中的所有部分，絕非渦旋說可以容納。

在我們的空氣中拋體只受到空氣的阻礙。如果抽去空氣，像在波意耳先生所製成的真空裏面那樣，阻力即消失；因為在這種真空裏一片羽毛（a big of fine）與一塊黃金的下落速度相等。同樣的論證必定也適用於地球大氣以上的天體空間；在這樣的空間裏，沒有空氣阻礙運動，所有的物體都暢通無阻地運動著；行星和彗星都依照上述規律沿著形狀和位置已定的軌道進行著規則的環繞運動；然而，即便這些星體沿其軌道維持運動可能僅僅是由引力規律的作用，但它們絕不可能從一開始就由這些規律中自行獲得其規則的軌道位置。

六顆行星在圍繞太陽的同心圓上轉動，運轉方向相同，而且幾乎在同一個平面上。有十顆衛星分別在圍繞地球、木星和土星的同心圓

上運動，而且運動方向相同，運動平面也大致在這些行星的運動平面
上；鑒於彗星的行程沿著極爲偏心的軌道跨越整個天空的所有部分，
不能設想單純力學原因就能導致如此多的規則運動；因爲它們以這種
運動輕易地穿越了各行星的軌道，而且速度極大；在遠日點，它們運
動最慢，滯留時間最長，相互間距離也最遠，因而相吸引造成的干擾
也最小。這個最爲動人的太陽、行星和彗星體系，只能來自一個全能
全智的上帝（Being）的設計和統治。如果恆星都是其他類似體系的中
心，那麼這些體系也必定完全從屬於上帝的統治，因爲這些體系的產
生只可能出自於同一份睿智的設計；尤其是，由於恆星的光與太陽光
具有相同的性質，而且來自每個系統的光都可以照耀所有其他的系
統；爲避免各恆星的系統在引力作用下相互碰撞，他便將這些系統分
置在相互很遠的距離上。

　　上帝不是作爲宇宙之靈而是作爲萬物的主宰來支配一切的；他統
領一切，因而人們慣常稱之爲「我主上帝」（$\pi\alpha\iota\tau o\kappa\rho\hat{\alpha}\tau\omega\rho$）或「宇宙
的主宰」。須知神（God）是一個相對詞，與僕人相對應，而且神性
（Deity）也是指神對僕人的統治權，絕非有如那些認定上帝是宇宙之
靈的人們所想像的那樣，是指其自治權。至高無上的上帝作爲一種存
在物必定是永恆的、無限的、絕對完美的；但一種存在物，無論它多
麼完美，只要它不具有統治權，則不可稱之以「我主上帝」；須知我們
常說，我的上帝，你的上帝，以色列人的上帝，諸神之神，諸王之王；
但我們不說我的永恆者，你的永恆者，以色列人的永恆者，神的永恆
者；我們還不說，我的無限者，或我的完美者：所有這些稱謂都與僕
人一詞不構成某種對應關係。上帝① 這個詞一般用以指君主；但沒有

---

① Pocock 博士由阿拉伯語中表示君主（Lord）的詞 du（間接格爲 di）推演出拉丁詞
　　Deus。在此意義上，《詩篇》82.6 和《約翰福音》10.35 中的國王（prices）稱爲神。
　　而《出埃及記》4.16 和 7.1 中的摩西之兄亞倫稱摩西爲上帝，法老也稱他爲上帝。而在
　　相同意義上已故國王的靈魂，在以前被異教徒稱爲神，但卻是錯誤的，因爲他們沒有
　　統治權。——英譯者

一個君主是上帝。只有擁有統治權的精神存在者才能稱其為上帝：一個真實的、至上的或想像的統治才意味著一個真實的、至上的或想像的上帝。他有真實的統治意味著真實的上帝是能動的，全能全智的存在物；而他的其他完美性，意味著他是至上的，最完美的。他是永恆的和無限的，無所不能的，無所不知的；即，他的延續從永恆直達永恆；他的顯現從無限直達無限；他支配一切事物，而且知道一切已做的和當做的事情。他不是永恆和無限，但卻是永恆的和無限的；他不是延續或空間，但他延續著而且存在著。他永遠存在，且無所不在；由此構成了延續和空間。由於空間的每個單元都是**永存的**，延續的每個不可分的瞬間都是**無所不在的**，因而，萬物的締造者和君主不能是虛無和不存在。每個有知覺的靈魂，雖然分屬於不同的時間和不同的感覺與運動器官，仍是同一個不可分割的人。在延續中有相繼的部分，在空間中有共存的部分，但這兩者都不存在於人的人性和他的思維要素之中；它們更不存在於上帝的思維實體之中。每一個人，只要他是個有知覺的生物，在其整個一生以及其所有感官中，他都是同一個人。上帝也是同一個上帝，永遠如此，處處如此。不論就**實效**而言，還是就**本質**而言，上帝都是無所不在的，因為沒有本質就沒有實效。一切事物都包含在他②之中並且在他之中運動；但卻不相互影響：物體的運動完全無損於上帝；無處不在的上帝也不阻礙物體的運動。所有的

---

② 這是古代人的看法。如在西賽羅的《論神性》（*De natura deorum*）第一章中的畢達哥拉斯，維吉爾《農事詩》（*Georgics*）第四章第 220 頁和《埃涅阿斯記》（*Aeneid*）第六章第 721 頁中的泰勒斯、阿那克西哥拉、維吉爾。斐洛在《寓言》（*Allegories*）第一卷開頭。阿拉托斯在其《物象》（*Phoeromena*）開頭。也見於聖徒的寫作：如《使徒行傳》17 章 27、28 節中的保羅，《約翰福音》14 章 2 節，《申命記》4 章 39 節和 10 章 14 節中的摩西。《詩篇》139 篇 7、8、9 節中的大衛。《列王記・上》8 章 27 節中的所羅門。《約伯記》22 章 12、13、14 節。《耶利米書》23 章 23、24 節。崇拜偶像的人認為太陽、月亮、星辰、人的靈魂以及宇宙的其他部分都是至上的上帝的各個部分，因而應當受到禮拜，但卻是錯誤的。——英譯者

人都同意至高無上的上帝的存在是必要的。所有的人也都同意上帝必然**永遠存在**而且**處處存在**。因此，他必是渾然一體的，他渾身是眼，渾身是耳，渾身是腦，渾身是臂，渾身都有能力感覺、理解和行動；但卻是以一種完全不屬於人類的方式，一種完全不屬於物質的方式，一種我們絕對不可知的方式行事。就像盲人對顏色毫無概念一樣，我們對全能的上帝感知和理解一切事物的方式一無所知。他絕對超脫於一切軀體和軀體的形狀，因而我們看不到他，聽不到他，也摸不到他；我們也不應當向著任何代表他的物質事物禮拜。我們能知道他的屬性，但對任何事物的真正本質卻一無所知。我們只能看到物體的形狀和顏色，只能聽到它們的聲音，只能摸到它們的外部表面，只能嗅到它們的氣味，嘗到它們的滋味，但我們無法運用感官或任何思維反映作用獲知它們的內在本質；而對上帝的本質更是一無所知。我們只能通過他對事物的最聰明、最卓越的設計，以及終極的原因來認識他；我們既讚頌他的完美，又敬畏並且崇拜他的統治：因為我們像僕人一樣地敬畏他；而沒有統治，沒有庇佑，沒有終極原因的上帝，與命運和自然無異。盲目的形而上學的必然性，當然也是永遠存在而且處處存在的，但卻不能產生出多種多樣的事物。而我們隨時隨地可以見到的各種自然事物，只能來自一個必然存在著的存在物的觀念和意志。無論如何，用一個比喻，我們可以說，上帝能看見，能說話，能笑，能愛，能恨，能盼望，能給予，能接受，能歡樂，能慣怒，能戰鬥，能設計，能勞作，能營造；因為我們關於上帝的所有見解，都是以人類的方式得自某種類比的，這雖然不完備，但也具有某種可取之處。我們對上帝的談論就到這裏，而要做到通過事物的現象瞭解上帝，實在是非自然哲學莫屬。

迄此為止我們以引力作用解釋了天體及海洋的現象，但還沒有找出這種作用的原因。它當然必定產生於一個原因，這個原因穿越太陽與行星的中心，而且它的力不因此而受絲毫影響；它所發生的作用與它所作用著的粒子表面的量（像力學原因所慣常的那樣）無關，而是取決於它們所包含的固體物質的量，並可向所有方向傳遞到極遠距

離，總是反比於距離的平方減弱。指向太陽的引力是由指向構成太陽的所有粒子的引力所合成的，而且在離開太陽時精確地反比於距離的平方，直到土星軌道，這是由行星的遠日點的靜止而明白無誤地證明了的；而且，如果彗星的遠日點也是靜止的，這一規律甚至遠及最遠的彗星遠日點。但我迄今為止還無能為力於從現象中找出引力的這些特性的原因，我也不構造假說；因為，凡不是來源於現象的，都應稱其為假說；而假說，不論它是形而上學的或物理學的，不論它是關於隱祕的質的或是關於力學性質的，在實驗哲學中都沒有地位。在這種哲學中，特定命題是由現象推導出來的，然後才用歸納方法做出推廣。正是由此才發現了物體的不可穿透性、可運動性和推斥力，以及運動定律和引力定律。對於我們來說，能知道引力的確存在著，並按我們所解釋的規律起作用，並能有效地說明天體和海洋的一切運動，即已足夠了。

現在我們再補充一些涉及某種最微細的精氣的事情，它滲透並隱含在一切大物體之中；這種精氣的力和作用使物體粒子在近距離上相互吸引，而且在相互接觸時即黏連在一起，使帶電物體的作用能延及較遠距離，既能推斥也能吸引附近的物體，並使光可以被發射、反射、折射、衍射，並對物體加熱；而所有感官之受到刺激，動物肢體在意志的驅使下運動，也是由於這種精氣的振動，沿著神經的固體纖維相互傳遞，由外部感覺器官通達大腦，再由大腦進入肌肉。但這些事情不是寥寥數語可以解釋得清的，而要精確地得到和證明這些電的和彈性精氣作用的規律，我們還缺乏必要而充分的實驗。

《自然哲學之數學原理》到此結束。